高等教育"十三五"规划教材

矿 山 机 械

郝雪弟 张伟杰 主编

煤炭工业出版社

·北 京·

内 容 提 要

本书系统、全面地介绍了当前我国煤矿生产过程中所使用的主要机械设备的工作原理、结构、性能及选型。其中井工开采主要包括：掘进机械、采煤机械、支护机械、运输机械、提升机械、通风机械、排水机械、压气机械的内容。露天开采主要包括：钻孔机械、露天采掘机械、露天运输机械、破碎机械、排土机械的内容。

本书为高等院校机械、采矿、安全等专业的本科生、研究生用书，也可作为煤炭行业高职高专和成人院校教学和培训的通用教材。

编写人员名单

主编 郝雪弟 张伟杰
编者 田 劼 程晓涵 张 弋 王昌琪 刘志民
　　　 张 鹏 张伟杰 郝雪弟
主审 孟国营

前　言

煤矿生产技术与机械装备水平日新月异，对高等院校本科以及煤炭行业高职高专和成人院校教学和培训的教材提出了新要求。为适应行业发展的新需要，在参考大量现有教材和技术资料的基础上，取长补短，编写了本教材。编写过程中力图反映当前我国煤矿通用机械设备的现状及新技术、新成果和发展趋势，突出理论与实际相结合、基础知识与实用技术相结合。

教材系统、全面地介绍了当前我国煤矿生产过程中所使用的主要机械设备的工作原理、结构、性能及选型，主要包括：掘进机械、采煤机械、支护机械、运输机械、提升机械、通风机械、排水机械和压气机械的内容。露天开采主要包括：钻孔机械、露天采掘机械、露天运输机械、破碎机械、排土机械的内容。

全书共 13 章，由郝雪弟、张伟杰主编。其中，第一章、第二章由中国矿业大学（北京）田劼编写，第三章、第五章、第九章由程晓涵编写，第四章、第六章、第八章由张弋编写，第七章由郝雪弟、张鹏编写，第十章由贵州工程应用技术学院王昌琪编写，第十一章、第十二章由华北科技学院张伟杰编写，第十三章由郝雪弟、河北工程大学刘志民编写。全书由中国矿业大学（北京）郝雪弟统稿。中国矿业大学（北京）孟国营教授对全书进行了审阅。

参加本书的编写人员均为多年担任该课程的一线教师，具有丰富的教学经验。编写过程中参考了大量现有教材和国内外相关文献资料，在此一并表示衷心感谢。

由于编者水平和客观条件所限，书中不足之处，在所难免，敬请同行专家和读者批评指正。

编　者

2018 年 1 月

目　　次

第一章　掘进机械 ... 1
第一节　概述 ... 1
第二节　悬臂式掘进机 ... 2
第三节　全断面巷道掘进机 ... 13
第四节　掘锚联合机组 ... 18
第五节　钻孔机械 ... 22
第六节　装载机械 ... 29
思考题 ... 37

第二章　采煤机械 ... 38
第一节　概述 ... 38
第二节　滚筒采煤机 ... 41
第三节　刨煤机 ... 70
第四节　连续采煤机 ... 76
第五节　采煤机的选型 ... 80
思考题 ... 83

第三章　采煤工作面支护机械 ... 85
第一节　概述 ... 85
第二节　液压支架的主要结构 ... 94
第三节　典型液压支架 ... 109
第四节　液压支架的控制 ... 121
第五节　单体支护设备 ... 123
第六节　乳化液泵站 ... 128
思考题 ... 131

第四章　采煤工作面的机械配套 ... 133
第一节　工作面主要设备配套原则 ... 133
第二节　工作面主要设备的选型及配套要求 ... 135
第三节　典型工作面配套实例 ... 138
思考题 ... 145

第五章 刮板输送机 … 146

第一节 概述 … 146
第二节 刮板输送机的结构 … 149
第三节 桥式转载机 … 156
第四节 刮板输送机的选型设计 … 158
思考题 … 162

第六章 带式输送机 … 163

第一节 概述 … 163
第二节 带式输送机的结构 … 166
第三节 带式输送机的传动理论 … 177
第四节 带式输送机的选型 … 180
思考题 … 190

第七章 矿井提升设备 … 191

第一节 概述 … 191
第二节 提升容器 … 196
第三节 提升钢丝绳 … 209
第四节 矿井提升机 … 215
第五节 天轮 … 234
第六节 矿井提升设备的选型 … 237
第七节 斜井提升及设备选型 … 249
思考题 … 257

第八章 矿用电机车 … 258

第一节 概述 … 258
第二节 矿用电机车的构造 … 260
第三节 列车运行理论 … 266
第四节 电机车运输计算 … 272
思考题 … 278

第九章 辅助运输机械 … 279

第一节 概述 … 279
第二节 钢丝绳牵引运输 … 280
第三节 单轨吊车与卡轨车 … 281
第四节 无轨运输车 … 293
思考题 … 295

第十章　矿井排水设备 … 296

　第一节　概述 … 296
　第二节　离心式水泵的工作理论 … 300
　第三节　离心式水泵结构 … 306
　第四节　离心式水泵网路工况 … 312
　第五节　矿井排水设备的选型设计 … 319
　思考题 … 325

第十一章　矿井通风机械 … 327

　第一节　概述 … 327
　第二节　矿井通风机工作理论 … 329
　第三节　矿井通风机结构 … 334
　第四节　通风机网路工况 … 338
　思考题 … 345

第十二章　矿山压气机械 … 346

　第一节　概述 … 346
　第二节　活塞式空气压缩机工作理论 … 349
　第三节　活塞式空压机结构 … 355
　第四节　活塞式空压机调节 … 361
　思考题 … 363

第十三章　露天采矿机械 … 364

　第一节　概述 … 364
　第二节　钻孔机械 … 365
　第三节　露天采掘机械 … 370
　第四节　露天运输机械 … 379
　第五节　破碎机械 … 386
　第六节　排土机械 … 389
　思考题 … 396

参考文献 … 397

第一章 掘进机械

【本章教学目的与要求】
- 掌握悬臂式掘进机的工作原理、组成及分类
- 了解全断面煤巷掘进机的工作原理
- 了解掘锚联合机组的组成和作业方式
- 掌握凿岩机的工作原理及分类
- 了解装载机械的组成、工作过程和适用范围

【本章概述】
本章主要介绍掘进机现状与发展，悬臂式掘进机的组成与结构原理，全断面巷道掘进机的原理与结构，掘锚联合机组的组成和作业方式，钻孔机械、装载机械的应用及工作过程。

【本章重点与难点】
本章的重点是理解并掌握悬臂式掘进机的工作原理、基本组成和分类，凿岩机的工作原理及分类等。难点是悬臂式掘进机的工作原理，横轴式与纵轴式部分断面掘进机的区别和特点，凿岩机的工作原理等。

第一节 概 述

随着综合机械化采煤技术的发展，工作面的开采强度越来越大，推进速度显著提高，这就需要进一步加快掘进速度，达到采掘比例协调，以保证矿井的高产稳产。掘进、装载机械是巷道掘进工作面所用核心装备。目前，按巷道掘进工艺分为综合机械化掘进和钻眼爆破法掘进两类。

一、综合机械化掘进

综合机械化掘进通常用掘进机破落煤岩体，通过其装载、转运机构把煤岩输送至后面的配套运输设备，具有掘进效率高、掘进巷道稳定、防控顶板事故、减少巷道的超挖量和支护作业的充填量、改善劳动条件、减轻劳动强度等优点，因此，综合机械化掘进设备在与综采工作面的配套使用中发挥着越来越大的作用，是掘进机械化发展的方向。常用的综合机械化掘进设备有悬臂式掘进机、全断面掘进机、连续采煤机和掘锚联合机组等。

二、钻眼爆破法掘进

虽然综合机械化掘进比钻眼爆破法掘进有许多优越性，但钻眼爆破法作为巷道掘进的传统技术，在我国煤矿平巷掘进中仍然广泛采用。钻眼爆破法首先需在掘进工作面上钻炮眼，在炮眼内装入炸药爆破，然后用装载机械将爆破的岩块装入矿车运走。这种掘进方式虽不受煤、岩物理力学特性限制，但掘进速度较低。

完成钻眼爆破法掘进工序所需设备主要有钻（凿）孔机械、装载机械、转载机械及修整巷道的机械等。为提高掘进机械化水平，除选用合适、可靠的单个设备外，还必须考虑设备之间的配套，从而形成机械化作业线。其主要形式有：①以耙斗装载机为主的机械化作业线。支腿式气动凿岩机钻凿炮孔，耙斗装载机把岩石耙入转载机或矿车，巷道支护采用锚杆安装机和混凝土喷射机。该作业线实现凿孔和装载平行作业，结构简单，在国内煤矿广泛使用。②以凿岩台车为主的机械化作业线。凿岩台车钻凿炮孔及锚杆孔，侧卸式铲斗装载机把岩石铲入转载机或矿车。该作业线适用于大断面巷道的掘进，效率高、劳动强度低。③以钻装机为主的机械化作业线，钻装机钻凿炮孔、锚杆孔，装载转运煤岩，并将岩石装入矿车。巷道支护采用锚杆安装机和混凝土喷射机。

掘进机械经历了从小型到大型、从单一到多样化、从不完善到完善的发展历程，形成了轻、中、重、超重型系列。目前，掘进机技术在以下几方面取得了长足进步：①扩大了适用范围；②增加了掘进断面；③提升了适应坡度；④加强了截割能力；⑤显现了多功能性；⑥提高了自控技术。随着日产万吨大型综采工作面的出现，要求掘进速度更快，掘进机的性能更完善。当前掘进机技术主要发展趋势如下：

（1）截割能力进一步增强。采用增大截割功率和降低截割速度的方法增强截割能力。现代中、重型部分断面掘进机的截割功率达到 132～220 kW，超重型为 220 kW 以上。国内已能独立研制机重为 160 t 左右，截割功率达 408 kW 的超重型掘进机。截割头转速一般为 20～50 r/min，截割速度为 1～2 m/s，截割力为 100～200 kN，经济截割强度达 100～124 MPa，最大到 206 MPa，切割岩石坚固性系数 f 可达到 12。现代全断面掘进机则采用大直径盘形滚刀，加大推力和刀盘驱动功率，使其能在岩石抗压强度达 300 MPa 的硬岩中掘进。

（2）工作可靠性不断提高。随着开采深度和强度的增加，地质条件复杂多变，井下环境特殊，掘进机工作时受到交变载荷冲击，掘进机磨损和腐蚀情况严重，检修也不方便，因此需要通过完善设计、制造、使用和良好的维护，实现掘进机长时间无故障高可靠的工作。

（3）机电一体自动化程度提高。为避免掘进中出现超挖、欠挖等问题，采用现代自动控制技术，包括推进方向的控制（控制和纠正掘进机与标准位置的平行偏差和角度偏差）、断面成形控制、截割电机功率自动调节、掘进机工况监测、全功能遥控、预报型故障诊断、记忆截割和数据远程传输等。目前，掘进机全功能遥控技术已成熟，但其余自动控制技术尚处于研究的起步阶段。

（4）新型刀具和新截割技术的不断探索。为增大截割能力，延长刀具的使用寿命，需采用新技术材料，设计研究高性能截齿和截割头结构。同时研究新的截割技术，通过高压水射流冲击、侵蚀等方法进行辅助截割。

（5）多功能一体化技术的发展。掘进机主体机构集成机载锚钻系统、机载临时支护系统、机载除尘系统等，通过多功能集成达到提高单机作业的安全、高效、健康生产的目的。

第二节　悬臂式掘进机

掘进机是一种能够同时完成截割、装载、转载煤岩，并能自己行走，具有喷雾除尘等功能的以机械方式破落煤岩的联合机组，有的还具有支护功能。掘进机的类型很多，按所掘巷道断面形状可分为部分断面掘进机和全断面掘进机两大类。

部分断面掘进机也称悬臂式掘进机，一般适用于单轴抗压强度小于 60 MPa 的煤、半煤岩、软岩巷道，但大功率掘进机也可用于单轴抗压强度达 200 MPa 的硬岩巷道。这种掘进机通过截割工作机构的摆动破落断面煤岩，一次仅能截割部分断面，需其截割机构多次连续摆动才能逐步完成整个断面煤岩的破碎。可掘巷道断面形状为拱形、矩形、梯形等。

一、悬臂式掘进机的组成与工作原理

悬臂式掘进机主要包括截割机构、装运机构、行走机构、液压系统、电气系统和喷雾降尘系统等部分。按截割头的布置方式，悬臂式掘进机可分纵轴式和横轴式两类。

（一）纵轴式

纵轴式掘进机截割头和悬臂的轴线相重合，外廓呈截锥体。工作原理如图 1-1 所示，先将截割头伸进煤壁钻槽，然后摆动悬臂，直至掘出需要的断面。遇到巷道断面不同硬度的岩石时，先截割软岩，再截割硬岩。为降低截割比能耗，截割层状岩石过程中，需沿层理方向截割。通常采取自上而下或自下而上的顺切方式较省力。

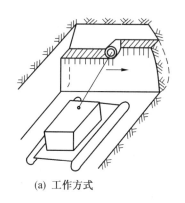
(a) 工作方式

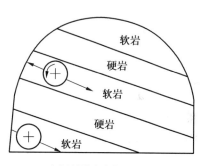
(b) 在倾斜煤岩中作选择性截割

图 1-1 纵轴式掘进机工作方式

截割运动是一个截割头旋转和悬臂摆动的复合运动。工作过程中，截割头受到反截割力和使截齿保持截割状态的进给力的双重作用，其中，进给力主要包括：掏槽时由行走机构或推进液压缸产生沿悬臂轴线方向的进给力；横摆截切时由回转液压缸产生与摆动方向相同的进给力。两者之间近乎垂直，使需要的进给力较小。如果悬臂的摆动力过大，进给力就大，截齿摩擦增大，若截割力不足，截割头容易被卡住；反之，摆动力过小，截齿无法切入煤岩壁足够深度，只能在煤岩壁表面上切削而产生粉尘，并使截齿磨损加剧。因而，现代掘进机多通过液压调节装置自动调整悬臂的摆动力和摆动速度，保持进给力和截割力相适应，达到良好的截割效果。

（二）横轴式

如图 1-2 所示，横轴式掘进机的截割头轴线与悬臂轴线垂直。工作过程中，截割头短幅摆动，先进行掏槽截割，截割位于两半截割头中间部分的煤岩，最大掏槽深度为截割头直径的 2/3。掏槽可在工作面上部或下部进行，但截割硬岩过程中应尽可能在工作面上

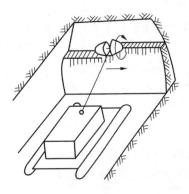

图1-2 横轴式掘进机工作方式

部掏槽。截割悬臂的摆动方式与纵轴式相同。

横摆截割时，截割力的方向近乎与悬臂的轴线一致；进给力的方向近乎沿着截割力的方向，与摆动方向近乎垂直，摆动力不作用在进给方向上；进给力主要取决于截割力，掏槽截割时需要的进给力（推进力）较大，横摆截割时需要的摆动力较小。进给力来自行走履带，使得行走机构需要较大的驱动力，且需频繁开动，加剧磨损。

横轴式截割头的形状近似为半椭圆球体，不易切出光滑轮廓的巷道，也不能开水沟和挖柱窝。横轴式截割头上多安装锥形截齿，齿尖运动方向与落煤方向相同，易将切下的煤岩推到铲装板上及时运走，装载效率较高。但截割头转速较高、齿数多，且不易被煤岩包埋，粉尘大。反截割力使机器产生向后的推力和作用在截割头上向上的分力，但又可被机重平衡掉，不会产生倾覆，机器工作时稳定性较好。

总之，纵轴式和横轴式掘进机各有特点，实际工作中，应结合煤矿现场的地质条件和掘进机的性能进行选用。目前国外已研制出装有两种截割头的掘进机，增强机器的适应能力。

二、悬臂式掘进机主要部件

（一）截割机构

截割机构主要包括截割头、电动机、悬臂和回转台。按悬臂长度是否可变分为伸缩式和不可伸缩式。电动机利用减速箱驱动截割头旋转，通过截割头上的截齿破碎煤岩。截割头借助升降和回转液压缸使悬臂在垂直和水平方向摆动，以截割不同部位的煤岩，掘出所需形状和尺寸的断面。

1. 截割头

截割头用于截割、破碎煤岩，主要由截割头体、螺旋叶片和截齿座等组成。在齿座里装有截齿，叶片（或头体）上安装有喷雾喷嘴用的喷嘴座。

1) 纵轴式截割头

如图1-3所示，截割头通过键与主轴相连，截割头的头体上焊有截齿座和喷嘴座，为组焊式结构，头体内配有喷雾水道。截割头的外形轮廓通常有球形、球柱形、球锥柱形和球锥形4种，目前球锥形的截齿应用较多。

截齿的布置方式至关重要，其对截齿、截割头和整机的受力影响较大。纵轴式截割头的截齿在头体上按螺旋线方式布设，螺旋线头数通常为2~3条。截距对截割效果也有较大影响。截距较大，可增加单齿截割力，但截齿磨损随之增加，两者需要统筹。在选择截距时，还应考虑截割头上不同部位的截齿所受的负荷，最好做到各截齿的负荷均匀，减小冲击载荷，并保持各截齿磨损速度接近。截齿的合理布设是一大难题，应根据截割煤岩的特性，通过理论分析研究、计算机仿真、实验及实际应用等方法合理确定。

2) 横轴式截割头

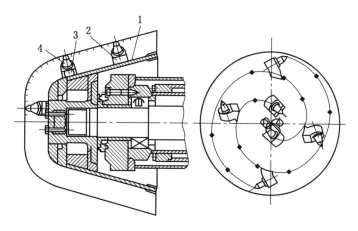

1—截割头体；2—截齿座；3—喷嘴座；4—截齿
图 1-3　纵轴式截割头结构

如图 1-4 所示，截割头的头体通常为基于厚钢板的组焊结构或螺钉连接结构，包括左右对称的两个半体。头体通过胀套联轴器同减速器输出轴相连，具有过载保护作用。头体上焊有齿座和喷嘴座，头体内开有内喷雾水道，并安装配水装置。

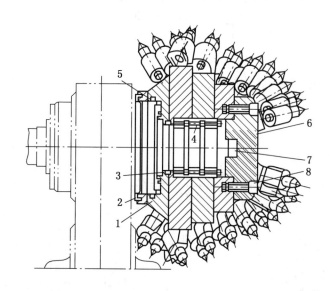

1—截割头体；2—迷宫环；3—O形密封圈；4—胀套联轴器；5—防尘圈；
6—截割头端盘；7—连接键；8—螺钉
图 1-4　横轴式截割头结构

截割头外形的包络面（线）通常由几段不同曲面（线）组合而成。目前应用较多的组合形式包括圆曲线—抛物线—圆曲线（抛物线）、圆曲线—椭圆曲线—圆曲线等几种。在设计时，应根据不同的工作条件选择截割头包络曲线的组合形式，力争达到最佳截割效果。横轴式截割头的截齿数量较多，且按空间螺旋线方式分布在截割头体上。螺旋线的旋向为左截割头右旋、右截割头左旋,这样可将截落的煤岩抛向两个截割头的中间,改善截齿的受力状况,提高装载效果。

3) 截齿及截齿座

和采煤机一样,掘进机所采用的截齿有扁形和锥形截齿两种,其结构形状同采煤机截齿。实验证明,在截割硬岩时,锥形截齿的寿命比扁形截齿长,且由于锥形截齿在使用中有自转磨锐性,耐冲击。所以,近十年来纵轴式截割头较多采用锥形截齿。

2. 截割减速器

截割减速器的作用是将电动机的运动和动力传递到截割头。由于截割头工作时承受较大的冲击载荷,因此要求减速器可靠性高,过载能力大;其箱体作为悬臂的一部分,应有较大的刚性,联接螺栓应有可靠的防松装置;减速器最好能实现变速,以适应煤岩硬度的变化,增强机器的适应能力。常用的传动形式有圆锥-圆柱齿轮传动、圆柱齿轮传动和二级行星齿轮传动。

二级行星齿轮传动可实现同轴传动,速比大,结构紧凑,传动功率大,多用于纵轴式截割头;圆锥-圆柱齿轮传动的结构简单,能承受大的冲击载荷,易实现机械过载保护,多用于横轴式截割头;实现截割头变速的圆柱齿轮传动,减速箱结构复杂,体积和重量较大。

图1-5所示是横轴式掘进机采用的三级圆锥-圆柱齿轮减速器。该减速器的特点:

(1) 减速器的输入轴经弹性联轴器和电动机的输出轴相连接,减速器的输出轴通过胀套式联轴器与左、右截割头相连接,可起到缓冲减振和过载保护的作用。

(2) 采用垂直剖分式箱体,改善了箱体的受力状况,提高了箱体的刚性和在截割过程中的承载能力。

(3) 第一级采用弧齿锥齿轮传动,传动平稳性好,承载能力高,工作可靠,寿命长,噪声和振动较小。

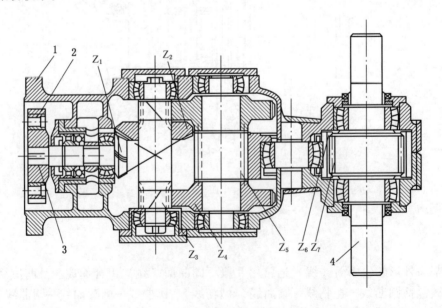

1—减速器箱体;2—弹性联轴器;3—输入轴;4—输出轴

图1-5 横轴式掘进机截割减速器

(4) 第二级采用齿数和模数相同、螺旋角等值反向的两对斜齿轮传动，既抵消了轴向力，又提高了传动能力。

(5) 第三级采用直齿圆柱齿轮传动，并增设惰轮以使悬臂具有足够的长度，满足了截割范围及下切深度的要求，并使截割头获得所需转向。

3. 电动机

为实现较强的连续过载能力，适应复杂多变的截割载荷，并利用喷雾水加强冷却效果，悬臂式掘进机多采用防爆水冷式电动机来驱动截割头。为满足悬臂长度的需要和减小电动机的径向尺寸，可采用串联双转子电动机；为满足截割不同硬度煤岩的需要，避免在减速箱中变速，可采用双速电动机。

4. 悬臂伸缩装置

掘进机掘进时，截割头切入煤壁的方式有两种：一种是利用行走机构向前推进，使截割头切入，这种方式的截割悬臂不能伸缩，结构比较简单，但行走机构移动频繁；另一种是截割头悬臂可以伸缩，一般是利用液压缸的推力使截割头沿悬臂上的导轨移动，使截割头切入煤壁，履带不需移动。

伸缩悬臂有内伸缩和外伸缩两种。

如图 1-6 所示，内伸缩悬臂主要由花键套、内外伸缩套、保护套、主轴等组成。截割减速器的输出轴上连接有内花键套，主轴的右端开有外花键，并插入花键套内。主轴的左端通过花键和定位螺钉与截割头相连，使减速器的输出轴驱动截割头旋转。保护套和内伸缩套同截割头相连，但不随截割头转动。外伸缩套则和减速器箱体固联。推进液压缸的前端和保护套相连，后端和电动机壳体相连，在其作用下，保护套带动截割头、主轴和内伸缩套相对于外伸缩套前后移动，实现悬臂的伸缩。这种悬臂的结构尺寸小，移动部件的重量轻，移动阻力较小，有利于机器的稳定。但需要较长的花键轴，加工较难，结构也比较复杂。

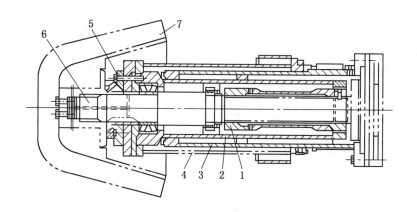

1—花键套；2—内伸缩套；3—外伸缩套；4—保护套；5—定位螺钉；6—主轴；7—截割头
图 1-6 内伸缩悬臂

如图 1-7 所示，外伸缩悬臂主要由导轨架、工作臂和推进液压缸等组成。推进液压缸的前端和工作臂相连，后端和导轨架相连。在其作用下，工作臂相对导轨架作伸缩运动。此种悬臂的结构尺寸和移动重量较大，推进阻力大，不利于机器的工作稳定性，但其结构简单，伸缩部件加工容易，精度要求较低。

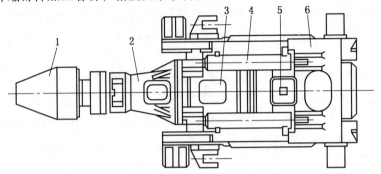

1—截割头；2—工作臂；3—减速器；4—推进液压缸；5—电动机；6—导轨架
图1-7　外伸缩悬臂

伸缩悬臂的伸缩行程应与截割深度（最大掏槽深度）相适应，一般在 0.5～1 m。推进液压缸的推进力应能克服伸缩部件的移动阻力和沿悬臂轴线方向的截割反力。

5. 回转台

回转台是悬臂支撑机构中的主要部件，位于机器的中央。它连接左、右履带架，支承悬臂，实现悬臂的回转、升降运动，承受着复杂的交变冲击载荷。掘进机回转台结构主要由回转体、回转支承、回转座和回转液压缸组成。回转体和悬臂铰接，回转座固联于机架上，在回转体和回转座中间装有回转支承。回转体（盘形支座）的下端装有回转齿轮，在盘形支座和回转座（十字构件）间装有圆盘止推轴承，盘形支座的下部和十字构件间装有球面滚子轴承，截割反力即通过这两个轴承传递到回转座和机架上。工作时，截割反力通过回转台传到机架上。回转台也是一个将悬臂工作机构和其他机构（装运、行走等机构）相连的连接部件，其结构是否合理，对机器的性能、可靠性、整体结构和高度尺寸有重大影响。对回转台的基本要求是：①承载能力大，耐冲击振动；②惯性小、运转平稳、噪声低；③结构紧凑，高度尺寸小；④回转力矩变化小。

回转台的传动方式有齿条液压缸式和液压缸推拉式。齿条液压缸式的传动原理如图1-8a 所示，它是利用齿条液压缸推动装在回转体上的齿轮带动回转体转动的，其回转力矩和转角无关。液压缸推拉式传动原理如图1-8b所示。对称布置的两个回转液压缸的后端和机架相连，前端和回转体相连。工作时一推一拉带动回转体转动，其回转力矩和转角有关：当悬臂位于机器的纵向轴线位置时回转力矩最大，向两边回转时逐渐减小。此种结构回转台的高度尺寸较小，有利于矮机身设计。

由于悬臂连同回转体是用回转支承（轴承）支承在装于机架上的回转座上的，回转支承在工作时承受着由截割头传来的复杂多变的轴向、径向载荷和倾覆力矩，所以要求回转支承具有较强的承载能力和较长的使用寿命。

（二）装运机构

装运机构用于将截落的煤岩收集并装载到刮板输送机上，由装载机构和中间输送机两部分组成。

装载机构由电动机（或液压马达）、传动齿轮箱、安全联轴器、集料装置、铲装板等

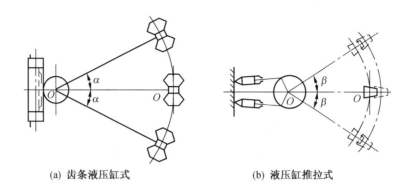

(a) 齿条液压缸式　　　(b) 液压缸推拉式

图 1-8　回转台传动原理

组成。铲装板是基体，呈倾斜安装在主机架前端，后部与中部输送机连接，前端与巷道底板相接触，靠液压缸推动可上、下摆动。为增加装载宽度，有的铲装板装有左、右副铲装板，有的则借助水平液压缸推动铲装板左、右摆动。铲装板上装有集料装置，由铲装板下面的传动齿轮箱带动。

对装载机构的设计要求是：

(1) 装载生产率要大于截割生产率，装得干净、不留死角。

(2) 装载铲装板的宽度应大于履带宽度，铲装板能升降，以便整机行走移动和适应底板起伏。铲装板的前沿应呈刀刃状，以减少插入阻力。

(3) 装载能耗低，结构坚固、耐磨，能适应恶劣的工作条件。

1. 机构型式

悬臂式掘进机所采用的装载机构型式有扒爪式、刮板式和圆盘星轮式 3 种。

1) 刮板式装载机构

刮板式装载机构可形成封闭运动，装载宽度大，但机构复杂，装载效果差，应用较少。

2) 扒爪式装载机构

扒爪式装载机构由偏心盘带动扒爪运动，两扒爪相位差为 180°，扒爪尖的运动轨迹为腰形封闭曲线，可将煤岩准确运至中间刮板输送机，生产率高，结构简单，工作可靠，应用较多。

3) 圆盘星轮式装载机构

圆盘星轮式装载机构的星轮直接装在传动齿轮箱输出轴上，靠星轮旋转将煤（岩）扒入中间输送机。该机构工作平稳，动载荷小，装载效果好，使用寿命长，多用于中型和重型掘进机。

2. 驱动方式

装载机构的驱动方式有前驱动和后驱动两种，且往往和中间刮板输送机用共同的电动机或液压马达驱动。

1) 前驱动

将电动机或液压马达及减速器布置在铲装板的后下部，利用扒爪曲柄圆盘（或星轮圆盘）下的圆锥齿轮带动装在中间轴上的刮板输送机主动链轮。此种驱动方式的特点：传动路线短，效率高，传动平衡，刮板链受力小。但铲装板的结构尺寸和重量大，结构设计困难。

2）后驱动

将电动机或液压马达及减速器置于中间刮板输送机的后部，由刮板输送机的从动链轮轴经联轴器把动力传给装载机构中的小圆锥齿轮，再经大圆锥齿轮带动圆盘转动。其特点是：可避免在铲装板下设置动力及减速装置，结构较简单，铲装板的结构尺寸和重量较小。但传动路线长，效率低，平稳性差，扒爪或星轮的运动速度不稳定，动载荷大；刮板链除要克服运输阻力外，还要克服装载阻力，需要选用强度等级较高的刮板链、驱动链轮和从动链轮，因此使中间刮板输送机的结构尺寸和重量有所增加。

（三）行走机构

行走机构是悬臂式掘进机行走的执行机构，是整机连接支撑的基础，用于驱动机器前进、后退和转弯，并能在作业过程中使掘进机向前推进。

悬臂式掘进机均采用履带式行走机构，用来实现机器的调动、牵引转载机，对悬臂不可伸缩式掘进机提供掏槽时所需要的推进力。此外，机器的重量和掘进作业中产生的截割反力也通过该机构传递到底板上。

掘进机履带行走机构的结构形式和传动原理与扒爪装载机相同，但也有其特殊性。其设计要求是：

（1）具有良好的爬坡性能和灵活的转向性能。
（2）履带应有较小的接近角和离去角，以减小运行阻力。
（3）应合理确定机器的重心位置，避免履带出现零比压。
（4）履带应有可靠的制动装置，以保证机器在设计的最大坡度上工作不会下滑。
（5）履带的接地比压小，因而驱动功率要大，以适应各种恶劣的底板工况。
（6）履带车的高度尺寸要小，以利于降低机器的高度和重心。
（7）两条履带应分别驱动，其动力可选用液压马达和电动机。

掘进机采用履带行走机构，左、右履带分别由电动机经左、右对称安装在履带架上的减速器减速后，再通过履带链轮驱动履带运动。

（四）回转机构

回转机构是使工作机构左右摆动和垂直升降的支撑机构，其承担工作机构截割煤岩时产生的较大载荷和倾覆力矩，其结构主要由回转臂、回转轴承和回转座构成。其中，回转臂与截割机构通过耳子铰接，在回转液压缸的推动下可左右摆动，完成截割头左右偏摆割煤。

（五）液压系统

液压系统由油泵站、液压操纵台、油马达、液压缸及液压辅助元件等组成，用以给马达、液压缸等提供压力油。部分断面掘进机工作机构需回转、升降、伸缩，装载机构和转载机构的升降和水平摆动以及机器的支撑等，均采用液压泵—液压缸系统来实现。另外，除工作机构要求耐冲击、有较大的过载能力、采用电动机单独驱动外，其他机构如装运机构、转载机构、履带行走机构也可以用液压泵—液压马达系统驱动。液压驱动具有操作简单，调速方便，易于实现过载保护等优点，但使用维护要求比较高。

(六) 电气系统

电气系统是驱动掘进机上的所有电动机,并对照明、故障显示、瓦斯报警等进行控制,同时也可实现电气保护的电控机构。

(七) 喷雾降尘系统

喷雾降尘系统是为减少掘进作业中产生的大量粉尘而配备的辅助装置,包括喷雾降尘和吸尘器降尘两种方式。部分断面巷道掘进机均设置外喷雾或内、外喷雾结合的喷雾降尘系统,用以向工作面喷射水雾。

三、典型部分断面掘进机

煤巷或岩巷掘进机有多种型号,下面介绍两种。

(一) EBH-132 型掘进机

EBH-132 型掘进机是一种悬臂横轴式部分断面掘进机,适用于煤或半煤岩采区巷道的掘进作业,在适应锚杆支护条件的矿井还可兼作缓倾斜中厚煤层的连续采煤机使用。

EBH-132 型掘进机适应的巷道净断面为 $7.5 \sim 23 \text{ m}^2$,可掘最大高度为 4.2 m,可掘最大宽度为 6.3 m,截割煤岩硬度 $f \leqslant 8$,最大工作坡度为 $\pm 18°$。

如图 1-9 所示,EBH-132 型掘进机主要由截割机构、回转机构、装运机构(包括刮板输送机)、转载机构、行走机构、电控箱、液压系统、喷雾降尘系统等部分组成。

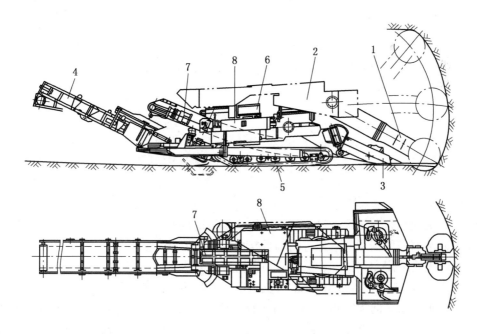

1—截割机构;2—回转机构;3—装运机构;4—转载机构;5—行走机构;
6—电控箱;7—刮板输送机;8—液压系统

图 1-9 EBH-132 型掘进机总体结构

(二) EBZ-300 型掘进机

EBZ-300 型掘进机是佳木斯煤矿机械有限公司结合国际先进技术创新研制的中国第

一台截割功率达 300 kW 的掘进机。该机广泛使用于岩巷巷道的掘进，也可在铁路、公路、水利工程等隧道中使用。一次定位截割断面可达 30 m²，经济截割强度小于或等于 100 MPa，最大截割强度为 120 MPa。

EBZ-300 型掘进机，集成了国际先进技术，能够实现连续切割、装载、运输作业，除了截割机构外，均采用液压驱动，如图 1-10 所示。

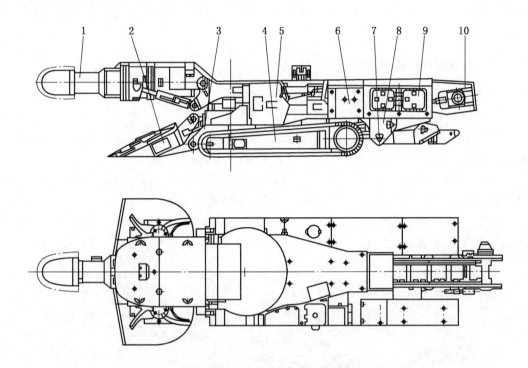

1—截割部；2—铲板部；3—本体部；4—行走部；5—液压系统；6—水系统；
7—润滑系统；8—后支承；9—电气系统；10—第一运输机

图 1-10　EBZ-300 型掘进机

该机主要有以下技术特点：

(1) 整机配置高，技术先进，可靠性好，机器稳定性好。
(2) 截割部采用国际上最先进的轴承与截齿，破岩能力强。
(3) 内喷雾采用专利技术，截齿后喷雾，可内漏检测。
(4) 进口采用密封双位调换并配有支承环，延长格莱圈使用寿命。
(5) 铲板镜面双向大倾角调整，马达直接驱动星轮，利于装料和清底；中间运输机应用平直机构，与铲板构成四连杆滑移，铲板抬起或挖底时第一运输机双链长度变化非常小。
(6) 龙门高，运输通畅，采用边双链结构高强度耐磨钢板，提高中部槽及刮板使用寿命。
(7) 本体采用厚板箱型结构焊接，坚固可靠。
(8) 行走驱动采用进口马达与减速器高度集成，驱动力大，性能可靠，液压系统采用恒功率控制、压力/负载敏感控制功能。

（9）电气系统技术先进，采用模块化设计，操作箱具有液晶汉字动态显示、故障自诊断及记忆功能。

典型的部分断面煤巷掘进机技术参数见表1-1。

表1-1 典型的部分断面煤巷掘进机技术参数

主要技术参数	产品型号			
	ELMB-75	AM-50	EBH-132	EBZ300（A）
机重/t	23.6	26.8/28.6	43	98
外形（长×宽×高）/（mm×mm×mm）	18061×1438×1314	7500×2105×1645	8940×2340×1400/1550	12000×2800×2000
总功率/kW	130	174/163	222	570
泵站功率/kW	55	11	90	150
截割功率/kW	75	100	132	300
截割头转速/(r·min^{-1})	50	74.4/73.9	75.83	48
最大掘进高度/mm	3600	4000	4200	5200
最大定位掘进宽度/mm	5400	4800	6320	6200
截割岩强度/MPa	最大单向抗压强度≤50	最大单向抗压强度≤70	最大单向抗压强度≤8	≤100
履带行走速度/(m·min^{-1})	2.84/5.8	4.98	4.98~13	0~8
履带板宽/mm	200/250	370/543	520	650
接地比压/MPa	0.14	0.13/0.09	0.135	0.188
装载形式	扒爪耙装式	星轮/耙爪	星轮、双边链刮板输送机	独立星轮
电压/V	660	1140/660	1140/660	1140
适应巷道坡度/(°)	±12	±16.2	±18	±18

第三节 全断面巷道掘进机

全断面掘进机的工作机构通过旋转和连续推进，能将巷道整个断面的岩石或煤破碎。它按掘进断面的形状和尺寸将刀具布置在截割机构（刀盘）上，通过刀具破岩并实现装岩、转载、支护等工序平行连续作业。主要用于掘进煤矿岩石大巷、水电水利隧洞、铁路公路隧道，也可用于掘进煤矿斜井井巷。掘进断面一般为圆形，如加设截割底角机构，掘进断面可近似拱形。

一、工作原理

1. 滚刀破岩原理

全断面掘进机多采用盘形滚刀破岩。如图1-11所示，盘形滚刀主要由刀圈、刀体、轴承、心轴、密封装置等组成。

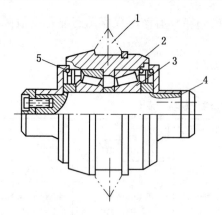

1—刀圈；2—刀体；3—轴承；4—心轴；5—密封装置
图 1-11　盘形滚刀

安装于刀体上的刀圈可相对于心轴转动，为防止杂物进入轴承，在刀体的两侧装有密封装置。心轴固定于刀盘的滚刀架上，使滚刀随刀盘一起转动。工作时，在刀盘推压力的作用下，刀圈被压紧在岩石上，滚刀前面的岩石被挤成粉末，形成处于三向挤压状态下的粉碎区 4（图 1-12），同时还把粉碎区外的一些岩石挤碎，形成破碎区 5（图 1-12）。在滚刀接触压力的作用下，粉碎区内的岩粉沿滚刀两侧面向外喷出。随着刀盘的转动，在工作面上形成了许多环形截槽。滚刀的楔形边在推压力的作用下，会产生平行于工作面的分力。在此分力的作用下，相邻截槽间的岩石被成片地剪碎，从而形成一圆形断面。断面的大小取决于刀盘直径。相邻截槽间的间距恰当，推压力足够，可取得良好的破岩效果。

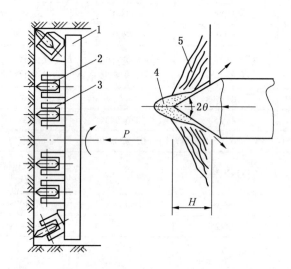

1—刀盘；2—盘形滚刀；3—刀座；4—粉碎区；5—破碎区
图 1-12　盘形滚刀破岩原理

2. 工作方式和推进原理

全断面掘进机由主机和配套系统两大部分组成，主机用于破落岩石、装载、转载，配套系统用于运砟和支护巷道等。

主机由截割机构（刀盘）、传动装置、支撑和推进机构、机架、带式转载机、液压泵站、除尘抽风机和司机室等组成。截割机构（刀盘）是破岩和装砟的执行机构。支撑和推进机构使掘进机迈步式向前推进并给刀盘施加推力。机架由机头架、大梁或护盾组成。出砟输送机运出岩屑，一般采用带式转载机，司机室内设有各种显示仪表、操作台等。

工作时，电动机通过传动装置驱动支承在机头架上的刀盘低速转动，并借助推进液压缸的推力将刀盘压紧在工作面上，使滚刀在绕心轴自转的同时，随刀盘做圆周运动，实现滚压破岩。当均布在刀盘周边的 4~12 个铲斗转至最低位置时，将碎落在底板上的岩屑装入斗内，在铲斗转至最高位置时，利用岩屑的自重将其卸入带式转载机的受料槽内，转运至机器尾部再卸入矿车或其他运输设备。推进液压缸和水平支撑液压缸配合作用，使机器实现迈步行走。安装在机头架上的导向装置可使刀盘稳定工作。利用激光指向器可及时发现机器推进方向的偏差，并用浮动支撑机构及时调向，以保证机器按预定方向向前推进。除尘抽风机可消除破碎岩石时所产生的粉尘，还可通过供水系统从安装在刀盘表面的喷嘴向工作面喷雾，以降低粉尘。

掘进机的推进原理：水平支撑液压缸装在大梁的后部，通过 4 个推进液压缸（上、下、左、右各一个）和机头架相连。水平支撑液压缸的活塞杆端部通过球铰与水平支撑板相连，与大梁用浮动支撑机构相连。该机构中的鞍座和水平支撑液压缸间通过 4 个斜撑液压缸相连，鞍座上的导槽与大梁上的导轨相配合，允许整个水平支撑机构沿大梁作纵向移动。工作时，先将水平支撑板撑紧在巷道的两帮，支承住机器后半部分的重量，然后将机器的后支撑液压缸提起，再开动推进液压缸将刀盘、机头连同大梁一起推向工作面。达到推进行程后，再将后支撑液压缸放下撑在底板上，支承住机器后半部的重量，然后缩回水平支撑液压缸的活塞杆，使水平支撑板脱离岩帮后再收缩推进液压缸，拉动水平支撑液压缸沿大梁向前移动一个步距，即完成了一个推进行程。此后不断重复上述过程，机器即以迈步行走的方式向前推进。

3. 指向和调向

现代全断面掘进机均采用激光指向装置指示掘进机的推进方向。激光发射器挂在远处巷道的右上角，发出一定波长的红色激光束。用有机玻璃板制成的靶标上刻有方格线条，靶标固定在司机室的右上方，中央有一小孔。固定在机头架右上方的靶标的背面涂有红漆，可阻止红色光线通过。若掘进机按预定方向和坡度向前推进，激光束将通过装在掘进机后部的金属板和靶标中央的小孔照射到靶标的中心点上（预先调整好）。当激光束射着点偏离该中心点时，即指示出掘进方向发生了偏差。根据射着点的位置，可判断出掘进方向向哪边偏离及偏离量的大小。

当发现偏差后，应及时调向才能保证掘进方向的准确性。掘进机的调向包括坡度调向、水平调向和翻滚调向 3 种操作，如图 1 - 13 所示。

（1）坡度调向。机器在换行程时，放松水平支撑，利用后支撑的伸缩调整机器的俯仰程度，使机器按要求的坡度推进。

（2）水平调向。换行程时，使左、右两水平支撑液压缸的活塞腔连通，两个活塞杆腔一个进油，另一个回油，以改变左、右活塞杆的伸出长度，刀盘以前下支撑为支点转动，从而改变掘进的水平方向。

（3）翻滚调向。机器在掘进中，因刀盘旋转而产生的反作用转矩，常导致机器绕其纵轴线倾转，在换行程时可用浮动支撑机构进行纠偏。大梁是用浮动支撑机构中的左、右浮动支撑液压缸 2 和 3 浮动地连在水平液压缸体上的。当后支撑撑紧后，放松水平支撑，利用左、右浮动支撑液压缸把水平液压缸调平，达到纠偏的目的，使机器恢复正确位置。若纠偏时机器是在前进中，可通过定量阀向左、右浮动支撑液压缸供油，使左、右浮动支撑液压缸反向动作来恢复机器的正确位置。

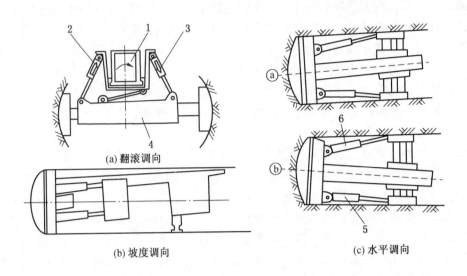

1—大梁；2，3—左、右浮动支撑液压缸；4—水平液压缸体；5，6—左、右推进液压缸
图1-13 掘进机调向

二、截割机构

全断面掘进机的截割机构具有破岩和装载功能，简称刀盘。刀盘直径即为全断面掘进机的直径，通常为 2.5～10 m。工作时，刀盘旋转并被压向工作面，刀盘上的盘形滚刀滚压破岩，碎落的岩屑掉至工作面底部，由刀盘外缘的铲斗铲起，提升到卸载槽处卸载。

按刀盘的工作面形状可分为平面、球面、截锥3种。按结构特征可分为薄型和厚型两种，其中薄型刀盘又有工作面换刀和内腔换刀两种形式。

平面刀盘的工作面形状由平面和圆弧过渡面组成，结构简单，制造较易，刀具布置方便，适用于岩层节理发育的岩巷；但机器工作时稳定性较差，对边刀寿命不利。薄型平面刀盘的卸料口位于大轴承、大齿圈及其密封之前，刀盘较薄，卸料口距刀盘工作面较近，不易卸料；但卸料口位于大轴承及其密封之前，易污染大轴承，且输送机受料槽伸入刀盘内腔，造成大轴承的径向尺寸较大。此种刀盘的卸料内腔还可成为更换刀具的空间。此外，刀盘做成从内腔换刀，使换刀工作不受岩巷地质状况的影响，换刀与检查都比较安全。厚型平面刀盘的卸料口位于大轴承、大齿圈和大密封等后面，刀盘较厚。其铲斗分布于刀盘外缘，铲斗的轴向尺寸较长，不能内腔换刀。

球面刀盘工作面由小平面、球面、圆弧过渡面组成。工作时较稳定，机器晃动力由全部刀具承受，保护了边刀；但制造复杂，刀具布置麻烦，刀盘工作面容易积料，造成二次破碎现象。球面刀盘也有薄型和厚型之分。

截锥刀盘工作面形状介于平面和球面之间，由平面、锥面、圆弧过渡面组成。有薄型与厚型两种。

刀盘由刀盘体、铲斗、刀具和喷水装置等组成（图1-14）。刀盘体是安装铲斗、刀具和喷水装置的基架，与主机的机头架连接并传递驱动转矩及推压力。铲斗是刀盘外缘的斗状构件，随刀盘旋转而装卸物料。刀盘体与铲斗均为焊接和铸造结构件拼装而成，其形状适应刀盘的分块拼装。刀具一般用盘形滚刀，按其在刀盘体上的位置，分为中心刀、边刀和正刀。中心刀安装在刀盘心部，结构比较紧凑，通常采用双刃型盘形滚刀成对布置，双刃彼此独立且分用主轴。

刀体是支撑刀圈并与刀座连接的组件。刀体由轴承、密封件、主轴、端盖等组成。轴承有标准轴承和非标准轴承两种。轴承可适应径向和轴向负荷，标准轴承通常选用一组重型圆锥滚子轴承，装配时调整隔离圈的距离，使两个圆锥滚子轴承处于无间隙的工作状态。非标准轴承通常由一组向心滚子轴承和一组推力滚子轴承组成，其特点是将向心滚子轴承的外圈或内圈用刀体壳体或主轴代替，因而径向结构比较紧凑，刀体重量较轻。密封一般采用成对金属端面浮动密封环，它能使轴承较长时间处于良好润滑条件。标准轴承组合的刀体选用稀油润滑，非标准轴承刀体则采用脂润滑。

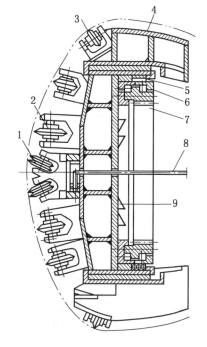

1—中心刀；2—正刀；3—边刀；4—铲斗；
5—密封圈；6—组合轴承；7—内齿圈；
8—供水管；9—刀盘

图 1-14 刀盘结构

三、配套系统

配套系统包括运砟运料系统、支护设备、激光指向系统、供电系统、安全装置、供水系统、排水系统和通风降尘系统等。这些系统的部分装置、设备安装在主机上或是主机的组成部分。

1. 运砟运料系统

该系统把岩屑运出巷道并把支护材料、预制混凝土管片、金属环形支架、刀具等运送至工作面，一般采用两种方式：

（1）矿车列车运砟运料。矿车列车进巷道时运料，出巷道时运砟。为提高调车和装砟速度，在主机后部安设随主机前移的移动式调车平台，该平台上一般铺设两条轨道，便于待装矿车和满载矿车的调车。对掘进断面较小、巷道只能铺设单轨的情况，还要在巷道内安置若干个固定调车平台，以便进、出的矿车列车在此交会错车。

（2）可伸缩带式输送机运砟，矿车列车运料。

2. 支护设备

在主机或主机后安装各种类型的支护设备，根据巷道地质条件选用。支护形式与设备的主要类型有：锚杆安装机和混凝土喷射机用于锚喷支护，架棚机用于架设金属环形支架，支护机械手用于架设预制混凝土管片。

3. 通风降尘系统

通风降尘方式主要采用外压入式，在硐口外安装几台串联在一起的轴流式通风机，其产生的强大风流由悬挂在巷道顶部或侧帮的风筒通入工作区。可安设一台鼓风机将新鲜空气加压吹至工作面各部位。主机上设喷雾除尘装置和防尘隔板，并在主机后部设置除尘器一台，由一台抽风机将主机前端的污浊空气抽出，经除尘器滤清粉尘后排放至巷道内或排出巷道。

4. 供电系统

供电系统把由中央变电所引来的万伏级高压电送入全断面岩巷掘进机的电气系统，由高压供电和低压供电两级组成。高压供电部分由高压真空配电装置（安装在地面硐口或井下机电硐室）、屏蔽高压电缆、高压电缆连接器、变电站（放在配套设备上）主负荷的高压侧开关等组成。随着主机向前推进，高压电缆需不断延伸，在主机机尾处设电缆卷筒，以便快速连接电缆和延伸电缆。低压供电部分由变电站的低压侧、真空启动器、多回路组合开关和其他电气设备组成，给各电动机、照明系统、信号系统供不同电压等级的低压电。

5. 供水系统

供水系统通过铺设到工作面的水管，提供电动机和液压系统冷却、刀具喷雾降尘、喷射混凝土和注浆用水。

6. 安全装置

在含瓦斯的岩层中掘进，需设瓦斯报警断电仪等安全装置，以便在瓦斯含量达到一定程度时发出警报并切断总电源。

第四节 掘锚联合机组

掘锚联合机组既能割煤、装运，又能同时打眼、安装锚杆，掘、装、运、支平行作业，一次成巷，提高了掘进速度和工作效率。掘锚联合机组已成为目前快速掘进的理想设备。

1955 年，美国 JOY 公司将连续采煤机的履带两侧各装一台回转式液压钻机，形成最初的联合机组。1962 年，发展为加大截割高度和宽度的掘锚联合机组。20 世纪 90 年代以来，制造连续采煤机和悬臂式掘进机的公司均着手在其新开发的机型上配装锚杆打眼、安装机构。下面以 ABM20 型掘锚联合机组为例说明掘锚联合机组的组成和作业方式。

一、ABM20 型掘锚联合机组的组成

ABM20 型掘锚联合机组的总体结构由两大部件组合而成，如图 1-15 所示。其一是截割悬臂机构 1、2 和装载运输机构 4、6，通过平移滑架 3 连接成一个上部组件，依托其下部的平移滑架（落在主机架上）和前部的装载板（落在地面上）支撑；其二是履带行走装置 7 和锚杆机构 10、顶梁 9，通过主机架 5 连接成下部组件（下部组件上还装设液压泵站 13、电控装置 12 及附属装置 8、14、15）等。两大组件通过主机架上的滑道与平移滑架互相滑合连接，并靠铰接在主机架和平移滑架上的液压千斤顶推移上部组件切入割煤，最大推移量为 1 m。

1. 截割机构

截割机构由截割滚筒、截割电动机、减速齿轮箱、悬臂及调高千斤顶等组成。悬臂后端耳板回转轴套与滑架铰连，并通过销套与调高千斤顶相连。

截割滚筒驱动电动机为一台 270 kW、三相交流防爆水冷型电动机，具有启动电流低、

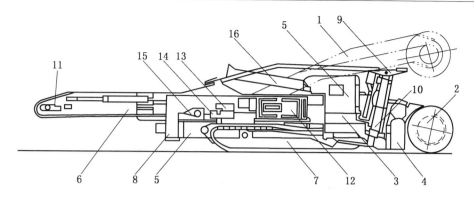

1—截割悬臂及电动机；2—截割滚筒及减速箱；3—滑架；4—装载机构及传动装置；5—主机架；6—刮板输送机；
7—履带行走装置；8—稳固千斤顶；9—顶梁；10—锚杆机构；11—输送机链条张紧装置；12—电控装置；
13—液压泵站；14—润滑装置；15—供水装置；16—通风管道

图 1-15 ABM20 掘锚联合机组总体结构

结构紧凑、耐高温防潮的特性，纵向布置在悬臂壳内前端。截割滚筒减速齿轮箱共 5 级，二级直齿轮、一级圆锥齿轮及二级行星齿轮，带动两侧截割滚筒工作。

截割滚筒由左、右中段，左、右侧段和左、右伸缩段共 6 段组成。截割滚筒总宽度有两档供选用，即 4.9 m 及 5.2 m。当伸缩滚筒缩回则为 4.4 m 及 4.7 m。左、右伸缩段通过液压缸可外伸 0.25 m。液压缸的高压液由机载加压泵供给，额定压力为 9 MPa。

高压水喷雾灭尘系统装有回转相位自控阀，即只有滚筒前面截割煤的那些截齿的喷嘴才有高压水喷出，转到滚筒后面即不出水。喷水过程为脉冲式。这种系统有许多优点：以最小的水量达到高效抑尘的目的；节约压力水，降低能源消耗；脉冲射流有利于润滑切割；冷却齿尖，降低磨损，延长截齿寿命；降低产出煤炭的水分含量；在截割砂岩和磨砺性高的硬岩时，可防止摩擦火花引爆瓦斯。

机组要求供水系统压力为 1.5 MPa，流量为 100 L/min，经过滤（100 μm）后由机载三柱塞液压泵驱动的加压水泵增压至 11 MPa（送至内喷雾及液压缸大约降至 9 MPa），供截割滚筒内喷雾用。回转脉冲相位控制阀的脉冲频率为 50 Hz，流量为 50 L/min。每个截齿有 1 只喷嘴，喷嘴孔直径 0.8 mm，耗水量为 1 L/min。

悬臂是箱形断面结构件，中间空心作为风流通道，其后端通过挠性接头与通风吸尘管道相连，排除滚筒割煤产生的粉尘。

2. 装载机构

装载机构为常规的星轮扒爪式。在宽 4.2~4.8 m 的可伸缩铲装板上左、右各布置 2 个四星轮，回转扒装由截割滚筒采落的煤炭，装载能力最大为 25 t/min。

装载机构由铲装板，四星扒爪轮，左、右伸缩摆板及伸缩千斤顶，左、右升降千斤顶，左、右电动机，齿轮减速器，链轮传动轴及传动行星轮的圆锥齿轮等组成。装载机构通过斜面法兰用螺栓与刮板输送机相连，通过底滑板落在主机架上前、后滑动导向。铲装板在伸开时最大装载宽度为 4.8 m。

左、右电动机驱动装载机构和刮板输送机，其功率为 2×36 kW，采用防爆水冷三相交流鼠笼式，用法兰连接在左、右齿轮减速器外侧上端。

左、右齿轮减速箱结构相同，立式对称布置，内部各装一对带中间惰轮的圆柱齿轮副，输出传动轴再分别带动各星轮的圆锥齿轮副。输出轴中部通过链轮传动带动单链刮板输送机。

装载机构与刮板输送机通过斜面法兰用螺栓连为一体，这样整个装载运输机构通过两个导向支点：刮板输送机机尾两侧凸块与平移滑架和装载机构底滑板主机架，由切入千斤顶推移平移滑架而前、后移动，并可与平移滑架相互移动调整定位。

3. 锚杆机构

锚杆机构由4台顶板锚杆机、2台侧帮锚杆机、2个前支撑千斤顶组成的稳固装置、支护顶梁、2个底托板、2个操作平台及2套控制盘组成。

锚杆机构的液压钻一般为回转式液压钻。根据用户要求也可配套冲击回转式液压钻，其钻孔直径范围为 20～50 mm，钻进转矩为 270～300 N·m，钻进力为 15 kN，在一般抗压强度 80 MPa 岩石中钻进速度可达 1 m/min。

在机组的截割滚筒与履带之间，悬臂和装运机构的两侧各装有 2 台打顶板锚杆的锚杆机和 1 个前支撑千斤顶，其后面装有左、右各 1 台侧帮锚杆机及钻臂推进装置。两外侧顶板锚杆机可左、右、前、后摆动，两内侧锚杆机连接在左、右支撑千斤顶上可左、右摆动，从而在 5 m 左右巷宽内均能方便地打孔装设锚杆，每排 2～8 根。两台内侧顶板锚杆机由于中部结构（悬臂及装运机构）的限制，在其巷道中心两个锚杆的最小间距（当巷高 2.4 m 时）为 1.26 m，而 2 台外侧锚杆机所打外侧锚杆间距可在 3.19～4.46 m 范围内调整。侧帮锚杆机装在左、右操作平台上可上、下摆动，在距底板 0.8～1.6 m 范围内，每侧每排打一两根锚杆。在锚杆机一次钻进不换钻杆的情况下可装设长度为 2.1 m 的锚杆（当巷高 2.5 m 时）。顶板锚杆机构的支撑千斤顶有长、短两档，可根据所掘巷道高度选用。在使用时应特别注意滚筒切割高度，它应低于锚杆机可能的打眼安装高度，以免造成巷道支护困难。

左、右两只前支撑千斤顶顶部装有支护顶板的顶梁，顶梁全长 3.4 m。在机组工作时千斤顶伸出撑紧顶板，既可保持锚杆机构和主机体稳固，免除滚筒割煤振动对锚杆打眼安装作业的影响，又可防护顶板冒落，保证锚杆工的操作安全。顶梁前缘距巷道迎头在未切入煤壁前最小距离（即控顶距或无支护空间宽度）为 1.2 m 左右。此时可装第一排锚杆，距煤壁 1.5 m 左右。

左、右前支撑千斤顶的底托板通过弹簧钢板与左、右履带架连接。在机组行走时，弹簧板将锚杆机构托起离地。当千斤顶伸出支撑顶板时，弹簧板被压下使底托板落地。支护顶梁顶部通过与之铰接的联结架与主机架相连，保证锚杆机构在工作和升降过程的稳定性。

二、巷道掘进作业方式和工作程序

掘进割煤方式和锚杆打眼安装作业程序如图 1-16 所示。

第一步：将机器推进使滚筒紧靠煤壁顶板，铲装板前端落地，将前支撑千斤顶伸高，使顶梁撑紧顶板后，稳固千斤顶伸出、落地、撑紧底板，使履带基本不承载。各锚杆机能按支护设计布置规定进行锚杆打眼安装作业。如采用 W 型钢带梁支护时，首先用顶梁托起 W 型钢带梁使其紧贴顶板，按 W 型钢带上长孔定位开动锚杆机钻孔，然后用锚杆机装

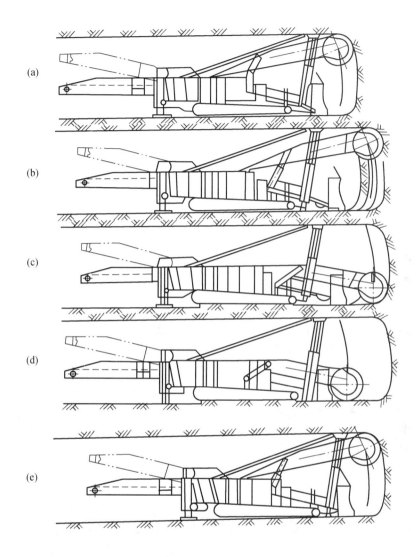

(a)—机身前后支撑稳固,将锚杆机伸至顶板,锚杆机开始打眼和安装锚杆作业;
(b)—切入截割煤壁(同时输送机和装载机也前移)同时锚杆机打眼和安装锚杆作业;
(c)—滚筒从顶切到底,同时锚杆机继续完成打眼和安装锚杆作业;
(d)—退回截割机构,以便清理装载底部采落煤岩;(e)—再次开始

图1-16 机组掘进支护作业循环程序

入树脂药包和锚杆并回转搅拌,再装垫板,用锚杆机低速转动拧螺帽,按钻机预设定液压力使锚杆达到顶应力锚固要求。

第二步:开动截割滚筒和装载运输机构,操作切入千斤顶,将上部机架向前推移,使滚筒切入煤壁,其切入深度最大为1 m,一般应为锚杆支护排距尺寸,同时,装运机构将落煤运出,装入后面的运输设备。此时,主机架履带仍在原位置保持稳定,锚杆机继续打眼和安装锚杆。

第三步:截割滚筒从顶向底切割巷道全断面,装运机构同时装运采落的煤炭,锚杆机继续装设锚杆。

第四步：操作切入千斤顶退回截割装运机构，同时完成一排锚杆的安装作业；然后抬起后稳固千斤顶使之离地，松开前支撑千斤顶，使顶梁继续接触顶板擦顶移动；开动履带，整个机组前移一个循环步距（一般为一排锚杆间距）。

第五步：同第一步所述开始第二个循环。当锚杆排距在 1 m 以上时，一般第二步切入深度为 1/2 排距。每循环反复按第二步、第三步切入，上、下割煤两次（即切入两刀）打一排锚杆。完成一个截割断面装运落煤和锚杆支顶作业的循环时间主要决定于打一排锚杆的根数、排距和长度。

第五节 钻孔机械

钻孔机械主要用于岩巷掘进的钻眼爆破法工作面中的钻凿炮眼，是钻孔施工中使用的各种机具的总称，主要有凿岩机、凿岩台车等。

一、凿岩机的工作原理

凿岩机是一种在岩壁上钻凿炮眼用的机械，按冲击破碎原理进行工作，如图 1-17 所示。工作时在气压力或液压力作用下，活塞在缸体内做高频（1800 次/min 以上）往复运动不断地冲击钎尾。在冲击力的作用下，呈尖楔状的钎头将岩石压碎并凿入一定深度，形成一道凹痕。活塞返回后，钎杆回转一定角度，活塞向前运动再次冲击钎尾，又形成一道新的凹痕。相邻两凹痕之间的扇形岩块被由钎头上产生的水平分力剪碎。随着活塞不断地冲击钎尾，钎子回转钻进，从钎杆的中心孔连续输入压缩空气或压力水，将岩孔内的岩屑及时清除，即可形成一定深度的圆形钻孔，保证凿岩机正常运作。

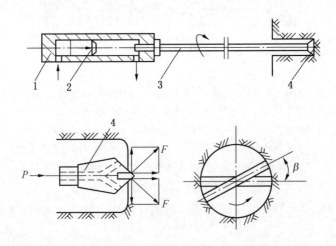

1—凿岩机缸体；2—活塞；3—钎杆；4—钎头
图 1-17 凿岩机的工作原理

钎子是凿岩机破碎岩石和形成岩孔的刀具，由钎头和钎杆两部分组成。钎杆与钎头连接方式有两种：一种是锥面摩擦连接（锥角3°30′），另一种是螺纹连接。锥面摩擦连接加工简单，拆装方便，只要锥面接触紧密，钎头和钎杆不会轻易脱落，是目前广泛应用的一种连接方式。

二、凿岩机的分类

凿岩机的种类很多，但构造及工作原理基本相似，只是在动力方式上不同。按所用动力可分为气动、液压、电动和内燃机驱动4类。目前煤矿应用最普遍的是气动凿岩机（又称风钻），工作较可靠。液压凿岩机的效率远高于气动凿岩机，是最有发展前途的凿岩机械，国内正推广使用。电动凿岩机已有少量应用，但工作可靠性较差。内燃凿岩机因废气净化和防爆问题尚未解决，目前煤矿矿井内还无法应用。

(一) 气动凿岩机

气动凿岩机结构简单、工作可靠、使用安全，在煤矿中应用较早且较多。利用旋转运动冲击破岩，以压缩空气作为传动介质驱动凿岩机的冲击机构和转钎机构。按操作方式不同，分为手持式、支腿式和导轨式3种；按频率分为低频凿岩机（冲击频率42 Hz以下）和高频凿岩机（冲击频率42 Hz以上）；按转钎机构又可分为内回转式凿岩机和外回转式凿岩机。

手持式气动凿岩机以手托持，靠凿岩机自重或操作者施加的推压力推进凿岩。功率小、机重较轻，但手持作业劳动强度大、钻孔速度慢，通常用于钻凿直径较小的浅孔。

气腿式气动凿岩机用支腿支承和推进，可减轻劳动强度，提高钻孔效率。用于在岩石巷道钻凿孔径24～42 mm、孔深2～5 m的水平或倾角较小的孔，使用最广泛。主要由钎杆、凿岩机、注油器、水管、风管和气腿等组成。钎杆的尾端装入凿岩机的机头钎套内，注油器连接在风管上，使压气中混有油雾，对凿岩机内零件进行润滑，水管供给清除岩屑用的水，气腿支撑凿岩机并给以工作所需的推进力。

导轨式气动凿岩机装在凿岩台车钻臂的推进器上，沿导轨推进凿孔。这种凿岩机重量较重，冲击能大，采用独立的外回转机构，转矩较大，凿孔速度较快，可显著减轻劳动强度，改善作业条件。适用于钻凿孔深5～10 m、孔径40～80 mm的硬岩炮眼。

气动凿岩机虽然种类较多，但结构基本相似，均由冲击配气机构、转钎机构、排屑机构和润滑机构等组成。

1. 冲击配气机构

常用的配气机构有被动阀配气机构、控制阀配气机构和无阀配气机构3种。

被动阀配气机构依靠活塞往复运动时压缩前、后腔气体，形成高压气垫推动配气阀变换位置，有球阀、环状阀和蝶状阀3种。其中，球阀已很少使用；环状阀和蝶状阀配气机构动作原理基本相似。如图1-18所示，压缩空气按箭头所示方向进入气缸后腔，推动活塞进入冲击行程。当活塞前进到关闭排气孔位置时，气缸前腔成为密封腔，其压力随着活塞的前移而上升，且通过气孔作用于配气阀后腔。当压力超过压缩空气压力时，配气阀换位，压缩空气按箭头方向进入前腔，使活塞返回。活塞关闭排气口后，后腔压力上升，又推动配气阀换位。配气阀的不断换位使活塞往复运动，冲击钎尾。

2. 转钎机构

使气动凿岩机钎杆回转的机构称为转钎机构，有内回转和外回转两种。

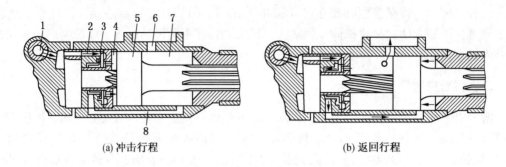

(a) 冲击行程　　　　　　　　　(b) 返回行程

1—压气入口；2—气道；3—配气阀；4—气缸后腔；5—活塞；6—排气口；7—气动前腔；8—气路通道

图 1-18　环状阀配气机构

内回转转钎机构：如图 1-19 所示，当活塞 4 往复运动时，通过螺旋棒 3 和棘轮机构，使钎杆每被冲击一次转动一定的角度。由于棘轮机构具有单向间歇转动特性，冲程时棘爪处于顺齿位置，螺旋棒转动，活塞沿直线向前冲击；回程时，棘爪处于逆齿位置，阻止螺旋棒转动，迫使活塞转动，从而带动转动套和钎杆转动一定角度，多用于轻型手持式或气腿式气动凿岩机。

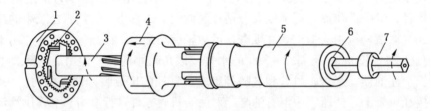

1—棘轮；2—棘爪；3—螺旋棒；4—活塞；5—转动套；6—钎尾套；7—钎杆

图 1-19　内回转转钎机构

外回转转钎机构：由独立的气动马达经齿轮减速驱动钎杆转动，具有转速可调、转矩大、转动方向可变等特点，有利于装拆钎头、钎杆，多用于重型导轨式气动凿岩机。

3. 排屑机构

用水冲洗排除孔内岩屑的机构称为排屑机构。凿岩机驱动后，压力水经水针进入钎杆中心孔直通炮孔底，与此同时，有少量气体从螺旋棒或花键槽经钎杆渗入炮孔底部，与冲洗水一起排除孔底岩屑。在凿深孔和向下凿孔时，孔底的岩屑不易排出，可把凿岩机的操纵手柄扳到强吹位置，使凿岩机停止冲击，停止注水，压缩空气从操纵阀孔进入，经过气缸气孔、机头气孔、钎杆中心孔渗入孔底，实现"强吹"，把岩屑泥水排除。

4. 润滑机构

向凿岩机各运动件注润滑油以保证凿岩正常作业的机构称为润滑机构。一般在进气管上安装 1 台自动注油器，油量大小由调节螺钉调节。压缩空气进入自动注油器后，对润滑油施加压力，在高速气流作用下，润滑油形成雾状，润滑各运动零件。

（二）液压凿岩机

液压凿岩机以高压液体为动力，推动活塞在缸体内往复运动，冲击钎杆破碎岩石。与气动凿岩机相比,具有动力消耗少、凿岩速度快、效率高、作业条件好、操作方便、适应性强、易于控制、钻具寿命长等优点,但其对零件加工精度和使用维护技术要求较高,还不能完全代替气动凿岩机。液压凿岩机一般安装在凿岩台车的钻臂上工作,可钻凿任何方位的炮孔,钻孔直径通常为30~65 mm,适用于以钻眼爆破法掘进的矿山井巷、硐室和隧道的钻孔作业,是一种新型高效的凿岩设备。

液压凿岩机按操作方式可分为支腿式和导轨式两种,其中导轨式应用最为普遍。导轨式液压凿岩机将凿岩机装在凿岩台车钻臂的推进器上,沿导轨推进凿岩。导轨式液压凿岩机按重量又可分为轻型(50 kg以下)、中型(50~100 kg)和重型(100 kg以上)3种。轻型主要用于钻凿小直径浅孔,重型用于钻凿大直径深孔。

液压凿岩机的典型结构由钎杆、转钎机构、配流阀、冲击锤、供水机构、缓冲装置、液压马达和蓄能器等组成。液压凿岩机和气动凿岩机一样,也是利用旋转运动冲击破岩,其不同之处是使用循环的高压液体作为传动介质驱动凿岩机的冲击机构和转钎机构。

1. 冲击机构

按配油结构可分为有阀式和无阀式两种。有阀式冲击机构按回油方式可分为单腔回油和双腔回油。按配油阀与冲击活塞的相对位置可分为单腔回油套阀式冲击机构和单腔回油柱阀式冲击机构。

有阀式冲击机构由活塞、缸体和配油阀等组成。压力油通过配油阀和活塞的相互作用不断改变活塞两端的受压状态,使活塞在缸体内往复运动并冲击钎尾做功。无阀式冲击机构由活塞、缸体组成,通过活塞运动时位置的改变实现配油。无阀式冲击机构在技术上尚未成熟。液压凿岩机多采用单腔回油套阀式、单腔回油柱阀式和双腔回油柱阀式等。

双腔回油柱阀式冲击机构的原理如图1-20所示。活塞两端直径相同,由配油柱阀控制,前、后腔交替进油和回油,实现活塞往复冲击运动。

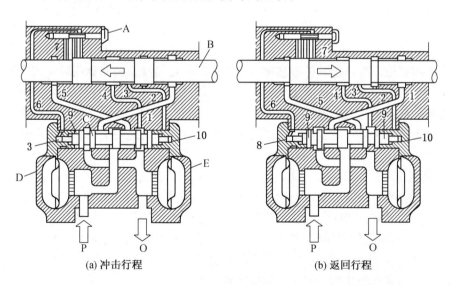

1,5—主油路;2,6,7,9—控制油路;3,4—回油油路;8,10—柱阀左、右油室;
A—调节塞;B—活塞;C—柱阀;D—高压蓄能器;E—回油蓄能器

图1-20 双腔回油柱阀式冲击机构

(1) 冲击行程。由图 1-20a 可知，压力油从 P 口进入，通过柱阀、主油路到活塞后腔，前腔回油经过主油路柱阀回油箱。活塞在后腔压力油作用下开始冲程。当把活塞后端控制油孔打开时，高压油经后端控制油路推动柱阀左移换向，同时活塞冲击钎尾。

(2) 返回行程。由图 1-20b 可知，压力油经柱阀主油路进入活塞前腔，活塞后腔回油，经主油路柱阀回到油箱，活塞开始回程。当打开调节塞的油孔时，高压油经前端控制油路进入柱阀左端油室，推动柱阀右移换向。柱阀换向后高压油进入后腔，使冲击活塞减速停止并进入下一个冲击行程。

2. 蓄能机构

每台液压凿岩机大都采用一个或两个蓄能器，主要作用是蓄能和稳压。冲击行程时活塞速度很快，所需的瞬时流量往往是平均流量的几倍。为此，在冲击机构的高压侧装有蓄能器，将回程过程中多余的流量以液压能形式储存于蓄能器中，待冲击行程时释放出来。蓄能器还能吸收液压系统的脉冲和振动。蓄能器有隔膜式和活塞式两种，大多采用隔膜式。

缓冲装置多采用液压缓冲机构，如图 1-21 所示。钎杆装在反冲套筒 2 内，反冲套筒的后面加反冲活塞 5，在反冲活塞的锥面上承受高压油。当钎杆反弹力经反冲套筒 2 传给反冲活塞 5 后，反冲活塞向后运动，把反弹力传给高压油路中的蓄能器，蓄能器将反冲能量吸收。为提高反冲效果，蓄能器应尽量靠近缓冲器的高压油室。

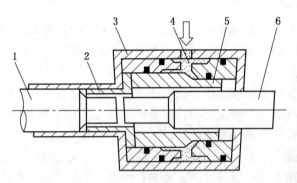

1—钎杆；2—反冲套筒；3—缓冲器外壳；
4—高压油路；5—反冲活塞；6—冲击锤

图 1-21 液压缓冲机构原理

3. 转钎机构

凿岩时使钎杆转动的机构称为转钎机构，有内回转和外回转两种。内回转机构是利用冲击活塞回程能量，通过螺旋棒和棘轮机构，使钎杆每被冲击一次转动一定角度，为间歇回转。内回转机构输出转矩小，多用于轻型支腿式液压凿岩机。外回转机构又称独立回转机构，一般用单独的液压回路驱动液压马达，经过齿轮减速带动钎杆旋转，为连续回转，可无级调速并可反向旋转。它输出转矩大，多用于导轨式液压凿岩机，其液压马达有齿轮马达、叶片马达和摆线马达 3 种。

4. 排屑机构

用水冲洗排除孔内岩屑的机构称为排屑机构。供水方式有中心供水和侧式供水两种。中心供水与气动凿岩机相同，冲洗水从后部通过水针进入钎杆，经钎头流入孔底。冲洗水压为 0.3~0.4 MPa。这种冲洗方法多用于轻型液压凿岩机。侧式供水的冲洗水直接从凿岩机机头水套进入钎层、钎杆和钎头。这种结构水路短，密封可靠，水压高（1.0~1.2 MPa），冲洗排屑效果好，多用于导轨式液压凿岩机。

三、凿岩台车

凿岩台车是支撑、推进和驱动一台或多台凿岩机实施钻孔作业，并具有整机行走功能的凿孔设备，于20世纪70年代发展起来，用于矿山巷道掘进及其他隧道施工。凿孔直径一般为30~65 mm，凿孔深度为2~5 m。凿孔时能准确定位、定向，并能钻凿平行炮孔。可与装载机械及运输车辆配套，组成掘进机械化作业线。和凿岩机相比，工效可提高2~4倍，可以改善劳动条件，减轻工人劳动强度。

凿岩台车按钻臂数量，可分为双臂、三臂和多臂式；按行走机构分为轨轮式、轮胎式和履带式。控制方式有液压、压气和液压与压气联合3种。

（一）工作原理

如图1-22所示，凿岩台车由凿岩机、钻臂（包括推进器）、行走机构、操作台、控制系统、动力源（泵站）等组成。凿岩机普遍采用导轨式液压凿岩机。钻臂用于支承和推进凿岩机，并可自由调节方位，以适应炮孔位置的需要。

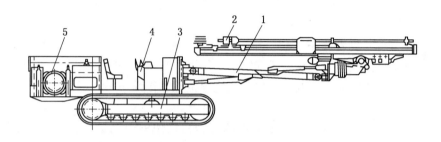

1—钻臂；2—凿岩机；3—行走机构；4—操作台；5—动力源

图1-22 凿岩台车

为完成平巷掘进，凿岩台车应实现下列运动：①行走运动，以便台车进入和退出工作面；②推进器变位和钻臂变幅运动，以实现在断面任意位置和任意角度钻眼；③推进运动，以使凿岩机沿钻孔轴线前进和后退。

1. 推进器变位

在摆角液压缸的作用下，可实现推进器的水平摆动。通过俯仰液压缸可实现推进器的俯仰运动，以钻凿不同方向的炮眼。在补偿液压缸的作用下，推进器作补偿运动，使导轨前端的顶尖始终顶紧在岩壁上，增加钻臂的工作稳定性，且在钻臂因位置变化引起导轨顶尖脱离岩壁时起距离补偿作用。

2. 钻臂变幅

摆臂液压缸使钻臂摆动，钻臂液压缸实现钻臂升降，液压马达-棘轮组成的旋转机构可使钻臂绕自身轴线旋转360°。

3. 推进运动

推进器为液压缸-钢丝绳式，主要由导轨、托盘、液压缸、钢丝绳和绳轮等组成。

4. 控制系统

控制系统包括液压控制系统、电控系统、气水路控制系统等。控制系统应具有以下功能：实现凿岩机具、钻臂和行走机构的驱动与控制；实现支承与稳定机构、动力源和照明的控制等。其中，凿岩机具的驱动与控制是凿岩台车控制系统的核心，它包括推进回路、防卡钎控制回路、开机轻打回路以及自动退钻回路等。

5. 液压泵站（动力源）

液压泵站由原动机、液压泵、油箱、过滤器、冷却器及保护控制元件等组成。原动机带动液压泵把压力油输送到各执行元件，实现各种动作和功能。

（二）主要部件结构

1. 推进器

推进器是导轨式凿岩机的轨道，并提供凿岩时所需的轴向推力。根据凿岩工作的需要，推进器产生的轴向推力的大小和推进速度应能调节，以使凿岩机在最优轴向推力下工作。推进器按工作原理不同有螺旋式推进器、液压缸式推进器和链式推进器 3 种。

2. 钻臂

钻臂是凿岩台车的主要部件，主要用于支承和推进凿岩机，并可自由调节推进器方位以适应炮孔位置，对台车的动作灵活性、可靠性及生产率有很大影响。按钻臂的结构特点及运动方式不同有直角坐标式和极坐标式两类。

（1）直角坐标式钻臂。钻臂在工作时利用钻臂液压缸和摆臂液压缸使钻臂在垂直和水平方向按直角坐标位移的运动方式确定炮眼位置。其特点是结构简单，通用性好，操作直观性好，适合各种炮眼排列方式。但确定炮眼位置操作程序多，定位时间长，多用于轻型钻臂。

（2）极坐标式钻臂。它利用钻臂根部的回转机构使整个钻臂绕根部回转支座的轴线作 360° 回转。钻臂液压缸调节钻臂夹角，以调节钻臂投影到工作面上的旋转半径。通过升降、回转运动，以极坐标方式确定炮眼位置。由于其定位操作程序少，定位时间短，便于打周边炮眼。但对操作程序的要求比较严格，司机操作的熟练程度对定位时间影响较大。

3. 平移机构

为提高破岩效果，现代凿岩机广泛采用直线掏槽法作业，因而要求台车能钻凿出平行炮眼，亦即钻臂在改变位置时要求推进器始终和初始位置保持平行。在凿岩台车上，采用液压平移机构就可满足此要求。

液压平移机构利用缸径相同、相应腔相连的引导液压缸和俯仰液压缸，借助压力油来传递运动，以实现托盘在运动过程中的自动平行。如图 1-23 所示，当钻臂摆动 $\Delta\alpha$ 从 Ⅰ 位运动到 Ⅱ 位时，迫使平移液压缸 2 的活塞杆伸出，将小腔的压力油排入俯仰液压缸 5 的小腔，使其活塞杆缩回同样长度，带动托盘反向摆动 $\Delta\alpha'$。合理选择两液压缸的安装位置可使 $\Delta\alpha = \Delta\alpha'$，从而使托盘和推进器近似保持原来的水平位置。液压平行机构的特点是结构紧凑，重量轻，不受行程限制，适用于长钻臂、伸缩式钻臂。

4. 回转机构

回转机构是钻臂的关键部件。有齿条齿轮式、液压缸圆盘式、液压马达-蜗轮副 3 种。

（1）齿条齿轮式回转机构。液压缸活塞杆末端有一齿条，通过齿条驱动齿轮旋转，齿轮与钻臂旋转轴相连，从而驱动钻臂旋转 1 周。一般多采用双齿条液压缸机构，使齿轮轴受力均匀，保证动作平稳。

（2）液压缸圆盘式回转机构。利用两个液压缸驱动圆盘的偏心轴旋转，以完成钻臂的旋转动作。

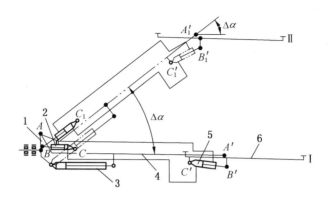

1—回转支座；2—平移液压缸；3—钻臂液压缸；4—钻臂；5—俯仰液压缸；6—托盘

图 1-23 液压自动平行机构工作原理

（3）液压马达-蜗轮副回转机构。通过液压马达驱动蜗杆-蜗轮副使蜗轮旋转。蜗轮与钻臂旋转轴相连，从而带动钻臂旋转。

第六节 装载机械

用钻眼爆破法掘进巷道时，工作面爆破后碎落下来的煤岩需要装载到运输设备中运离工作面，实现这一功能的设备统称为装载机械。目前机械化掘进巷道，主要是钻眼爆破后由装载机装载，人工支护。装载机的工作量占整个掘进循环工作的 1/2 左右。按行走方式分为轨轮式、履带式、轮胎式和雪橇式。按驱动方式分为电动驱动、气动驱动、电液驱动。按作业过程的特点分为间歇动作式和连续动作式两大类。间歇动作式是工作机构摄取物料时为间歇动作的装载机，主要有耙斗装载机、后卸式铲斗装载机和侧卸式铲斗装载机 3 种形式。连续动作式是工作机构摄取物料时为连续动作的装载机，主要有扒爪装载机、立爪装载机、扒爪立爪装载机、圆盘式装载机和振动式装载机等。

20 世纪初，美、英等国开始使用装载机代替手工作业。50 年代，装载机已大量推广并发展成若干品种，其中使用最多的是后卸式铲斗装载机和扒爪装载机。70 年代以后，随着巷道断面增大，侧卸式装载机迅速发展。装载机械的发展与掘进断面的大小及被装物料的特性密切相关。随着掘进断面的增大，在大断面巷道中多采用侧卸式铲斗装载机，且向大功率、大容量方向发展。对用于中小断面，则着眼于提高其机械性能和工作可靠性，并使其更方便灵活。此外，正探索装载机械向一机多能方面发展，如在装载机上增加钻臂，在铲斗臂上增设可拆卸工作台等。

一、耙斗装载机

耙斗装载机是用耙斗作装载机构的装载机，适用于矿山平巷和倾角 30°以下斜井巷道掘进装岩，其装载能力一般为 15~200 m³/h。

耙斗装载机可使装岩与凿岩工序平行作业。爆破后先把迎头的岩石迅速扒出，即能进行凿岩作业；与此同时，可将尾轮悬挂在左、右帮上进行装岩作业，缩短了掘进循环的时间。

(一) 组成和工作过程

各种型号的耙斗装载机结构虽有不同,但其工作原理基本相同。现以 P-30B 型耙斗装载机为例,介绍耙斗装载机的组成和工作过程。

如图 1-24 所示,耙斗装载机主要由耙斗、绞车、台车和料槽等组成。装载机依靠人力或其他牵引机械的作用在轨道上移动。耙斗在钢丝绳牵引下从工作面的料堆耙取岩屑,沿料槽的簸箕口、连接槽和中间槽运到卸料槽,从卸料口装入矿车;然后,钢丝绳反向牵引将耙斗拉回到工作面的料堆上。如此往复循环,直至装满矿车。

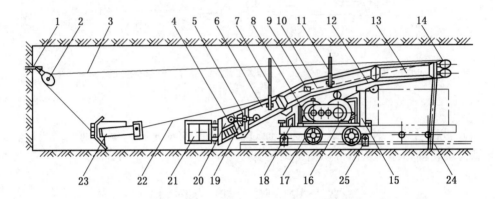

1—固定楔;2—尾轮;3—返回钢丝绳;4—簸箕口;5—升降螺杆;6—连接槽;7,11—钎杆;
8—操纵机构;9—按钮;10—中间槽;12—托轮;13—卸料槽;14—头轮;15—支柱;
16—绞车;17—台车;18—支架;19—护板;20—进料槽;21—簸箕挡板;
22—工作钢丝绳;23—耙斗;24—撑脚;25—卡轨器

图 1-24 耙斗装载机

(二) 主要部件结构

1. 耙斗

耙斗是用绞车牵引往复运动,直接扒取松散煤岩的斗状构件,其性能的好坏直接影响耙斗装载机的工作效率。

如图 1-25 所示,耙斗主要由斗齿和斗体组成。斗体用钢板焊接而成,斗齿与斗体铆接。斗齿有平齿和梳齿之分,多使用平齿。斗齿材料为 ZGMn13,磨损后可更换。尾帮后侧经牵引链 8 和钢丝绳接头 1 连接,拉板前侧与钢丝绳接头 6 连接。绞车上工作钢丝绳和返回钢丝绳分别固定在接头 6 和接头 1 上。

耙斗依靠自重插入料堆,重力越大越容易插入,但重力过大消耗的功率增加,容易刮入底板,增加牵引阻力。耙斗质量一般根据岩石的坚硬度、齿刃宽度(耙斗宽度)及岩石块度决定,以耙斗的单位宽度质量表示。耙装硬岩和大块物料时,一般为 500~600 kg/m;耙装软岩和松散物料时为 300~400 kg/m。

2. 绞车

耙斗装载机的绞车是牵引耙斗运动的装置,能使耙斗往复运行,迅速换向,并适应冲击负荷较大的工况,一般均为双滚筒结构。按结构形式可分为行星轮式、圆锥摩擦轮式和内胀摩擦轮式 3 种。P-30B 型耙斗装载机采用行星齿轮传动的双卷筒式绞车,其传动系

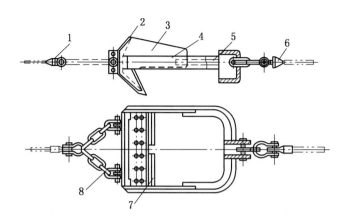

1,6—钢丝绳接头；2—尾帮；3—侧板；4—拉板；5—筋板；7—斗齿；8—牵引链

图1-25　耙斗结构

统如图1-26所示。它有两个卷筒,可以分别操纵。电动机经减速器传动两套行星轮系的中心轮,两卷筒以轴承支承在轴上,各与其行星齿轮传动的系杆连接在一起。每个行星轮系的内齿圈外有带式制动器。耙斗装载机工作时,电动机和中心轮始终转动,而工作卷筒和回程卷筒是否转动则视制动器是否抱住相应的内齿圈而定。内齿圈的制动器放松,中心轮经行星轮带动内齿圈空转,系杆和卷筒不转动。当内齿圈被抱死时,迫使系杆和卷筒转动,其转动方向和中心轮转动方向相同。若要某个卷筒卷绳,则将相应的内齿圈抱死即可。

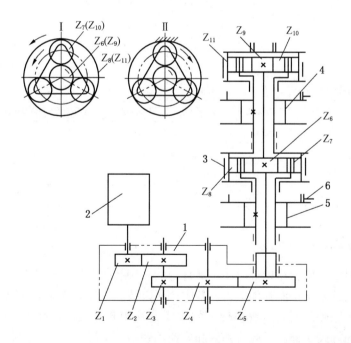

1—减速器；2—电动机；3—带式制动器；4—回程卷筒；5—工作卷筒；6—辅助制动器

图1-26　绞车传动系统

耙斗返回阻力很小,可加快速度返回,故回程卷筒的转速大于工作卷筒的转速。为防止两卷筒在工作时由于卷筒转动惯性不能及时停车而产生钢丝绳乱绳现象,引起卡绳事故,在每一卷筒上装有一辅助制动器。

当两个操作手把都放松时,电动机空转,耙斗不动,如此可以避免频繁启动电动机。

3. 台车

台车由台车架、车轮、弹簧碰头组成。它是耙斗装载机的机架和行走部分,并承载着耙斗装载机的全部重量。在台车上安有绞车、操纵机构以及支撑中间槽的支架和支柱。台车前、后部挂有4套卡轨器,用以耙斗装载机工作时固定台车。

4. 料槽

料槽是耙装的岩屑所经过的通道,它由进料槽、中间槽和卸料槽等组成。中间槽安装在台车的支架和支柱上,而进料槽和卸料槽分别与中间槽用螺栓连接。簸箕口与两侧的挡板用销连接,与连接槽之间通过钩环连接。

(三)常见耙斗装载机型号

常见耙斗装载机型号及主要参数见表1-2。

表1-2 常见耙斗装载机型号及主要参数

主要技术参数		产品型号					
		P-15B	P-30B	P-60B	P-90B	P-120B	P-150B
耙斗容积/m³		0.15	0.30	0.60	0.90	1.20	1.50
技术生产率/(m³·h⁻¹)		15~25	35~50	70~110	95~140	120~180	150~220
主绳牵引力/kN		7.2~10.4	12.3~18.5	20.0~28.0	31.0~50.0	37.0~55.0	52.0~72.0
轨距/mm		600	600、900	600、900	600、900	600、900	1500
钢丝绳直径/mm		12.5	12.5~15.5	15.5	17.0	18.5	20.0
电动机	功率/kW	11	17	30	45	55	75
	工作电压/V	380/660	380/660	380/660	380/660	380/660	380/660
外形尺寸(不包括挡板)	长/mm	5500	6110	6800	8610	10550	11000
	宽/mm	1170	1305	1850	2050	2250	2400
	高/mm	1800	2000	2350	2745	2870	3000
总重/10³kg		2.50	4.75	6.50	9.80	12.50	15.00

二、铲斗装载机

铲斗装载机是煤矿岩巷掘进时使用最普遍的一种装载机械。用铲斗从工作面底板上铲取岩石,并将其卸入矿车或其他运输设备中,所以装载工作非连续。它结构简单,适宜于装较大块度而且坚硬的岩石。煤矿使用的主要是直接卸载式,按卸载方式不同分为后卸式、侧卸式和前卸式3种。后卸式和侧卸式使用较多。

(一)后卸式铲斗装载机

后卸式铲斗装载机主要用于中小断面巷道掘进的装载作业,生产能力一般为15~

140 m³/h。按装载方式分为直接装车式和带转载机式两种。前者体积小，机动灵活，使用方便；后者转载机下方可容纳大吨位矿车。按驱动方式分为气动、电动和电－液驱动3种。

1. 组成与工作原理

后卸式铲斗装载机的总体结构如图1－27所示，主要由铲斗工作机构、回转机构、行走机构和操纵机构等组成。

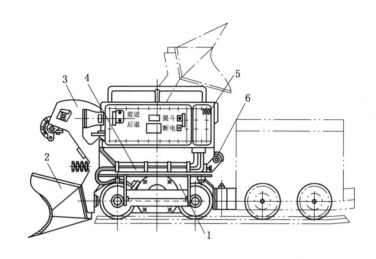

1—行走机构；2—铲斗；3—斗臂；4—回转台；5—缓冲弹簧；6—提斗机构
图1－27 后卸式铲斗装载机

工作过程：司机站在机器侧面踏板上操作，两手抓住手把，同时用手指控制按钮使机器前进、后退、提升铲斗和断面下放铲斗4个动作。铲斗装岩时，铲斗离料堆1～1.5 m远处开动，铲斗贴着轨道前进，最后主要利用惯性铲入岩石堆，然后开动提斗机构，并同时继续开动机器，一边使铲斗向岩堆推进，一边把铲斗提升并装满。铲斗装满后，再开动行走机构倒退，同时继续提升铲斗，让其向后翻转，直至铲斗以一定的速度碰撞缓冲弹簧，利用惯性使铲斗内的岩石抛入后面拖带的矿车内。关闭提升机构，铲斗以其自重退回最低位置，此后又使机器向前冲入料堆进行第二次装岩。为使铲斗可装巷道两边的岩石，以人力将机器上部连同铲斗向巷道两边转动，转动范围左右可达30°。

2. 主要结构

（1）铲斗工作机构。铲斗是装载物料的容器，其前缘插入料堆越深，铲斗越能装满。但插入越深阻力也越大。其斗容是衡量装载机生产能力的主要指标及确定功率的主要依据，一般为0.1～0.6 m³。铲斗用高强度耐磨钢板焊接而成，前缘刃口镶有高锰钢板或堆焊硬质合金，使铲斗刃口耐磨。铲斗后部两侧焊有左、右两个曲线形的斗臂。当铲斗升降时，斗臂的曲线段在平台上滚动。提升链一端固定在连接左、右斗臂轴的套筒上，另一端经过导向轮等固定在卷筒上。当电动机通过减速器带动卷筒转动时，铲斗升起，若斗臂无其他装置约束，将会同时在平台上滑动。因此，在两侧的斗臂上均有两根稳定钢丝绳，两绳端分别固定在斗臂及平台上。每根钢丝绳固定处都有缓冲弹簧。安装时，弹簧压缩

5 mm,使钢丝绳经常处于张紧状态。

(2) 回转机构。在机器的回转平台上安装有铲斗回转机构的铲斗和提斗用电机及减速器等。为使铲斗能装载到工作面两侧的物料，扩大铲斗的铲取宽度，工人可以推动回转平台向左、右回摆一定角度。铲斗卸载时，为保证岩石卸入矿车内，必须将铲斗回复到正中位置，这个摆正过程是自动的。

图1-28所示为回转摆正机构的工作原理。其中，圆筒1是一个空心圆筒，在圆筒中部按两条对称的螺旋线开有三角形缺口。圆筒轴11的两端由轴承（图中未画出）安装在回转平台的底座3上，连杆9通过曲柄8和斗臂10连接。滚子7处于三角形缺口处，滚子的心轴穿过回转平台板上的弧形孔固定到下车盘上。图1-28中所示位置说明回转平台连同铲斗正处于向工作面左侧铲取物料。当铲斗提起时，斗臂使圆筒按顺时针转动，因鼓轮圆筒的三角形缺口与滚子接触挤压，而滚子位置又固定不动，产生一个滚子对圆筒的推力。于是迫使圆筒连同整个回转平台和铲斗工作机构绕回转中心转动，直到滚子处于三角形缺口的顶端回到正中位置。同理，当铲斗下降时，斗臂使圆筒反转，

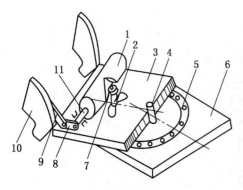

1—圆筒；2—滚轮轴；3—底座；4—中心轴；
5—止推轴承；6—机架；7—滚子；8—曲柄；
9—连杆；10—斗臂；11—圆筒轴

图1-28　回转摆正机构工作原理

滚子处圆筒缺口的宽度逐渐增大，可通过人工使回转台左右摆动。回转台和车盘间有滚珠轴承，人工转动回转台费力较小。

(3) 行走机构。铲斗装载机在轨道上行走，其前进、后退由电动机的旋转方向确定，通过按钮操控。行走机构包括3种方式：轨轮式、履带式和轮胎式，目前常用的是轨轮式。装载机的行走速度通常为0.8～1.2 m/s。工作中，为增大装载机的牵引力，增加铲斗插入料堆深度，提高生产率，装载机的4个车轮均为主动轮。

(二) 侧卸式铲斗装载机

侧卸式铲斗装载机主要用于矿山平巷、倾角18°以下斜巷等较大断面巷道的掘进，以及其他矿山工程中铲装爆落的松散岩石，也可作为材料和设备的短途运输设备。与前文介绍的后卸式铲斗装载机相比，具有容积大、装载岩石块度无特殊要求、多数采用履带式行走机构调动灵活、装载面宽带无限制等优点。但侧卸式装载机外形尺寸较大，主要适用于大断面的巷道，其适用的巷道断面，取决于机器自身的最大宽度（履带或铲斗的宽度）、卸载时的最大高度以及配套设备。其与刮板式转载机配套时，最小适用断面约6 m²。与矿车配套时，巷道断面不小于10 m²。

侧卸式铲斗装载机通过铲斗从底部铲取物料，接着后退至卸载处，铲斗翻向一侧进行卸载。侧卸式铲斗装载机的分类：按驱动方式分为气动、电动和电-液驱动式；按铲斗臂的结构形式分为固定斗臂、伸缩斗臂和摆动斗臂式。侧卸式装载机通常采用固定斗臂结构。

1. 构成和工作原理

侧卸式铲斗装载机（图1-29）主要包括工作机构、行走机构、液压系统、电气系统和操纵系统等部分。

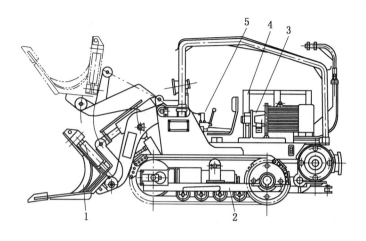

1—工作机构；2—行走机构；3—液压系统；4—电气系统；5—操纵系统

图1-29 侧卸式铲斗装载机

装载机工作过程中，首先把铲斗放到最低装岩位置，再开动行走机构，往前推进。借行走机构的惯性力量，使铲斗铲入爆落的矿石料堆。当铲斗铲入料堆后，在机器前进的同时开动两个提升液压缸，使铲斗装满物料。在铲斗举到一定高度后，机器后退至卸料点，操纵侧卸液压缸，将物料完全装入（直接或通过带式输送机）矿车。然后，使铲斗恢复原位；同时，装载机前往装载料堆处继续装载物料，这叫一个装载工作循环。

2. 主要结构

（1）铲斗工作机构。工作机构主要包括铲斗1、铲斗座2、侧卸液压缸6、翻斗液压缸5、升降液压缸3和斗臂4等，如图1-30所示。

铲斗是进行物料铲装的斗形构件，通常由耐磨钢板焊接而成，容积一般为0.45~2.0 m³。铲装物料时最先铲进料堆的结构叫斗唇，分为平斗唇和弧形斗唇。平斗唇铲斗的铲入阻力较大，但清理散落物料时铲入面积大，效果较好；弧形斗唇铲斗的铲入阻力较小，常用于硬岩的铲装。铲斗可以是一侧敞开，也可是两侧敞开。

（2）行走机构。本机采用履带式行走机构，主要包括电动机、减速器、"四轮一带"、履带架、履带张紧装置和横梁等部分。

行走机构是独立传动机构分别驱动的两条履带装置，由左右两条履带和两个履带架构成。每个履带架装有4个支重轮，1个拖带轮，1个导向轮和1个主动链轮，各由1个电动机经三级圆柱

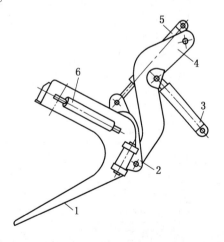

1—铲斗；2—铲斗座；3—升降液压缸；4—斗臂；
5—翻斗液压缸；6—侧卸液压缸

图1-30 工作机构示意图

齿轮减速后带动主动链轮旋转，使装载机前后行走。如果机器要向右转弯，则关闭右履带电动机并将右制动轮制动，只开动左履带电动机，机器即向右转弯。反之，机器向左转弯。如果机器要急转弯，可按一台电动机正转、一台电动机反转的相反方向同时开动两台电动机即可使机器向左或向右急转弯。电动机的开停、制动闸的松开与抱紧靠司机在座位上的脚踏机构联动操作实现，避免误操作。

行走机构中，履带与驱动轮啮合，导向轮位于履带架前端，对履带起导向和张紧作用。托带轮托在履带的上部，防止履带下垂和侧向滑移。整机重量通过支重轮作用到下部履带上，并沿履带轨道移动。支重轮间距通常为履带节距的1.7倍，为多点支承，使对地比压比较均匀。支重轮采用稀油润滑，便于注油和排出废油、岩屑等。

为保证机架的稳定性，在履带架前边设有一横梁，横梁中心与机架铰接，两边与履带架通过耳轴连接，在垂直平面内横梁可绕纵轴摆动。如果巷道底板横向不平导致横梁摆动，不会影响到机架。同时，在履带架的后部内侧有对称的支架，支架的前轴孔与机架铰接，后轴孔中心与驱动轮重合。如果巷道底板纵向不平导致履带架抖动，左、右履带可分别绕驱动轮轴转动，不会影响到机架。

部分全液压侧卸式装载机型号及主要技术参数见表1-3。

表1-3 部分全液压侧卸式装载机型号及主要技术参数

主要技术参数	产品型号		
	ZCY-45	ZCY60R	ZCY120（100）R
铲斗额定容积/m³	0.45	0.6	1.2(1.0)
铲斗宽度/mm	1480	1741	1770
最大卸载高度/mm	1550	1650	1650
最大卸载角度/(°)	55	55	55
最大挖底深度/mm	600	600	600
最大牵引力/kN	35	50	60
额定牵引力/kN	25	35	40
行走速度/(km·h⁻¹)	2	2.2	2.1
最小离地间隙/mm	180	200	200
爬坡角度/(°)	±16	±16	±16
履带板宽度/mm	260	260/400	260/400
接地比压/MPa	0.07	0.09/0.06	0.09/0.06
电机功率/kW	30	45	55
电压等级/V	380/660(660/1140)	660/1140(380/660)	380/660(660/1140)
行走马达压力/MPa	17	21	19
工作机构压力/MPa	16	16	16
外形尺寸/(mm×mm×mm)	4080×1480×2100	4608×1741×2350	4980×1770×2350
整机质量/t	5.2	7.8	9
最大解体尺寸（长×宽×高）/(mm×mm×mm)	2004×1200×1216	2058×700×1312	2158×770×1312
最大解体质量/kg	2300	1300	1470

思 考 题

1. 掘进机的结构由哪几部分组成,分别有何作用?
2. 掘进机的类型有哪些?横轴式与纵轴式掘进机的区别和特点是什么?
3. 简述掘进机的发展趋势。
4. 装载机的作用是什么?
5. 装载机按工作机构的结构分为哪几种?
6. 侧卸式铲斗装载机与后卸式铲斗装载机相比,其优点是什么?
7. 采用掘进机法与传统的钻眼爆破法掘进巷道相比,有何优点?
8. 说明凿岩机的钻孔原理。
9. 简述凿岩台车推进器的分类和特点。
10. 绘图说明滚刀破岩的原理。
11. 全断面掘进机如何实现推进、指向和调向?
12. 简述掘锚联合机组的组成和各部分的作用。
13. 分析掘锚联合机组的掘进方式和支护作业程序。

第二章 采煤机械

【本章教学目的与要求】
- 了解采煤机械的分类、要求、工作方式、现状与发展
- 掌握滚筒采煤机的总体结构、主要部件及工作原理
- 了解刨煤机的结构和工作原理
- 了解连续采煤机的工作原理、结构与组成
- 能根据煤层赋存条件进行采煤机选型,并会计算采煤机基本参数

【本章概述】

采煤机械是集机械、电气和液压等系统于一体的大型装备。它是煤矿机械化和现代化生产所必备的关键设备之一,它的研发和应用大大减轻了劳动强度、提高了采煤安全性,达到了采煤的高产、高效和低耗。对提升煤炭开采技术水平,提高资源采出率,建设现代化示范矿井,起着举足轻重的作用。

本章主要介绍采煤机械的分类、要求、工作方式、现状与发展,滚筒采煤机的总体结构、主要部件及工作原理,刨煤机和连续采煤机的结构和原理,以及采煤机的选型。

【本章重点与难点】

本章的重点是理解并掌握滚筒采煤机的总体结构、主要部件及工作原理,"三机"配套及采煤机的选型。其中,采煤机选型是本章的难点。

第一节 概　　述

采煤机械是机械化采煤作业中最主要的机械设备,其功能是落煤和装煤。了解采煤机械的类型和要求、机械化采煤工作面设备的工作方式,及采煤机械的发展趋势有助于正确设计和选用采煤机。

一、采煤机械的类型

世界各国生产的采煤机械主要包括滚筒采煤机、刨煤机、连续采煤机(也称为掘采机)、螺旋采煤机等类型。由于滚筒采煤机用途广泛,因此本章主要介绍电牵引滚筒采煤机,对刨煤机和连续采煤机亦作了简要介绍。

滚筒采煤机能适应较复杂的顶、底板地质条件,调高范围大,因而得到广泛应用。刨煤机对煤层地质条件要求较严,在煤质松软,顶、底板条件好的薄煤层应优先采用。连续采煤机是房柱式(短壁)采煤法的主要设备,它适应于截高 $0.8 \sim 6.0 \mathrm{~m}$ 的煤层,主要在美国、南非、印度等国使用,近几年我国已开始引进,用于采煤和快速掘进。

二、机械化采煤工作面及工作方式

机械化采煤工作面的机械配套设备主要由双(或单)滚筒采煤机、刮板输送机及支护设备等组成。按照支护机械化程度不同分为：支护设备采用单体金属摩擦支柱时，称为普采工作面(简称普采)；若采用单体液压支柱支护时，称为高档普采工作面(简称高档普采)；若采用液压支架支护时，称为综合机械化采煤工作面(简称综采)，综采是今后的发展方向。

1. 机械化采煤工作面设备布置

机械化采煤工作面用采煤机械落煤和装煤，其工作面布置如图 2-1 所示。

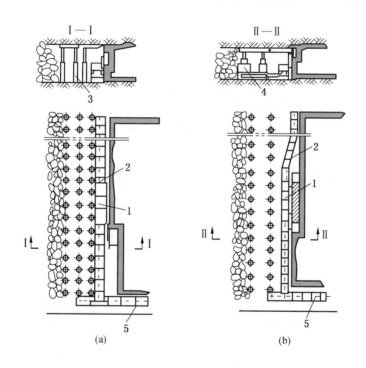

1—滚筒采煤机；2—刮板输送机；3—金属支柱或单体液压支柱；
4—液压支架；5—转载机

图 2-1 机械化采煤工作面

普通机械化采煤工作面如图 2-1a 所示。若采用单滚筒采煤机，可根据煤层厚度和夹矸情况布置。若煤层厚度接近滚筒直径，且不黏顶板，可以一次采全高，每个截割行程中采煤机采装完成后跟着推移输送机。若煤层较厚且黏顶，特别是顶板易冒落时，可以往返一次采全高。工作面上方的行程中，滚筒贴着顶板截割，以便即时挂顶梁支护新裸露的顶板；向下行程中，滚筒贴着底板截割并清除浮煤，以便推移输送机和圆柱放顶。由于悬挂顶梁、架设和回收支柱费工，速度慢，普采工作面生产效率和安全性相对较差。

由于输送机机头和机尾的限制，单滚筒采煤机不可能采到工作面端头，因此在工作面两端需要预先由人工采出一定长度的切口。一般上切口长度为 10 m 左右，下切口长度为 7~8 m。

普采工作面也可以采用双滚筒采煤机,这时采煤机可自开切口。

综合机械化采煤工作面如图2-1b所示,采用双滚筒采煤机,实现双向采煤。骑槽式采煤机运行前方的滚筒贴着顶板截割,后面的滚筒贴着底板截割。爬底板式采煤机则正好相反,其前滚筒贴底板截割,后滚筒贴顶板截割。采煤机采过后紧跟着推移输送机和液压支架,如此从工作面一端到另一端往复进行采煤。每个行程结束后,需要调换滚筒的上、下位置。综采可以提高工效,改善劳动条件和作业安全,有利于实现矿井集中化生产,简化生产系统,提高综合经济效益。但综采工作面的初期投资较大。

连续采煤机适用于房柱式开采的采煤工作面,也可用于煤巷掘进。

2. 采煤机进刀方式

采煤机进刀方式,也就是自开切口的方法,目前在工作面两端或中部采用斜切法(又称半工作面法)。图2-2所示为中部斜切进刀示意图。其操作过程为:

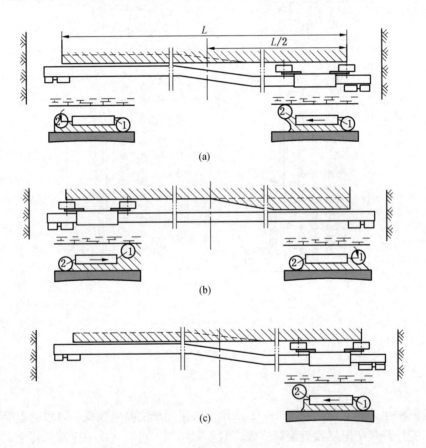

图2-2 中部斜切进刀示意图

(1) 开始时工作面是直的,刮板输送机在工作面中部弯曲(图2-2a),采煤机在工作面回风巷将滚筒2升起,待滚筒1割完残留煤后快速下行到工作面中部,装完上一刀留下的浮煤,并逐步使滚筒斜切入煤壁(图2-2中虚线),转入正常截割,直到工作面运输巷;然后翻转弧形挡板,将滚筒2下降割完残留煤后,同时将上部输送机推直。此时,工作面是弯的，输送机是直的（图2-2b）。

（2）将滚筒1升起，采煤机上行割掉残留煤后快速移到工作面中部（图2-2b中虚线），转至正常截割，直到工作面回风巷，然后翻转弧形挡板，并将滚筒1下降，即完成了一次进刀。将下部输送机前移成图2-2c所示状态，即又恢复到工作面是直的、输送机是弯的位置。

（3）将滚筒2上升，采煤机快速移至工作面中部，又开始新的斜切进刀，重复上述过程。

中部斜切进刀法的特点：每进两刀改变行走方向4次，和端部斜切进刀法比较，工序比较简单，节省时间，采煤机快速移动时可装干净上次进刀留下的浮煤，装煤效果好；采煤机割煤时，刮板输送机机头处于不移动状态，且有一半时间完全呈直线，延长了刮板输送机的寿命。缺点是在滞后支护条件下，采用中部斜切法，空顶的面积和时间要比端部斜切法大。因此，中部斜切法适用于工作面较短、片帮严重的煤层条件。

如果滚筒端面装有截齿，并有排出碎煤的窗口，且推移输送机的力量又足够大，就可以把滚筒钻入煤壁而达到进刀目的。这时，采煤机只要在1m左右的距离内往返行走，以排出碎煤，效率比较高，但滚筒不能装弧形挡板。

除了上述端部和中部斜切进刀方式外，还有正切进刀法（钻入法），但现在很少使用。另外，只有当滚筒能够超越煤壁长度时，才不需要开切口。

第二节 滚筒采煤机

滚筒式采煤机与刨煤机相比有许多优点：采高范围大，对各种煤层适应性强，能截割硬煤，并能适应较复杂的顶底板条件，还有利于实现综采设备配套和自动控制。因而，在国内外煤田开采领域，滚筒式采煤机得到了广泛的应用。

随着煤炭工业的发展，采煤机的功能越来越多，其自身的结构与组成也越来越复杂，全面了解采煤机的总体结构和基本参数，是正确设计和选用采煤机的基础。滚筒采煤机目前主要功能是落煤和装煤。

滚筒采煤机产品种类较多，分类方式多种多样。表2-1给出了滚筒采煤机一些常见的分类方式。

表2-1 滚筒采煤机的分类方式、特点与适用范围

分类方式	采煤机类型	特点与适用范围
按滚筒数分类	单滚筒采煤机	机身较短，重量较轻，自开切口性能较差，适宜在煤层起伏变化不大的条件下工作
	双滚筒采煤机	调高范围大，生产效率高，可在各种煤层地质条件下工作
按煤层厚度分类	厚煤层采煤机	机身几何尺寸大，调高范围大，采高大于3.5 m
	中厚煤层采煤机	机身几何尺寸较大，调高范围较大，采高介于1.3~3.5 m之间
	薄煤层采煤机	机身几何尺寸较小，调高范围小，采高小于1.3 m

表 2-1（续）

分类方式	采煤机类型	特点与适用范围
按调高方式分类	固定滚筒式采煤机	靠机身上的液压缸调高，调高范围小
	摇臂调高式采煤机	调高范围大，挖底量大，装煤效果好
	机身摇臂调高式采煤机	机身短窄，稳定性好，但自开切口性能差，挖底量较小，适应煤层起伏变化小，顶板条件差等特殊地质条件
按机身设置方式分类	骑输送机采煤机	适用范围广，装煤效果好，适用于中厚及以上的煤层
	爬底板采煤机	适用各种薄和极薄煤层地质条件
按牵引方式分类	钢丝绳牵引采煤机	牵引力较小，一般适用于中小型矿井的普采工作面
	锚链牵引采煤机	牵引力中等，安全性较差，适用于中厚煤层工作面
	无链牵引采煤机	工作平稳、安全，结构简单，适用于倾斜煤层工作面
按牵引控制方式分类	机械牵引采煤机	操作简单，维护检修方便，适应性强
	液压牵引采煤机	控制、操作简便、可靠，功能齐全，适用范围广
	电牵引采煤机	控制、操作简便，传动效率高，适用于各种地质条件
按使用煤层条件分类	缓倾斜煤层采煤机	设有特殊的防滑装置，适用于倾角小于 15° 的煤层工作面
	倾斜煤层采煤机	牵引力较大，具有特殊设计的制动装置，与无链牵引结构相配合，适用于倾斜煤层工作面
	急倾斜煤层采煤机	牵引力较大，有特殊工作机构和牵引导向装置，适用于急倾斜煤层工作面
按牵引结构设置方式分类	内牵引采煤机	结构紧凑，操作安全，自护力强
	外牵引采煤机	机身短，维护和操作方便

一、滚筒采煤机的总体结构

采煤机的适用条件和可能达到的技术性能，基本上是由总体结构和基本参数决定的。

（一）滚筒采煤机的组成

滚筒采煤机类型繁多，但其基本组成部分大致相同，一般由电动机、截割部、行走部和辅助装置等组成。以 MG500/1130-WD 型交流电牵引双滚筒采煤机（图 2-3）为例说明，主要由左、右截割电动机 1，左、右摇臂 2，左、右滚筒 3，机身框架及连接架 4，左、右行走部 5，左、右行走箱 6，左、右牵引电动机 7，变频器箱 8，变压器箱 9，开关箱 10，调高泵箱 11，调高泵电动机 12，拖缆装置 13 等组成。该机采用横向多电动机驱动，交流变频调速；采用积木式布置方式，使所有部件均可从采空区侧抽出，还可派生出 MG400/930-WD、MG300/730-WD 型等机型与相应的液压支架、刮板输送机配套。可用于煤层厚度 1.80~3.76 m，倾角≤40°，煤质硬或中硬的煤层，实现综合机械化采煤或放顶煤综采。

采煤机由采空区侧的两个导向滑靴和煤壁侧的两个平滑靴分别骑在工作面刮板输送机销轨和铲煤板上起支承和导向作用。当行走机构（又称为牵引机构）的驱动轮转动时，经齿轨轮与销轨啮合，驱动采煤机移动，同时滚筒旋转进行落煤和装煤。采煤机采过后，

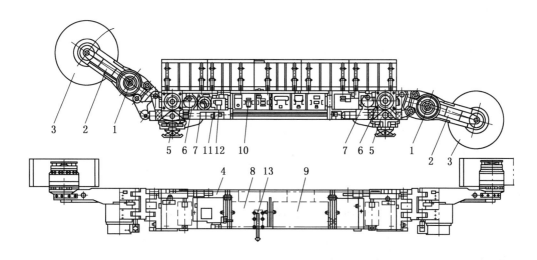

1—左、右截割电动机；2—左、右摇臂；3—左、右滚筒；4—机身框架及连接架；5—左、右行走部；
6—左、右行走箱；7—左、右牵引电动机；8—变频器箱；9—变压器箱；10—开关箱；
11—调高泵箱；12—调高泵电动机；13—拖缆装置

图 2-3 双滚筒采煤机

滞后 15 m 左右开始推移刮板输送机，紧接着移支架，直至工作面全长。将前、后滚筒对调高度位置，反转弧形挡板，然后反向行走割煤。采煤机可用斜切法自开切口。沿工作面全长截割一刀即进尺一个截深。

采煤机的机身框架为无底托架，由左、右行走部和连接框架三段经液压拉杆连接而成。左、右摇臂，左、右连接架用销轴与左、右行走部铰接，并通过左、右连接架与调高液压缸铰接。两个行走箱左右对称布置在行走部的采空区侧，可分别由两台 55 kW 电动机经左、右行走部减速箱驱动，实现双向行走。利用导向滑靴保证齿轨轮和销轨有良好的导向和啮合性能。

开关箱、变频器箱、调高泵箱和变压器箱 4 个独立的部件分别从采空区侧装入连接框架内。

摇臂采用左、右通用的直摇臂结构形式，输出端用方形输出轴与滚筒连接。滚筒叶片和端盘上装有截齿，滚筒旋转时用截齿落煤，靠螺旋叶片将煤输送到工作面刮板输送机上。

采煤机电动机包括两台 500 kW 的截割电动机、两台 55 kW 的牵引电动机和一台 20 kW 的液压泵电动机，总装机功率为 1130 kW。

采煤机电气控制由开关箱、变频器箱和变压器箱 3 个独立的电控箱共同组成。其中，开关箱为整个采煤机提供 3300 V 电源；变频器箱采用水冷式冷却，可以控制采煤机的左、右行走速度，左、右滚筒的升降，左、右截割电动机的分别启动和停止；变压器箱将 3300 V 电压变为 400 V 电压，为变频器提供电源。系统上采用了可编程逻辑控制器（PLC）、直接转矩控制（DTC）变频调速技术和信号传输技术共同控制采煤机的运行状态，使其控制和保护性能完善，功能齐全、简易智能监测、查找故障方便。

采煤机的操作可由采煤机中部电控箱上或两端左、右行走部上的指令器进行，具有手控、电控、遥控操作。在采煤机中部可进行开、停机，停输送机和行走调速换向操作。采煤机在两端用电控或无线遥控均可进行停机、行走调速换向和滚筒调高。

（二）基本参数

采煤机的基本参数包括生产率、截割高度、截深、截割速度、牵引速度、牵引力和装机功率等。表2-2为典型采煤机的主要技术参数。

表2-2 典型采煤机的主要技术参数

技术参数	产品型号			
	MG400(500)/930(1130)-WD	MG300(200、250)/700(500、600)-WD	MG300/730-WD	MG2×100(80)/460(380)-WD
采高范围/mm	2000~4000	1800~4000	2000~4000	900~2200
截深/mm	800	630	630	630
煤层倾角/(°)	35	35	35	35
摇臂形式	直摇臂	弯摇臂	直摇臂	弯摇臂
滚筒直径/mm	ϕ2000	ϕ1600/ϕ1800/ϕ2000/ϕ2200	ϕ1600/ϕ1800/ϕ2000	ϕ900/ϕ1000/ϕ1100/ϕ1250
装机功率/kW	2×400(500)+2×55+20	2×300(200、250)+2×40+18.5	2×300+2×55+18.5	2×2×100(80)+2×25+7.5
供电电压/V	3300	1140	1140	1140
牵引速度/(m·s^{-1})	0~8.3~13.8	0~8.2~12	0~7.7~12.8	0~8.5~11.5
挖底量/mm	324	200/300/400/500	226/326/426	130
机重/t	68.5	42	52	20
灭尘方式	内外喷雾			
托缆方式	自动托缆			

二、采煤机截割部

截割部主要功能是完成采煤工作面的割煤和装煤，由左、右截割电动机，左、右摇臂减速箱，左、右滚筒，冷却系统，内喷雾系统和弧形挡板等组成。截割部耗能占采煤机装机总功率的80%~90%，因此，研制生产效率高和比能耗低的采煤机主要体现在截割部。

（一）传动机构

截割部传动机构的作用是将采煤机电动机的动力传递到滚筒上，以满足滚筒转速及转矩的需要；同时，还应具有调高的功能，以适应不同煤层厚度的变化。

1. 传动系统

MG500/1130-WD型采煤机截割部传动方式为电动机—摇臂减速箱—行星齿轮减速箱—滚筒，如图2-4所示。截割电动机空心轴通过扭矩轴花键（$m=5$，$Z=16$）与一轴的轴齿轮连接，将动力传入摇臂减速箱，再通过Z_{14}，Z_{15}，Z_{16}，Z_{17}~Z_{21}传递到双级行星减速器，末级行星减速器行星架输出轴上渐开线花键（$m=5$，$Z=72$）与方轴（500 mm×

500 mm）连接驱动滚筒。其齿轮特征参数见表2-3。

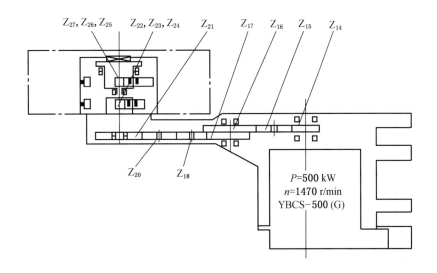

图2-4 截割部机械传动系统

表2-3 截割部传动系统齿轮特征参数

部位	Z_{14}	Z_{15}	Z_{16}	Z_{17}	Z_{18}	Z_{20}	Z_{21}	Z_{22}	Z_{23}	Z_{24}	Z_{25}	Z_{26}	Z_{27}
齿数	28	39	40	27	33	33	40	19	31	83	18	23	66
模数/mm	8	8	8	10	10	10	10	7	7	7	11	11	11
转速/(r·min^{-1})	1470	1055.38	1029	1029	841.9	841.9	694.6	694.6	217.0	0	129.4	51.9	0

滚筒转速计算：

$$i = \frac{Z_{16}}{Z_{14}} \cdot \frac{Z_{21}}{Z_{17}} \cdot \left(1 + \frac{Z_{24}}{Z_{22}}\right)\left(1 + \frac{Z_{27}}{Z_{25}}\right) = \frac{40}{28} \times \frac{40}{27} \times \left(1 + \frac{83}{19}\right) \times \left(1 + \frac{66}{18}\right) = 53.02$$

$$n_{筒} = n/i = 1470 \div 53.02 = 27.73(\text{r/min})$$

截割电动机、机械减速部分全部集中在摇臂箱体及行星机构内。摇臂通过销轴与连接架铰接，然后再与行走部机壳铰接。摇臂通过连接架回转臂上的销轴与安装在行走部上的调高液压缸缸座铰接，经液压缸的伸缩实现滚筒的升降。

除了上述传动方式外，还有以下几种：

（1）电动机—固定减速箱—摇臂减速箱—滚筒。

（2）电动机—固定减速箱—摇臂减速箱—行星齿轮减速箱—滚筒。

（3）电动机—摇臂减速箱—滚筒。

另外，截割部传动系统一般采用3~4级齿轮减速，传动比为30~50，滚筒转速一般为20~50 r/min。

2. 机械结构

截割部主要包括截割电动机、摇臂减速箱、滚筒等，内设有冷却系统、内喷雾等装置。截割电动机直接安装在摇臂箱体内，机械减速部分全部集中在摇臂箱体及行星机构内。摇臂通过销轴与连接架铰接，然后再与行走部机壳铰接。摇臂通过连接架回转臂上的销轴与安装在行走部上的调高液压缸缸座铰接，通过液压缸的伸缩实现截割滚筒的升降。

摇臂是截割部的重要部件，由壳体、一轴、二轴、中心齿轮组、第一级与第二级惰轮组和行星减速器、方轴、中心水路、齿轮离合器等组成。截割电动机输出轴（扭矩轴）外花键与摇臂减速箱一轴轴齿轮内花键连接，在截割电动机尾部设有齿轮离合器，可使摇臂的传动接通或断开。齿轮离合器（行程为 80 mm）为推拉式，由人工操作。

截割机构具有以下特点：
(1) 摇臂机械强度高，安全系数大，其回转采用铰轴结构，没有机械传动。
(2) 摇臂减速箱机械传动都是简单的直齿轮传动，结构简单，传动效率高。
(3) 采用细长扭矩轴连接，可补偿电动机和摇臂主动轴齿轮之间的位置误差。
(4) 在细长扭矩轴上开有 V 形剪切槽，在受到较大的冲击载荷时，对截割传动系统的齿轮和轴承及电动机起到过载保护。
(5) 摇臂机壳内、外均设有水道，对摇臂减速箱起到冷却作用，同时实现外喷雾降尘。
(6) 摇臂体油池和行星齿轮传动油池隔开，从而保证了行星齿轮减速箱在任何高度都能润滑。
(7) 截割电动机尾部设有齿轮离合器，可使细长扭矩轴与一轴的花键连接或脱离，以实现摇臂传动系统的接通或断开。

3. 截割部润滑

采煤机截割部因传递的功率大而发热严重，其壳体温度可高达 100 ℃，因此截割部传动装置的润滑十分重要。在进行减速器结构设计时，应考虑采煤机处于倾斜状态下工作时能自然润滑。采煤机的润滑具有特殊性，它不仅承载重、冲击大，而且截割顶煤或底煤时，摇臂中的润滑油集中在一端，使其他部位的齿轮得不到润滑。因此，在采煤机操作中，一般规定：滚筒截割顶煤或挖底时，工作一段时间后，应停止行走，将摇臂下降或放平，使摇臂内全部齿轮都得到润滑后再工作。

MG500/1130－WD 型采煤机截割部采用的是飞溅润滑方式，为了使行星头中有足够的润滑油，通过中心齿轮组大齿轮上的两对骨架油封，将摇臂机壳和行星减速器分成相互隔开的两个润滑油池。当滚筒升高时，行星头油池中的油不会流入摇臂体油池；反之，摇臂体油池中的油也不会进入行星头油池，以保证行星头两级行星减速器齿轮、轴承有良好的润滑。

随着现代采煤机功率的加大，采用强迫润滑方式也日益增多，即用专门的润滑泵将润滑油供应到各个润滑点上（如 MG300W 型采煤机）。

固定减速箱的润滑常采用飞溅润滑，其润滑强度高，工作零件散热快，不需润滑设备，对润滑油中的杂质和黏度降低不敏感。而摇臂内传动零件的润滑常采用强制润滑，设专供摇臂箱传动件用的润滑油泵。截割部强制润滑系统。

根据采煤机截割部的承载特点，大都采用极压（工业）齿轮油作为润滑油，其中以 N220 和 N320 硫磷型极压齿轮油用得最多。

(二) 螺旋滚筒

螺旋滚筒（简称滚筒）是采煤机落煤和装煤的工作机构，对采煤机工作起决定性作用，消耗装机总功率的 80%～90%。早期的螺旋滚筒为鼓形滚筒，现代采煤机都采用螺旋滚筒。

螺旋滚筒能适应煤层的地质条件和先进的采煤方法及采煤工艺的要求，具有落煤、装煤、自开切口的功能。近年来出现了一些新的截割滚筒，诸如滚刀式滚筒、直线截割式三角形滚筒、截楔盘式滚筒等，可参见有关资料。

螺旋滚筒的设计要求：

(1) 降低单位比能耗。在一定的装机功率下，块煤率越高，比能耗越低。

(2) 降低滚筒阻力矩幅值的变化量。滚筒的转矩变化系数不应超过 3%～5%，以保证采煤机的动负荷不致太大及其工作的稳定性。

(3) 提高可靠性。螺旋滚筒的可靠性与其参数、结构特点、制造质量、工况条件及开采的煤层性质有关。主要失效形式是齿座和叶片开焊、齿座磨损、叶片和端盘变形等。

(4) 应有自行切入的功能。螺旋滚筒的结构应能保证采煤机在工作面两端工作时能自行切入煤壁，且所受轴向力尽量小。

(5) 截齿应装拆方便，特别是当采煤机过断层截割较硬的煤岩时，截齿不易丢失。

(6) 螺旋滚筒的落煤和装煤能力应协调一致，保证具有良好的装煤性能。

1. 滚筒结构

如图 2-5 所示，螺旋滚筒由螺旋叶片 1、端盘 2、齿座 3、喷嘴 4、筒毂 5 及截齿 6 等组成。叶片与端盘焊在筒毂上，筒毂与滚筒轴连接。齿座焊在叶片和端盘上，齿座中固定有用来落煤的截齿。螺旋叶片用来将落下的煤推向输送机。为防止端盘与煤壁相碰，端盘边缘的截齿向煤壁侧倾斜。由于端盘上的截齿深入煤体，工作条件恶劣，故截距较小。端盘上截齿截出的宽度 $B_t \approx$ 80～100 mm。叶片上装有进行内喷雾用的喷嘴，以降低粉尘含量。喷雾水由喷雾泵站通过回转接头及滚筒空心轴引入。

筒毂是滚筒与截割部机械传动装置输出轴连接的部件，以带动滚筒旋转。其连接方式有方轴、锥轴、锥盘和其他连接方式 4 种。

端盘紧靠煤壁侧，其外圆按截齿截割顺序焊装齿座，齿座有的向煤壁侧倾斜，也可向采空区侧倾斜，倾角为 10°～30°。现在，螺旋滚筒多采用锥形端盘，可用厚钢板热压成型或铸造加工，与筒毂、叶片焊成一体，其厚度一般为 40～50 mm（目前大直径强力滚筒的端盘厚度达 60～70 mm）。

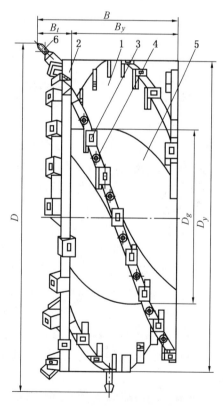

1—螺旋叶片；2—端盘；3—齿座；
4—喷嘴；5—筒毂；6—截齿

图 2-5 双头螺旋滚筒

为使端盘与煤壁间的碎煤及时排出，有的滚筒在端盘板上开有排煤孔，甚至取消端盘。

螺旋叶片是滚筒排运煤的部件，用来将落下的煤装入刮板输送机。滚筒上通常焊有 2~4 条螺旋叶片，由低碳碳素钢或低合金钢钢板压制而成。

筒毂的形状一般为圆柱状，也可以做成截顶圆锥状、半球状和指数曲线回转体状。实验表明，后两种产生的粉尘比圆柱状筒毂少 15% 左右，截顶圆锥状筒毂居中。采用高压水（大于 8 MPa）喷雾，灭尘效果可以提高，为此可在滚筒外或滚筒内配置增压装置。截齿的形式和数量、滚筒转速、喷嘴结构和布置等，也都影响灭尘效果。

近年来出现的新型螺旋滚筒的基本特点如下：

(1) 滚筒强力化，以适应截割坚硬的煤和夹矸。

(2) 滚筒配备完善的除尘装置，提高降尘效率。

(3) 广泛采用棋盘式截齿配置，截割比能耗低，块煤率高，煤尘小，滚筒轴向力较小。

(4) 滚筒筒毂呈锥状扩散型，装煤时煤流更畅通，减少了装煤时的二次破碎；较筒毂为圆柱面的粉煤率降低 15% 左右。

强力滚筒采取了许多强化措施，使滚筒的强度和耐磨性大大提高，从而提高了滚筒寿命，保证了滚筒具有长期稳定的良好性能。这些措施包括：增大螺旋叶片厚度；改进齿座形状，增大焊缝长度；径向截齿和齿座的背部设计一斜面肩部，提高截齿齿身根部的抗弯强度；叶片根部焊一角钢，以提高强度和刚度；在叶片的抛煤外缘处堆焊一层碳化钨耐磨层。

英国煤炭公司和 HYDRA 国际刀具公司共同研制了除尘滚筒。除尘滚筒是在轮毂圆周均布 9~12 根圆筒状的集尘器，利用高速水射流的引射原理，产生负压吸尘和水雾降尘。

MG500/1130－WD 型采煤机的螺旋滚筒如图 2－6 所示，主要由筒毂 1、螺旋叶片 2、端盘 3、连接法兰 4、喷嘴 5、喷嘴座 6、截齿 7、截齿座 8 等组成。根据不同工作面煤层的地质条件和煤层厚度，可以配置锥形截齿或扁形截齿等具有不同技术特征的滚筒，有直径为 1800 mm 或 2000 mm 两种。当采用第一种滚筒直径时，其导程为 1209.5 mm，截深为 800 mm 左右，连接方轴为 500 mm × 500 mm。

滚筒结构特点：

(1) 齿座采用中碳合金钢，经完全热处理强力锻造制成，因而提高了其焊接性能。

(2) 端盘、叶片采用加厚优质钢板制成，以提高其强度。端盘上的齿座分组按不同倾角向煤壁侧倾斜焊接。

(3) 端盘和叶片上的截齿均采用变截距布置，且由煤壁侧向采空区侧截距逐渐增大。

(4) 为提高滚筒的装煤效率，该滚筒采用 4 头螺旋叶片。

(5) 滚筒进行了动平衡模拟实验，平稳性好，机身振动小，截割阻力低。

(6) 为提高滚筒耐磨性，在齿座龙骨带及叶片尾部等处焊有碳化钨铸造合金钢耐磨板。

该滚筒的内喷雾装置由内喷嘴座、喷嘴、U 形管和卡、O 形密封圈及喷雾供水水路等组成。内喷雾供水水路由连接法兰盘中的通水孔槽、端盘板和叶片内缘的环形水槽、端盘、叶片中的径向孔连通，由喷嘴实现内喷雾。其降尘效果好，可降低截齿消耗量。

由于煤层的赋存情况和煤的物理力学性质多种多样，所以要求螺旋滚筒的结构参数和

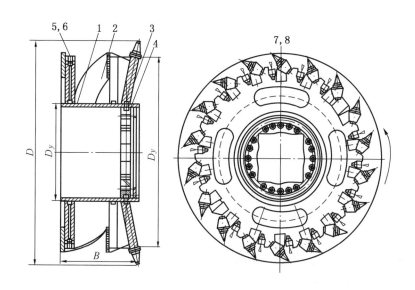

1—筒毂；2—螺旋叶片；3—端盘；4—连接法兰；5—喷嘴；6—喷嘴座；7—截齿；8—截齿座

图 2-6 螺旋滚筒

运动参数必须与之相适应。螺旋滚筒的结构参数包括滚筒直径、宽度（截深）和螺旋叶片参数等。它们对落煤、装煤能力都有重要影响，选择时必须给予足够重视。

1) 滚筒直径

滚筒的三个直径指滚筒直径 D、螺旋叶片外缘直径 D_y 及筒毂直径 D_g（图 2-5）。

滚筒直径 D 指截齿齿尖处的直径。目前采煤机的滚筒直径在 0.65~3 m 范围内。滚筒直径应根据煤层厚度（或截高）来选择。

对于薄煤层双滚筒采煤机或一次采全高的单滚筒采煤机，滚筒直径按下式选取：

$$D = H_{min} - (0.1 \sim 0.3) \tag{2-1}$$

式中 H_{min}——最小煤层厚度，m。

减去 0.1~0.3 是考虑到割煤后顶板的下沉量，以防止采煤机返回装煤时滚筒截割顶梁。

中厚煤层滚筒采煤机后滚筒的截割高度一般小于滚筒直径。根据螺旋滚筒平均切削厚度最大原则可以知道，截割高度为 $0.84D$ 时平均切削厚度最大，故滚筒直径 D 应选为 $H/(1+0.84) = 0.543H$，此处 H 为截割高度。若截割高度范围为 $H_{min} \sim H_{max}$，一般比值 $H_{max}/H_{min} \approx 1.45 \sim 1.65$，则应使 $H_{min} \geq D \geq H_{max}/(1.45 \sim 1.65)$。

截齿的最大切削厚度 h_{max} 受到最大截距 t_{max} 的限制，如图 2-7 所示。

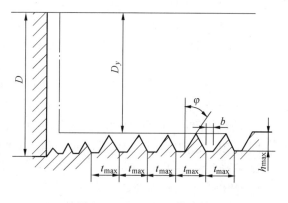

图 2-7 h_{max}-t_{max} 关系图

$$h_{\max} = \frac{t_{\max} - b}{2\tan\varphi} \tag{2-2}$$

式中　b——截齿截刃宽度；
　　　φ——截槽崩裂角。

为了避免螺旋叶片接触截槽间的煤棱，$h_{\max}$ 应不超过截齿径向外伸长度的 70%，即 $2h_{\max} \leq 0.7(D - D_y)$。利用上式可得叶片外缘直径：

$$D_y \leq D - 1.4(t_{\max} - b)\cot\varphi \tag{2-3}$$

筒毂直径 D_g 越大，则滚筒内容纳碎煤的空间越小，碎煤在滚筒内循环和被重复破碎的可能性越大。在满足筒毂内安装轴承和传动齿轮的条件下，应保持叶片直径与筒毂直径的适当比例。对于 $D > 1$ m 的大直径滚筒，$D_y/D_g \geq 2$；对于 $D \leq 1$ m 的小直径滚筒，$D_y/D_g \geq 2.5$。

2) 滚筒宽度

滚筒宽度 B（图 2-6）是滚筒两端最外边缘截齿齿尖截割圆之间的轴向距离，即截深。

一般滚筒的实际截深小于滚筒结构宽度。为有效利用煤的压张效应，减小截深是有利的。

但截深太小，则对采煤机生产率有影响。截深是决定采煤机生产率和总装机功率的主要因素，也是和支护设备配套的重要参数。截深系列为 500 mm、600 mm、630 mm、800 mm、1000 mm 和 1200 mm。截深 600 mm 主要用于普采，当前采煤机常用截深为 800 mm。随着综采技术的发展，也有加大截深到 1000～1200 mm 的趋势。

3) 螺旋叶片参数

螺旋叶片参数包括螺旋升角、螺距、叶片头数以及叶片在筒毂上的包角，它们对落煤，特别是装煤能力有很大影响。

螺旋叶片头数主要是按截割参数的要求确定的。直径 $D < 1.25$ m 的滚筒一般用双头，$D < 1.40$ m 的滚筒用双头或三头，$D > 1.60$ m 的滚筒用三头或四头。

根据叶片的旋向，分为左旋、右旋螺旋滚筒。任意直径 D_i 圆柱面上螺旋叶片的升角 $\alpha_i = \arctan(L/\pi D_i)$，其中 L 为螺旋线导程。可见，$D_i \tan\alpha_i$ 为常数。由于 $D > D_y > D_g$，故叶片外缘的螺旋升角 $\alpha_y < \alpha_g$，α_y 为螺旋滚筒的名义升角，α_g 为叶片内缘的螺旋升角。

小直径螺旋滚筒运煤空间小，必须考虑从端盘至装煤侧运煤量越来越多的情况。采用逐渐增大螺旋导程的小直径滚筒，比用固定升角的滚筒装煤能力有提高。

叶片之间应有适当的衔接（图 2-8），否则，在截煤过程中叶片交替时，滚筒载荷有突变，影响其运行的稳定性。每个叶片对滚筒的围包角是

$$\beta_y = \frac{360 B_y}{\pi D_y \tan\alpha_y} \tag{2-4}$$

式中　B_y——叶片占有的滚筒宽度。

双头螺旋滚筒的叶片围包角 β_y 一般取 210°，三头时取 140°，四头时取 105° 为宜。可见，围包角的要求限制了 α_y 的最大可取值。一般 $\alpha_y = 8° \sim 30°$。

2. 截齿及其配置

1) 截齿

截齿是用来截割煤体的刀具，其几何形状和质量直接影响采煤机的工况、能耗、生产

率和吨煤成本。如图2-9所示，采煤机使用的截齿主要有扁形截齿和锥形截齿两种。扁形截齿是沿滚筒径向安装在螺旋叶片和端盘的齿座中的，故又称为径向截齿。这种截齿适用于截割各种硬度的煤，包括坚硬煤和黏性煤。锥形截齿的刀体安装方向接近于滚筒的切线，又称为切向截齿。这种截齿一般在脆性煤和节理发达的煤层中具有较好的截割性能。锥形截齿结构简单，制造容易。从原理上讲，截煤时锥形截齿可以绕轴线自转而自动磨锐。

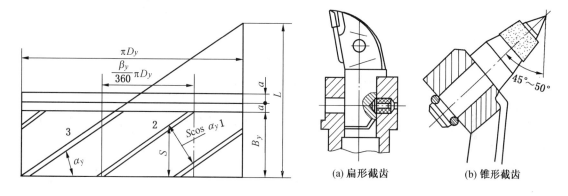

图2-8 叶片围包角与其他参数关系　　图2-9 截齿及其固定方法

截齿刀体的材料一般为40Cr、35CrMnSi、35SiMnV等合金钢，经调质处理后获得足够的强度和韧性。扁形截齿的端头镶有硬质合金核或片，锥形截齿的端头堆焊硬质合金层。

硬质合金是一种碳化钨和钴的合金。碳化钨硬度极高，耐磨性好，但性质脆，承受冲击载荷的能力差。在碳化钨中加入适量的钴，可以提高硬质合金的强度和韧性，但硬度稍有降低。

截齿上的硬质合金常用YG-8C或YG-11C。YG-8C适用于截割软煤或中硬煤，而YG-11C适用于截割坚硬煤。

经验证明，改进截齿结构，适当加大截齿长度，增大切削厚度，可以提高煤的块度，降低煤尘。

齿座为安装和固定截齿的座体。按夹持截齿类型可分为扁形截齿齿座和锥形截齿齿座。其结构与截齿齿柄形状及固定方式、喷嘴安装位置有关，形式很多。齿座按截齿配置顺序焊装在端盘和螺旋叶片上，通常用低碳铬镍钼钢、中碳铬锰硅钢锻制而成，经加工和热处理后具有足够的强度、冲击韧性和耐磨性。

截齿固定件用来将截齿固定在齿座内，需满足固定可靠、更换简捷且制造成本低的要求。固定件分刚性和弹性两类。刚性固定件有螺钉（顶丝）、U形卡、弹簧挡圈和柱销等；弹性固定件有橡胶与柱销的组合件、橡胶件、特殊形状弹簧等。目前使用最多的是弹性固定件。齿柄成圆锥状的截齿可不用固定件（称为无销固定），直接利用截割力将其固定在齿座中，但齿座上的齿穴形状要与齿柄紧密配合。

喷嘴座是安装喷嘴的座体，按内喷雾要求焊装在滚筒适当位置上，其结构形状按喷嘴在滚筒上喷射位置要求确定，一般呈圆柱状，用不锈钢制作。由于受滚筒结构限制或喷射效果要求，有的滚筒没有喷嘴座，喷嘴直接安装在端盘和螺旋叶片上或齿座、截齿上。

2）截齿配置

截齿在螺旋滚筒上的排列规律称为截齿配置，它直接影响滚筒截割性能的好坏。合理配置截齿可使块煤率提高，粉尘减少，比能耗降低，滚筒受力平稳，机器运行稳定。

（1）截齿配置的原则：①保证把被截割的煤全部破落下来；②截割下来的煤块度大、煤尘少、比能耗小；③滚筒载荷均匀，动负荷和振动较小，采煤机运行平稳。

滚筒端盘截齿排列较密，为减少端盘与煤壁的摩擦损失，截齿倾斜安装，属顺序式配置，其方向与叶片上截齿排列的方向相反。紧靠煤壁的截齿倾角最大，属半封闭式截槽。靠里边的煤壁处顶板压张效应弱，截割阻力较大，为了避免截齿受力过大，减轻截齿过早磨损，端盘截齿配置的截线加密，截齿加多，端盘截齿一般为滚筒总截齿数的50%左右，端盘消耗功率一般约占滚筒总功率的1/3。

（2）叶片截齿配置。不同螺旋头数和不同结构参数的螺旋滚筒，采用同一种截齿排列模式，其切屑图是相似的。要把被截割的煤全部破落下来，必须进行合理的截齿配置。首先要合理地选择截距 t 和切削厚度 h，以及它们的合理比值 t/h。若以比能耗最小为优化目标，其最佳截距如下：

当 $h \geqslant 10$ mm 时

$$t_{opt} = K(1.25h + b_p + 1.2) \tag{2-5}$$

当 $h < 10$ mm 时

$$t_{opt} = K\left[\frac{7.35h}{h+1.3} + 0.4h + (b_p - 1)\right] \tag{2-6}$$

式中 b_p——截齿实际切削宽度；

K——考虑煤炭脆性程度影响的系数，$K = \dfrac{1.47B}{B+1.2}$；

B——脆性程度指标。

实验表明，锥形截齿配置的 t_{opt} 比扁形截齿减少 15%～20%，因为锥形截齿截割煤的崩裂角减小。考虑到顶板压力对煤层压酥程度的影响，为使滚筒受力均衡，可采用变截距滚筒，自煤壁向采空区逐渐增大，其变化范围在 $(0.85～1.15)t_{opt}$。

JOY 公司的电牵引采煤机都是棋盘式配置。试验表明，棋盘式的工作性能比顺序式的得到了改善，但载荷均匀性较差，需对截齿分布进行合理的组合与优化，以满足工作稳定性的要求。一般认为，截齿数越少，载荷分布越不均匀。

（3）端盘截齿配置原则：①端盘截齿处在滚筒中是最恶劣的工作位置，因而，端盘截齿要布置多些，其数量主要取决于煤质硬度和滚筒直径。若煤质硬度大或滚筒直径大，截齿数就多一些；反之，可少一些。②端盘截齿的排列应保证各截齿受力尽量均衡，以免过多发生掉齿现象。③端盘截齿在圆周方向上的间距要尽量均衡，使之与螺旋叶片的截齿相匹配。

端盘上的截齿密度很大，是指单从几何方面考虑可能容纳的最多截齿。在确定端盘的最多齿数时，应考虑齿座之间或齿座与喷嘴之间是否干涉。端盘截齿数初步确定后，就可确定端盘截线数，并在每条截线上进行截齿的分配。端盘第一条截线（从煤壁侧算起）上的截齿工作条件最差，故配置的截齿最多。从煤壁到采空区侧各条截线上的截齿数相对有所减少，但最少不少于叶片头数。当截割硬煤或夹矸较多的煤层时，端盘截齿应排列得较密;而截割软煤或夹矸较少的煤层时,端盘截齿排列较疏。将截齿数分配完后,截线数也就确定了。但截线数不宜过多,一般为6条左右。端盘截齿齿尖应排成弧形,最边缘截线上截齿安装角为53°~55°,便于斜切煤壁。最边缘截线上的截齿工作条件最差,故配置的截齿最多。靠煤壁侧的截刃最好倾斜8°~10°,与煤壁间留有间隙。端盘截距较小,平均截距约比叶片上截线截距小1/2。每条截线上的截齿数,一般比叶片上多2~3个截齿。端盘截齿一般分为2~4组,每组有一个0°齿,2~6个倾斜安装的截齿。倾角应顺滚筒转向从小到大顺序排列,截距应从煤壁向外逐渐增大。每组截齿中还可设几个向采空区倾斜20°~30°的截齿,以抵消一部分滚筒轴向力。端盘截齿的配置对整个滚筒的工作有不容忽视的影响。

总之,截齿配置选用原则是截割载荷均匀、比能耗低、有利于装煤和机器运行稳定。

3. 滚筒的转向和转速

1) 滚筒转向

为向输送机运煤,滚筒的转向必须与滚筒的螺旋方向相一致。对逆时针方向旋转(站在采空区侧看滚筒)的滚筒,叶片应为左旋;顺时针方向旋转的滚筒,叶片应为右旋。这就是通常所说的"左转左旋,右转右旋"。

采煤机在往返采煤的过程中,滚筒的转向不能改变,从而有两种情况:顺转,截齿截割方向与碎煤下落方向相同;逆转,截齿截割方向与碎煤下落方向相反。

双滚筒采煤机滚筒转向如图2-10所示。为了使两个滚筒的截割阻力能相互抵消,以增加机器的工作稳定性,必须使两个滚筒的转向相反。滚筒的转向分为两种方式,即反向对滚和正向对滚。采用反向对滚时,割顶部煤的前滚筒顺转,故煤尘较少,碎煤不易抛出伤人。中厚煤层双滚筒采煤机都采用这种方式。虽然煤流被摇臂挡住而减小了装煤口,但由于滚筒直径较大,仍有足够的装煤口尺寸。采用正向对滚时,前滚筒产生的煤尘多,碎煤易伤人,但煤流不被摇臂挡住,装煤口尺寸大,因而在薄煤层采煤机中采用正向对滚就显示出了优越性。

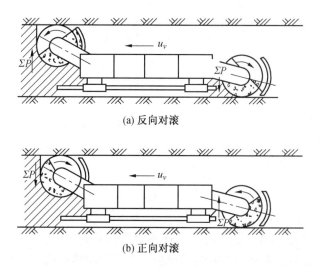

图 2-10 滚筒转向

对于单滚筒采煤机,一般在左工作面用右螺旋滚筒,而在右工作面用左螺旋滚筒。因此,当滚筒截割底部煤时,滚筒转向总是顺着碎煤下落的方向。截割下的煤通过滚筒下边运向输送机,运程较长,煤被重复破碎的可能性较大,但不受摇臂限制。

2) 滚筒转速

若采煤机滚筒以转速 n 旋转,同时以行走速度 v_q 向前推进,截齿切下的煤屑呈月牙形,其厚度在 $0 \sim h_{max}$ 变化,最大厚度为

$$h_{max} = \frac{100v_q}{mn} \quad (2-7)$$

式中 v_q——行走速度,m/min;
  n——滚筒转速,r/min;
  m——同一截线上的截齿数。

图 2-11a 和图 2-11b 中的月牙形截割面积可近似按图 2-11c 所示计算,其中 L 为截割弧长。平均切削厚度为

$$h = h_{max} \frac{1 - \cos\varphi}{\frac{\varphi}{180}\pi} \quad (2-8)$$

式中 φ——切入煤体包角,(°)。

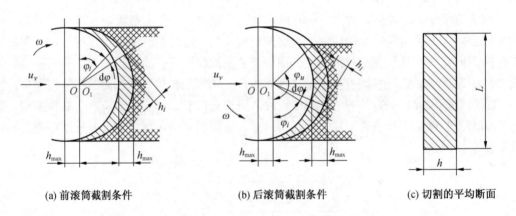

(a) 前滚筒截割条件　　(b) 后滚筒截割条件　　(c) 切割的平均断面

图 2-11　切削厚度变化

对式 (2-8) 求极值。当 $\varphi = 133.2°$(即 0.74π)或截割高度为 $0.84D$ 时,平均切削厚度达极大值,即为 $2.28h_{max}/\pi$。

当滚筒直径和转速已知时,滚筒截割速度为

$$v = \frac{\pi Dn}{60} \quad (2-9)$$

式中 D——滚筒直径,m。

由式 (2-7) 可知,当 m 一定时,切屑厚度与行走速度成正比,与滚筒转速成反比,即滚筒转速越高,煤的块度越小,并造成煤尘飞扬。滚筒转速确定得适当,大块煤产出率和装煤效率能同时提高。大多数中厚煤层采煤机滚筒转速在 30~40 r/min 内较适宜。厚煤层采煤机滚筒直径大于 1800~2000 mm 时,转速可低至 20~30 r/min。当截割速度超过

3 m/s 时，截齿摩擦发火的可能性增加，所以厚煤层采煤机降低滚筒转速尤为重要。

对于薄煤层采煤机的小直径滚筒来说，由于叶片高度低，滚筒内的运煤空间小，必须加大滚筒转速，以保证采煤机的生产率。小直径滚筒转速可达 80～120 r/min。

3）滚筒的装载性能

螺旋滚筒的装载性能主要指装载效率、滚筒内循环煤量、装载功率及比能耗、装载阻力等。影响装载性能的参数有滚筒转速、行走速度、螺旋叶片外缘升角、滚筒转向、出煤口断面、摇臂形状、煤的块度及湿度等。

螺旋滚筒装煤首先是由叶片产生的轴向推力和速度，将煤块由煤壁向工作面刮板输送机输送，然后由叶片产生的装煤力和装载速度向输送机中部槽装煤。但这种松散物料抛装过程的准确计算是很困难的，同一台采煤机用在不同工作面其装煤效果差异也相当大。一般多用装载试验及井下使用效果来分析研究。

前面已讨论了滚筒转速、滚筒转向、螺旋叶片升角对装煤的影响。试验表明，影响装载量的诸因素中，关键是装煤口断面的大小，弯摇臂就是从这一出发点设计的。将滚筒筒毂形状改进为锥形、指数形、半球形，截线排列为变截距，都是不断增大装煤断面，从而进行流畅装煤的手段。

根据螺旋滚筒截割和装载性能的试验分析，螺旋滚筒具有截割和装载合二为一的特点：

（1）滚筒转速的降低，使截割和装载的比能耗同时呈双曲线下降。比能耗的下降，可提高采煤机的生产率。

（2）行走速度的增高，使截割和装载的功率同时增加，比能耗也同时呈双曲线下降，从而提高采煤机的生产率。也就是说，要提高生产率，必须增大功率；但随着行走速度的增大，功率增大的幅值因比能耗的降低而相对降低。

（3）对截割来讲，转速降低和行走速度增加、切削深度增大，均使块煤率增加；对装载来讲，转速降低可使循环煤量减少，降低煤尘。但转速低和行走速度高时，滚筒充满程度和循环煤量同时增高，尤其是小直径滚筒易产生堵塞现象。

（4）不论截割或装载，在上述参数值确定的情况下，机器平稳性是关键问题之一，需要解决好，如端盘截齿的选型排列，滚筒筒毂形状研究等。

综上所述，降低转速、加快行走速度能实现最佳截割和良好的装载性能，即比能耗小、生产率高、煤的块度大、煤尘少、机器平稳。因此，大滚筒的转速可降至 20～30 r/min，行走速度可提高到 10 m/min 以上，截齿配置可采用棋盘式排列，滚筒筒毂可做成渐扩型的。

4. 滚筒的 CAD 及优化设计

20 世纪 80 年代以来，英国、俄罗斯、中国、德国、美国等对滚筒进行了 CAD 设计及优化设计。

1）截齿受力计算

在滚筒设计中采用 CAD 时，首先遇到的问题是对截齿的力学分析及计算。苏联对截齿上的载荷谱进行了大量试验研究。截齿截割煤岩的载荷是随机的，具有平稳随机函数的性质。截割力和推进力的分布函数和分布密度属 Γ 分布，侧向力属于正态分布。螺旋滚筒的载荷谱也是随机的，当同时截割的截齿数 $n_p \geq 8$ 时，总载荷属正态分布。截割力、推进力、侧向力的数学期望值（均值）、方差、相关系数和变差系数，都可按概率统计方法

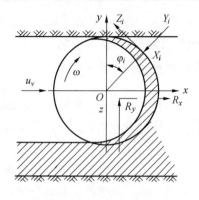

图 2-12 螺旋滚筒受力简图

进行分析。

单齿截割力公式都从 $Z = Ah$ 最基本公式出发,然后考虑各种影响因素,乘以各种系数。此处不再赘述,可参阅有关资料。

2) 螺旋滚筒受力分析

有了单个截齿的负荷,螺旋滚筒的平均负荷就可叠加得到。螺旋滚筒所受载荷如图 2-12 所示。以前滚筒为例,第 i 个截齿所受到的截割阻力、推进阻力和侧向力分别为 Z_i、Y_i、X_i,而 R_x、R_y、R_z 分别表示滚筒所有参加截割的截齿受力沿 x、y、z 坐标轴的分力之和,即滚筒截割阻力矩为

$$R_x = \sum_{i=1}^{n_p} (-Y_i \sin\varphi_i - Z_i \cos\varphi_i)$$

$$R_y = \sum_{i=1}^{n_p} (-Y_i \cos\varphi_i + Z_i \sin\varphi_i)$$

$$R_z = \sum_{i=1}^{n_p} X_i$$

滚筒截割阻力矩为

$$M = \frac{D}{2} \sum Z_i \tag{2-10}$$

式中 $\sum Z_i$ ——前、后滚筒截齿同时截煤的截割阻力之和,N。

滚筒截割所消耗的功率为

$$P = \frac{Mn}{974} \tag{2-11}$$

滚筒截割的比能耗为

$$H_w = \frac{P}{60BHv_q} \tag{2-12}$$

截齿排列虽然较均匀,但不是连续的,所以滚筒载荷是不均匀的。截割力 $\sum Z_i$ 的载荷波动性(或载荷不均匀性)用变差系数来衡量,它表示截割力与其均值的偏离程度。变差系数的概念和随机概率中的方差是一致的。变差系数越小,说明截割时的载荷波动越小,机器的平稳性越好。截割力(或截割阻力矩)的变差系数允许值小于或等于 0.05。试验表明,同时截割齿数减少,变差系数增大,机器振动加剧,即机器平稳性和传动件的可靠性变差,甚至会因振动过大或连接件振坏,使机器无法工作。

3) 滚筒优化设计

滚筒优化设计应把煤层厚度、煤质特征、落煤和装煤过程、截齿配置、参数选择等一起进行研究和试验。滚筒优化设计中,设计变量、目标函数和约束条件及它们之间的关系是建立数学模型的基础。

目前,滚筒优化设计中的目标函数选择有几种方案:比能耗最小,块度最大,工作平稳性最好(即载荷的变差系数最小)。

煤层特性、截齿和滚筒的结构参数以及截割参数（如 B、h、t、v、n 等）与滚筒的比能耗有关，尤其是比能耗与生产率、块煤率、煤尘、工作平稳性的关系更密切。比能耗越小，采煤机的生产率越高。破碎程度指标 K 越小，表示切削深度越大，煤尘越少，比能耗越小。也就是说，比能耗与生产率、块煤率、煤尘等关系是双曲线规律，它们的变化方向和趋势具有一致性。比能耗最小，标志着最佳截割和生产率最高。因此，在优化设计时比能耗最小是最重要的目标函数。

为保证生产率最高、块煤率高和煤尘小，把比能耗作为单目标优化设计，根据现有试验资料，可同时提高块煤率，降低煤尘，都得到较好的优化结果。但力的变差系数最小，在比能耗极小化中不能得到保证。若把变差系数作为约束条件，小于允许值，这种优化方案是合理的，既能首先保证比能耗更小，同时也满足机器平稳性的要求。

三、采煤机行走部

行走部担负着移动采煤机，使工作机构实现连续割煤或调动任务。它包括行走机构（又称牵引机构）和行走驱动装置两部分。

（一）基本要求

为了适应高产高效的需要，对其行走部有以下基本要求。

1. 牵引力大

随着工作面生产率的提高，采煤机应具有足够大的牵引力。为了提高牵引力，在牵引中常采用双牵引或多牵引方式。目前，牵引力已达 1000 kN，最大已超过 2000 kN。

2. 传动比大

总传动比高达 300 左右，行走速度一般为 $v_q = 0 \sim 23$ m/min（国外达 54 m/min）。如果采用可调速的电动机，则传动比可相对减小。

3. 能实现无级调速

随着采煤机外载荷的不断变化，要求行走速度能随着载荷的变化而变化。在电牵引采煤机中，通过控制牵引电动机的转速来实现；在液压牵引采煤机中，通过控制变量泵的流量来实现。

4. 不受滚筒转向的影响

通常电动机和滚筒的转向是一定的，但采煤机的行走方向是要往返变化的，所以它不能受滚筒转向的影响。

5. 能实现正、反向行走和停止行走

电牵引采煤机采用多电动机，截割电动机和牵引电动机是分开的，易于实现行走部正、反向行走和停止，而且操作简便。但在液压牵引中有时采用单电动机，即截割和牵引共用一台电动机，行走方向的改变或停止只能通过液压泵供油方向的改变或停止来实现。

6. 有完善可靠的安全保护

在电牵引采煤机中，通过对牵引电动机的监测和控制来保证行走安全和可靠运行。在液压牵引中，是根据电动机的负荷变化和牵引阻力的大小来实现自动调速或过载回零保护（停止行走）。先进的采煤机还设有故障监测和诊断装置。

7. 操作方便

行走部应有手动操作、远程操作等装置，尽量做到集中控制。

（二）行走机构

采煤机的行走机构有钢丝绳牵引、链牵引、无链牵引3种类型。现代采煤机广泛采用无链牵引，但链牵引采煤机仍在使用。钢丝绳牵引的采煤机牵引力小，易发生断绳事故，且断裂后不易重新连接，故这种行走机构已被淘汰。下面重点介绍电牵引采煤机的无链牵引方式。

1. 无链牵引

随着采煤机向强力化、重型化及大倾角的发展，其总装机功率已超过2000 kW，牵引力已达到或超过1000 kN。对于这样大的牵引力，目前使用的牵引链已不能满足要求，而且牵引链一旦断裂，其储存的弹性能被释放，将严重危及人身安全。为此，取消了固定在工作面两端的牵引链，而采用了无链行走机构。

无链牵引的主要优点是：

（1）取消了工作面的牵引链，消除了断链和跳链伤人事故，工作安全可靠。

（2）在同一工作面内可以同时使用两台或多台采煤机，从而可降低生产成本，提高工作效率。

（3）行走速度的脉动比链牵引小得多，使采煤机运行较平稳。链轨式虽然也是链条，但强度余量较大，弹性变形对行走速度的影响较小。

（4）牵引力大，能适应大功率采煤机和高产高效的需要。

（5）取消了链牵引的张紧装置，使工作面切口缩短。对底板起伏、工作面弯曲、煤层不规则等的适应性增强。

（6）适应采煤机在大倾角（可达54°）条件下工作，利用制动器还可使采煤机的防滑问题得到解决。

但是，对无链牵引，还应重视以下几个问题：

（1）必须加强输送机本身的结构，并在使用和管理中保持其有一定的平直度。

（2）齿轮、齿条或销轴，不仅在啮合传动中传递很大的力，而且还起支点的作用，磨损加快。因此，在材质和热处理方面要求较高，在结构上也要能快速更换。

（3）为了保证采煤机在推移中水平和垂直方向倾斜时仍能保证正确啮合，在销轴座或齿条之间的连接方式上要注意可调性，同时还要注意中部槽的连接强度。

（4）无链行走机构使机道宽度增加了约100 mm，提高了对支架控顶能力的要求。

无链行走机构的类型很多，目前使用的主要有3类。

1) 销轨式无链行走机构

销轨式无链行走机构分为齿轮－销轨式和链轮－销轨式两种类型，MG500/1130－WD型采煤机采用齿轮－销轨式，如图2－13所示。

销轨式行走传动原理与齿条相同，都属齿轨式行走。行走部动力通过驱动齿轮1经齿轨轮2与铺设在刮板输送机5中部槽上的销轨3相啮合而使行走部4带动采煤机移动。销轨有圆柱销焊接齿轨和齿形铸造齿轨两种。销轨由两侧板固定和夹住，齿轨轮不会脱轨，刚性也好。销轨长度是中部槽长度的1/2，销轨接口与中部槽接口相互错开，这样，当中部槽在垂直方向弯曲α角时，销轨间只弯曲$\alpha/2$。

工作时，为保证齿轨轮与销轨的良好啮合，要求输送机尽可能平直铺设，相邻两节中部槽在水平面弯曲不得超过±1.5°，垂直面弯曲不得超过±3°。因此，输送机的弯曲段不得小于 12~15 m 距离。

销轨式啮合副的齿廓曲线常采用摆线齿轮-圆柱销齿轨、渐开线齿轮-渐开线柱销齿轨两种。这两种啮合原理与渐开线齿轮的啮合计算方法相同,能实现共轭传动,但有各自特点。摆线与圆啮合时,摆线齿轮的齿数可减少到 7~9 个,没有齿轮根切问题。摆线齿轮的直径较小。但对中心距的可分离性较差,当中心距变化时,速度波动增大,齿面的滑动系数增大,齿面磨损加剧。20 世纪 80 年代的 EDW 系列、MXA 系列都采用摆线齿轮-圆柱销齿轨行走,90 年代使用的销轨式啮合副的齿廓曲线都采用渐开线。但这种渐开线是非标准制的,若采用标准制渐开线齿轮和渐开线齿轨,将使齿轮直径较大。渐开线齿轮中心距具有可分离性,不影响传动比,不引起速度波动,可改善齿面磨损。

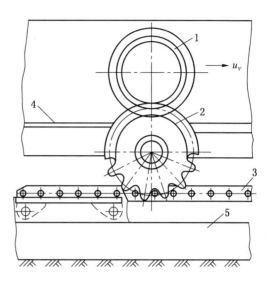

1—驱动齿轮;2—齿轨轮;3—销轨;
4—行走部;5—刮板输送机

图 2-13 销轨式无链行走机构

2) 齿轨式无链行走机构

齿轨式无链行走机构的原理是采用齿轮齿轨的啮合传动原理。为了适应采煤机牵引力大的要求,齿轨的模数很大,一般为 40~60 mm。

齿轨式无链行走机构按行走轮的形式不同分为销轮-齿轨式和齿轮-齿轨式无链行走机构两种类型。

销轮-齿轨式无链行走机构,如图 2-14 所示。行走部动力通过行走传动箱 2 的输出轴驱动销轮 1 与铺设在输送机中部槽上的齿轨 3 相啮合,使行走部移动。齿轨分为长齿轨和短齿轨两种形式。长齿轨固定在输送机挡煤板上,随中部槽一起弯曲;短齿轨又称为调节齿轨,活装在两节长齿轨之间。长齿轨两端各有一个椭圆形孔,短齿轨两端的销轴装在此孔中。这种结构形式既保证了中部槽弯曲的要求,又限制齿轨弯曲角度,有利于保证销轮与齿轨的啮合特性。

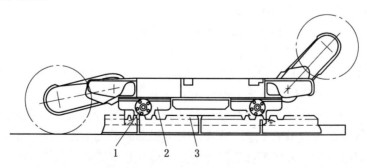

1—驱动销轮;2—行走传动箱;3—齿轨

图 2-14 销轮-齿轨式无链行走机构

装有可以转动鼓形销的销轮,降低了啮合副之间的滑动摩擦。这种无链行走系统具有工作可靠、结构简单、易于制造和维修的特点,因而得到广泛应用。AM – 500 型采煤机采用了 3 个销轮,MG300 – W 型采煤机采用了 4 个销轮。

如果采用标准的齿条传动,其齿轮为渐开线齿轮。当齿条模数为 65 mm 时,齿轮直径约 1 m,因机身高度所限而无法采用。当采用销轮时,销轮直径约 300 mm,不仅尺寸较小,而且输出牵引力也较大。齿轨与中部槽的弯曲,在水平面为 ±1°,垂直面为 ±3°。再大的弯曲将使节距和中心距变化增大,滑动系数增大,啮合的两齿面"张口",降低接触面积,从而使接触比压升高,造成磨损加剧,特别是在大倾角工作面切口处,齿轨的磨损更严重。

销轮 – 齿轨式无链牵引存在以下几个问题:

(1) 齿轨允许弯曲角度是所有齿轨行走机构中最小的,适应工作面起伏和弯曲变化的能力较差。

(2) 齿条加工是切割的(俄罗斯采取轧制成形),其加工精度较差,且由于齿条体积较大难于进行热处理,因此强度和耐磨性受到限制。

(3) 实际使用中齿条磨损现象较突出。

齿轮 – 齿轨式无链行走机构的齿轨位于煤壁侧的铲煤板上,与铲煤板焊接在一起,既是输送机铲煤板,又是无链牵引的啮合齿轨。这种无链行走机构通常与爬底板式采煤机配套。其特点是结构高度低,适用于薄煤层;但制造困难,无调节短齿轨,对输送弯曲度适应性较差。MG – 300 型和 AM – 500 型采煤机均采用这种无链行走机构。

3) 链轨式无链行走机构

采用销轮齿轨或齿轮 – 销轨式无链行走机构后,由于输送机中部槽的偏转受到较严格的限制,降低了采煤机对底板起伏的适应能力。德国研制的柔性链轨式无链行走机构,如图 2 – 15 所示。它由采煤机行走部 1 传动装置输出轴上的驱动链轮 2 与铺设在输送机采空区侧挡板 5 内的链轨架 4 上的不等节距牵引链 3 啮合而驱动采煤机,与驱动链轮 2 同轴的导向滚轮 6 支承在链轨架 4 上导向。由于链轨可以圆滑弯曲,链环尺寸稳定,即使输送机中部槽的偏转较大,采煤机仍能平稳运行。

牵引链 3 的一端固定在输送机机头上,另一端用液压张紧器通过预张紧消除牵引链的松弛。驱动链轮 2 的轮齿插入平环,与立环的端头啮合而实现牵引。输送机相邻中部槽接头处留有间隙,可以在垂直面偏转 ±6°和水平面偏转 ±3°,对工作面的起伏变化具有较强的适应性。链轨破断拉力达 1450 kN,远大于当时的齿条式或销排式,而且挠曲性较好。牵引链磨损后可以翻转 180°再用,保证了较长的使用寿命。

采用不等节距牵引链的原因是:

(1) 标准等节距牵引链在链条导槽中会发生平链环在立链环中窜动,易造成卡链事故。将立链环改成短链环后,防止了窜链和卡链事故。

(2) 使链轮齿根宽度增大,提高了链轮的强度,链轮和链轨的接触应力相应减小。

上述无链行走机构适用于低速、重载、多尘和无润滑的工作条件,维护比较方便。但即使行走齿轮匀速转动,采煤机行走速度仍会波动。它与链牵引机构相比,行走速度的波动要小得多,从而大大改善了行走的平稳性,是一种有发展前途的无链行走机构,已用于 EDW – 300L 型和 LS 型等采煤机上。

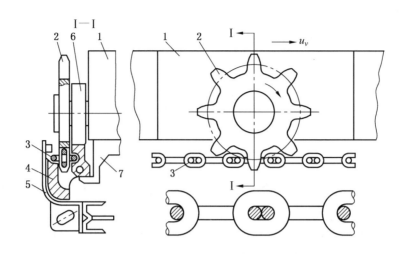

1—采煤机行走部；2—驱动链轮；3—牵引链；4—链轨架；
5—挡板；6—导向滚轮；7—底托架
图 2-15 链轨式无链行走机构

2. 链牵引

链牵引机构的组成包括矿用圆环链、链轮、链接头和紧链装置等。根据链轮的安装位置分为立式链轮和水平链轮两种，常用立式链轮。

链牵引的工作原理如图 2-16 所示，牵引链 3 绕过主动链轮 1 和导向链轮 2，两端分别固定在输送机上、下机头的拉紧装置 4 上。当牵引部的主动链轮转动时，通过牵引链与主动链轮啮合驱动采煤机沿工作面移动。链牵引用在 MG200 型、MXA-200/3.5 型、MXP-240 型等采煤机上。

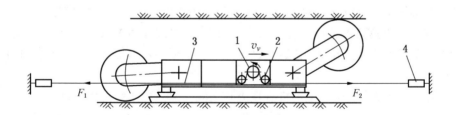

1—主动链轮；2—导向链轮；3—牵引链；4—拉紧装置
图 2-16 链牵引原理

链牵引的牵引链节距较大，当链轮做等速运转时，牵引链相对链轮的移动是周期性变化的，牵引速度波动大、负载不平稳，这是产生动载荷的原因之一。由于牵引链存在弹性伸长量，采煤机移动时产生冲击振动，引起切屑断面的急剧变化，这是产生动载荷的另一原因。因此，近年来链牵引逐渐被无链牵引所替代。

（三）传动机构

采煤机行走部传动装置的功用是将电动机的能量传到主动链轮或驱动轮，并满足对行走部提出的各项要求。

1. 传动方式

按调速传动方式有电气传动、液压传动和机械传动，也称为电牵引、液压牵引和机械牵引。

1）电牵引

电牵引采煤机是对专门驱动行走部的电动机进行调速和换向，从而调节采煤机的运行速度和运行方向。

德国 Eickhoff 公司于 1976 年制造出了第一台电牵引采煤机。随后，各采煤大国都在大力研制并发展电牵引采煤机。电牵引采煤机代表了采煤机的发展方向，近年来高产高效的世界纪录都是电牵引采煤机创造的。因此，电牵引采煤机被认为是第四代采煤机。

电牵引采煤机的优点是：

（1）具有良好的牵引特性。可在采煤机前进时提供牵引力，使机器克服阻力移动；也可在采煤机下滑时进行发电制动，向电网反馈电能。

（2）可用于大倾角煤层。牵引电动机轴端装有停机时防止采煤机下滑的制动器，它的设计制动转矩为电动机额定转矩的 1.6~2.0 倍，因此电牵引采煤机可用在 55°倾角的煤层。

（3）运行可靠，使用寿命长。电牵引和液压牵引不同，前者除电动机的电刷和整流子有磨损外，其他件均无磨损，因此使用可靠，故障少，寿命长，维修工作量小。

（4）反应灵敏，动态特性好。电子控制系统能将多种信号快速传递到调节器中，以便及时调整各参数，防止机器超载运行。例如，当截割电动机超载时，电子控制系统能立即发出信号，降低牵引速度；当截割电动机超载 3 倍时，采煤机能自动后退，从而防止滚筒堵转。

（5）效率高。电牵引采煤机将电能转化为机械能只做一次转换，效率可达 0.9；而液压牵引由于能量的几次转换，再加上存在的泄漏损失、机械摩擦损失和液压损失，效率只有 0.65~0.7。

（6）结构简单。电牵引部的机械传动系统结构简单，尺寸小，重量轻。

（7）有完善的检测和显示系统。采煤机在运行中，各种参数如电压、电流、温度、速度等均可检测和显示。当某些参数超过允许值时，便会发出报警信号，严重时可以自行切断电源。

根据调速原理不同，牵引电动机有直流和交流调速系统两种类型。目前广泛应用交流变频调速技术，依靠交流变频调速装置改变交流电动机的供电频率和供电相序，来实现电动机转速的调节和转向的变换。

（1）他励或串励直流电动机调速。牵引电动机可以是他励直流电动机，也可以是串励直流机。现以可控硅-他励电动机为例说明其调速原理。

如图 2-17 所示，由电工学原理可知，电动机的输出转矩 M 为

$$M = K_m \Phi I_A \qquad (2-13)$$

式中　K_m——电动机常数；

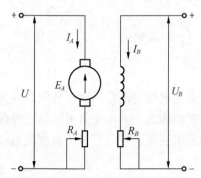

图 2-17　他励电动机调速原理

Φ——每对磁极的磁通量,Wb;

I_A——电枢电流,A。

电枢的感应电动势 E_A 为

$$E_A = K_E \Phi n \qquad (2-14)$$

式中　K_E——电动机常数;

n——电动机转速,r/min。

电动机电枢端电压 U 为

$$U = E_A + I_A R_A \qquad (2-15)$$

式中　R_A——电枢电阻,Ω。

在 $U < E_A$ 的情况下电枢电流 I_A 改变方向,电动机以发动机工况运转。由式(2-15)还可得到:

$$U = K_E \Phi n + I_A R_A \qquad (2-16)$$

则电动机的转速:

$$n = \frac{U - I_A R_A}{K_E \Phi} \qquad (2-17)$$

由式(2-17)可知,要想改变电动机的转速 n,可通过以下方法达到:①保持励磁电流 I_B 不变(额定值),即磁通 Φ 不变;采用可控硅触发电路来改变电枢电压 U,可得到恒转矩调速段,就可以实现恒转矩自动调速特性。②保持电枢电压 U 和电枢电流 I_A 不变(额定值),而减小励磁电流 I_B,即减小磁通 Φ,使转矩 M 减小,速度增大,并使 M 和 n 的乘积不变,以得到恒功率调速段,就可以实现恒功率自动调速特性。

当然,也可以用同时调节电枢电压 U 和磁场强度的办法来实现调速。

(2)交流电动机变频调速。交流电动机的转速方程为

$$n = \frac{60f}{p}(1-s) \qquad (2-18)$$

式中　f——定子电源频率,Hz;

p——电动机的磁极对数;

s——转差率。

从式(2-18)中可知,只要调节供电频率 f,就可调节转速 n。但 f 在工频以下变化时,气隙磁通 Φ_q 为

$$\Phi_q = K \frac{U}{f} \qquad (2-19)$$

式中　U——定子端电压。

当 f 升高时,若 U 不变,则 Φ_q 下降,导致电动机转矩下降。为保持 Φ_q 不变,通常采用同时调节 U 和 f,并使压频比恒定,即

$$\frac{U}{f} = 常数 \qquad (2-20)$$

由于 Φ_q 基本不变,则转矩也基本不变。在工频以下,这种调速属于压频比恒定、恒转矩的调频调速控制。但是,这种调频调速在频率 f 很低时,U 并不与 E(电动势)基本近似相等,而是 E 下降更多,使 Φ_q 减少,保持不了 Φ_q 恒定,从而导致电动机的转矩 M

和 M_{max} 下降。为了提高低频的转矩，采用提高 U 来提高 M，这时 U 与 f 的比值增大，不是原先恒定的比值，这种调速属于提高电压、补偿低频的调频调速控制，用以提高电动机在低频时的 M 和 M_{max}。但是，提高电压不能超过电动机的允许范围。当电压为恒定值后，则转为恒功率调速。

调压调频(VVVF)是交流电动机变频调速控制的基本原理。为实现 VVVF 变频调速，一般采用交－直－交变频器。采用二极管整流将交流变成直流，再采用正弦脉宽调制(SPWM)逆变器，将直流变成可调频率的交流，以实现交流电动机的频率调速控制。SPWM 控制可采用微机软件实现或大规模 PWM 集成块实现。采煤机上广泛采用微机软件来实现。

电牵引采煤机的调速控制系统、四象限运行、能耗制动和发电制动等问题，可参阅电气控制的有关内容。

采煤机电牵引必须满足四象限运行。尤其是在大倾角工作面运行时，因采煤机自重很大，当采煤机停机或向上截割牵引，或向上、向下调动时，采煤机有可能四象限运行。对直流电牵引易实现四象限运行、反馈制动；对交流电牵引也能实现四象限运行。对倾角不大或近水平的工作面，交流电牵引可采用能耗制动，其电路简单，制动转矩可达额定转矩的 20% 左右；对大倾角工作面，采用发电制动，电能反馈电网，也较经济，但电路复杂。目前交流电牵引的制动问题已经解决。

对采煤机调速性能中的自动控制品质，如截割电动机功率超调量为额定电流（或功率）的 ±10% 左右，还有调速的平稳性等问题。这些要求并不高，因此电牵引控制回路中，有采用电流和转速双闭环控制，也有采用电流单闭环控制，其运行效果都较好。

直流电牵引技术成熟，当今创造最高产煤纪录的还是直流电牵引采煤机，目前尚属主力机型。从调速技术发展来看，各国又在向交流电牵引发展，已使用了一批交流电牵引采煤机，使用效果也较好。

2) 液压牵引

液压牵引部具有无级调速特性，且换向、停止、过载保护易于实现，便于根据负载变化实现自动调速，保护系统比较完善，因而获得广泛应用。其缺点是制造精度高，效率低，油液易泄露、污染，零部件易损坏，维修困难，使用费用高，效率和可靠性较低。

液压调速一般采用变量泵－定量马达容积调速系统，通过改变液压泵的排量、供液方向来调节牵引速度和改变牵引方向。从马达到驱动轮（或链轮）采用机械传动，其传动方式有 3 种类型。

(1) 高速马达。其转速一般为 1500～2000 r/min，结构形式往往与主泵相同，但马达是定量的。这种系统的马达需经较大的机械传动比带动链轮，传动易于布置，故以前使用较多。如在 MAX－300 型、MG200－W 型等采煤机上使用。

(2) 中速马达。采用行星转子式摆线马达（如 AM－500 型采煤机），其额定转速为 160～320 r/min。这种系统马达需经二级或三级减速带动驱动滚轮。马达及减速装置尺寸较小，可以根据需要把传动装置装在底托架上，且可用在无链双行走传动装置中。停机时靠制动器的弹簧力制动，防止机器下滑。

(3) 低速马达。采用径向多作用柱塞式马达，马达的输出轴转速一般为 0～40 r/min。马达经过一级减速或直接带动主动链轮。这种系统的机械传动装置比较简单，但马达径向尺寸大，且存在回链敲缸问题。我国生产的 DY－150 型、MD－200 型采煤机使用该系统。

3）机械牵引

具有纯机械传动装置的牵引部简称机械牵引。其特点是工作可靠，但只能有级调速，且传动结构复杂，目前已不采用。以前英国 MKⅡ型采煤机的牵引部采用这种牵引方式。

2. 传动系统

MG500/1130 - WD 型采煤机行走部传动系统如图 2 - 18 所示（以左行走部为例说明），由 1 台 55 kW 交流电动机输出的动力通过牵引电动机输出轴外花键与电动机齿轮轴的内花键相连，再经过二级直齿轮传动和二级行星齿轮传动减速后传至驱动轮，然后驱动齿轨轮与销轨啮合，使采煤机沿工作面移动。同时，一轴与液压制动器连接，以实现采煤机在较大倾角条件下的停机制动。

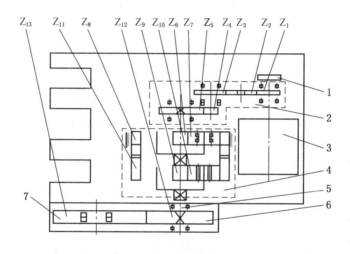

1—液压制动器；2—二级直齿轮传动；3—牵引电动机；4—二级行星齿轮传动；
5—花键轴；6—驱动轮；7—齿轨轮

图 2 - 18 行走部传动系统图

行走部传动系统齿轮特征参数见表 2 - 4。

表 2 - 4 行走部传动系统齿轮特征参数

齿轮号	Z_1	Z_2	Z_3	Z_4	Z_5	Z_6	Z_7	Z_8	Z_9	Z_{10}	Z_{11}	Z_{12}	Z_{13}
齿数	30	39	47	18	80	14	25	66	15	26	69	10	13
模数/mm	4	4	4	5	5	6	6	6	7	7	7	40	40
齿轮转速/(r·min^{-1})	1470	1130.8	938.3	938.3	211.1	211.1	60.7	0	36.9	10.9	0	6.59	5.07

注：此表中齿轮转速是牵引电动机以转速为 1470 r/min 时计算的结果。

（1）行走部传动系统总传动比：

$$i = \frac{Z_3}{Z_1} \cdot \frac{Z_5}{Z_4} \cdot \left(1 + \frac{Z_8}{Z_6}\right) \cdot \left(1 + \frac{Z_{11}}{Z_9}\right) \cdot \frac{Z_{13}}{Z_{12}}$$

$$= \frac{47}{30} \times \frac{80}{18} \times \left(1 + \frac{66}{14}\right) \times \left(1 + \frac{69}{15}\right) \times \frac{13}{10} = 289.66$$

（2）齿轨轮转速：

$$n_c = \frac{n}{i} = \frac{0 \sim 2440}{289.66} = 0 \sim 8.42 (\text{r/min})$$

（3）齿轨轮节圆直径：

$$d = zm = Z_{13}m = 13 \times 40 = 520 (\text{mm})$$

（4）行走速度：

$$v = 2\pi n_c \cdot \frac{d}{2} = 2 \times 3.14 \times (0 \sim 5.07 \sim 8.42) \times \frac{520}{2 \times 1000} = 0 \sim 8.3 \sim 13.8 (\text{m/min})$$

（5）牵引力：

$$F = \frac{P\eta}{v} = \frac{2 \times 55 \times 10^3 \times 0.853}{(8.3 \sim 13.8) \div 60} = 408 \sim 678 (\text{kN})$$

式中　η——行走部传动系统总效率，取 $\eta = 0.853$。

3. 机械结构

1）典型结构

行走部包括两部分：第一部分由机壳组1、牵引电动机8、液压制动器7、电动机齿轮轴6、惰轮组5、牵引轴4、中心齿轮组3、行星减速器2和9等组成，如图2-19所示；第二部分行走机构如图2-20所示，由机壳1、驱动轮3、花键轴2、齿轨轮组4、导向滑靴5和销轨6等组成。

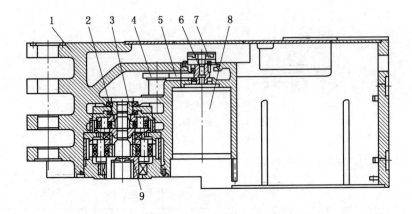

1—机壳组；2，9—行星减速器；3—中心齿轮组；4—牵引轴；5—惰轮组；
6—电动机齿轮轴；7—液压制动器；8—牵引电动机

图2-19　行走部

行走部的特点：

（1）采用液压制动器，靠两组摩擦片组件由加载弹簧力接触实现制动或靠液压释放松闸，使采煤机在较大倾角条件下采煤，有可靠的防滑能力，使采煤机实现安全制动。

（2）双级行星减速器都采用四行星轮结构，第一级太阳轮、行星架浮动，第二级太阳轮、内齿圈浮动，即双浮动结构，以补偿制造和安装误差。承载均匀、可靠性高。

（3）花键轴的一端与后级行星减速器行星架内花键相连，其轴上设有扭矩槽，当大于额定载荷的2.8倍时，花键轴从扭矩槽处剪断，从而起到过载保护作用。

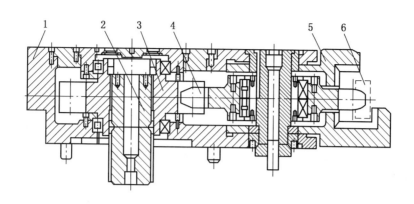

1—机壳；2—花键轴；3—驱动轮；4—齿轨轮组；5—导向滑靴；6—销轨

图 2-20 行走机构

(4) 电动机转速在 0~1470 r/min 范围内为恒扭矩输出，在 1470~2440 r/min 为恒功率输出。交流变频调速电控装置提供给牵引电动机的供电频率范围为 0~83 Hz，对应电动机转速为 0~2440 r/min，从而改变采煤机的行走速度。

(5) 平滑靴通过更换方便的支撑板与行走部机壳连接，易于和刮板输出配套。导向滑靴套在销轨上，它是支撑采煤机重量的一个支承点，同时承受一定的侧向力，并起导向作用，从而保证齿轨轮与销轨的正常啮合。

(6) 机壳采用铸、焊结构。左、右行走部机壳为箱体框架，独立的调高泵箱和变压器箱分别装入左、右行走部箱体框架内。

2) 行走部润滑

行走部齿轮减速箱传动齿轮、轴承采用飞溅式润滑，齿轮箱内通过机壳上平面的加油孔注入 N320 齿轮油。机身处于水平状态时，油面高度距机壳上平面 380~400 mm。在左、右行走部靠摇臂端的采空区侧设有油标，可观察和测量油位高度。在油标上面和煤壁侧上部各设置一个透气塞，在机壳煤壁侧的底部有一个放油孔。

行走箱内的支撑轴承需要通过加油嘴定期加注润滑脂润滑。润滑脂的牌号为 2 号极压锂基润滑脂。

四、采煤机辅助装置

采煤机辅助装置的功用是改善采煤机的工作性能。MG500/1130-WD 型交流电牵引采煤机的辅助装置包括：机身连接、冷却喷雾装置、拖缆装置和调高装置等。其他机型还包括调斜装置、底托架、破碎装置、弧形挡板、张紧装置和防滑装置等。根据滚筒采煤机的不同使用条件和要求进行选用。

(一) 机身连接

机身连接采用无底托架总体结构，主要由平滑靴及其支撑架、液压拉杆、高强度螺栓、高强度螺母、调高液压缸、铰接摇臂的左、右连接架以及各部位连接零件等组成。连接框架，左、右行走部在四条液压拉杆和多组高强度螺柱、螺母的预紧力作用下，将采煤机三段机身连为一个刚性整体。

在液压拉杆两端分别安装高强度螺母，其中一端安装液压拉紧装置，在超高压油的作用下拉长，使其接近材料的弹性极限，并在高强度螺母和机壳紧固端面之间产生间隙，然后拧紧高强度螺母消除间隙，再卸去液压力，去掉拉紧装置，这时液压拉杆保持预紧，从而达到紧固和防松的目的。

（二）冷却喷雾装置

《煤矿安全规程》中规定，采煤机都应安装有效的内、外喷雾。喷嘴在滚筒以外部位的喷雾方式，称为外喷雾。喷嘴配置在滚筒上的喷雾方式，称为内喷雾。来自泵站的高压水（250 L/min）由软管经拖缆装置进入安装在左行走部的水开关阀，经过滤后进入安装在左行走部煤壁侧的水分配阀，分六路引出。

（三）拖缆装置

拖缆装置为夹板链式，用一组螺栓将拖缆架固定在采煤机中部连接框架的上平面。采煤机的主电缆和水管从平巷进入工作面。从采面端头到中点的这一段电缆和水管固定铺设在刮板输送机电缆槽内，为避免电缆和水管在拖缆过程中受拉受挤，将其装在一条电缆夹板链中。从采面中点到采煤机之间的电缆和水管随采煤机往返移动。

此外，还有直接式拖缆装置，这是利用强力电缆本身的铠装层来承受拖动拉力和保护电缆的一种拖缆装置。

（四）调高装置

为了适应煤层厚度的变化，在采高范围内上、下调整滚筒位置称为调高，系统包括调高、制动和控制回路三部分。

此外，为了使下滚筒能适应底板沿煤层走向起伏不平，使采煤机机身绕纵轴摆动，其他机型上还有调斜装置，称为机身调斜。

（五）破碎装置

破碎装置用来破碎将要进入机身下的大块煤，安装在迎着煤流的机身端部，由破碎滚筒及其传动装置组成。破碎装置分为截割部减速箱带动或专用电动机传动两种驱动方式。

MG300/680-WD型采煤机破碎机构主要由机体4、摇臂壳体5、传动齿轮、离合器手把6及破碎滚筒10等部件组成，如图2-21所示。机体4通过止口用螺栓1固定在减速箱机壳上。摇臂通过回转套3装入机体4，支承在两个固定套2内。回转套3与固定套2之间有0.2~0.5 mm的间隙，保证摇臂转动灵活。摇臂可由调高小液压缸控制最大下摆30°。破碎滚筒轴由轴承3528支承在摇臂腔内，由齿轮通过矩形花键带动，并通过渐开线花键带动固定在该轴上的滚筒。合上离合器手把6，动力经离合齿轮进入破碎机构，带动固定箱以及摇臂箱中的齿轮，驱动破碎滚筒转动。当离合齿轮脱离时，破碎滚筒停转。

破碎滚筒根据主传动系统中齿轮对的变换（三对）和自身固定箱内Z_{17}和Z_{18}的变换（两对），理论上可获得6种转速，但实际上只获得4种转速。其中Z_{17}和Z_{18}齿轮对变换时，惰轮Z_{18}的回转中心发生了变化，需采用加偏心套的方法解决。在齿轮Z_{18}的回转轴7上加一个偏心套8，且用平键9固定。

（六）底托架

底托架是滚筒采煤机机身和工作面输送机相连接的组件。由托架、导向滑靴、支撑滑靴等组成。电动机、截割部和行走部组装成整体固定在托架上，通过其下部的4个滑靴（分别安装在前、后、左、右）骑在工作面输送机上，实现采煤机的导向和行走。

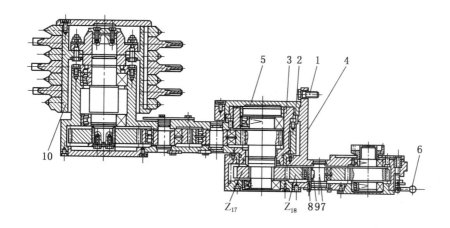

1—螺栓；2—固定套；3—回转套；4—机体；5—摇臂壳体；6—离合器手把；
7—轴；8—偏心套；9—平键；10—破碎滚筒

图 2-21 破碎机构

(七) 弧形挡板

弧形挡板主要是配合螺旋滚筒以提高装煤效果、减少煤尘飞扬。根据采煤机的不同行走方向，采到两端部时，必须将其绕滚筒轴线翻转至滚筒的另一侧（翻转180°）。

五、典型采煤机械主要技术参数

按照煤层厚度分类，分别列出厚煤层、中厚煤层、薄煤层典型采煤机械主要技术参数，多以电牵引为主，以供参照选取，见表2-5至表2-7。

表2-5 国内厚煤层采煤机主要技术参数

生产厂家及型号	天地科技 MG750/1815—GWD MG800/1915—GWD MG900/2215—GWD	西安煤机厂 MG800/1910—WD	鸡西煤机厂 MG850/2040—WD	太原矿机 MGTY750/1800—3.3D
采高/m	2.8~5.3	2.8~5.2	2.8~5.5	2.8~5.5
截深/m	0.8~1.0	0.8~1.0	0.8~1.0	0.8~1.0
截割功率/kW	750、750、900	800	850	750
牵引功率/kW	90、110、110	110	120	90
泵站功率/kW	35	40	40	35
破碎功率/kW	100、160、160	150	160	100
装机功率/kW	1815、1915、2215	1910	2040	1800
变频器	安川 CIMR—G7	ABBACS800	ABBACS800	ABBACS800
故障诊断状态检测	较全面	较简单	较全面	较全面
主控	工控机 CAN 总线	PLC	工控机 CAN 总线	工控机 CAN 总线
远程通信	有	无	有	有
记忆截割	有	无	有	有

表2-6 国内外大功率中厚煤层采煤机主要技术参数

生产厂家及型号	艾柯夫 SL500	美国久益 7LS6	上海天地 MG750/1815-GWD	鸡西煤机厂 MG610/1400-WD	西安煤机厂 MG750/1910-WD
截高范围/m	2.8~5.5	2.2~4.9	2.7~5.2	2.1~4.1	2.7~5.2
煤层倾角/(°)	≤9	≤5	≤15	≤16(35)	≤15
煤质硬度(f)	≤10	≤10	≤6(夹矸硬度≤10)	≤4.5	≤10
装机总功率/kW	1815	1860	1815	1400	1910
截割功率/kW	2×750	2×750	2×750	2×610	2×750
破碎功率/kW	100	110	100	110	150
牵引功率/kW	2×90AC	2×110AC	2×90AC	2×75AC	2×110AC
泵站功率/kW	35	30	35	30	40
供电电压/V	3300	3300	3300	3300	3300
滚筒直径/mm	2700	2200	2500/2700	2000/2240	2500/2700
滚筒转速/(r·min^{-1})	23.4	26	23.4	30.36/35.2/40.6	24.4
截深/mm	865	865	800/1000	800	800/1000
牵引速度/(m·min^{-1})	13.0/32.0	12.2/26.0	12/21	7.0/14.6	11.5/23
牵引力/kN	734/306	800/375	780/445	784/490 (650/410,540/340)	1000/500
质量/t	112	98	128	65	115

表2-7 国内主要薄煤层采煤机基本参数

型号	MG2X100/456-WD 天地科技	MG2X100/456-WD1 天地科技	MGN132/316-WD 西安煤机	MG2X100/456-AWD 西安煤机	MG2X65/312-WD 西安煤机	MG132/320-WD 无锡盛达	MG110/265-BWD 辽源煤机
装机总功率/kW	455.5	455.5	315.5	455.5	311.5	319	265
机面高度/mm	865	865	853	850	850	850	611
采高范围/m	1.1~2.3	1.1~2.3	1.1~1.9	1.1~2.3	1.1~2.3	1.1~1.7	0.9~1.5
牵引方式	非机载无链电牵引	机载无链电牵引	机载无链电磁牵引	机载无链电牵引	非机载无链电牵引	机载无链中压磁阻	非机载无链电牵引

第三节 刨煤机

刨煤机是一种用于薄、中厚煤层开采的综合机械化采煤设备,它将刨头作为工作机构,采用刨削的方式落煤,并通过刨头的梨面将煤装入工作面输送机。刨煤机与刮板输送机组成刨煤机组。

刨煤机的特点是:结构简单,操作使用和维护方便;人员能够不跟机移动作业,安全性高,工人的劳动强度减小,特别对薄煤层的开采更加重要;开采原煤的块度大,粉尘量少;充分利用地压采煤,能耗较低;采用浅截深开采,煤层中瓦斯释放均匀,对开采瓦斯突出的煤层尤其适用；便于实现工作面的自动化管理。

但与滚筒采煤机相比刨煤机对地质条件的适应性不强，调高实现难度大，不易开采硬煤层，刨头与输送机和底板存在较大的摩擦阻力，电动机功率的利用率低。

刨煤机的类型较多，根据刨头作用于煤上力的性质不同，分为静力式刨煤机与动力式刨煤机。静力式刨煤机的刨头结构简单，是在一铸钢构件上面装有齿座和刨刀，依靠牵引锚链的牵引力及输送机导向，使刨头沿工作面表面将煤采下来。动力式刨煤机本身带有动力装置，使刨刀产生冲击将煤破落，或用细水射流与机械落煤相结合的方法落煤，主要是针对较硬煤质的。但由于其刨头的结构复杂，未能得到广泛应用。静力式刨煤机根据刨头结构不同，分为拖钩刨煤机和滑行刨煤机及具有这两种结构特点的滑行拖钩刨煤机。煤矿井下使用的刨煤机多为静力刨煤机，结构形式有多种。通常所说的刨煤机一般是指静力式刨煤机。

一、刨煤机的结构及工作原理

我国常用的静力刨煤机，如图 2-22 所示，由设在输送机 5 两端的刨头驱动装置（电动机、液力耦合器、减速器）、刨链轮、刨链 1 带动刨头 6 往复刨煤。连接架将刨煤机的传动装置与输送机机头连接为一整体。推进装置为液压千斤顶，用来推进输送机和刨头。导链架 2 装在输送电动机、液力耦合器、减速器及链轮组成的刨头驱动装置上。气液缓冲器用来限位及缓冲刨到两端的刨头。刨煤机机头、机尾各有两个推移梁，用来推移机头机尾。防滑梁使输送机锚固，防止其下滑。

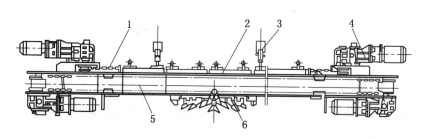

1—刨链；2—导链架；3—推移液压缸；4—刨头驱动装置；5—输送机；6—刨头
图 2-22 刨煤机的结构及工作原理

综上所述，刨煤机组成部分主要包括刨煤部、输送部、液压推进系统、喷雾降尘系统、电气系统和附属装置等。

其中，刨煤部由刨头驱动装置、刨头、刨链和附属装置组成，是刨削煤壁进行破煤和装煤的部件，刨头包括单刨头和双刨头，通过接链座与刨链相联，形成一个封闭的工作链。附属装置有导链架（或滑架）、过载保护装置和缓冲器等。导链架（或滑架）用于刨链的导向，使形成闭环的上链和下链分别位于导链架（或滑架）的上下链槽内，以免外露伤人和互相干涉。过载保护装置设在刨煤部传动系统内，能在过载时自动使外载荷释放或者保持在限定的水平，以免元部件遭受损坏。过载保护装置有剪切销、多摩擦片、差动行星电液系统等结构形式。缓冲器装在刨煤机的两端，是刨头越程时吸收冲击能量的装置。缓冲器有气液缓冲式、弹簧缓冲式等结构形式。

输送部是将刨头破落下来的煤运出工作面的刨煤机部件，与刮板输送机相类似。

液压推进系统用于普采工作面。当刨头通过后逐段推进刨煤机，使刨头在下一个行程获得新的刨削深度，同时承受煤壁对刨头的反力。液压推进系统主要包括乳化液泵站、推进缸、阀组、管路和撑柱等。综采工作面由液压支架的推移系统实现刨煤机的推进，不再需要单独的液压推进系统。

喷雾降尘系统沿工作面安装，能适时喷出水雾进行降尘。主要包括喷雾泵、控制阀组、喷嘴等元部件，控制方式有沿工作面定点人工控制和根据刨头在工作面的位置由电磁阀自动控制两种方式。

电气系统主要包括集中控制箱、真空双回路磁力启动器、可逆真空磁力启动器等。刨煤机的电气系统功能包括：①刨煤部电动机双机或单机运行控制；②输送部电动机双机或单机运行控制；③乳化液泵站运行控制；④喷雾泵运行控制；⑤工作面随时停机控制；⑥缓冲器动作断电保护；⑦刨头终端限位停机；⑧司机与工作面主要工作点通话；⑨刨头在工作面的位置显示；⑩刨煤部电动机和输送部电动机相电流显示。

附属装置包括防滑装置、刨头调向装置和紧链装置。防滑装置是刨煤机用于倾斜煤层时，为防止在刨头上行刨煤时出现整机下滑现象而设置的。有防滑梁防滑装置、机尾吊挂式防滑装置等结构形式。刨头调向装置是在刨煤机刨煤过程中出现上飘或下扎现象时，为调整刨头向煤壁前倾或后仰而设置的。现代用于综采工作面的刨煤机则通常设置调向液压缸，依靠活塞杆的伸出和收缩，通过转换机构，达到刨头调向的目的。紧链装置用于刨煤机的紧链。刨煤部的刨链和输送部的刮板链都需要有一定的预紧力才能保证正常工作，可以分别通过操作紧链器来获得。刨煤机的紧链装置有抱闸式、闸盘式、液力控制等结构形式。

二、静力刨煤机

静力刨煤机按刨头的导向方式又分拖钩刨煤机、滑行刨煤机和滑行拖钩刨煤机。

1. 拖钩刨煤机

拖钩刨煤机（图2-23）结构特点：刨头与拖板为一整体；拖板被压在中部槽下；拖板由三块铰接而成。

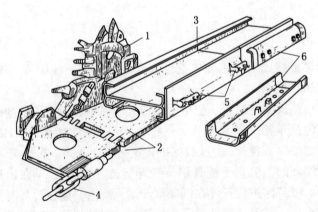

1—刨头；2—拖板；3—输送机中部槽；4—刨链；5—导链架；6—护罩

图2-23 拖钩刨煤机

性能特点：结构比较简单，刨头运行稳定性好，拖板是板状构件，刨头的结构高度较低，适用于较薄煤层。

刨头运行时，拖板迫使输送机中部槽上下游动，又因刨体宽度远大于刨刀的刨削深度，输送机又可弯曲，刨头运行时也使输送机中部槽侧向游动。

输送机中部槽上下游动和侧向游动，加剧摩擦和磨损，容易引起刨煤机下滑，煤壁不易保持平直，可能挤坏电缆和附设在中部槽上的部件。

拖钩刨煤机只有20%～30%的装机功率用于刨煤和装煤，其余大部分功率消耗在摩擦上。底板较软时，刨头还容易陷入底板。拖钩刨煤机多在煤层地质构造简单、底板较硬的煤层使用。

牵引链铺设位置：后牵引方式、前牵引方式。

2. 滑行刨煤机

滑行刨煤机（图2-24）取消了拖板，刨头以滑架来支撑和导向，牵引链在滑架里的导链架上运行，滑架前方铲煤板紧靠煤壁，刨头伸出铲煤板的长度小，刨深由安装在刨头左右两端不同宽度的底刀来调整，刨煤时输送机不会后退。刨头高度较高时，需要安装平衡架，效率较高即40%～60%，滑行刨煤机是目前使用最多的刨煤机。

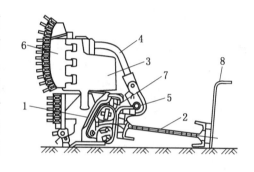

1—滑行架；2—加高块；3—输送机；4—平衡架；
5—导轨；6—顶刀座；7—刨链；8—挡煤板

图2-24 滑行刨煤机

与拖钩刨煤机相比，滑行刨煤机运行时的摩擦阻力小，刨深易于控制，对软及破碎的工作面底板适应能力较强。但刨链位于煤壁侧滑架的链槽内（前牵引方式），不方便维修，且在结构上增加了安装在输送部煤壁侧的滑架，使控顶距离和刨头的最低高度有所增加，影响在极薄煤层中的应用。

3. 滑行拖钩刨煤机

滑行拖钩刨煤机（图2-25）结构特点：保留了拖板，拖板下加设斜撬，调高千斤顶调节刨头高低。

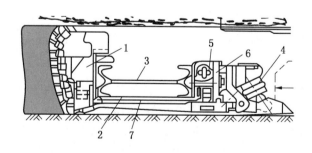

1—刨头；2—拖板；3—输送机；4—调斜液压缸；5—刨链；6—导护链；7—底滑板

图2-25 滑行拖钩刨煤机

滑行拖钩刨煤机兼有拖钩刨煤机和滑行刨煤机两者优点：

（1）刨头拖板在斜撬上滑行，运行时摩擦阻力较小，对软及破碎的工作面底板适应能力较强。

（2）滑行拖钩刨煤机由于在结构上增加了斜撬，使刨深能像滑行刨煤机一样由安装在刨头左右两端不同宽度的底刀来调整，易于控制。

（3）刨头运行时的稳定性好。

（4）较低的刨头结构高度，能适用于较薄煤层的开采。

（5）刨链处于采空侧导链架的链槽内（后牵引方式），维修方便。

缺点：滑行拖钩刨煤机增加了底滑板结构，自重增大，在仰斜开采时，煤粉易进入输送部的中部槽和斜撬之间，导致刨头运行阻力增大。

三、刨头结构

刨头按数量分为单刨头和双刨头两种。

单刨头（图2-26）结构左右对称，刨煤时，刨头的一次推进量即为刨刀的刨深，刨刀受力较大，但刨头长度短、结构紧凑，功率消耗比较小。

双刨头（图2-27）由两个单刨头组成，彼此用连接件相连，每个刨头左右不完全对称，刨煤时，刨头的一次推进量以两个较小的刨深分配给两个刨头，使每把刨刀的受力减小。双刨头运行的稳定性较好，一般在大功率刨煤机上采用，刨削硬度较大的煤层。

图2-26 单刨头

图2-27 双刨头

四、刨煤机参数

1. 生产率

（1）刨头生产率（t/h）：

$$Q_B = 3600 H h v_B \rho \tag{2-21}$$

式中　H——截割高度，m；

　　　h——截深，m；

　　　v_B——刨头运行速度，m/s；

　　　ρ——煤的实体密度，t/m³。

（2）配套输送机的生产率：刨头上、下行刨煤时，相对输送机刮板链的速度不同。

上行时，相对速度大，中部槽中煤的装载截面积小；下行时，相对速度小，中部槽中煤的装载截面积大。

在选择输送机时，考虑刨头下行时输送机不致超载，上行时不致欠载太多。

2. 刨速和链速

刨速和链速是决定刨煤机生产率及装载量的重要参数。实际刨速在 $0.4\sim2.0\ \mathrm{m/s}$ 范围内。

按刨削速度与刮板链速度之间的关系刨煤方法分为普通刨煤法、超速刨煤法、双速刨煤法。

(1) 普通刨煤法：刨速小于链速 ($v_B < v_s$) 的刨煤法。

特点：输送机上某一点在刨头往返运行中只能装载一次。为使刨头下行刨煤时输送机不致超载太多，上行时不致欠载太多，一般取比值 $v_s/v_B \approx 2$。

缺点：下行时输送机超载，上行时欠载。

解决办法：①上、下行刨煤时，底刀长度选得一样，使上、下行截深相同，而上行时刨刀选得长些，以增大落煤量来平衡输送机装载量。②上、下行刨煤时，刨头上的刨刀是相同的，但刨头靠输送机机头侧底刀比靠机尾侧的要长，故下行后刨头的推进量比上行后要大，使上行落煤量增大。

(2) 超速刨煤法：刨速大于链速 ($v_B > v_s$) 的刨煤法。此法可实现重复装煤，即输送机上某一点在刨头往返运行中可以装载 $2\sim3$ 次。若合理选择截深和速度比，就可以使输送机均匀满载，提高产量。

超速刨煤法分为双向刨煤和单向刨煤两种。

超速双向刨煤：刨头上、下行都刨煤。

超速单向刨煤：上行时刨煤，下行时刨头高速空回。当回到机头时，输送机正好把煤卸完，开始下一工作行程。刨速为链速的 2 倍，$v_B = 2v_s$。

(3) 双速刨煤法：介于普通刨煤法和超速刨煤法之间，刨头有两种速度：上行时，$v_B > v_s$（超速刨煤法）；下行时，$v_B < v_s$（普通刨煤法）。

刨速和链速选择得当可以使输送机载荷比较均匀。刨头上、下行速度不等，解决变速问题，较少采用。

3. 刨头高度

为适应不同截高，刨头上设加高块。刨头高度应小于最小煤层厚度，最好留有 $250\sim400\ \mathrm{mm}$ 裕量，以便刨头顺利工作。

4. 定量和定压推进

定量推进和定压推进选择依据主要是煤层的硬度。

定量推进是根据煤的硬度确定一次推进度，可以自动推进也可由人工操作。人工控制易保持工作面平直，利于刨煤机运行，但效率低。

定压推进是根据煤层条件计算出刨头所需的推进力，再根据推进力计算推进系统液压泵站的压力和千斤顶的推力。定压推进不需人工操作，有利于提高刨煤机的产量，可为工作面自动化创造条件；但当遇到煤层局部硬度与地质构造变化、夹矸等情况时，仍用相同的压力推进，易造成工作面不直，不利刨煤机运行。

5. 刨链尺寸和刨头功率

刨链牵引力包括刨削阻力、装煤力、摩擦阻力等，精确计算刨链尺寸和刨头功率比较困难，凭经验选取。

用于薄煤层的拖钩刨煤机，刨链采用 $\phi 22$ mm × 86 mm 或 $\phi 26$ mm × 92 mm 矿用圆环链，功率为 80~200 kW。

用于薄煤层的滑行刨煤机，刨链采用 $\phi 26$ mm × 92 mm 或 $\phi 30$ mm × 108 mm 矿用圆环链，功率为 200~320 kW。

用于中厚煤层的滑行刨煤机，刨链采用 $\phi 30$ mm × 108 mm 或 $\phi 34$ mm × 126 mm 矿用圆环链，功率为 260~800 kW。

第四节 连续采煤机

连续采煤机是一种集破煤、落煤、装运、行走、电液系统和锚掘于一身的连续采掘设备，它既可以用于房柱式采煤方法开采，也可作为工作面运输、通风巷道的快速掘进设备，在我国很多大型煤矿都有应用。尤其对地质条件好的巷道开掘或者对煤矿井田构造复杂的边角煤开采有着得天独厚的优势。

连续采煤机由美国首先研制，20世纪40年代，出现截链式连续采煤机。采用截链式落煤机构和螺旋清煤装置的截链式连续采煤机，其截割头宽度窄，装煤效果和生产能力低下。50年代出现了采用摆动式截割头落煤机构和装煤臂清煤装置的摆动式截割头连续采煤机，其装煤效果得到改善，但摆动头振动较大，维护费用高。60年代至今的滚筒式连续采煤机，生产能力较高，截割效率高，装煤机构简单可靠，逐步取代了摆动式截割头连续采煤机。

国外的连续采煤机具有代表性的有美国 JOY 公司生产的 10CM、11CM、12HM 系列连续采煤机以及 Eickhoff 公司生产的 CM2 系列连续采煤机。其中，美国制造的连续采煤机对薄、中厚及厚煤层均较适合，其截高通常在 0.8~3.9 m 之间，最大截高可达 6 m。不同截高、型号的连续采煤机的结构虽有差异，但其结构的基本特点大致相似。连续采煤机通常包括截割机构、装运机构、履带行走机构、液压系统、电控系统、冷却喷雾除尘系统及安全保护装置等部分，如图 2-28 所示。

一、多电机驱动，模块化分布

连续采煤机均采用多电动机分部驱动截割、装运、行走、冷却喷雾除尘及液压系统等，简化了传动系统，电动机多达 6~8 台。总体分布上将各机构的电动机、减速器及其控制装置全部安设在机架外侧，便于维护检修。设计上将工作机构及其驱动系统分开，构成简单独立的模式式组合件，便于拆运、安装、维护及故障处理，从而达到缩短停机时间，减少维护的目的，这也有利于采煤机实现自动监控和故障诊断，提高运行的可靠性。

二、横轴式滚筒，强力截割机构

连续采煤机一般采用横轴式滚筒截割结构，横置在机体前方，滚筒宽度大，截割煤体面积宽，落煤能力强，生产能力大，这也是与一般纵轴式部分断面掘进机在结构上的主要

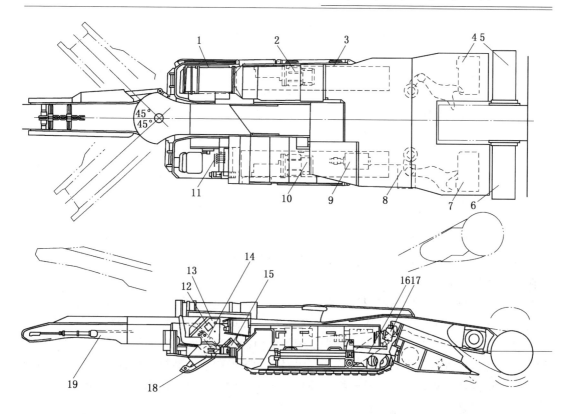

1—电控箱；2—左行走履带电机；3—左行走履带；4—左截割滚筒电机；5—左截割滚筒；
6—右截割滚筒；7—右截割滚筒电机；8—装运机构电机；9—液压泵和电动机；
10—右行走履带电机；11—操作手把；12—行走部控制器；13—主控站；
14—输送机升降液压缸；15—主断路箱；16—截割臂升降液压缸；
17—装载机构升降液压缸；18—稳定液压缸；19—运输机构

图2-28 连续采煤机的基本组成

不同点。

连续采煤机的截割滚筒上按照一定规则简单布置了镐形的截齿，截线距离较大，左、右截割滚筒分别由两台交流电动机经各自的减速器减速后同步驱动。电动机、减速器和截割滚筒安装在截割臂上，截割臂则铰接在采煤机机架上并由两个升降液压缸驱动实现上、下摆动，滚筒截割落煤。

由于水平布置截割滚筒宽度大，一般都在 3 m 左右，为此将其分成左、右外侧及中间三段。左、右外侧滚筒由里向外，越靠近端盘截齿密度越大。截齿排列方式一般按相反的螺旋线方向布置，目的是使截落的煤炭向滚筒的中间段推移，以便直接落入滚筒下方的装载机构。中间段有两种形式，一种是截链式，另一种是普通滚筒式。截链式是利用截割机构的减速器在左、右外侧滚筒之间所占用的距离，布置相应宽度的截链，保证截割机构在轴线方向的整个三段部分截割的连续性。连续采煤机三段滚筒的轴线多数采用水平直线布置方式，少数采用水平折线布置方式，即使左、右外侧段的轴线与中间段轴线成一夹角，使其呈倾斜截割煤体，其目的是保证三段滚筒截割煤体时不留煤芯或煤柱。截割机构减速器的输出轴同时带动左、右外侧滚筒和截链结构回转。截链机构可以有效地截落左、右外侧滚筒之间的煤体，但截割阻力较大，截割效率较低，维修量较大。截链式的滚筒适合截割较坚硬煤体。

截割机构性能的好坏直接影响连续采煤机的生产能力以及采掘速度和效率。近年来，由于煤矿集中化生产的发展以及高产高效矿井的出现，对连续采煤机的性能不断提出新的要求，连续采煤机的装机总功率已增长到 690 kW，一般也在 300～500 kW。装机总功率的增长中，以截割电动机容量的增长最快，已从过去占装机总容量的 30% 增至 60%，普遍已达 300 kW 左右。当前，新型的连续采煤机已具备截割坚硬煤层，包括天然碱和钾碱的能力。连续采煤机向提高截割效率、增大截割能力的强力截割方向发展。

三、侧式装载刮板运输机构

连续采煤机的装运机构由侧式装载机构、装煤铲板、刮板输送机及其驱动装置组成。工作时，侧式装载机构在装煤铲板上收集从滚筒截落的煤炭，再经刮板输送机机内转载至连续采煤机机后卸载。

侧式装载机构采用侧向取料连续装载方式，有链杆扒爪和圆盘扒杆两种。扒爪或圆盘扒杆布置在装煤铲板两侧，形成左、右装载机构，其取料装载面宽，机构高度小，清底干净，动作连续，生产率高，适合配合横置滚筒宽面截落煤炭的工作。扒爪式装载机构是一种传统的四连杆机构，扒集运动轨迹为一对对称倒腰形曲线，装煤效率较高；但其动负荷较大，铰接部位润滑条件差，易磨损。圆盘式装载机构的运动轨迹为一对圆形曲线，结构简单，工作平稳，但扒集范围较小。

装煤铲板配合侧式装载机构承接截煤滚筒截落的煤炭并装入刮板输送机，完成装运作业。装煤铲板倾斜放置在巷道底板上，后端与采煤机机架底座铰接，在两个液压缸作用下，可绕铰接点上、下摆动，以适应装载条件变化和行走时底板的起伏。

运输机构为单链刮板输送机，机头部分与装煤铲板铰接，机尾部分在两个升降液压缸和一个摆动液压缸作用下，可实现上、下升降和左、右摆动，以调整机后卸载时的高度和左、右位置。输送机材质耐磨性能好，强度高，中部槽高度低，槽底装有可更换的耐磨合金板。刮板传动多采用套筒滚子链。套筒滚子链与刮板采用十字形接头连接，以适应输送机机尾和水平摆动的需要。在采煤机机身后部刮板输送机的下方，装设有增加采煤机截割时整机稳定性的稳定靴。稳定靴在液压缸的作用下支撑在巷道底板上，采煤机行走时稳定靴抬起。

装运机构的驱动系统有两种：一种是由一台交流电动机经减速后同时驱动装载和运输两个机构；另一种是由两台交流电动机经各自的减速器减速后分别驱动左、右两侧装载机构，然后经同步轴驱动运输机构，这种系统结构简单，比较常见。

四、履带行走机构

连续采煤机是房柱式采煤作业的重要设备，由于机器调动频率较高，截割滚筒常常会遇到较大的截割阻力，因此其行走机构既要具备灵活性，又能达到安全稳定。因此，近代连续采煤机普遍采用电牵引履带行走机构，它比轨轮式具有更大的灵活性，较胶轮式具有更高的稳定性。

履带行走机构由左右两套直流电动机、可控硅整流器、减速器和履带机构等组成。两套机构各自独立并分别驱动左、右两条履带。交流电源由机器的配电箱供给，经可控硅整流器整流，利用整流后输出电压的高低控制直流电动机的转速；再经减速器减速后，使履带得到不同的行走速度。

在行走直流电动机与截割滚筒交流电动机之间装有闭环自动控制系统，由截割滚筒电动机负载的大小自动反馈控制行走直流电动机，以获得适合于不同硬度煤层条件下最佳的截割效果。目前，连续采煤机履带推进速度一般在 0~10 m/min，调动速度可达 21 m/min。

履带由行星轮输出轴的链轮驱动，导向轮导向。履带板为铸造整体结构，面对底板侧铸有凸筋，以增加履带对巷道的附着力，公称比压一般在 0.14~0.2 MPa。

履带行走机构通常利用装在行走电动机与减速器之间传动轴上的液压盘式制动器制动，以保证采煤机在上山截割时或在陡坡上电源中断时将机器制动住，防止下滑发生事故。

五、液压供水系统

连续采煤机的液压系统一般为泵－缸开式系统。主要包括双联齿轮泵、液压缸和操纵控制阀等部分。主泵经过滤油器从油箱中吸油，油泵向系统中供油，用于驱动截割臂的升降、机器的稳定、铲板的升降与固定、输送机的升降与摆动。

连续采煤机供水系统的水源来自矿井的静压水或专用供水。供水系统主要用于冷却液压油，冷却电动机外壳，冷却可控硅整流器，内、外喷雾，湿式除尘和灭火，对供水的水质、流量和压力有较高的要求，系统比较复杂。

六、电气系统

现代连续采煤机的电气系统功能多，结构复杂，系统的监控和保护比较完善。该系统能够完成连续采煤机各电动机的启停和行走电机调速，并且对各电机的运行参数和故障情况进行显示和报警。另外，在电动机配置方面，除行走机构用直流调速电动机外，截割、装运、液压泵以及除尘器风机的驱动均为高压水冷式三相交流电动机，主电路有可靠的过载、漏电和短路保护功能。

七、冷却喷雾除尘系统

连续采煤机的冷却喷雾除尘系统的作用主要是通过降尘、集尘喷雾以及对电动机、变频器箱和油箱进行冷却等，对截齿进行降温，消灭火花产生途径，使工作面能见度得到提高，改善工作环境，预防安全隐患。

除尘风机通常配有湿式振弦除尘系统，在含尘空气经风机动力压入除尘器过程中，通过内部安装的"振弦过滤板"时，在来流方向设置的水喷雾器向"振弦过滤板"上喷雾，附有水幕的纤维能使粉尘湿润增重或结合或滞留，同时振动也提高了"振弦过滤板"自身纤维的自净化能力。由于水喷雾器不断向"振弦过滤板"喷雾，经过它的含尘气体变成含有水雾与湿润粉尘粒子和粉尘团的混合物。部分尘粒或尘团被捕获，因水幕的加厚及自重而随水流下降，同时自洁清洗"振弦过滤板"上的积尘，其余粉尘及微粒经水幕碰撞变成湿润的粉尘、尘团进入脱水装置分离，污水从排污口排出，净化后的空气从排风口排出，最终达到净化除尘目标。

第五节 采煤机的选型

一、采煤机选型

采煤机是综采工作面最主要的生产设备。选型时，应考虑煤层赋存条件和对生产能力的要求，以及与输送机和液压支架的配套要求。

1. 根据煤的坚硬度选型

采煤机适于开采坚固性系数 $f<4$ 的缓倾斜及急倾斜煤层。对 $f=1.8\sim2.5$ 的中硬煤层，可采用中等功率的采煤机，对黏性煤以及 $f=2.5\sim4$ 的中硬以上的煤层，应采用大功率采煤机。

坚固性系数 f 只反映煤体破碎的难易程度，不能完全反映采煤机滚筒上截齿的受力大小。有些国家采用截割阻抗 A 表示煤体抗机械破碎的能力。截割阻抗标志着煤岩的力学特征，根据煤层厚度和截割阻抗，可按表 2-8 选取装机功率。另外，装机功率也可按现有采煤机进行类比选取。

表 2-8 煤层厚度与装机功率关系

煤层厚度/m	采煤机装机功率/kW	
	单滚筒	双滚筒
0.6~0.9	~50	~100
0.9~1.3	50~100	100~150
1.3~2.0	100~150	150~200
2.0~3.0	150~200	200~300
3.0~4.5		300~450
4.5~6.3		450~900

2. 根据煤层厚度选型

采煤机的最小截高、最大截高、过煤高度、过机高度等都取决于煤层的厚度。煤层厚度分为 4 类。

(1) 极薄煤层：煤层厚度小于 0.8 m。最小采高在 0.65~0.8 m，只能采用爬底板式采煤机。

(2) 薄煤层：煤层厚度为 0.8~1.3 m，最小采高在 0.75~0.9 m，可选用骑槽式采煤机。

(3) 中厚煤层：煤层厚度为 1.3~3.5 m。开采这类煤层的采煤机在技术上比较成熟，根据煤的坚硬度等因素可选择中等功率或大功率采煤机。

(4) 厚煤层：煤层厚度在 3.5 m 以上。由于大采高液压支架及采煤、运输设备的出现，厚煤层一次采全高综采工作面取得了较好的经济效益。适应于大采高的采煤机应具有调斜功能，以适应大采高综采工作面地质及开采条件的变化；此外，由于落煤块度较大，采煤机和输送机应有大块煤破碎装置，以保证采煤机和输送机的正常工作。

分层开采时，采高应控制在 2.5~3.5 m 范围内，以获得较好的经济指标，采煤机可按中厚煤层条件并根据分层开采的特点选型。

当采用厚煤层放顶煤综采工艺时，在长度大于 60 m 的长壁放顶煤工作面，采煤机选型与一般长壁工作面相同；但在短壁工作面，可选用正面截割的短工作面采煤机和侧面截割的短工作面采煤机两种机型。

3. 根据煤层倾角选型

煤层倾角分为三类：0°~25°为缓倾斜煤层；25°~45°为倾斜煤层；45°以上为急倾斜煤层。

骑槽或以中部槽支承导向的爬底板采煤机在倾角较大时还应考虑防滑问题。当工作面倾角大于 15°时，应使用制动器或安全绞车作为防滑装置。由于无链牵引采煤机在全工作面滚轮始终与齿条或齿轨啮合，且牵引部液压马达设有制动装置，采煤机不会下滑，因此应优先选用无链牵引采煤机。

4. 根据顶、底板性质选型

顶、底板性质主要影响顶板控制方法和支护设备的选择，因此，选择采煤机时应同时考虑选择何种支护设备。例如，不稳定顶板，控顶距应当尽量小，应选用窄机身采煤机和能超前支护的支架。底板松软时，不宜选用拖钩式刨煤机、底板支承式爬底板采煤机和混合支承式爬底板采煤机，而应选用靠输送机支承和导向的滑行刨煤机、悬臂支承式爬底板采煤机、骑槽工作的滚筒式采煤机和对底板接触比压小的液压支架。

二、采煤机的基本参数

采煤机的基本参数规定了采煤机的适用范围和主要技术性能，它们既是设计采煤机的主要依据，又是综合机械化采煤工作面成套设备选型的依据。

1. 理论生产率

采煤机的理论生产率，也就是最大生产率，是指在给定条件下，以最大参数连续运行时的生产率。理论生产率的计算公式为

$$Q_t = 60HBv_q\rho \tag{2-22}$$

式中　H——工作面平均截割宽度，m；

　　　B——截深，m；

　　　v_q——采煤机截煤时的最大牵引速度，m/min；

　　　ρ——煤的实体密度，一般取 1.35 t/m³。

采煤机的实际生产率比理论生产率低得多，特别是采煤机的可靠性对生产率影响更为突出。采煤机的生产率主要取决于采煤机的牵引速度，生产率与牵引速度成正比。而牵引速度的快慢，受到很多方面的影响，如液压支架移架速度、输送机的生产率等，同时还受瓦斯涌出量和通风条件的制约。

考虑到采煤机进行必要的辅助工作，如调动机器、更换截齿、开切口、检查机器和排除故障等所占用时间后的生产率，称为技术生产率 Q，可由式（2-23）求得：

$$Q = k_1 Q_t \tag{2-23}$$

式中　k_1——与采煤机技术上的可靠性和完备性有关的系数，一般为 0.5~0.7。

实际使用中，考虑了工作中发生的所有类型的停机时间，如处理输送机和支架的故障，处理顶、底板事故等，从而得到采煤机每小时的实际生产率 Q_m：

$$Q_m = k_2 Q \quad (2-24)$$

式中　k_2——采煤机在实际工作中的连续工作系数，一般为 0.6~0.65。

2. 截割高度

采煤机工作时在工作面底板以上形成空间的高度称为截割高度。采煤机的截割高度应与煤层厚度的变化范围相适应。采煤机产品说明书中的截割高度，往往是滚筒的工作高度，而不是真正的截割高度。考虑到顶、底板上的浮煤和顶板下沉的影响，工作面的实际截割高度要减小，一般比煤层厚度 H_t 小 0.1~0.3 m。为保证采煤机正常工作，截割高度 H 范围为

$$H_{\max} = (0.9 \sim 0.95) H_{t,\max}$$
$$H_{\min} = (1.1 \sim 1.2) H_{t,\min}$$

下切深度是滚筒处于最低工作高度时，滚筒截割到工作面底板以下的深度。要求一定的下切深度是为了适应工作面调斜时割平底板，或采煤机截割到输送机机头和机尾时能割掉过渡槽的三角煤。下切深度一般取 100~300 mm。

3. 截深

采煤机滚筒切入煤壁的深度称为截深，它与滚筒宽度相适应。截深决定着工作面每次推进的步距，是决定采煤机装机功率和生产率的主要因素，也是与支护设备配套的一个重要参数。

截深与截割高度有很大关系。截割高度较小，工人行走艰难时，采煤机牵引速度受到限制，因此，为了保证适当的生产率，宜用较大的截深（可达 0.8~1.0 m）。反之，截割高度很大时，煤层容易片帮，顶板施加给支护设备的载荷也大，此时限制生产率的主要因素是运输能力。截深的选择还要考虑煤层的压张效应。当被截割的煤体处于压张区内时，截割功率明显下降。一般压张深度为煤层厚度的 0.4~1.0 倍。脆性煤取大值，韧性煤取小值。当滚筒截深为煤层厚度的 1/3 时，截割阻力比未被压张煤的截割阻力小 1/3~1/2。为了充分利用煤层压张效应，中厚煤层截深一般取 0.6 m 左右。近年来，大功率电牵引采煤机的截深向大的方向发展，截深为 0.8 m 左右的已相当多，部分截深已达 1.0 m。加大截深的目的是为了提高生产率，减少液压支架的移架次数，但加大截深必然造成工作面控顶距加大，因此必须提高移架速度和牵引速度，并做到及时支护。

当用单体支柱支护顶板时，金属顶梁的长度应是采煤机截深的整数倍。

4. 截割速度

滚筒上截齿齿尖的切线速度称为截割速度。截割速度影响到每个截齿的切削深度、破落煤的块率、截齿的发热和磨损、粉尘的生成和飞扬、截割坚硬煤岩时的火花生成等。截割速度决定于滚筒直径和滚筒转速。为了减小滚筒截割时产生的粉尘，提高块煤率，出现了滚筒低速化的趋势。滚筒转速对滚筒截割和装载过程的影响都比较大，但是对粉尘生成和截齿使用寿命影响较大的是截割速度而不是滚筒转速。截割速度一般为 3.5~5.0 m/s，少数机型只有 2 m/s 左右。滚筒转速是设计截割部的一项重要参数。新型采煤机滚筒直径为 2 m 左右，其滚筒转速多为 25~40 r/min，直径小于 1 m 的滚筒转速可达 80 r/min。

5. 牵引速度

牵引速度又称行走速度，是采煤机沿工作面移动的速度，它与截割电动机功率、牵引电动机功率、采煤机生产率的关系都近似成正比。在采煤过程中，需要根据被破落煤的截割阻抗和工况条件的变化，经常调整牵引速度的大小。牵引速度的上限受电动机功率、装煤能力、液压支架移架速度、输送机运输能力等限制。牵引速度是影响采煤机生产率的最主要参数。牵引速度有两种，一种是截割时的牵引速度，另一种是调动时的牵引速度。前者由于截割阻力是随机的且变化较大，需通过对牵引速度的调节来控制电动机的功率变化范围和大小，通过自动调速使电动机功率保持近似恒定，防止过载。后者为减少调动时间，增加截割时间，速度较高。

液压牵引采煤机截割时的牵引速度一般为 5~6 m/min；电牵引采煤机截割时的牵引速度一般都可达到 10~12 m/min，最高牵引速度已达 54.5 m/min。

6. 牵引力

牵引力又称行走力，是驱动采煤机行走的力。影响牵引力的因素很多，煤质越坚硬，牵引速度越高，采煤机越重，工作面倾角越大，牵引力就越大。实际选型时，精确地计算牵引力既不可能，也无必要。电牵引采煤机都采用无链牵引，装机功率都在 300 kW 以上。据统计，其牵引力为装机功率的 0.5 倍左右，个别的可增加到 1 倍左右。

7. 装机功率

装机功率是截割电动机、牵引电动机、破碎机电动机、液压泵电动机、喷雾泵电动机等所有电动机功率的总和。装机功率越大，采煤机适应的煤层就可越坚硬，生产率也越高。装机功率 P 与比能耗 H_w 和理论生产率 Q_t 有关：

$$P = Q_t H_w \tag{2-25}$$

式中　　P——装机功率，kW；

Q_t——采煤机理论生产率，t/h；

H_w——比能耗，kW·h/t。

比能耗越小，截割功率和牵引功率越小，装机功率也越小。比能耗与牵引速度近似成反比，呈双曲线关系。牵引速度增大到一定值时，比能耗最小，块煤率更高，煤尘更少，生产率也更高，称为最佳截割性能。

液压牵引采煤机装机功率可达 2×500 kW。电牵引采煤机装机功率已超过 2000 kW，单台电动机的功率已达 900 kW。

实践表明，要实现高产高效，就是要设计制造功率强大、运行可靠、坚固耐用、操作维修方便的采煤机组。

思考题

1. 目前机械化采煤有哪些主要类型？各有何特点？
2. 简述采煤机滚筒切入煤壁的方法及适用范围。
3. 采煤机截割部传动系统有何特点？
4. 采煤机截割部常用的传动方式及其特点有哪几种？
5. 简述对采煤机牵引部的基本要求。
6. 采煤机的牵引机构有哪些类型？各有何特点？

7. 无链牵引机构有哪几种？各有何特点？
8. 简述电牵引采煤机的工作原理和优缺点。
9. 电牵引采煤机调速方式有哪些？各有何特点？
10. 简述刨煤机的构成及其工作原理。
11. 刨煤机与滚筒采煤机相比，有何优缺点？
12. 刨煤机的基本参数如何确定？
13. 简述静力刨煤机的组成和工作原理。

第三章　采煤工作面支护机械

【本章教学目的与要求】
- 理解液压支架的分类、组成、工作原理及工作特性
- 了解液压支架的基本参数、主要部件和结构
- 理解不同煤层条件下液压支架的特点
- 了解特种支架的特点、控制
- 了解单体液压支架和铰接顶梁的结构特点
- 了解乳化液泵站的结构和原理

【本章概述】
在回采工作面和掘进工作面中，液压支架及支柱在防止工作空间内的顶板垮落、维持一定的工作空间、保证工作面内人员的人身安全和各项作业的正常进行起着无可替代的作用。

本章主要介绍液压支架的组成、工作原理、分类、主要部件和结构、控制方式、不同煤层厚度下适用的液压支架的特点以及乳化液泵站的结构和原理。

【本章重点与难点】
本章的重点是理解并掌握液压支架的组成、工作原理及工作特性、主要典型分类、基本参数、主要部件和结构、控制方式，其中主要部件和机构是本章的难点。

第一节　概　　述

在回采工作面和掘进工作面中，为了防止工作空间内的顶板垮落，维持一定的工作空间，保证工作面内人员的人身安全和各项作业的正常进行，必须对顶板进行支撑和控制。20世纪50年代英国首次研制出垛式液压支架开辟了采煤工作面支护设备的技术革命，从木支柱和金属摩擦支柱时代跨入液压支架新时代。20世纪70年代中期，英国又研制出电液控制液压支架。20世纪70年代，我国从英国、德国和苏联引进液压支架；80年代我国液压支架的研制和应用得到了迅速的发展；90年代我国研制出全套电液控制液压支架。

金属摩擦支柱、单体液压支柱和自移式液压支架分别与采煤机和工作面输送机组成"普采""高档普采"和"综采"设备。综合机械化采煤是煤矿开采技术现代化的重要标志，液压支架是综采设备的重要组成部分，因此发展综采液压支架是发展的主流方向，其发展趋势如下：

（1）支架的结构形式朝着简单实用方向发展。
（2）电液控制、程控控制和性能自动控制，为联合采煤机组创造条件。
（3）改进制造工艺，提高支架性能和使用寿命。
（4）地质构造复杂的特殊条件，研制特殊支架（如大采高、大倾角、薄煤层支架等）。

一、液压支架的组成及工作原理

液压支架的种类很多，但其基本功能是相同的，主要是用来有效而可靠的支撑和控制工作面顶板，同时还能前移和推进工作面输送机，与采煤机、输送机配套使用，实现了落煤、装煤、运煤、支护和放顶回采工艺过程的全部机械化，即所谓的综合机械化采煤。

（一）液压支架的工作原理

液压支架主要有升架、降架、推溜、移架四个基本动作，这些动作是利用乳化液泵站提供的高压液体，通过液压控制系统控制不同功能的液压缸来完成的。每个支架的液压管路都与工作面主管路并联，形成各自独立的液压系统（图3-1），其中液控单向阀和安全阀设在本架内，操纵阀可设在本架或邻架内。前者为本架操作，后者为邻架操作。

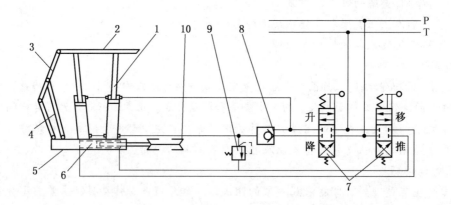

1—立柱；2—顶梁；3—掩护梁；4—四连杆机构；5—底座；6—推移千斤顶；
7—操纵阀；8—液控单向阀；9—安全阀；10—输送机

图3-1 液压支架工作原理

1. 升架

液压支架移至新的工作位置后，应及时升柱，以支撑新暴露的顶板。将操纵阀7置于"升架"位置，由泵站经压力胶管P输送来的高压液体通过液控单向阀8进入立柱1下腔；立柱上腔的液体通过操纵阀流至回液管T，于是立柱外伸支架升起支撑顶板。

2. 推溜

在支架处于支撑的状态下，将操纵阀置于"推溜"位置，高压液体经操纵阀进入推移千斤顶6的左腔；其右腔液体经操纵阀流至T管。此时，推移千斤顶活塞杆伸出，将工作面输送机10推向煤壁。推移距离一般为采煤机的一个截深。

3. 降架

将操纵阀打到"降架"位置，高压液体经操纵阀流入立柱上腔，并同时打开液控单向阀；立柱下腔的液体经液控单向阀、操纵阀后流回回液管，于是立柱回缩，支架高度降低。

4. 移架

在支架卸载（降架）或部分卸载后，将操纵阀打到"移架"的位置，打开供液阀，高压液体进入推移千斤顶右腔；千斤顶左腔低压液体流回回液管路，此时千斤顶缸体带动支架右移。移动的距离与推移刮板输送机的距离相等。

在实际生产中，对于以上液压支架的四个基本动作的顺序，应根据回采工艺的具体工序来确定。

（二）液压支架立柱的工作阶段及工作特性曲线

支架的升降依靠立柱1的伸缩来实现，根据液压支架的支撑承载原理，即顶板与支架间的相互力学作用原理来分析，液压支架立柱的一个完整的工作循环过程可分为四个阶段。

1. 初撑增阻阶段

操纵阀7处于升架位置，由泵站输送来的高压液体，经液控单向阀8进入立柱的下腔，同时立柱上腔排液，于是立柱和顶梁升起，支撑顶板。当顶梁接触顶板，立柱下腔的压力达到泵站的压力后操纵阀置于中位，液控单向阀关闭，从而立柱下腔的液体被封闭，这就是支架的初撑阶段。此时，支架对顶板产生的支撑力称为初撑力，其值为

立柱：
$$f_c = \frac{1}{4}\pi D^2 p_b \tag{3-1}$$

支架：
$$F_c = n f_c \eta \tag{3-2}$$

式中　f_c——每根立柱的初撑力，N；

　　　D——每根立柱的缸体内径，m；

　　　p_b——泵站的额定压力，MPa；

　　　F_c——每个支架的初撑力，N；

　　　n——每个支架的立柱数；

　　　η——支撑效率，与架型有关。

2. 承载增阻阶段

支架初撑后，进入承载阶段。随着顶板的缓慢下沉，顶板对支架的压力不断增加，立柱下腔被封闭的液体压力将随之迅速升高，液压支架受到弹性压缩，并由于立柱缸壁的弹性变形而使缸径产生弹性扩张，支架的支撑力也随之增大，直至液体压力达到立柱下腔油路中的安全阀的调定压力为止，这一过程就是支架的增阻过程。

3. 承载恒阻阶段

支架承载后，如果完全支撑住顶板，不允许顶板下沉，需要有强大的支撑力。在实际生产中，由于顶板压力有时相当巨大，想设计出能抗住巨大顶板压力，一点也不让压的支架是极困难的，实际上也没有这种必要。因此，都使支架随顶板下沉时有一定的可缩量，但又保持一定的支撑力，不至于使顶板任意下沉而造成破坏冒落。要求支架既具有一定的支撑力，又具有可缩性，液压支架的这种特性是由支柱的安全阀来控制的。在顶板压力增大时，支柱活塞腔被封闭的油液压力迅速升高，当压力值超过安全阀的动作压力时，支柱活塞腔的高压液体经安全阀泄出，支柱降缩，支柱活塞腔的液体压力减小，这就是支架的"让压"特性；当压力小于安全阀的动作压力时，安全阀又关闭，停止泄液，支柱活塞腔的液体又被封闭，支架恢复正常工作。由于安全阀动作压力的限制，支柱呈现出恒阻特性。从安全阀第一次开启至支架泄载降柱时的这一阶段称为承载恒阻阶段。此时，支架承受的最大载荷称为工作阻力，其值为

立柱：
$$f_z = \frac{1}{4}\pi D^2 p_a \tag{3-3}$$

支架:
$$F_z = n f_z \eta \tag{3-4}$$

式中 f_z——每根立柱的工作阻力,N;
p_a——安全阀的调定压力,MPa;
F_z——支架的工作阻力,N;

其他符号同前。

支架的工作阻力取决于安全阀的动作压力、支架支柱数、支柱缸体内径和架型等。

安全阀使支柱具有恒定的设计工作阻力,同时又使支柱在承受大于设计工作阻力的顶板压力时,可随顶板的下沉而下缩,这就是液压支架的恒阻性和可缩性。为防止安全阀频繁动作而失效,应使支架的工作阻力大于正常的顶板压力,即在工作面生产过程中,支架还没有达到设计工作阻力之前,就已前移到新的支撑位置。

4. 降柱移架阶段

随工作面的推进支架需要前移。移架前需要将支架的立柱卸载收缩,使支架撤出支撑状态。从开始卸载降柱到下一次开始升柱,此阶段称为降柱移架阶段。

由以上分析可以看出,支架工作的支撑力变化可分为四个阶段,如图3-2所示,即开始升柱至单向阀关闭时的初撑增阻阶段 t_0,初撑后至安全阀开启前的承载增阻阶段 t_1,安全阀出现脉动卸载时的承载恒阻阶段 t_2,以及降柱移架阶段 t_3。这就是液压支架的阻力—时间特性。它表明液压支架在低于额定工作阻力下工作时具有增阻性,以保证支架

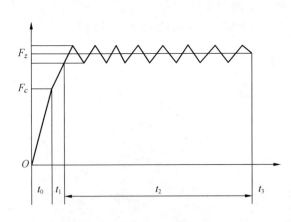

t_0—初撑增阻阶段;t_1—承载增阻阶段;
t_2—承载恒阻阶段;t_3—降柱移架阶段

图3-2 液压支架的工作特性曲线图

对顶板的有效支撑作用;在达到额定工作阻力时,波纹线的水平特征表明支架具有恒阻性;波纹线的波动现象表示支架具有可缩性,为使支架恒定在此最大的条件下,能随顶板下沉而下缩。增阻性主要取决于液控单向阀和立柱的密封性能,恒阻性与可缩性主要由安全阀来实现,因此,安全阀、液控单向阀和立柱是保证支架性能的三个重要元件。

二、液压支架的分类

液压支架分类方式有很多,按适用工作面截高范围分为薄煤层支架、中厚煤层支架和大采高支架;根据液压支架在工作面的位置分为工作面支架、过渡支架(排头支架)和端头支架;按适用采煤方法分为一次采全高支架、放顶煤支架、铺网支架和充填支架;按控制方式分为本架控制支架、邻架控制支架和成组控制支架;多数情况下按照液压支架结构特点和与围岩的作用关系进行分类,一般分为三大类基本架型,即支撑式、掩护式和支撑掩护式。

(一) 支撑式液压支架

支撑式液压支架是出现最早的一种架型，按其结构和动作方式的不同，支撑式液压支架又分为垛式支架（图3-3a）和节式支架（图3-3b）两种结构形式。垛式支架每架为一整体，与输送机连接并互为支点整体前移。节式支架由2~3个框节组成，移架时，各节之间互为支点交替前移，输送机用与支架相连的推移千斤顶推移。节式支架由于稳定性差，现已基本淘汰。

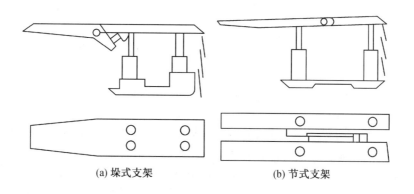

(a) 垛式支架　　　　　　　　(b) 节式支架

图3-3　支撑式液压支架结构形式

支撑式液压支架的结构特点：顶梁较长，其长度多在4 m左右；立柱多，一般是4~6根，且垂直支撑；支架后部设复位装置和挡矸装置，用于平衡水平推力和防止矸石窜入支架的工作空间内。

支撑式液压支架的支护性能：支撑力大，且作用点在支架中后部，故切顶性能好；对顶板重复支撑的次数多，容易把本来完整的顶板压碎；抗水平载荷的能力差，稳定性差；护矸能力差，矸石易窜入工作空间；支架的工作空间和通风断面大。

由上可知，支撑式液压支架适用于直接顶稳定、基本顶有明显或强烈周期来压，且水平力小的条件。此种支架在现阶段的综采工作面的生产时都已基本不再采用。

(二) 掩护式液压支架

掩护式液压支架是以单排立柱为主要支撑部件并带有掩护梁的液压支架，一般用于直接顶中等稳定以下、顶板周期来压不强烈的采煤工作面。

根据立柱布置和支架结构特点，掩护式液压支架分为支掩掩护式支架（图3-4a）和支顶掩护式支架（图3-4b）两种。

支掩掩护式支架的立柱通过掩护梁对顶板进行间接支撑，支架的支撑效率低，顶梁短，控顶距小；多数在顶梁和掩护梁之间没有平衡千斤顶，少数支架只设机械限位装置；顶梁后部与掩护梁构成的"三角带"易卡进矸石，影响顶梁摆动，故一般在顶梁后端挂有挡板，作业空间狭窄，通风面积小；采用整体刚性底座，有插底和不插底两种形式；插底式配用专门的下部带托架的输送机，支架底座前部较长，深入输送机下部，对底板比压小，是不稳定顶板和软底板工作面的主要架型；不插底式配用通用性输送机，底座前端对底板比压大，使用较少。

支顶掩护式支架的立柱支撑在顶梁上，立柱通过顶梁直接对顶板进行支撑，支撑效率

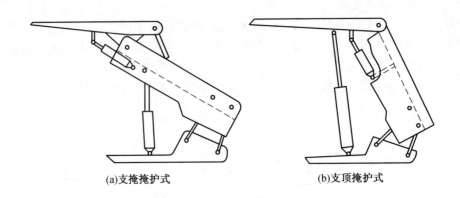

(a) 支掩掩护式　　　　(b) 支顶掩护式

图 3-4　掩护式液压支架结构形式

高；顶梁比支掩掩护式支架长，顶梁后端与掩护梁铰接，作业空间和通风断面均大于支掩掩护式支架；顶梁和掩护梁侧面都装有活动侧护板，挡矸性能好；多数支架将平衡千斤顶设在顶梁和掩护梁之间，少数支架将平衡千斤顶设在底座和掩护梁之间；支架底座前端对底板的比压较大；顶梁有分式铰接顶梁和整体刚性顶梁；底座有刚性底封式、刚性底开式和分式底座三种。

掩护式支架的结构特点：有一个较宽的掩护梁以挡住采空区矸石进入作业空间，其掩护梁的上端与顶梁铰接，下端通过前后连杆与底座连接。底座、前后连杆和掩护梁形成四连杆机构，以保持稳定的梁端距和承受水平推力。立柱的支撑力间接作用于顶梁或直接作用于顶梁上。掩护式支架的立柱较少，除少数掩护式支架一根立柱外，一般都是一排两根立柱。这种支架的立柱都为倾斜布置，以增加支架的调高范围，支架的两侧有活动侧护板，可以把架间密封。通常顶梁较短，一般为 3 m 左右。

掩护式支架的支护性能：支撑力较小，切顶性能差，但由于顶梁短，支撑力集中在靠近煤壁的顶板上，所以支护强度较大且均匀，掩护性好，能承受较大的水平推力，对顶板反复支撑的次数少，能带压移架。但由于顶梁短，立柱倾斜布置，故作业空间和通风断面小。

（三）支撑掩护式液压支架

支撑掩护式液压支架是在吸收了支撑式和掩护式两种支架优点的基础上发展起来的一种支架。因此，它兼有支撑式和掩护式支架的结构特点和性能，适用于直接顶中等稳定、稳定和坚硬，周期压力强烈，底板软硬均可，煤层倾角一般不大于 25°，煤层厚度 1～4.5 m，瓦斯涌出量适中的采煤工作面。

根据支架的结构特点，支撑掩护式液压支架可分为支顶支撑掩护式和支顶支掩支撑掩护式两种。

支顶支撑掩护式支架（图 3-5）的两排立柱都支撑在顶梁上，按其立柱布置及架体结构形式的不同分为一般型、V 型、X 型、单摆杆型和短尾型等。

支顶支掩支撑掩护式支架（图 3-6）的前排立柱支撑顶梁，后排立柱支撑掩护梁。支架结构单一，前排立柱向前倾，后排立柱向后倾且工作阻力多小于前排，工作中有时承受拉力故活柱腔也用液压闭锁控制，柱头与柱底用直通销轴连接于掩护梁与底座之间（与千斤顶的连接方式相同）。顶梁与底座较支顶支撑掩护式的短，结构较紧凑，整体刚性好，支撑合力更靠近顶梁后部。底座前端比压小，便于移架，更适用于较软的底板。

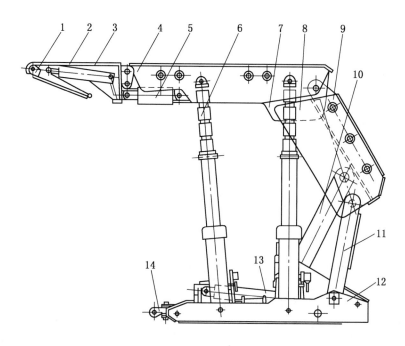

1—护帮板；2—护帮千斤顶；3—前梁；4—顶梁；5—前梁千斤顶；6—立柱；7—顶梁侧护板；
8—掩护梁侧护板；9—掩护梁；10—前连杆；11—后连杆；12—底座；
13—推移液压缸；14—推杆

图 3-5 支顶支撑掩护式支架

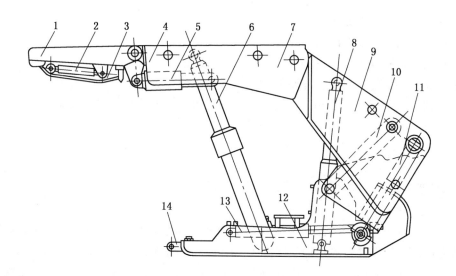

1—前梁；2—护帮千斤顶；3—护帮板；4—顶梁；5—前梁千斤顶；6—前立柱；7—顶梁侧护板；
8—后立柱；9—掩护梁；10—前连杆；11—后连杆；12—底座；13—推移液压缸；14—推杆

图 3-6 支顶支掩支撑掩护式支架

支撑掩护式液压支架的结构特点：顶梁由前梁和主梁组成，顶梁长，有整体刚性和分体铰接两种，有些顶梁带外伸或内伸的伸缩梁；立柱为两排，可前倾或后倾，四根立柱支撑在顶梁（掩护梁）和底座之间；掩护梁的上端与顶梁铰接，下端用连杆与底座相连；多数支架有双人行通道，通风断面大；支撑合力在顶梁后部，支撑力大，切顶能力强；底座为整体刚性结构件，有底封式和底开式两种；支架的立柱倾斜度小，支撑效率高，但调高范围较小，适应煤层厚度的变化能力不如掩护式液压支架；工作中前、后排立柱受载经常不均，在同样煤层地质条件下要求其工作阻力和支护强度应高于掩护式液压支架；液压系统中的动力缸和控制原件多，操作较复杂，影响移架速度。

（四）特种液压支架

特种液压支架是为满足某些特殊要求而发展起来的液压支架，其结构形式仍属于上述某种基本架型，如放顶煤支架、大倾角支架等。

三、液压支架的基本参数

（一）液压支架的基本要求

（1）为了满足采煤工艺及地质条件的要求，液压支架要有足够的初撑力和工作阻力，以便有效地控制顶板，保证合理的下沉量。

（2）液压支架要有足够的推溜力和移架力。推溜力一般为 100 kN 左右；移架力按煤层厚度而定，薄煤层一般为 100～150 kN，中厚煤层一般为 150～250 kN，厚煤层一般为 300～400 kN。

（3）防矸性能要好。

（4）排矸性能要好。

（5）要求液压支架能保证采煤工作面有足够的通风断面，从而保证人员呼吸、稀释有害气体等安全方面的要求。

（6）为了操作和生产的需要要有足够宽的人行道。

（7）调高范围要大，照明和通讯方便。

（8）支架的稳定性要好，底座最大比压要小于规定值。

（9）要求支架有足够的刚度，能够承受一定的不均匀载荷和冲击载荷。

（10）满足强度条件下，尽可能地减轻支架重量。

（11）要易于拆卸，结构要简单。

（12）液压元件要可靠。

（二）设计液压支架必需的基本参数

1. 初撑力 F_c

初撑力指液压支架在初撑增阻阶段结束时对顶板的支撑力，其作用是减缓顶板的下沉，增加顶板的稳定性，使立柱尽快进入恒阻状态。初撑力的大小是相对于支架的工作阻力而言，并与顶板的性质有关。由式（3-1）和式（3-2）可知，其值大小取决于泵站的额定压力、立柱缸体内径以及立柱数目，支架的初撑力一般控制在工作阻力的 70%～85%。初撑力的合理选择对液压支架的支护性能影响很大。较大的初撑力可以使支架较快地达到工作阻力，防止顶板过早的离层，增加顶板的稳定性。

对坚硬、中硬的顶板，宜采用较高的初撑力，以期减缓顶板的下沉，避免顶板的过早剥离，改善支架对顶板的控制；对较软的顶板，初撑力应控制在顶板岩石极限强度允许的范围之内，以期维持顶板较长时间的完整性，避免因其过早地破碎而使得对顶板的控制变得困难。因此，所有支架的初撑力应与具体的顶板类别及岩性相适应。

2. 支护强度 q

工作阻力虽然可以反映一架液压支架的支撑能力的大小，但由于各种型号的支架其结构参数不同，即使工作阻力相同的支架，在实际工作中却表现出不同的支撑能力和支撑效果，即不同种类、不同规格和型号的液压支架的工作阻力不具有可比性。因此，需要采用液压支架"支护强度"的概念。

支护强度取决于顶板性质和煤层厚度，支护强度可根据下列公式估算：

$$q = KH\gamma \times 10^{-5} \tag{3-5}$$

式中　K——作用于支架上的顶板岩石系数，一般取 5~8，顶板条件好、周期来压不明显时取下限，否则取上限；

H——采高，m；

γ——顶板岩石密度，一般为 2.5×10^3 kg/m³。

3. 工作阻力 F_z

工作阻力指的是液压支架在承载初撑增阻阶段结束时所呈现出的最大支撑力。由式 (3-4) 可知，其值大小主要取决于安全阀的调定压力和立柱的有关结构参数及其数量，它反映了液压支架承受顶板压力的最大允许值。选择液压支架时必须根据矿山地质条件和矿山压力大小来确定工作阻力值。

支架支撑顶板的有效工作阻力 F_z (kN) 应满足顶板支护强度的要求，即支架工作阻力由支护强度和支护面积所决定。

$$F_Z = qA \times 10^3 \tag{3-6}$$

4. 支架高度 H

一般首先确定支架适用煤层的平均采高，然后确定支架高度。液压支架的高度是指其在支撑方向上的垂直高度。支架的最大高度与最小高度之差为支架的调高范围。调高范围越大，支架的适用范围越广，但过大的调高范围会给支架结构设计造成困难，可靠性降低。

1）最小高度 $H_{\min}$

液压支架最小高度指其立柱完全缩回（如有机械加长杆的，加长杆须完全缩回）后支架的垂直高度，即

$$H_{\min} = m_{\min} - S_2 = m_{\min} - (s + g + e) \tag{3-7}$$

式中　$H_{\min}$——液压支架最小高度；

$m_{\min}$——煤层最小开采厚度；

S_2——考虑周期来压时的下沉量、移架时支架的最小回缩量和顶梁上、底板下的浮矸之和，大采高支架取 500~900 mm，中厚煤层支架取 300~400 mm，薄煤层支架取 150~250 mm；

s——液压支架后排立柱处顶板的下沉量；

g——顶梁上、底板下的浮矸之和；

e——移架时液压支架的最小回缩量。

2) 最大高度 H_{max}

液压支架最大高度指其立柱完全伸出（如有机械加长杆的，加长杆须完全伸出）后支架的垂直高度。

$$H_{max} = m_{max} + S_1 \tag{3-8}$$

式中 H_{max}——液压支架最大高度；
m_{max}——煤层最大开采厚度；
S_1——考虑到顶板有人工假顶冒落或局部冒落，为使支架仍能及时支撑到顶板所需增加的高度，大采高支架取 200~400 mm，中厚煤层支架取 200~300 mm，薄煤层支架取 100~200 mm。

3) 调高比

支架的最大高度与最小高度之比称为液压支架的调高比，$K_s = \dfrac{H_{max}}{H_{min}}$。它反映支架对煤层开采厚度变化的适应能力。其值越大说明其调高范围越大，适应能力也越强。一般薄煤层支架的调高比为 2.5~3.0；中厚煤层支架的调高比为 1.4~1.6。采用单伸缩立柱的支架，K_s 一般为 1.6 左右，最大可达 1.8；带机械加长杆的单伸缩立柱，一般为 2.2 左右，最大可达 2.5；对于使用双伸缩立柱的支架，K_s 一般为 2.5 左右。

5. 平均接触比压

煤层顶板的压力，通过液压支架的立柱和底座传递给底板，在底座与顶板接触面积内形成接触正压强。此压强的平均值即定义为液压支架的平均接触比压。它是衡量液压支架工作性能以及适应能力的又一参数，其值为

$$q_j = \dfrac{F_z}{A'} \tag{3-9}$$

式中 q_j——液压支架的平均接触比压，kN/m^2；
A'——液压支架底座的底面积，m^2。

如果平均接触比压较大而地板又较软时，底座有可能陷入地板内，不仅使移架困难，还能增大顶板的下沉量，降低液压支架的支撑能力，甚至使顶板状况恶化。因此，液压支架的平均接触比压必须和底板的岩性及抗压强度相适应。

6. 移架力和推溜力

移架力与架型、吨位、支撑高度、顶板状况以及是否带压移架等因素有关。垛式支架一般为 100 kN；掩护式和支撑掩护式支架为 250~300 kN；支撑高度在 4.0 m 以上的支架可达 450 kN。

通常，1.5 m 长的一节中部槽对应一架支架，推溜力为 150 kN 左右；薄煤层支架为 100 kN 左右；厚煤层支架接近 200 kN。

第二节 液压支架的主要结构

一、常用液压缸

按作用分类，液压支架中的液压缸主要有立柱和千斤顶两大类。在液压支架上，把支

撑在顶梁和底座之间能承受顶板载荷，调节支撑高度的液压缸称为立柱；用于实现移架、推溜、护帮、侧护、前梁伸缩等动作的液压缸称为千斤顶。

（一）立柱

立柱是支架实现支撑和承载的主要部件，它直接影响支架的工作性能。因此，立柱除应具有合理的工作阻力和可靠的工作特性外，还必须具有足够的抗压和抗弯强度、密封性好，结构简单，并能适合支架的工作要求。

一般情况下，按照供液方式可分为内供液和外供液；按照工作方式分为单作用和双作用，单作用较少，多为双作用；按伸缩数可分为单伸缩结构和双伸缩结构。双伸缩立柱调高范围大、结构相应复杂、加工精度要求高，成本也高，但使用方便，一般用于薄煤层或大采高支架；单伸缩立柱调高范围较小，为加大调高范围，可在柱头上加接长套，结构简单、成本较低。单伸缩立柱又可分为带机械加长杆和不带机械加长杆两种形式。

图3-7所示为带机械加长杆的单伸缩立柱。缸体1的一端为缸口，另一端为焊有凸球面的缸底，其上焊有与活塞腔相通的管接头，接输液管路。活柱7通过销轴15、保持套16、半环17与柱头的机械加长杆18连在一起，活柱由柱管和焊接活塞头构成。活塞上装有两件聚甲醛导向环6，两件之间装有鼓形密封圈5，另外还装有用来支撑导向环的支撑环4、卡键2和聚甲醛卡箍3。卡键为连接件，由两个半环组成，卡箍则是一个有开口的环形体。机械加长杆上的柱头呈球面形，与顶梁或掩护梁上的柱帽相连接。导向套8对活柱运动起导向作用，导向套与缸体间通过方形钢丝挡圈相连接，并用O形密封圈11（或蕾形密封圈）和聚四氟乙烯挡圈10密封；导向套与活柱之间用蕾形密封圈12、聚甲醛挡圈13和防尘圈14密封。在导向套上焊有管接头用于接输液管。在有些立柱的导向套上还装有聚甲醛导向环，以减少导向套与柱体间的磨损。机械加长杆的作用在于调节立柱的最大支撑高度。

图3-8所示为不带机械加长杆的单伸缩立柱。其柱头直接焊在活柱端

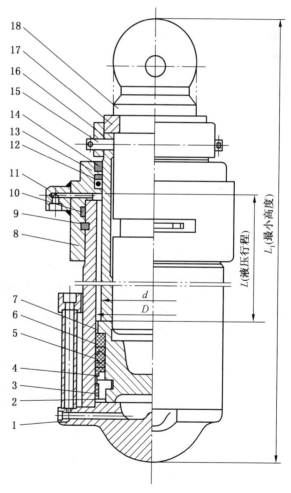

1—缸体；2—卡键；3—卡箍；4—支撑环；5—鼓形密封圈；
6—导向环；7—活柱；8—导向套；9，10，13—挡圈；
11—O形密封圈；12—蕾形密封圈；14—防尘圈；
15—销轴；16—保持套；17—半环；18—机械加长杆

图3-7 带机械加长杆的单伸缩立柱

部。其他部分的结构基本上与前者相同，立柱最大支撑高度不能调节。

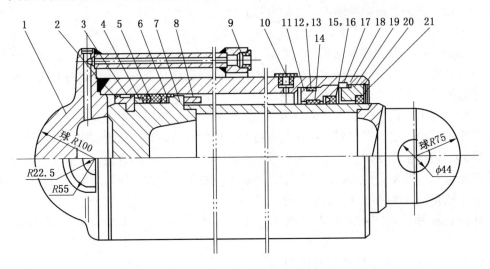

1—缸体；2—卡键；3—卡箍；4—支撑环；5—鼓形密封圈；6，14—导向环；7—活柱；8—距离套；9—塑料堵；10—塑料帽；11—导向套；12，13—O形密封圈和挡圈；15，16—Y形密封圈和挡圈；17—卡环；18—O形密封圈；19—缸盖；20—弹性挡圈；21—防尘圈

图 3-8 不带机械加长杆的单伸缩立柱

图 3-9 所示为双伸缩立柱。它由一级缸（或称外缸、大缸）、二级缸（或称内缸、小缸）、活柱、导向套、连接件和密封件等组成。

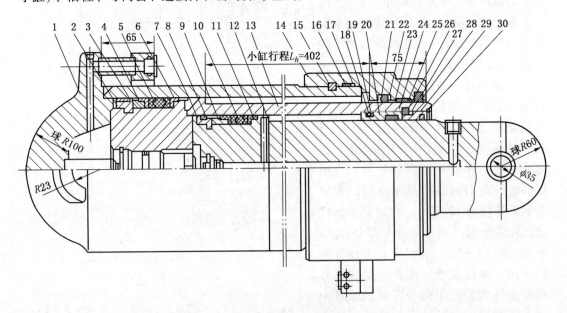

1—一级缸；2，7—卡键；3，8—卡箍；4，9—支撑环；5，10—鼓形密封圈；6，11，25—导向环；12—活柱；13—二级缸；14，20—导向套；15—方钢丝挡圈；16，18，27—O形密封圈；17，19，22，24—挡圈；21，23—蕾形密封圈；26—卡环；28，31—防尘圈；29—缸盖；30—弹性挡圈

图 3-9 双伸缩立柱

一级缸 1 的形状、结构均与单伸缩立柱相同。

二级缸 13 是主要承载传力部件，它既是第一伸缩级的活柱又是第二伸缩级的缸体，所以其下部为活塞头，内腔为与活柱 12 相配合的缸孔，底部装有一个控制一、二级缸间油路的底阀。

活柱 12 装于二级缸内，其下部为活塞，上部为具有球面柱头的柱体，内部有一轴向中心孔，经柱头附近的径向孔与管路相通，使压力液体进入二级缸的活塞腔。

导向套 14 装于一级缸缸口处，为二级缸运动导向，其上焊有一个沟通一级缸活塞杆腔的管接头（图中未表示），接输液管路。

导向套 20 装入二级缸缸口处，通过卡环 26 与二级缸缸体相连接。采用 O 形密封圈 18、挡圈 19 对一、二级缸进行缸间密封，采用蕾形密封圈 23 和挡圈 24 对二级缸与活柱之间进行密封，缸盖 29 用以对导向套定位，而缸盖又通过弹性挡圈 30 定位。O 形密封圈 27 主要用于防尘。

（二）千斤顶

千斤顶有柱塞式和活塞式两种。千斤顶是完成支架及其各部位动作、承载的主要元件，大多属于单伸缩双作用、活塞式液压缸。按其用途分为护帮千斤顶、前梁千斤顶、侧护千斤顶、平衡千斤顶、复位千斤顶、调架千斤顶、推移千斤顶和防倒防滑千斤顶等。千斤顶和立柱都是活塞式动力液压缸，因此其工作原理、基本组成以及对零部件的要求等大体相同。但是，与立柱相比，千斤顶仍有一些区别，如千斤顶的活塞杆较短且直径较小，因此受力小，一般为 100~1000 kN；立柱受力大，一般承载力 800~2800 kN。千斤顶最大长度一般为 2 m 左右；立柱最长为 4 m 左右。立柱压力高，一般为 30~60 MPa。千斤顶推拉力均有要求，一般相差不大，有时还要求拉力大于推力而立柱主要承载推力，拉力较小，拉推力相差较大。另外，千斤顶两端头多为适于铰接的销孔耳座结构。

二、控制阀

控制阀是液压支架的关键元件之一，它由液控单向阀和安全阀组成。

（一）液控单向阀

1. 功能

液控单向阀又称液压锁、液控单向锁，主要是利用闭锁原理控制立柱或千斤顶下腔液体的工作状态，封锁该腔中的液体。对液压支架来说，液控单向阀主要用于控制立柱、千斤顶，其作用主要有两个：一是控制液压支架立柱与千斤顶正常伸缩并保持合理的工作位置；二是闭锁工作腔内的液体，保持支撑外力，直到安全阀开启。下面以立柱液控单向阀为例，对其结构特点进行研究。

2. 液控单向阀的特点

液控单向阀的结构应当保证：在没有控制作用时，工作液在压力下向一个方向输入；在工作状态下，立柱活塞腔闭锁；在具有控制作用时，在两个方向上通液。也就是说，立柱初撑时，它可使工作液体进入立柱下腔产生初撑力；立柱承载时，它可封闭下腔的工作液体，产生与工作阻力相对应的压力；立柱卸载时，可使下腔液体排出。因此其质量好坏直接影响支架的可靠性和支撑效果，如其密封性不好，当顶板来压时支架就会自动降柱，这是绝对不允许的；如其动作不灵敏，封闭压力小，则立柱的初撑力就达不到设计要求。

(1) 密封可靠。在液压支架支撑顶板时，尤其是用于立柱下腔油路上的液控单向阀，需要长时间用液控单向阀闭锁活塞腔压力，以保持立柱的支撑效率，支撑时间可能长达几天，要求液控单向阀能实现长时间内绝对的密封。有时顶板施加给立柱活塞腔的压力要超过泵站的公称压力，直至立柱安全阀开启。

(2) 动作灵敏。高产高效工作面的采煤机功率大，采煤速度快，要求支架快速向前移架推进，立柱的升降是液压支架移架的主要动作，从而要求液控单向阀执行动作必须快速灵敏，工作平稳可靠，冲击、振动和噪声小。尤其要求关闭及时，保证刚锁紧的液压缸中的压力等于泵站的压力，也即保证规定的初撑力。

(3) 工作寿命长。井下为高危作业面，如果发生故障小则引起停产，大则有可能引发安全事故，一般至少要保证工作面推进 800～1000 m 无须更换。

(4) 控制液流方向，流动阻力小。液控单向阀应灵活且可靠地控制工作液体的流动方向以保证快速升柱和降柱，而且工作液体在流经阀时，阻力损失要小，避免较大的压力损失。

(5) 结构简单。结构尽量简单、紧凑，体积要小，具有通用性。

3. 常见液控单向阀的结构形式

液压支架上使用较多的液控单向阀有 KFD_{1B} 型、KDF_2 型和 BKF_2 型等。

KFD_{1B} 型液控单向阀的结构如图 3-10 所示。从操纵阀来的压力液体由 P_1 孔进入单向阀，经阀座 5 作用在阀芯 8 的左端面上，并使阀芯克服弹簧 9 的压力而右移，阀芯与阀垫 6 的两个接触面（密封平面）分开，压力液体便流入导向套 7 外圆表面的环形腔内，从 P_2 孔流出后进入立柱（或千斤顶）的活塞腔，使活柱伸出。停止供液后，阀芯在弹簧力作用下回到原始位置，其左端面与阀垫接触重新形成密封，使得活塞腔的液体不能逆流而处于承载状态。

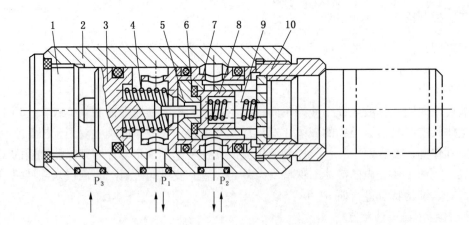

1—堵头；2—阀体；3—顶杆；4, 9—弹簧；5—阀座；6—阀垫；7—导向套；8—阀芯；10—阀套

图 3-10 KFD_{1B} 型液控单向阀

降柱时，通过立柱活柱腔的压力液体便从 P_2 孔流入单向阀，作用于顶杆 3 的左端面压缩弹簧 4，使顶杆右移顶开阀芯，活塞腔内的压力液体便从 P_2 孔流入单向阀，又从 P_1 孔流出并通过软管再流回泵站。

堵头 1 的作用是与阀体 2 内表面形成液控腔。阀套 10 右端的内螺纹用以安装安全阀。该阀密封性能好，对污物不敏感，最大额定工作压力为 42 MPa。

(二) 安全阀

液压支架用安全阀，又称安全泄放阀、安全溢流阀，是一种由介质压力驱动的自动泄压装置，它是液压支架具有恒阻特性和可缩性的关键元件，其性能好坏直接影响支架强度与安全系数，影响支架支护功能的发挥，影响支架负载能力与自重比，影响支架成本，即影响支架技术经济指标。

1. 功能

液压支架安全阀在使用中的作用主要有两方面，即卸荷和支撑。

(1) 卸荷。当工作面顶板来压强烈时、安全阀达到调定压力时及时卸荷，以保护液压支架不被压坏。这就要求安全阀的流量要与顶板的来压强度相适应，如果安全阀的流量选择过小，顶板来压时会造成安全阀开启后压力仍然超过调定压力。虽然安装了安全阀，液压支架同样会被压坏。

(2) 支撑。要求安全阀在卸荷之后立刻关闭，安全阀要维持系统压力在卸荷压力的 90% 以上。人们往往只注重安全阀的第一个作用而忽略第二个作用，如果第二个作用达不到则会给煤矿工作面的支护带来严重的安全隐患。

在液压支架上使用的安全阀一般为直动式单级安全阀，其动作过程主要取决于液压力与弹簧力（或压缩气体力）的平衡原理。

在顶板快速来压时，顶板沉降速度可达 240~600 mm/s，有时甚至超过此值。在这种情况下，支架立柱活塞腔的压力可能增长若干倍，仅靠普通安全阀无法保护立柱控制回路，经常会造成立柱压弯、压粗、爆裂，顶梁及底座箱焊接件开焊与断裂等破坏现象。普通直动式安全阀的溢流量较小，其额定流量一般为 0.1~32 L/min，而大流量安全阀的额定流量可达 400 L/min。由此可见，在液压支架上配置大流量安全阀是解决冲击破坏问题的有效途径。正常情况下，大流量安全阀处于关闭状态，液压支架的恒阻特性是由普通安全阀来实现的。当发生顶板冲击时，大流量安全阀开启溢流，迅速释放掉立柱活塞腔内的多余液体，使支架下缩适应顶板的冲击下沉，从而避免了液压支架因冲击过载而遭到破坏。

2. 对安全阀的要求

与液控单向阀一样，安全阀长期处于高压状态下工作，因此要求其应具有以下性能：

(1) 关闭时必须完全密封。

(2) 动作灵敏，准确可靠。

(3) 能够稳定溢流，压力—流量特性好。

(4) 寿命长。

安全阀的基本性能要求：安全阀启、溢压力最大值 (p_{max}) 是由各承载元件不过载破坏决定的；安全阀启、溢压力最小值 (p_{min}) 是由最大可能发挥各承载元件对顶板的支承能力决定的。取阀的公称压力 p_n 的 115% 为上限 p_s，取阀的公称压力 p_n 的 90% 为下限 p_x，可以满足支架需要。而在额定流量范围内以任意流量及其任意变化时，安全阀的启、溢、闭也均应满足在 p_s 与 p_x 之间。即在安全阀额定流量范围内以任意恒定流量或变化流量使安全阀动作，过程中的任意时刻都要保持 $p_s \geq p = f(q,t) \geq p_x$（图 3-11）。

3. 安全阀的结构形式

目前矿井大多都采用弹簧式结构的安全阀。使用中,安全阀一般按公称流量(L_n)进行分类。根据溢流能力大小,可将安全阀分为小流量安全阀($L_n < 10$ L/min)、中流量安全阀(10 L/min $\leq L_n \leq 200$ L/min)和大流量安全阀($L_n > 200$ L/min)。根据安全阀在工作时开启的方式可以分为单级开启式安全阀、二级开启式安全阀。二级开启式安全阀一般都是大流量安全阀。

1) 弹簧直动式安全阀

我国生产的液压支架中使用的安全阀大部分是弹簧式,如 YF1B、YF4、YF-SA、ZHYF1A、ZHYFZ 系列安全阀。

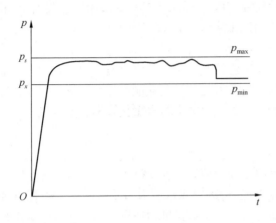

p_s—上限值;p_x—下限值;p_{max}—安全阀启、溢压力最大值;
p_{min}—安全阀启、溢压力最小值

图 3-11 安全阀的启、溢、闭特性及范围

YF1B 型安全阀,如图 3-12 所示。YF1B 型安全阀是国产支架应用最早的一种阀。其左端接立柱或千斤顶承载腔,阀体中部径向孔为泄液孔。该阀在结构上的特点是采用了阀座式硬接触软密封的密封形式,即利用阀芯 6 与阀座 3 的直接接触(硬接触)承受调压弹簧 9 的作用力(注意:此处仅仅是接触,不具备密封的功能);利用阀座凸台压缩橡胶垫 5 产生的弹性变形形成密封(软密封)。由于橡胶密封垫的弹性可补偿阀座 3 与阀芯 6 长度方向的加工误差,故密封可靠,其最大工作压力可达 42 MPa。阀座 3 与阀芯 6 的硬接触可限制密封垫的变形,阀针增大了与密封垫的接触面积,并有节流作用,故密封垫的寿命较长。

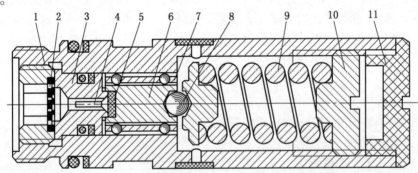

1—阀壳;2—过滤网;3—阀座;4—阀针;5—橡胶垫;6—阀芯;7—导向套;8—钢球;9—弹簧;10—调节螺钉;11—保护帽

图 3-12 YF1B 型安全阀

另外,在结构上还采用了带滚珠的导向套 7,以减小阀芯移动时的阻力,使阀芯启闭灵活、准确可靠。

在性能上此阀密封性能好,动作灵敏,但工作时易产生振动,引起溢流压力波动,溢流时阀口流速很大,高达 100 m/s,易冲蚀密封元件;另外由于橡胶垫的粘合作用,每次开启时的压力超调量较大;流量小(≤0.1 L/min),不适合剧烈下沉的顶板条件。

2) 大流量安全阀

大流量安全阀用于坚硬难冒顶板或在冲击地压强烈的顶板条件下的支架，在基本顶来压时，安全阀流量只有达 1000 L/min 以上才能有效地保护立柱和支架不被破坏。普通安全阀远不能满足此要求。

图 3-13 所示为大流量安全阀。其主要特点是气室压力通过塑料隔膜和油室间接作用于阀芯，将冲入的氮气可靠地密封在气室内；阀芯采用差动式结构，用气体力和液压力平衡阀芯很高的开启压力，这样可降低充气压力，克服高压气体难以密封的缺点，缩小气室容积；在阀体上开有阻尼孔，减小阀芯在开启过程中的冲击和振动，该阀额定工作压力为 46~50 MPa，流量有 2000 L/min、6000 L/min 和 10000 L/min，以配套于不同规格的支架。

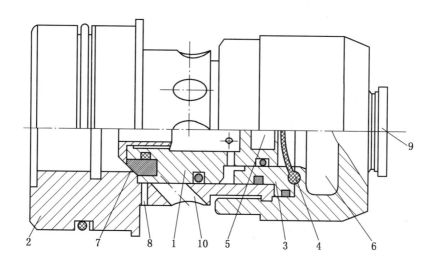

1—流阀芯；2—阀座；3—套；4—隔膜；5—油室；6—气室；7—阀口密封件；
8—阻尼孔；9—充气阀；10—卸载孔

图 3-13 大流量安全阀

三、操纵阀

在液压支架中，为实现各种动作，装设了较多的液压缸。这些液压缸的动作由操纵阀来控制。从功能上讲操纵阀属于方向控制阀。

目前，在国产液压支架中使用较多的操纵阀型号有 ZC 型、BCF4 型、CZF 型和 WZCF 型等，其中 ZC 型使用的较多。

ZC 型操纵阀的结构及工作原理如图 3-14 所示。ZC 型操纵阀是一个组合式片阀，它由首片阀 4、尾片阀 2 和若干个中片阀 3 叠加而成，其中首、尾片阀位于整个阀的最外两侧。首片阀上有进、回液管接头与系统的主进、回液管相连。每一中片阀上均有 A、B 两接头与同一液压缸的两个工作腔相通，一个中片阀控制一液压缸动作；在同一中片阀内对称装有两个进液阀（由阀座 8、钢球 7 和弹簧 5 组成）、两个回液阀（由空心阀杆 9、阀垫 10 和顶杆 11 组成），并且同一轴线上的进、回液阀构成一个二位三通阀，控制液压缸同一腔液体的进、出。

当手把 13 位于中间位置时，同一阀片内的两个进液阀均关闭，而回液阀则全开启。

此时，由该片阀控制的液压缸不动作。

若按图3-14中顺（逆）时针方向扳动手把，压块12将推动顶杆11，依靠顶杆前端面上的阀垫10将阀杆9上的轴心孔堵死，切断回液通路；继续扳动手把，顶杆将进一步左移推动阀杆，进而顶开钢球阀芯，打开进液阀，由P口来的压力液体便经过液阀、A（B）孔进入液压缸的相应工作腔。此时，同一阀片内另一侧的进、回液阀均没动，即进液阀关闭，回液阀开启；液压缸另一工作腔内的液体经B（A）孔、上半部分开启的回液阀和T口流至回液管。于是，由该阀片控制的液压缸的活柱（或千斤顶的活塞杆）即可伸出或缩回。

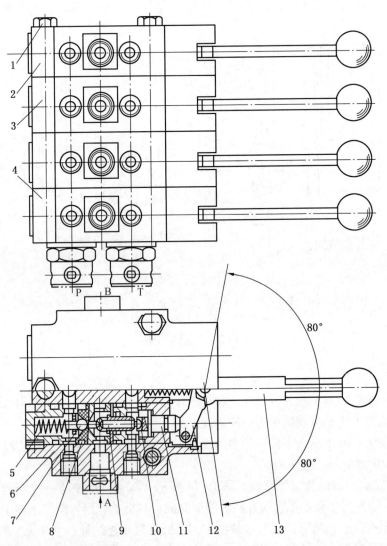

1—螺栓；2—尾片阀；3—中片阀；4—首片阀；5—弹簧；6—阀体；7—钢球；
8—阀座；9—阀杆；10—阀垫；11—顶杆；12—压块；13—手把

图3-14 ZC型操纵阀

如果与上述相反方向扳动手把，则液压缸的活柱（或活塞杆）将缩回或伸出。

ZC 型操纵阀的最大工作压力为 35 MPa，额定流量为 90 L/min，手把操纵力不大于 100 N。

四、顶梁及掩护梁

（一）顶梁

顶梁是液压支架支撑顶板，直接承载的构件。除满足一定的刚度和强度外，顶梁对顶板的覆盖率要高，要尽可能地适应顶板凹凸不平的变化。

顶梁的结构形式一般分为两大类：整体式顶梁和分段组合式顶梁，如图 3-15 所示。

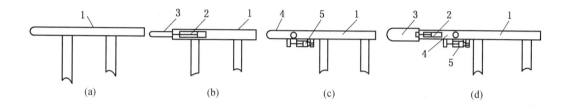

1—顶梁；2—伸缩前梁千斤顶；3—伸缩前梁；4—铰接前梁；5—铰接前梁千斤顶

图 3-15 顶梁的结构形式

整体式顶梁的顶梁（图 3-15a）是一块完整的钢板构件。其结构简单，梁体长，但对顶板的不平整情况适应能力较差，接顶性能不够理想。

分段组合式顶梁是将顶梁分为前顶梁（简称前梁）和主顶梁（简称顶梁）两部分。前梁又可分为伸缩式前梁（图 3-15b 中 3）、铰接式活动前梁（图 3-15c 中 4）和两者兼而有之的活动前梁（图 3-15d 中 3、4）。

伸缩式前梁在安装于顶梁腹腔中伸缩千斤顶的推动下向煤壁方向伸出，对顶梁前端的顶板进行托撑。铰接式活动前梁在安装于顶梁下面的铰接前梁千斤顶的作用下，绕其与顶梁铰接轴的销轴上下摆动一定角度，与顶板接触后进行支撑。伸缩铰接组合式有两个前梁，其中一个与顶梁铰接，形成铰接式前梁；另一个则装在铰接式前梁上构成伸缩式前梁，靠铰接式前梁腹腔内的伸缩千斤顶进行伸缩。

分段组合式顶梁较整体式顶梁在结构上复杂些，尤其铰接伸缩式。但它们对顶板不平整情况的适应能力强，接顶性能好，在破碎顶板下割煤和工作面片帮严重情况下，可对新裸露的顶板进行及时支护。

各种形式的顶梁一般都采用由钢板焊接的箱式结构。这种结构可增强梁体刚性，减轻重量。为提高强度，上、下箱盖之间焊有加强筋板。顶梁或前梁的前端成滑橇型，以减少移动阻力。在顶梁下盖板上做有柱窝用以铰接立柱。

（二）掩护梁

掩护梁是掩护式支架和支撑掩护式支架的特征构件之一。其作用是隔离采空区，掩护工作面空间，防止采空区冒落矸石进入工作面；同时承受采空区部分冒落矸石的重量载荷以及顶板来压时作用在支架上的横向载荷。当顶板不平整或支架倾斜时，掩护梁还将承受扭转载荷。

掩护梁的侧面形状有折线形和直线形两种，如图 3-16 所示。折线形掩护梁相对于直线形掩护梁来讲，支架的通风断面和架下安全控件大，但其工艺性较差。目前多采用直线形掩护梁。

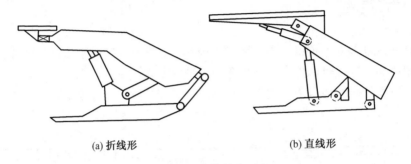

(a) 折线形　　　　(b) 直线形

图 3-16　掩护梁的形式

与顶梁一样，掩护梁也采用钢板焊接式结构，多为整体式。上、下分别有与顶梁和连杆铰接的销孔。

（三）连杆

在掩护式液压支架和支撑掩护式支架中，均装有连接掩护梁和底座的连杆，根据距煤壁的远近分为前连杆和后连杆。前、后连杆与掩护梁和底座在支架两侧构成四连杆机构。

图 3-17a 所示为不带四连杆机构的掩护式支架。此种支架在立柱升降过程中，顶梁的前端将绕掩护梁与底座的铰接点做圆弧形摆动，造成梁端距（顶梁前端到煤壁的距离）随支撑高度的改变而改变。支撑高度小，梁端距小；支撑高度大，梁端距大。在大采高时将严重影响液压支架对顶梁前端顶板的支护效果。尤其在不稳定易破碎的顶板下支撑，这一影响更加显得突出。

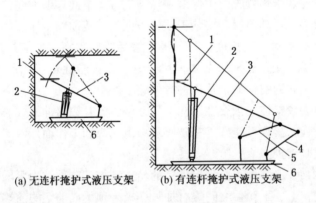

(a) 无连杆掩护式液压支架　　(b) 有连杆掩护式液压支架

1—顶梁；2—立柱；3—掩护梁；4—后连杆；5—前连杆；6—底座

图 3-17　连杆对顶梁轨迹的影响

为了克服梁端距随支撑高度改变的问题，在掩护式支架和支撑掩护式支架上采用了四连杆机构，如图 3-17b 所示。

液压支架上的四连杆机构，实质上是一个双摇杆机构，其特征是以构件中最短件的对边（底座边）为固定件，工作时摇杆（前、后）只做摆动而不做圆周运动。其功能是在摇杆摆动时，连接两摇杆的连杆上任意一点的运动轨迹近似于直线。液压支架正是利用这段直线轨迹。

有了四连杆机构，还使得液压支架具有了承受来自顶板或冒落矸石的水平载荷，提高了支架的水平稳定性。

结构上，前连杆一般采用分体式钢板焊接箱式结构，左、右各一件；后连杆则常常为整体式箱式结构。这样的结构形式既增大了支架的整架刚性，又增大了架下有效工作空间，给液压管路的铺设带来了方便，还可防止冒落矸石的窜入。

五、底座

底座是液压支架的又一主要承载构件，也是构成四连杆机构的四杆件之一。通过它将立柱或掩护梁传来的载荷再传到底板上。底座上还要安装推移装置。因此，要求底座应具有足够的强度和刚度，对底板的起伏不平的适应性要强，对底板的平均接触比压要小，要有一定的重量和面积来保证支架的稳定性，同时还要有一定的排矸能力。

目前，底座的结构形式有刚性整体式、刚性分底式和分底式三种，如图3－18所示。

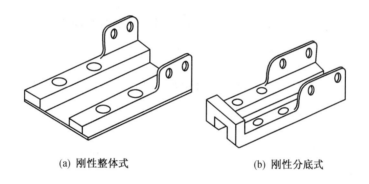

(a) 刚性整体式　　　　(b) 刚性分底式

图3－18　底座形式

（一）刚性整体式

刚性整体式，如图3－18a所示。此种形式的底座是用一块完整的钢板作为支架的底座板，将左、右两个底座箱焊接在其两侧，构成一个刚性的底座。其特点是与底板接触面积大，平均接触比压小，稳定性好，支架不易下陷。但其排矸能力和对底板起伏不平的适应能力较差。

（二）刚性分底式

刚性分底式，如图3－18b所示。此种形式的底座，其左、右两底箱不用底座板连接，而是在两箱体前端的上部加装刚性过桥，后端用钢板连接。其特点是排矸能力好，对底板的不平整适应性较强。但对底板的平均接触比压较大，稳定性稍差。

（三）分底式

此形式的底座，左、右两底座箱不做刚性连接（有的还将底座箱分成前、后、左、右四个，且前、后箱通过钢板用销轴连接）。其特点是各箱体之间可有一定程度的相对运动，以适应底板的凹凸不平，可减轻支架的重量，排矸性能好；但整架刚性差。

六、导向装置

移动支架一般是逐架进行的,由于工作面的倾角和相邻支架间都有不同程度的架间间距,所以在支架移架过程中往往会出现支架下滑和偏移,给移架后支架的重新支撑带来困难,影响支护效果。严重时整个工作面的支架将全部下滑,使得处于下端头的支架滑入运输平巷,而靠近上端头处则出现空顶现象。这在工作面顶板控制中都是不允许的。

有侧护装置的支架可以利用侧护千斤顶使侧护板伸出顶在下支架的顶梁侧面,以此侧面为导轨,对本架进行移架导向。除此之外,还有采用专门导向装置的。常用的导向装置是导向梁。它布置在相邻两支架的底座之间,一端与工作面输送机相铰接并随输送机一起前移。移架时,上架支架的底座下侧面以该导向梁为导轨移动,可避免发生支架下滑或偏移。

七、推移装置

推移装置是液压支架、工作面输送机与采煤机构成综合机械化采煤设备的连接体。随工作面的推进,它既要推移输送机,又要牵拉支架,而这些动作要靠推移千斤顶来完成。由于液压支架的质量都很大,有的达十几吨,加之有时需要带压擦顶移架,所以就要求推移装置必须具有移架力大于推溜力的性能。常用的推移装置归纳起来可分为两大类:无框架式推移装置和框架式推移装置。

(一) 无框架式推移装置

无框架式推移装置采用了特殊结构或性能的液压缸作为推移千斤顶。常用差动式液压缸(图3-19a)和浮动活塞式液压缸(图3-19b)。

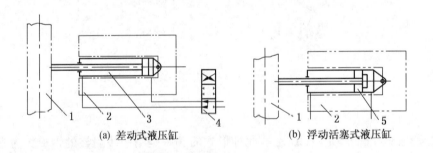

1—输送机;2—支架;3—差动液压缸;4—操纵阀;5—浮动活塞式

图3-19 无框架式推移装置

这两种推移装置都是通过减小推溜力来满足要求的,都没能充分利用液体的压力,尤其是差动式液压缸,更是利用消耗推溜力来满足要求的。所以,从能量利用程度上来看,两者均不是先进的、高效的推移装置,但它们的结构简单。

1. 差动连接的双作用液压缸

如图3-17a所示,在活塞杆外伸运动时,利用方向阀将液压缸两腔连通,同时向两腔供液,由于无杆腔有效作用面积大,所以液压作用力使得活塞向外伸出。活塞杆返回时,应使方向阀移动,恢复成普通液压缸的连接方式,即有杆腔进液,无杆腔回液。差动连接可用二位三通换向阀或梭阀控制。差动连接降低了液压缸的推力,但提高了速度。

2. 浮动活塞式双作用液压缸

如图 3-19b 所示，这是一种特殊结构的液压缸，它的活塞套装在活塞杆上，可在活塞杆上滑动。当无杆腔进液时，液压力先推动活塞滑移至缸口，再推动活塞杆外伸，液压力有效作用面积仅为活塞杆的横断面，使液压缸推力减小。当有杆腔进液时，则液压力先使活塞滑移返回，再产生作用力，使活塞杆缩回。简化了推移机构的结构，其缺点是存在动作滞后现象。

（二）框架式推移装置

框架式推移装置，如图 3-20 所示，根据框架的长短，分有长框架式（图 3-20a）和短框架式（图 3-20b）。

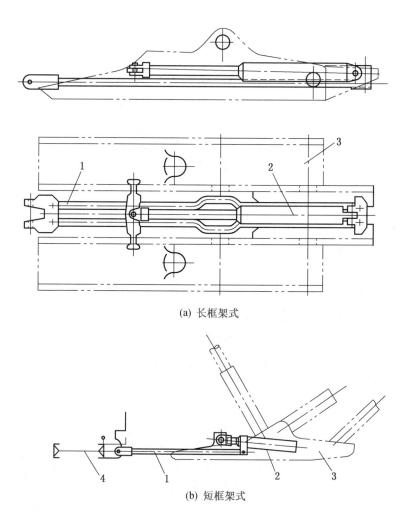

(a) 长框架式

(b) 短框架式

1—传力框架；2—推移千斤顶；3—支架底座；4—输送机
图 3-20 框架式推移装置

1. 长框架式

长框架式推移装置的显著特征是有一个贯穿于支架底座 3 整个长度的长传力框架 1。

框架前端用接头与输送机相连,后端与推移千斤顶2的缸体相铰接,推移千斤顶活塞杆前端与支架底座相连。

工作时,在支架支撑状态下,通过操纵阀使压力液体进入推移千斤顶2的活塞杆腔,活塞腔回液,缸体带动长传力框架1以支架3为支点推动输送机4向煤壁靠近;之后,卸载降架,再通过操纵阀又使液体进入活塞腔,活塞杆腔回液。于是,推移千斤顶活塞杆外伸,以输送机为固定点牵引支架前移。一般推溜、移架的步距是相同的,并且还应与采煤机的截深相匹配。

2. 短框架式

短框架式推移装置的特征是在输送机与液压支架底座之间有一短传力框架1(实际上是一短的传力杆)。该框架一端与输送机4相连接,另一端连接于推移千斤顶2的缸口处。短框架式推移装置的工作原理与长框架式的基本相同。

长、短框架式推移装置相比较,长框架式的推移导向性好,但因其框架长,刚性较差,易发生弯曲变形,而缩短推溜和移架的有效步距,降低支架前梁的支护效应;短框架式的框架短且刚性好,所以不易弯曲变形,但导向性不如前者。

框架式结构的推移装置,均可将推移千斤顶倾斜布置,使其前高后低。这样可保证移架时底座前端受一个向上的分力,从而避免底座前端产生插底现象。

框架式推移装置都能充分利用工作液体的压力能,与无框架式相比,无能量损耗,但结构较为复杂一些。

八、防倒防滑装置

液压支架在移动的过程中,由于支架自重在工作面倾斜方向上的分力,会使支架沿倾斜面下滑,且倾角越大,下滑得越厉害。由于顶、底板的凹凸不平以及顶板的完整程度,会使顶板压力的合力方向超出底座面积之外,导致支架受较大的侧向力而歪倒。支架的倾斜、歪倒、下滑、偏移都会给顶板控制带来很大的麻烦。所以,液压支架必须备有防倒滑装置。图3-21所示为两种不同形式的防倒防滑装置。下排头支架防倒防滑装置借助与上排头支架相连的防倒千斤顶和防滑千斤顶实现防倒防滑功能;输送机防倒防滑装置是将防滑千斤顶与刮板输送机相连实现防滑功能。

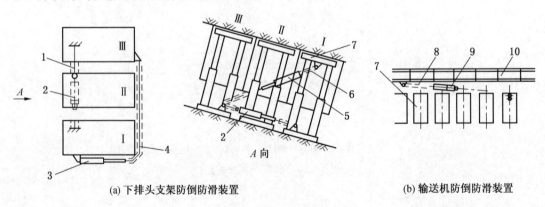

(a) 下排头支架防倒防滑装置　　　　(b) 输送机防倒防滑装置

1,4,6,8—圆环链;2,3,9—防滑千斤顶;5—防倒千斤顶;7—支架;10—工作面输送机

图3-21　防倒防滑装置

第三节 典型液压支架

按照适用于工作面采高范围的要求，液压支架有薄煤层、中厚煤层和厚煤层液压支架。

一、薄煤层液压支架

根据煤层厚度分类，薄煤层截高为 0.5~1.3 m，我国不少矿区薄煤层是主采煤层。薄煤层支架的结构特点是：

（1）支架的调高范围大，薄煤层支架高度低、操作不太方便，支柱很少用带机械加长段结构，大多采用双伸缩立柱提高调高比，防止支架被"压死"。特别是掩护式液压支架，立柱倾角较大，在低位状态工作时，支护效率较低。

（2）顶梁长，控顶距大，保证有足够的通风断面和方便的人行通道。

（3）梁体薄。薄煤层支架由于其伸缩比大，且最低高度很低，因此结构件大多采用高强度钢板、箱型结构，顶梁前部有的设计成板式结构，甚至是几层弹簧钢板叠加。

（4）结构交叉布置。薄煤层支架由于其高度十分低，结构件除了尽量薄之外，结构件间尽量采用空间交错布置。所以，前连杆大多设计成单连杆，后连杆设计成双连杆，并保证在最低位置时前、后连杆可以侧投影重叠而不干涉。底座设计成分底座、活连接，左、右底座中间为推移机构放置的空间。

（5）结构简单：顶梁可以设计成整梁并加宽，一般可不设置活动侧护板。

（6）控制系统自动化：薄煤层工作面行人困难，所以操作系统最好实现成组控制、自动控制或邻架控制，以减轻工人体力劳动和提高安全程度、工作效率及产量。

现以 ZY2200/06/17L 型支架（图 3-22）为例说明薄煤层支架的特点。

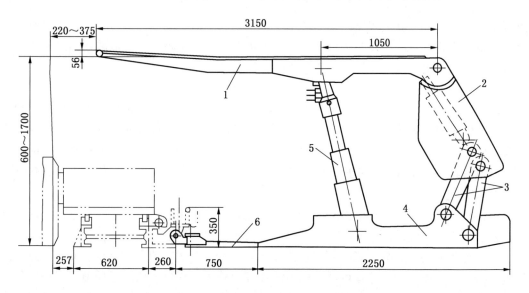

1—顶梁；2—掩护梁；3—连杆；4—底座；5—立柱；6—推移装置

图 3-22 ZY2200/60/17L 型薄煤层支架

该支架为掩护式支架。顶梁1采用整体式刚性顶梁，为了改善接顶性能，顶梁前端1.0 m左右上翘，梁端上翘量30~60 mm。在煤层倾角小于15°时，由于不会下滑，所以掩护梁2两侧的侧护板固定，顶梁不设侧护板；当用于倾角达到25°的煤层时，至少一侧的侧护板活动，以便调架；还应配备防滑和防倒装置。为了具有较大的调高范围（最大高度和最小高度之比约为3.0），采用双伸缩立柱5，还可加接320 mm长的加长杆。为便于人员通行和适当增大通风断面，在立柱前、后各设一条人行道（高度大于或等于400 mm，宽度大于或等于600 mm），为此减小了顶梁、底座4和推移杆的厚度（顶梁高度60~150 mm，推杆厚500 mm）；平衡千斤顶几乎平行于掩护梁；为减小高度，有的支架（如ZY200/06/15型）采用两个直径较小的平衡千斤顶取代一个直径较大的千斤顶。为了把工作面的矸石排入采空区，有的支架采用分离式底座或中间不封底的整体底座。

由于薄煤层一般顶板较好，为了减小控顶距，多采用先推溜后移架的滞后支护方式。考虑在薄煤层中通行不便，为了作业安全，薄煤层支架均采用上方邻架单向控制。

二、中厚煤层液压支架

中厚煤层液压支架指适用于煤层厚度为1.3~3.5 m的支架。中厚煤层支架使用量大、面广，其原因是中厚煤层赋存量大，同时也是最适合高产高效综合机械化采煤的支架。实际应用中，由于中厚煤层的煤层条件各不相同，需要适应不同煤层条件的液压支架。

（一）适应"三软"条件的液压支架

"三软"，即顶板软，易冒落；煤层软，易片帮；底板软，底板允许的比压小于6 MPa。"三软"条件下，支架宜选用掩护式和插腿式掩护支架，因为这两种支架顶梁较短，支架支撑的合力靠近煤壁，使靠近煤壁处支撑能力较强，也有条件改善底座对底板的比压。

1. 顶梁

由于顶板软，支架顶梁应尽可能短。如插腿式掩护支架，其顶梁短，可以减少对顶板反复支撑次数，减轻其破碎度，使顶梁不易冒空。为了防止煤壁片帮冒顶，顶梁带有伸缩梁，当煤壁出现片帮时，及时伸出伸缩梁，维护新裸露的顶板，避免或减缓出现架前冒顶事故；护帮板伸出可以护住煤壁，有利于阻止煤壁片帮。

2. 底座

底座是支架将顶板压力传递到底板并稳固支架的部件。它必须具有足够的强度和刚度，还要求对底板起伏不平的适应性强，对底板接触比压小。控制底座支反力在底座上作用点位置，可减少底座前端对底板的比压。对于掩护式支架，立柱上铰点在底座上的垂足距底座前的距离，是衡量底座比压的重要数据。一般讲，对于软底板此值应大于500 mm。

3. 抬底装置

为了在软底板条件下支架能正常行走，在支架设计上应尽可能减少底板比压，同时支架也采取一些特殊设计，如抬底装置。目前，抬底装置有以下几种形式：

（1）压推移杆式抬底装置。图3-23所示是一种底分式底座，在刚性过桥前面或后面设置一抬底千斤顶，此千斤顶可设计成固定式或摆动式。固定式抬底千斤顶在工作期间一直通过推杆压住底板将底座前端抬起拉架，千斤顶在工作期间承受一侧向力。摆动式千斤顶是在开始拉支架行走瞬间将底座前端抬起，随着支架前移，千斤顶将向前倾倒。

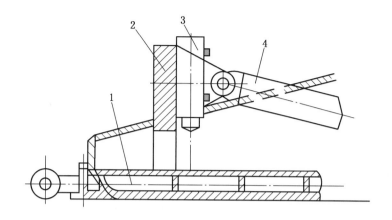

1—推杆；2—底座过桥；3—抬底千斤顶；4—推移液压缸
图 3-23　压推移杆式抬底装置

（2）撬板式抬底装置。如图 3-24 所示，在底座前端设置一副耳板，耳板上连接有包住底座前端的撬板，在底座上设置一抬底千斤顶，此千斤顶以底座为支点，压向撬板。在千斤顶作用下，撬板绕铰接轴转动，将底座前端抬起。撬板抬起时和底座间形成一个夹角，使底座前移阻力减小，易于拉架。

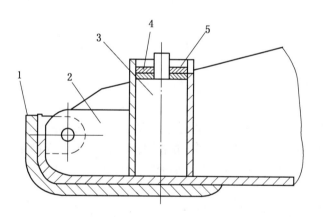

1—撬板；2—底座；3—抬底千斤顶；4—压盘；5—半环
图 3-24　撬板式抬底装置

（3）邻架抬底装置。在实际生产过程中，有的底板遇水泥化，支架行走十分困难。这种情况下，采用一种以邻架底座为支点的"拐杖"式抬底方法是十分有效的。两个大行程千斤顶上部连接在要移动支架的顶梁上，下部支在邻架底座上。这两个千斤顶给初撑力后，将要行走的支柱降柱，由于顶梁被这两个"拐杖"支住，无法下降，底座势必抬起，这时拉架就非常容易了。这种方法由于千斤顶行程较大，一般较为有效，只是辅助时间较长。

4. 掩护梁

护梁一般较长，水平线夹角又比较小，其上堆积的矸石比较多，即掩护梁上又增加一个重力，在这个力的作用下，将使顶梁上合力作用点后移，其结果是减少底座前端对底板的比压，这是"三软"支架设计的原则之一。同时也要考虑掩护梁上滑矸的作用力，所以掩护梁在支架最低工作高度时，与水平线的夹角不得小于17°。

（二）适应坚硬顶板的液压支架

坚硬顶板工作面的顶板不易冒落，直接顶或基本顶悬顶时间长。但一旦冒落，瞬间顶板压力显著增大，支架立柱安全阀来不及释放，立柱可能遭破坏。因此，对坚硬顶板液压支架设计的要求是：

（1）根据直接顶和基本顶岩性、分类级别、截高及配套设备，确定支护强度和工作阻力，支架要有足够的切顶能力。

（2）应尽量减小掩护梁长度，增大掩护梁与水平之间的夹角，减小掩护梁在水平线上的投影长度。如果在工作高度时，掩护梁大部分能被顶梁所遮盖，则是较为理想的。另外，掩护梁结构设计除保证必要的强度和刚度之外，还要具有抗冲击能力。

（3）支架掩护梁间的密封可严些，顶梁架间密封要求不十分严格，因为顶梁间漏矸的可能性较小。

（4）支架立柱应设置大流量安全阀，以避免顶板冲击压力造成支架过载较大。为此，安全阀流量的选择应考虑立柱缸径、冲击载荷来压的程度。对于有冲击载荷的顶板，如不采取顶板处理措施，立柱应安设两个安全阀（一大一小）以确保支架安全。

（5）考虑冲击载荷的影响，支架结构件安全系数应提高，至少应比通常支架安全系数提高20%。

（6）应考虑支架可能承受的水平方向冲击力。在进行支架结构件设计时，摩擦系数取值应考虑$f=0.4$时水平力对支架强度的影响。

（7）顶梁侧护板采用折页式，后连杆在低位时与水平线的夹角应为负值。

（三）大倾角液压支架

支架最大高度不大于3.2 m、使用倾角为35°~55°，或最大高度为3.2~4.5 m、使用倾角为20°~40°的液压支架，称为大倾角液压支架。由于工作倾角大，作业环境恶劣，因此特别要保证支架的强度和工作的稳定性和安全性。

（1）当截高为3 m、倾角为30°时，顶板对支架的合力作用点已经位于底座的外边，此时支架的掩护梁受侧向力非常大，因此，大倾角支架在设计和制造过程中要保证支架有足够的强度，尤其是掩护梁要有较大的安全系数。

（2）支架安装在倾角大于20°的工作面时，在非支撑状态或自由状态时，自身易失去稳定性。为了防止支架倒架和下滑，要求支架配备防倒、防滑机构。

（3）支架在倾角20°~55°条件下工作时，顶板冒落碎石或片帮煤块在重力作用下产生很大的加速度，将威胁工人安全，因此，工人在倾斜的支架通道内行走和作业，应有完善的防护装置。为了增加支架的稳定性，在支架设计时，应尽量增加支架的底座宽度，降低支架本身的重心。

大倾角支架除了应满足普通支架的技术要求之外，还应满足以下特殊要求：

（1）为了防止升、降架时矸石伤人，液压系统应采用邻架控制。

（2）严格控制四连杆机构销孔的间隙，四连杆机构销孔与销轴的间隙应小于1.6 mm，连接耳座轴向最大配合间隙应小于 12 mm。

（3）支架应有足够的初撑力，初撑力与工作阻力之比应不小于 83%，并应配备初撑力保持阀，使支架保证达到初撑力。

（4）移架机构在收回位置时，推移机构与底座前端单边侧向间隙不应小于 30 mm。

（5）在支架设计最大使用角度时，应保证支架的一侧活动侧护板推出和收回后，支架最大和最小总体宽度满足工作面最大倾斜角对宽度的要求。

（6）支架的活动侧护板应为双侧活动侧护板。侧护板应保证相邻两支架前、后错动一个步距时，移架方向不小于 200 mm 的重合量；相邻两架高差 200 mm 时，顶梁侧护板在高度方向上有不小于 200 mm 的重合量。

（7）当工作面倾角大于 35°时，支架的人行道处应设有可靠的人行梯子和扶手。

（8）当工作面倾角大于 35°时，在采煤机机道与人行作业空间之间，支架上应有隔离装置，以防止煤块或矸石伤人。

（9）支架的纵向设有可安装防护板的吊钩。

（10）在工作面的下端口应布置由特殊支架构成的下排头支架组，并按有关试验条款进行防倒、防滑、移架、调架等性能试验，且要求支架操作方便，动作灵活，工作可靠。

ZYD3400/23/45 型大倾角液压支架如图 3-25 所示。其主要特点如下：

（1）顶梁有伸缩梁、前梁、向上翻转的护帮板，可适应对不平顶板的支护，也给处理顶板事故带来方便。

（2）设有二级护帮装置，加大了维护煤壁的面积，可有效地防止煤壁片帮和顶板抽顶冒空。

（3）严格控制四连杆轴与孔的配合间隙，使支架初撑时不会造成较大的横向偏斜，改善了支架的受力状况。

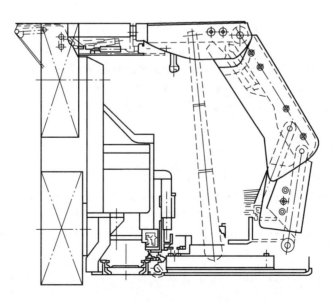

图 3-25 ZYD3400/23/45 型大倾角液压支架

（4）采用大缸径的平衡千斤顶，两个平衡千斤顶的推拉力分别为 904 kN 和 1260 kN，提高了平衡千斤顶对支架的调节能力。

（5）在支架的顶梁和掩护梁间设有机械限位装置，当顶梁和掩护梁间的夹角达到 170°时，机械限位起作用，保护平衡千斤顶。

（6）在工作面下端配有 3 架一组的排头支架，这 3 架支架顶梁用防倒千斤顶相连，防止支架歪倒，并配有防滑机构。

（7）工作面中部支架也设有防倒、防滑机构，支架的顶梁上配有防倒千斤顶，底座上设有导向梁。

三、厚煤层液压支架

（一）大采高液压支架

当截高在 3.5~5.5 m 时，可考虑采取一次采全高的开采方法，工作面的支护也必须用大采高液压支架。大采高支架设计的重要技术要求是应保证支架的稳定性和对大截高煤层的适应性。

由于支架高度较高，给支架设计带来了一些技术上的难题，如支架的稳定性，防倒、防滑以及防片帮问题等。其结构特点如下：

（1）由于支架高度较高，立柱伸缩比较大，因而采用双伸缩或三伸缩，以便在运输时降低支架高度，减少支架运输困难程度。

（2）采用前探护帮装置。架设伸缩前探梁和能回转 180°的护帮装置，用来防止由于截高大而产生的片帮，做到前探支护。

（3）支架四连杆机构销轴与销孔配合间隙是影响支架横向稳定性的重要因素。销轴与销孔最大配合间隙应小于 1.7 mm。在空载条件下，支架处于最大高度时，顶梁水平状态相对底座中心线最大偏移量应小于 80 mm。

（4）大采高支架必须设置防倒、防滑装置或预留连接耳座。可将工作面排头 3 架支架组成"锚固站"，作为全工作面支架保持横向稳定性的基础。

（5）大采高支架一般应设置双向可调的顶梁和掩护梁活动侧护板，侧推力应大于支架重力。侧护板弹簧筒应有足够的推力，或者在千斤顶液压管路上安设限压间，以保证大采高支架受横向水平力时保持相邻顶梁之间的正常距离。侧护板限压间应具有立柱升柱时闭锁和降柱时自动卸载的功能，以保证顺利移架。

（6）大采高支架应设置底座调架机构。工作面支架每架设置一组调架机构，一般安装在底座后部。底调装置的推力应大于支架的重力。当支架支撑时，用底调装置顶住邻架底座，防止支架横向滑移；当支架移架时，用底调装置调整支架与邻架的间距。

（7）当支架最大高度大于 4.5 m 时，在矿井运输和配套条件允许的情况下，应优先采用支架中心距 1.75 m。底座宽度在保证移架时不咬架的前提下，应尽可能加宽，以提高支架的横向稳定性。底座宽度一般为中心距减去 100~150 mm。当中心距为 1.5 m 时，底座宽度一般取 1350~1400 mm；当支架中心距为 1.75 m 时，底座宽度一般取 1600~1650 mm。

如图 3-26 所示，ZY6000/25/50 型掩护式液压支架可配套大截面刮板输送机和滚筒采煤机，截深 1 m。配套生产能力为 1.5×10^4 t/d。

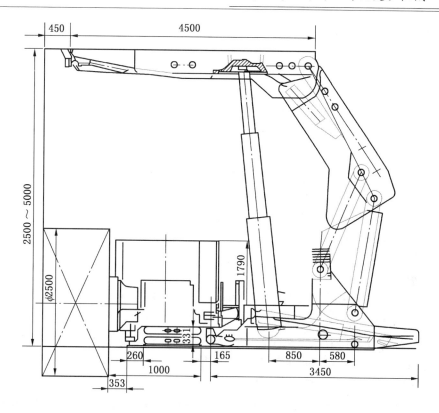

图 3-26 ZY6000/25/50 型掩护式液压支架

其主要特点是：
(1) 整体顶梁，结构简单可靠。
(2) 双 180 缸径的平衡千斤顶，调节力矩大。
(3) 刚性分体底座，有利排矸和浮煤。
(4) 反向推拉长推杆式推移机构，拉架力大。
(5) 采用双向可调的活动侧护板，4 个 80 缸径的侧推千斤顶，调架力较大。
(6) 采用 320 缸径的双伸缩立柱。
(7) 结构件采用高强度钢板，按高可靠性原则设计。
(8) 采用 350 L/min 级快速移架系统。

(二) 放顶煤液压支架

对于截高在 5~20 m 且厚度变化不规则的特厚煤层，可以考虑采用顶煤冒落法进行开采，顶板支护设备采用放顶煤液压支架。放顶煤液压支架是放顶煤综采的关键设备，按与液压支架配套的输送机的台数，放顶煤液压支架可分类如下：

$$
\text{放顶煤液压支架}\begin{cases} \text{单输送机式}\begin{cases}\text{插底式}\\\text{不插底式}\end{cases}\\ \text{双输送机式}\begin{cases}\text{开天窗式}\begin{cases}\text{单铰接式}\\\text{四连杆式}\end{cases}\\\text{插板式}\begin{cases}\text{前四连杆式}\\\text{后四连杆式}\end{cases}\end{cases}\end{cases}
$$

按放煤口位置，放顶煤液压支架可分类如下：

$$\text{放顶煤液压支架}\begin{cases}\text{高位（单输送机开天窗式）}\\\text{中位（双输送机开天窗式）}\\\text{低位（双输送机开天窗式）}\end{cases}$$

1. 高位放顶煤液压支架

高位放顶煤液压支架是指单输送机、短顶梁、掩护梁开天窗、高位放煤的掩护式支架。这类支架的特点是：

（1）结构简单，采煤机割的煤和放落的顶煤由一部输送机运出，端头维护空间小、但不能平行作业，影响产量的提高。

（2）支架的长度较短，结构紧凑，稳定性和封装性都较好。

（3）由于顶梁短，放煤口位置距煤壁较近，因此对煤层冒放性的要求较高。一方面要求梁端顶煤要完整，不冒顶，不片帮；另一方面，在顶梁后即是放煤口，要求顶煤破碎，能顺利放出。

（4）由于放煤口较高，煤尘较大，使得防煤尘的工作量加大。

（5）在放煤时，支架的正常人行通道基本被切断，减少了工作面的安全出口。

改进型的高位放顶煤液压支架在顶梁长度、人行通道和通风断面上有很大改善。

高位放顶煤液压支架对以下地质条件比较适应：

（1）煤层硬度系数 $f = 1.5 \sim 2$，煤层节理比较发育。

（2）煤层厚度不宜太厚，以 $6 \sim 8$ m 为宜，以利于顶煤的破碎。如果煤层节理裂隙发育良好，开采厚度可以增加。

（3）布置工作面和制定采煤工艺时，避免仰采或减少仰采，使仰采角度不大于 $10°$，保证顺利放煤。

（4）底板抗压入强度较强，顶板能随采随冒，以保证工作面推进速度和较高的回收率。

2. 中位放顶煤液压支架

中位放顶煤液压支架是指双输送机运煤，在掩护梁上开放煤口，中位放煤的支撑掩护式液压支架。这类支架是目前我国使用较广泛的放顶煤液压支架，其特点如下：

（1）支架稳定性和密封性好，抗偏载和抗扭能力大，不易损坏。

（2）放煤口距煤壁远，有助于工作面前方顶煤的维护。支架顶梁长，有利于反复支撑顶板，增加顶煤的破坏程度。支撑底座长，可减少支架对底板的比压，而且分布较为均匀。

（3）由于采、放使用两部输送机，可以实现平行作业，提高产量。

（4）受放煤口尺寸的限制，架与架之间有三角煤放不下来，即所谓"脊背煤"损失，同时，放煤口易发生大块煤堵塞现象。

（5）后部输送机放在支架底座上，后部空间有限，大块煤通过困难，并且移架阻力较大。

（6）掩护梁不能摆动，二次破煤的能力差。

针对中位放顶煤支架的弱点，目前推广单铰点式支架，释放被四连杆式支架前连杆所占据的空间，尽量抬高掩护梁与底座铰点的高度，增大后部空间；设计适用于中硬煤层、能主动破煤的放煤机构,即把直动式插板改为由千斤顶推拉作用的摆动式放煤板,起到一定的破碎顶煤作用。

3. 低位放顶煤液压支架

低位放顶煤液压支架是一种双输送机运煤,在掩护梁后部铰接一个带插板的尾梁,低位放煤的支撑掩护式液压支架。

此种支架的尾梁摆动幅度在45°左右,用以松动顶煤,并维持一个落煤空间。尾梁中间有一个液压控制的放煤插板,用于放煤和破碎大块煤,具有连续的放煤口。尾梁和插板都是由钢板焊接而成的箱形结构。尾梁体内设有滑道,插板安装在滑道内,操纵插板千斤顶可使插板在滑道上滑动,实行伸缩。关闭或打开放煤口,操纵尾梁千斤顶,可使尾梁上、下摆动,以松动顶煤或放煤。插板的前端设有用于插煤的齿条。插板放煤机构在关闭状态时,插板伸出,挡住矸石流入后部输送机;放煤时,收回插板,利用尾梁千斤顶和插板千斤顶的伸、缩调整放煤口进行放煤。

低位放顶煤液压支架特点如下:

(1) 具有连续的放煤口,放煤效果好,没有"脊背煤"损失,回收率高。

(2) 与其他支架相比,放煤口离煤壁的距离最长,经过顶梁的反复支撑和在掩护梁上方的垮落,使顶煤破碎较充分,对放煤极为有利。

(3) 低位放煤使煤尘减少。

(4) 前四连杆低位放顶煤液压支架的抗扭及抗偏载能力差,支架的稳定性差。此类支架适用于矿压较小的急斜分段开采。为了更好地应用于缓斜长壁工作面,目前大量采用后四连杆式低位放顶煤液压支架。后四连杆放煤机构如图3-27所示。后四连杆的前连杆设计为Y形,后连杆设计为I形,增大了支架前、后人行道的宽度并加大了后部人员工作与维护的空间。

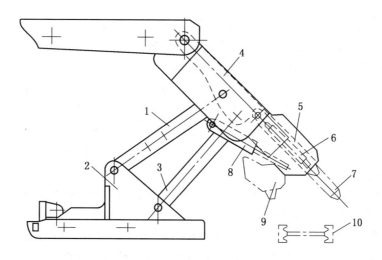

1—前连杆;2—底座;3—后连杆;4—掩护梁;5—尾梁;6—插板千斤顶;
7—插板;8—尾梁千斤顶;9—放煤时尾梁结构;10—后部输送机

图3-27 后四连杆放煤机构

低位放顶煤液压支架的适应性强，在急倾斜煤层和缓倾斜中硬煤层、三软煤层放顶煤综采中都取得了成功。

图 3-28 所示为 FYB280-14/28 型低位放顶煤液压支架。

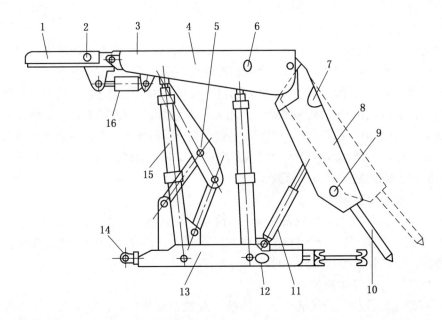

1—前探梁；2—伸缩梁千斤顶；3—顶梁；4—顶梁侧护板；5—连杆；6—侧推千斤顶；7—掩护梁；8—掩护梁侧护板；9—放顶煤千斤顶；10—尾梁；11—尾梁千斤顶；12—移后部刮板输送机千斤顶；13—底座；14—推移液压缸；15—立柱；16—前梁千斤顶

图 3-28 FYB280-14/28 型低位放顶煤液压支架

该支架是我国第一套通过部级鉴定、用于急斜特厚煤层水平分段放顶煤的液压支架。它采用双输送机运煤，中四连杆机构使得放煤处空间较大，放煤机构由尾梁和尾梁内放煤插板组成。可伸缩的放煤插板由放煤千斤顶控制，有一定的推力插碎大块煤，并控制放煤量。尾梁由尾梁千斤顶控制可以上、下摆动，挤压垮落到尾梁上的大块煤，顺利放煤。

综采放顶煤工艺主要有割煤、移架和放落顶煤，放煤产量一般占总产量的 60%～70%。由于顶煤位置高，受矿山压力作用的顶煤破碎后垮落下来，与普通综采相比增加了新的煤尘源。放煤口位置越高，煤尘越大。如果煤层含水低、煤质软、粉煤多，那么煤尘也会增大，因此需要采取措施，解决好防尘技术。

（1）每架支架的喷雾降尘系统由球形截止阀、喷水阀、喷嘴及管路组成，架间有管路相通，喷头设置在放煤口处。

（2）为减少煤尘，喷雾降尘系统采用随动系统控制。在收插板放煤时，插板千斤顶上腔液体进入喷水阀，打开喷水阀，使水路畅通，喷头喷雾形成雾墙，减少煤尘。只要放煤插板不关闭，喷头就一直喷雾，直到放完顶煤为止。

（三）分层开采用液压支架

在厚煤层分层开采时，必须铺设人工假顶。为适应这一开采方法，采用铺底网液压支架。液压支架中带有铺网机构的支架称为铺网液压支架，简称铺网支架。

铺网支架是在普通支撑掩护式或掩护式液压支架基础上发展起来的，因此在支架的结构上与普通支架有很多相同之处，区别主要在支架后部。铺网支架后部带有尾梁、摆杆、铺网机构等，在支架的后部要提供铺联网作业的空间。

ZZPL4000/17/35型铺联网支架如图3-29所示，主要由前梁，顶梁，立柱，掩护梁，前、后连杆，底座，掩护尾梁，护壁装置，移架千斤顶，调架，侧护装置，铺联网机构，网卷和操纵控制系统等部件组成。

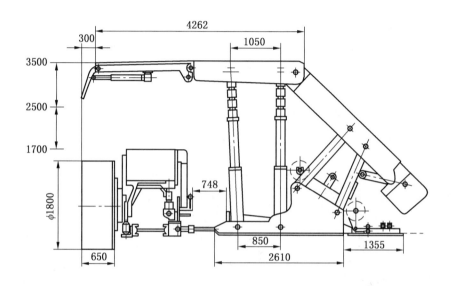

图3-29　ZZPL4000/17/35型铺联网支架

掩护梁一端与顶梁铰接，中间通过前、后连杆与底座铰接，以确保支架的整体稳定性。尾端铰接一个短尾梁，以对联网机构起保护作用。在底座前连杆的上面架设架中网，在底座前、后连杆之间布置网齿成形机构。在后连杆下侧，借助柔性链吊挂架间网，联网机构通过拖板与底座铰接，跟随底座滑行。支架顶梁与掩护梁上均设有活动侧护板，以保证架间密封，防止顶板与采空区向架内漏矸。为确保支架间距，保证网槽和网卷不与相邻支架底座干涉以及铺网后留有一定的搭接量，在底座设有调架千斤顶，可及时进行调整。

铺联网机构是此种支架的关键机构，应满足结构简单，工作可靠的要求，保证铺联网质量，同时为续网提供安全作业的宽畅空间。一般要求后部空间的高度不小于1.1 m，宽度不小于1.0 m，以便工人进行铺联网作业。

四、端头支架

在综采工作面上、下平巷的工作面端头，由于工作条件特殊，一般不能用同一种中部支架来支护，需要用适合两端条件的端头支架，才能取得更好的支护效果。

端头支架分为普通工作面端头支架、放顶煤端头支架和特种端头支架。普通工作面端头支架是指和普通掩护式或支撑掩护式支架配套使用的端头支架。按端头支架与转载机的配套关系又分为中置式、偏置式和后置式端头支架。放顶煤端头支架是指与放顶煤支架配套使用的端头支架。根据转载机与端头支架的配套关系分为偏置式和中置式端头支架。特种端头支架是诸如用于铺网分层开采工作面的铺网端头支架和用于拱形巷道或大倾角工作面的横向移动式端头支架等。

端头支架的特点：

（1）有较大的支护空间。工作面端头处于上、下平巷与工作面的连接处，机械设备较多，又是人员的安全出口，因此端头支架的顶梁一般较长，支护空间较大，以适应机械设备安装和移动的要求。

（2）有较大的支撑力。端头顶板暴露面积大、时间长，要求支架应有较大的工作阻力，因此端头支架多是支撑式或支撑掩护式的。

（3）端头支架一般具有支护和锚固两种作用：一种用来支护端头顶板，另一种用来固定输送机的机头或机尾。

（4）端头支架具有较高的稳定性和强度。

目前使用的普通工作面偏置式端头支架种类很多，但结构类似。图3-30所示是ZFT8100/20/28型偏置式放顶煤端头支架。

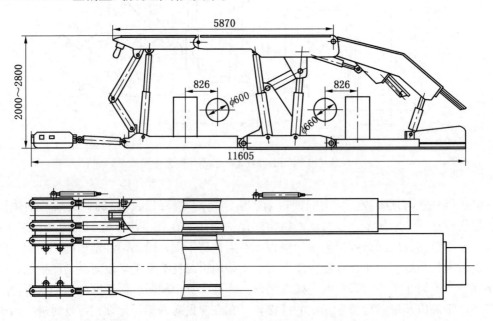

图3-30 ZFT8100/20/28型偏置式放顶煤端头支架

支架的工作原理：操作移机头千斤顶，分别使前部输送机机头和后部输送机机头前移一个步距。主架的移动是先降主架立柱，使支架顶梁脱离顶板，然后操纵主架两个推移液压缸，将主架拉一个步距；再升主架立柱，使主架撑住顶板，然后操作主架插板千斤顶和尾梁千斤顶，将插板上面的煤放到转载机机尾上，放完后立即将插板伸出，完成主架放煤。副架移动是先降副架立柱，使支架顶梁脱离顶板，然后操纵副架两个推移液压缸，将副架拉一个步距；再升副架立柱，使副架撑住顶板，然后操作副架插板千斤顶和尾梁千斤顶，将副架插板上的煤放到后部刮板输送机槽内，放完后将插板伸出，完成副架放煤动作。最后，同时操作主、副架4个推移液压缸，将推移梁和转载机向前推一个步距，即完成了一个循环。

第四节 液压支架的控制

一、控制方式

按照操纵阀与所控支架的相对位置可分为本架控制和邻架控制两种。本架控制就是操作者在本架内操作每一支架上所装备的操纵阀来控制其自身各个动作，这种操作方式的特点是比较简单，管路较少，安装容易，但不利于操作者观察顶板和支架的动作情况。邻架控制则是用每一支架上的操纵阀去控制与其相邻的下侧（或上、下两侧）支架的动作，这种操作方式的特点为操作者位于固定支架下进行操作控制，比较安全，而且便于操作者观察顶板和支架的动作情况，可以提高移架速度和安全性。

按控制原理分：有全流量控制和先导控制两种。全流量控制是用全流量操纵阀，根据操作人员的要求，直接向液压缸工作腔输入压力液体，实现支架的各个动作，这种操作方式的特点是管路较粗，特别是邻架控制时管路粗而多，不便于维修和通行。先导控制是通过先导阀将操作人员的要求变成压力指令，再由液控分流阀完成向液压缸工作腔供给压力液体的任务，实现各个动作，因先导阀流量很小，操纵阀上的通孔可以布置得很紧凑。

按机械化程度分：有手动控制和电液自动控制两种方式。手动控制式要求操作者沿工作面跟随采煤机依次操作支架，依靠操作人员直接操作操纵阀向相应的液压缸供液来完成支架的各个动作，目前国产支架绝大部分都是这种控制系统。这种支架既可以是本架操作，也可以邻架操作。电液自动控制则是采用设在巷道的中央控制器自动监控。微型计算机（中央控制器和支架控制器）按照内储的支架动作程序发出指令后，电液先导阀对主阀进行先导控制，再经配液板向各液压缸配液，从而实现要求的支架动作。

二、液压支架的电液自动控制

(一) 系统的组成

液压支架的电液自动控制系统，如图3-31所示。

中央控制器（又称主机）是一台微型计算机，主要用来协调、控制全工作面支架（或分机控制器）的工作秩序及状况的监测、显示和记录，或者向地面传输某些数据信息以及支架、采煤机的工作状况等。支架控制器4（又称分机控制器）也是一台微型计算机，每架支架配备一台。它通过分线盒5直接与传感器6、9和电磁操纵阀7相连接，操作人员通过分机控制器发出各种控制命令。

(二) 系统工作原理

如图3-32所示，对单台支架而言，当中央控制器或支架控制器发出控制命令（即给出电信号）时，相应的电磁操纵阀打开，向所连接的液压缸供液，使得液压缸动作，其工作状态由压力传感器和位移传感器提供给控制器，控制器再根据传感器提供的信号来决定电液控制阀的工作与否。

·122· 矿山机械

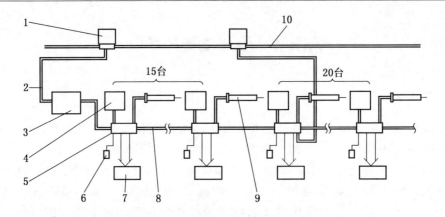

1—电源；2—控制器供电电缆；3—中央控制器；4—支架控制器；5—分线盒；6—压力传感器；
7—电磁操纵阀；8—过架电缆；9—位移传感器；10—输电线

图 3-31 液压支架电液自动控制系统构成示意图

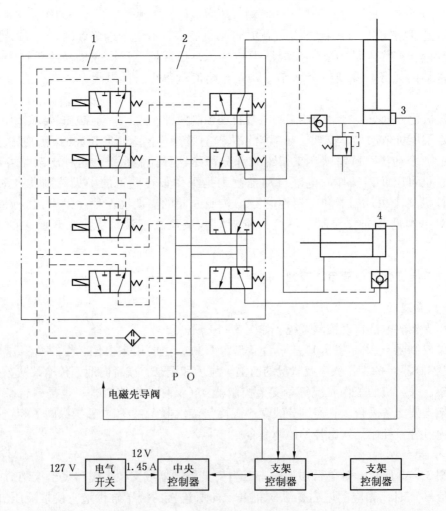

1—电磁先导阀；2—主操纵阀；3—立柱下腔压力传感器；4—推移千斤顶位移传感器

图 3-32 电液自动控制原理

自动控制系统的优点是使支架能更好地与采煤机协调配合,加快移架速度,保证支架达到额定初撑力,改善顶板控制,减轻劳动强度,增强安全性。由于操作者不跟机作业,所以应用于薄煤层和大倾角煤层,其优点更为突出。这种控制方式系统复杂,制造和维护费用比较高,但它是液压支架的发展方向。

第五节 单体支护设备

工作面除液压支架外,使用较为普遍的还有单体液压支柱等支护设备。

一、单体液压支柱

单体液压支柱是介于金属摩擦支柱和液压支架间的一种支护设备,其工作特性是恒阻的,并具有初撑力较大、体积小、支护效率高、回柱安全、使用寿命较长、使用与维修方便等优点。它既可以用于普通机械化采煤工作面的顶板支护,又可以用于综采工作面的端头支护以及工作面各易冒落处的临时支护。单体液压支柱适用于煤层倾角小于25°、底板比压大于20 MPa的缓倾斜煤层的工作面。

根据供液方式的不同,单体液压支柱可以分为内注式和外注式两大类。内注式是利用其自身所备的手摇泵将柱内储油腔里的油液吸入泵加压后再输入到工作腔,使活柱伸出;外注式则是利用注液枪将来自泵站的高压液体注入支柱的工作腔,使活柱伸出。前者结构复杂,质量大,支撑升柱速度慢,故使用不如后者普遍。

（一）外注式单体液压支柱

外注式单体液压支柱的结构如图3-33所示。它实际上是一个单作用液压缸。顶盖1用销与活柱3相连接,活柱活装于缸体内。活柱上部装有一个三用阀2,下端利用弹簧钢丝连装着活塞6,在活柱筒内部顶端同缸底支架挂着一根复位弹簧5,依靠外注压力液体和复位弹簧完成伸、缩动作,在缸体上缸口处连接一个缸口盖,下缸口处由缸底封闭。

1. 活柱及缸体

活柱和缸体是单体液压支柱的主要承载部件,顶板岩石的压力经它们传至底板。由于顶、底板的不平,支柱支设角度的不合适等原因,使得支柱往往处于偏心受力的状况,既承受压力作用,又承受弯矩作

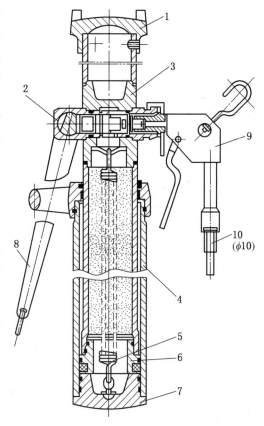

1—顶盖;2—三用阀;3—活柱;4—缸体;5—复位弹簧;6—活塞;7—底座;8—卸载手把;9—注液枪;10—泵站供液管

图3-33 外注式单体液压支柱

用。支柱的这种受载特性决定了活柱和缸体必须具有足够的刚度和强度。所以，两者均用热轧无缝钢管加工而成。另外，为了活柱顺利回缩和避免活柱在最大伸出时因活柱轴线与缸体轴线发生偏斜而造成的不应有的弯矩作用，在活柱下部适当位置处制造有限位凸肩。

2. 复位弹簧与缸口盖

复位弹簧可使支架下降速度加快。其一端挂在柱头上，另一端挂在缸底上，挂好后具有一定的预紧力。由于使用复位弹簧，支柱缸底就不能焊在缸底上，而必须活接，即使用连接钢丝将缸底与缸体连接起来。

缸口盖的作用有：一是作为一个盖子与缸体一起形成活塞杆工作腔；二是靠其内腔中的导向环，防尘圈构成活柱的伸、缩导向装置和防尘装置；三是在其外表面做有一个环状手持圈构成支柱的手把。

3. 三用阀

单体液压支柱三用阀的结构如图 3-34 所示。它包括单向阀、安全阀和卸载阀三个阀，故称为三用阀。

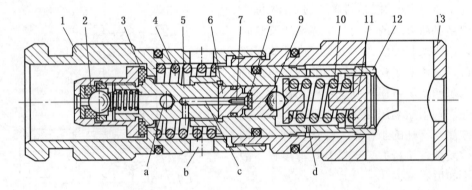

1—左阀筒；2—单向阀座；3—卸载阀垫；4—卸载阀弹簧；5—连接杆；6—阀座；7—阀针；
8—安全阀垫；9—六角导向块；10—安全阀弹簧；11—调压丝堵；12—阀套；13—右阀筒

图 3-34 三用阀

单向阀由钢球、塔形弹簧和单向阀座 2 组成。进液时，压力液体打开此阀，油液经连接杆 5 上的中心孔及径向孔 a 和左阀筒上的径向孔 b 进入支柱的活塞腔内，作用于活塞上，顶起活柱。

安全阀由阀座 6、阀针 7、安全阀垫 8、六角导向块 9、安全阀弹簧 10、调压丝堵 11 和阀套 12 等组成。工作过程中，若活柱内腔液体压力超过安全阀弹簧 10 的调定压力，液压力通过 b 孔和连接杆中部小径向孔及轴向孔 c 和阀座中心孔而作用在阀针和六角导向块上，并推动六角导向块压缩弹簧右移，阀座与阀垫相互脱开形成环状间隙，原来流至阀垫前的压力液体经此缝隙以及六角导向块与阀套之间的间隙流入阀套的弹簧腔，再经径向孔 d 流出。此时，活柱腔内的压力降低。当压力降至安全阀的调定压力时，安全阀又重新关闭，支柱继续承载。

卸载阀是由左阀筒 1、卸载阀垫 3、卸载阀弹簧 4、连接杆 5、阀套 12 以及单向阀的某些零件组合而成。通常情况下，受卸载阀弹簧的作用，卸载阀垫与左阀筒内的凸肩接触形成密封,该阀不起卸载作用。当有足够大的外力作用于阀套右端并向左压时,连接杆跟随左移,使卸载阀与左阀筒脱开,卸载阀开启,活柱内大量液体喷出,活柱下降。

外注式单体液压支柱的技术特征见表3-1。

表3-1 外注式单体液压支柱的技术特征

型　　号		DZ06-250/80	DZ08-250/80	DZ10-250/80	DZ12-250/80	DZ14-250/80	DZ16-250/80	DZ18-250/80	DZ20-300/100	DZ22-300/100	DZ25-300/100
支撑高度/mm	最大	630	800	1000	1200	1400	1600	1800	2000	2240	2500
	最小	450	545	655	790	870	980	1080	1240	1440	1700
行程/mm		180	255	345	460	530	620	720	760	800	800
额定工作阻力/kN		250							300		250
初撑力/kN		75~100									
降柱速度/(mm·s^{-1})		>40									
液压缸内径/mm		80							100		
底座面积/cm^2		113									
额定工作压力/MPa		50							38.2		
三用阀位置/mm		527	697	897	1147	1297	1497	1697	1900	1983	1983
质量/kg		22.15	25.10	28.00	31.55	34.55	37.55	40.70	41.50	55.00	49.00
适应煤层厚度/m		0.55~0.63	0.65~0.8	0.76~1.0	0.94~1.2	1.02~1.4	1.2~1.6	1.3~1.8	1.5~2.0	1.7~2.2	2.0~2.5

(二) 铰接顶梁

单体液压支柱必须与铰接顶梁配合使用才能有效地用于顶板支护。

目前我国广泛使用的铰接顶梁为 HDJA 型。它适用于 1.1~2.5 m 的缓倾斜煤层中与单体支柱配合支护顶板。由于铰接顶梁能悬臂工作,因此在煤壁和支柱之间有较大的穿行空间。

HDJA 型铰接顶梁的结构如图 3-35 所示,它由梁身1、楔子2、销子3、接头4、定位块5和耳子6组成。梁身1是顶梁的躯干,用 30CrMnSi 钢板焊接成箱型结构,底边为带花边的扁钢。支柱能支撑在顶梁的任意位置上。

架设顶梁时,先将要安设的顶梁右端接头4插入已架设好的顶梁一端的耳子中,然后用销子穿上并固紧,以使两根顶梁铰接在一起。调整好水平方位后,最后将楔子2打入夹口7中,顶梁就可悬臂支撑顶板。待新支设的顶梁已被支柱支撑时,需将楔子拔出,以免因顶板下沉将楔子咬死。

选用顶梁时应使其长度与采煤机截深相适应,通常情况下其长度与采煤机的截深相同或者成整数倍,以协调生产。

HDJA 型铰接顶梁的技术特征,见表3-2。

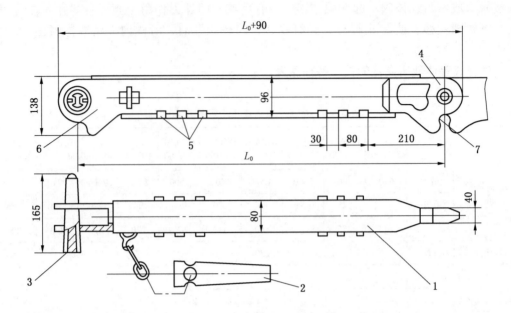

1—梁身；2—楔子；3—销子；4—接头；5—定位块；6—耳子；7—夹口

图 3-35 HDJA 型铰接顶梁

表 3-2 HDJA 型铰接顶梁的技术特征

型号	长度/mm	每次接长根数	许用弯矩/(kN·m)		梁体承载能力/kN		各向调整/(°)		外形尺寸（长×宽×高）/(mm×mm×mm)	质量/kg
			梁体	铰接部	许用	最大	上下	左右		
HDJA-600	600	1	43.7	20	≥250	≥350	≥7	≥3	660×165×138	17
HDJA-700	700	1	43.7	20	≥250	≥350	≥7	≥3	730×165×138	19
HDJA-800	800	1~2	43.7	20	≥250	≥350	≥7	≥3	890×165×138	23
HDJA-900	900	1~2	43.7	20	≥250	≥350	≥7	≥3	990×165×138	26
HDJA-1000	1000	1~2	43.7	20	≥250	≥350	≥7	≥3	1090×165×138	27.5
HDJA-1200	1200	1	43.7	20	≥250	≥350	≥7	≥3	1290×165×138	30.5

二、放顶支柱

放顶支柱又称切顶支柱，是用垮落法放顶时支设于采煤工作面与采空区交界线上专为放顶而安设的特种支柱。通常与摩擦支柱或单体液压支柱配合使用，可替代木垛、丛柱等特种支柱，起到支撑和切断顶板的作用，其千斤顶可用于推移刮板输送机移柱。

放顶支柱主要用于煤层厚度变化较小，顶、底板较平整，顶板中等稳定以上，煤层倾角小于 15°，截割高度为 0.6~0.8 m，全部垮落法控制顶板和缓慢下沉顶板的工作面。采取防倒防滑措施后，亦可用于倾角 15°~25° 的中厚煤层工作面。

放顶支柱按工作原理分为机械式和液压式两种。机械放顶支柱靠自身强度或摩擦力支撑和切断采空区悬顶。工作特性为刚性或增阻式，移设和升降靠手工操作，如摩擦式、螺旋式、齿条式放顶支柱。这类支柱初撑力小、性能差、操作不便、劳动强度大。

液压放顶支柱由单根立柱和单个推移千斤顶组成，以液压为动力，实现升降、前移等运动。按伸缩范围不同，分为单伸缩和双伸缩两种；按使用条件不同，分为普通型和防滑型两类。

如图3-36所示，液压放顶支柱主要由立柱1、复位橡胶块2、控制阀3、推移液压缸4、底座5、操纵阀6等组成。

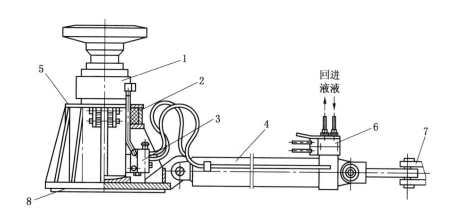

1—立柱；2—复位橡胶块；3—控制阀；4—推移液压缸；5—底座；6—操纵阀；7—连接头；8—防滑筋

图3-36 液压放顶支柱

液压放顶支柱的工作原理：

（1）升柱。升柱时，把操纵阀6的手柄扳到升柱位置，从泵站来的高压液体经控制阀3进入支柱的下腔，使立柱活柱升起支撑顶板；同时，立柱上腔的液体通过工作面总回液管回到泵站油箱。

（2）推移输送机。把操纵阀6的手柄扳到移溜位置，高压液体即进入推移液压缸4的活塞腔，使千斤顶的活塞杆伸出，推动输送机前移；同时，活塞杆腔内的液体经总回液管回到油箱。

（3）降柱。把操作阀手柄扳到降柱位置，高压液体即在进入立柱上腔的同时，打开控制阀3中的液控单向阀，使立柱活柱回缩。

（4）立柱前移。降柱后把操纵阀手柄扳至移柱位置，高压液体即进入推移液压缸活塞杆腔，使活塞回缩，支柱即以输送机为支点被拉前移。

放顶支柱的特点：①放顶支柱初撑力大，工作阻力通常为单体液压支柱的3倍以上，为摩擦支柱的6倍以上；②放顶效果好，能有效地控制顶板，消除采空区悬顶对工作面的威胁；③工作面放顶和输送机移动实现机械化，减少了放顶事故；④立柱为带液控单向阀的单伸缩或双伸缩液压缸，有的活柱还带有机械加长杆以增大工作行程；⑤立柱带有大顶盖、大底座，对顶、底板比压小。

第六节 乳化液泵站

一、泵站的功用和组成

乳化液泵站是向综采工作面的液压支架或高档普采工作面的外注式单体液压支柱输送高压乳化液的动力源。它设在运输巷内,远距离向工作面供液。

乳化液泵站由乳化液泵组、乳化液箱和其他附属设备组成,一般配备 2 台乳化液泵,1 台工作,1 台备用,也可以同时工作。泵站具有一套压力控制和保护装置,包括自动卸载阀、截止阀、溢流阀、蓄能器和压力表等。

XRB_{2B} 型乳化液泵如图 3-37 所示。

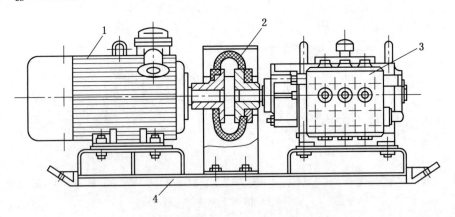

1—电动机;2—联轴节;3—乳化液泵;4—底座

图 3-37 XRB_{2B} 型乳化液泵

XRXTA 型乳化液箱的结构如图 3-38 所示。它由箱体和控制装置两部分构成,其中控制装置有两套,均安装在箱体的外侧板上且每套与一台泵相连接。

部分乳化液箱的技术特征见表 3-3。

表 3-3 部分乳化液箱的技术特征

型 号	XRXTA	$X_{10}RX$	RX-640	RX-400	PRX-1000
工作室容积/L	640	1000	640	400	1000
卸载阀调压范围/MPa	5~35	10~32			5~32
卸载阀恢复范围/MPa	调定压力的 55%~75%	调定压力的 75%~85%			调定压力的 75%~85%
蓄能器充气压力/MPa	泵站额定压力的 63%				21
外形尺寸(长×宽×高)/(mm×mm×mm)	2130×720×1040	2660×800×1176	1650×630×750	2150×760×1050	2300×900×1050
质量/kg	500		330	510	500

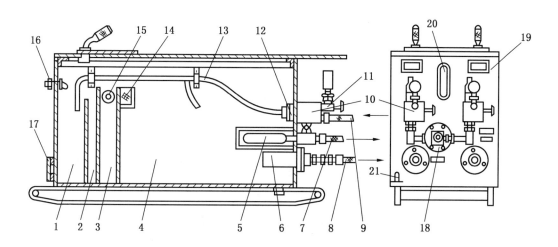

1—沉淀室；2—消泡室；3—磁性过滤室；4—工作液室；5—蓄能器；6—吸液过滤器和断路器；7—主供液箱；8—吸液箱；9—排液箱；10—自动卸荷阀；11—压力表开关；12—回液断路器；13—卸载回液管；14—过滤网槽；15—磁性过滤器；16—主回液管；17—清渣盖；18—交替双进液阀；19—箱体；20—液位观察窗；21—溢流管

图 3-38　XRXTA 型乳化液箱

二、乳化液泵站液压系统

图 3-39 所示为 XRB$_{2B}$ 型乳化液泵站的液压系统图，属于开式系统，主要由限压保护、卸载和缓冲元件组成。该系统为左右两个完全相同的子系统并联而成，工作时一个运行，一个备用。其工作原理如下：

（1）正常供液运行。乳化液泵 1 启动后，乳化液箱 10 内的乳化液经吸液过滤器和断路器 4 进入泵内被加压，再经过单向阀 a、交替截止阀 6 流向工作面用液系统。此时，泵的压力低于自动卸载阀组 3 的开启压力。在此工况中，利用蓄能器可消除因往复式流量不均匀而引起的压力波动。

（2）卸载运行。当工作面液压支护设备不需要供液时，泵的排液压力不断上升，当升至先导阀 c 的调定压力时，先导阀和手动卸载阀 e 相继开启，泵所排乳化液经手动卸载阀 e 回乳化液箱，泵处于自动卸载状态下运行。在此工况中，利用蓄能器所储压力液可补偿支护系统因泄漏而造成的压力降，起到保压作用。

（3）安全保护。当液压系统出现压力过载而卸载阀又失灵时，安全阀 2 将被打开，泵排出的液体将经过安全阀直接喷出，限制压力进一步升高，达到保护泵的目的。

该系统具有以下特点：

（1）泵站要满足支架的工作要求。当支架运动时，能即时供给高压液体；当支架不动作时，泵仍能照常运转，但自动卸载；当支架动作受阻、工作液体压力超过允许值时，能限压保护。为此，泵站系统中必须装设自动卸载装置。

（2）能实现泵的空载启动，以利于泵的运转，故泵站的高低压回路应设手动卸载阀。

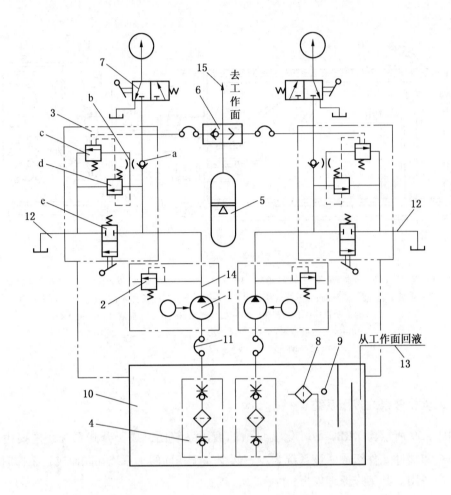

1—乳化液泵；2—安全阀；3—自动卸载阀组；4—吸液过滤器和断路器；5—蓄能器；
6—交替截止阀；7—压力表开关；8—过滤槽；9—磁性过滤器；10—乳化液箱；
11—吸液软管；12—卸载回液管；13—主回液管；14—排液管；15—主供液管；
a—单向阀；b—节流阀；c—先导阀；d—自动卸载阀；e—手动卸载阀

图 3-39　XRB$_{2B}$ 型乳化液泵站液压系统

（3）能防止泵站停止工作时输出管路中的液体倒流，因而，系统中要装单向阀。为能在拆除支架或检修支架管路时泄出管路中的液体，应加以手动泄液阀。

（4）应设有缓冲减振的蓄能器。

由于工作面支架的立柱和千斤顶所需的液压力不同，需要泵站供给不同的压力液体。据此，泵站分设有高压泵液压系统、高压—低压泵液压系统和高压泵—减压阀系统。

三、乳化液

乳化液是液压支架和外注式单体液压支护的工作介质，它既传递液压能，对液压元件又具有润滑和防锈作用。乳化液是水和油混合在一起形成的乳状液体，它分为油包水型和水包油型两种。

水包油型乳化液的主要成分就是水，仅含 2%～5% 的细小（0.001～0.05 mm）乳化油颗粒，具有安全、经济、黏温特性和防锈性能较好、对橡胶等密封材料腐蚀性低、对人体无害等优点，所以，被广泛用作液压支架和外注式单体液压支柱的工作介质。其缺点是黏度低、易泄漏、润滑性差、冻结膨胀率较高。

（一）乳化油

乳化油的主要成分是基础油（占 50%～80%）、乳化剂、防锈剂和其他添加剂。

基础油作为各种添加剂的载体，在乳化液中形成细小颗粒的油滴，起到润滑作用。乳化油的流动性能要好，在水中要易于分散乳化，故基础油的黏度不要过高，常选用 50 号和 70 号高速机械油。

乳化剂的作用是使油和水乳化成稳定的乳化液，常用的乳化剂有松香钾皂和环烷酸等。

防锈剂是放置金属锈蚀的添加剂，常用磺酸钡和环烷酸锌等。

其他添加剂还有耦合剂（降低乳化油的黏度、改善乳化液的稳定性）、消泡剂、防霉剂和络合剂（提高乳化液抗硬水的能力）等。

（二）配制乳化液用水

配制乳化液的水对乳化液的性能影响很大。通常，水质应满足以下几点要求：

（1）无色、无味、无机械杂质（机械杂质将磨损机件、阻塞阀孔、影响乳化液的稳定性）。

（2）pH 为 6～9.6。

（3）氯离子含量小于 200 mg/L。

（4）硫酸根含量小于 400 mg/L。

（5）水的硬度不能过高。

思 考 题

1. 简述液压支护设备的用途和分类。
2. 简述液压支架的组成及工作原理，及其工作特性曲线的含义。
3. 简述液压支架的分类、结构特点及使用条件。
4. 简述液压支架的基本参数及其含义，掌握初撑力和工作阻力的计算方法。
5. 简述液压支架各主要部件的作用、结构形式及其特点。
6. 液压支架中的液压缸是怎样命名的，各起什么作用？
7. 立柱有哪几种结构形式，各有何特点？
8. 控制阀由哪几种阀组成，各种阀有何作用？它有哪几种结构，它们的特点是什么？控制阀对支架的工作性能有何影响？
9. 液压支架操纵阀有哪几种结构形式，各有何特点？
10. 初撑力保持阀的作用是什么？
11. 简述液压支架的电液自动控制的基本原理。
12. 根据煤层厚度不同，简述煤层支架的分类及特点。

13. 简述特种支架的类型、结构特点和适用条件。

14. 简述单体液压支柱（外注式）和滑移顶梁支架的结构、工作原理，两者的区别和使用条件。

15. 三用阀包括哪几个阀，各阀有何作用？

16. 乳化液泵站的作用是什么？它由哪几部分组成？

17. 简述 XRB_2B 型泵站液压系统的工作原理。

第四章 采煤工作面的机械配套

【本章教学目的与要求】
- 掌握工作面主要设备的配套原则
- 了解工作面主要设备的选型及配套要求

【本章概述】
综采工作面采煤机、刮板输送机和液压支架的"三机"配套是整套综采设备的核心,为了实现综采工作面最大生产能力和安全生产,采煤机、刮板输送机和液压支架之间在性能、结构、采面空间要求等方面,必须互相适应和匹配,以保证正常发挥各自的效能。

本章主要介绍采煤机、刮板输送机和液压支架三大主要设备的配套原则,简述工作面主要设备的选型及配套要求,并对典型综采工作面的设备配套进行实例分析。

【本章重点与难点】
本章的重点是掌握工作面主要设备的配套原则,难点是针对不同的开采条件,根据"三机"配套关系选择合适的设备。

第一节 工作面主要设备配套原则

综合机械化采煤工作面是一个设备繁多、配合紧密的统一体,能否发挥综采的优势,综采设备的选型和配套是关键的一环。综采工作面的每一种设备与其他设备都存在一个配套关系,特别是采煤机、刮板输送机和液压支架(统称为"三机")三大主要设备的配套关系更为密切。为了实现综采工作面最大生产能力和满足安全生产,要求"三机"间的性能参数、结构参数、工作面空间尺寸及相互连接部分的形式、强度和尺寸等方面,必须匹配、协调和适用。

一、"三机"的生产能力配套

综采工作面设备选型时首先应当选择液压支架,而液压支架又是根据工作面采高、顶板压力和煤层底板条件来选择的。工作面长度、采高和采煤机滚筒截深确定后,采煤机的生产能力就可确定,而工作面刮板输送机、液压支架及桥式转载机、破碎机、可伸缩带式输送机等设备能力都要大于采煤机的生产能力。要保证工作面高产,工作面刮板输送机的输送能力应大于采煤机的落煤能力,液压支架的移架速度应大于采煤机的牵引速度,乳化液泵站的压力、流量要能满足液压支架的使用要求。

采区应有足够容量的煤仓作为缓冲环节,以保证生产连续进行。尤其应当提及的是,不许在运输系统中夹一部输送能力小于其他输送机输送能力的运输设备,这种被称为"卡脖子"的现象,必须引起注意。

二、移架速度与牵引速度配套

液压支架沿工作面长度的移架速度应能跟上采煤机的工作牵引速度，否则采煤机后面的空顶面积将增大，易造成梁端顶板的冒落。

液压支架的移架速度 v_r，可按下式估算：

$$v_r = \frac{Q_b A}{K \sum Q_i} \tag{4-1}$$

式中 Q_b——泵站流量，L/min；

$\sum Q_i$——一架支架全部立柱和千斤顶同时动作所需的液体容积，L；

A——支架中心距，m；

K——考虑从泵站到支架间管路泄漏的损失系数，一般取 1.1～1.3。

移架速度的计算值必须大于采煤机的最大工作牵引速度。

三、"三机"的性能配套

性能配套主要解决各设备性能之间互相协调与制约的问题，充分发挥设备性能，满足生产的需要。

（1）采煤机的底托架要与刮板输送机的中部槽相匹配，确保采煤机骑在刮板输送机上顺利运行。

（2）采煤机的摇臂要与刮板输送机的机头、机尾相匹配，确保采煤机能将工作面两端割透，端部不留三角煤。

（3）液压支架推移千斤顶推溜力要大，保证能克服刮板输送机前移的阻力，把刮板输送机顺利地推向煤壁侧。

（4）采用无链牵引的采煤机时，刮板输送机必须配置相应的齿轮销排。

四、"三机"的几何尺寸配套

采煤机、刮板输送机和液压支架间的配套尺寸关系如图 4-1 所示。从安全角度考虑，工作面无立柱空间宽度 R 应尽可能小，但它受到设备宽度的制约。

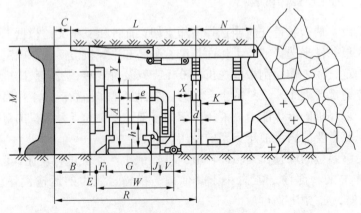

图 4-1 采煤机刮板输送机和液压支架间的配套尺寸关系

$$R = B + E + W + X + \frac{d}{2} \tag{4-2}$$

式中 B——截深，mm；

E——煤壁与铲煤板间应留的间隙，一般取 100~150 mm；

W——工作面输送机的密度，mm；

X——支架前柱与输送机电缆槽间的距离，一般为 150~200 mm；

d——立柱外径，mm。

为了减小无立柱空间宽度 R，保证铲煤板端与煤壁间距离 E 及采煤机电缆拖移装置对准输送机的电缆槽，采煤机的机身中心线常相对于输送机中部槽中心线向煤壁方向的偏移距离 e，其大小随机型而定。

人行道宽度 K 一般应大于 700 mm，在薄煤层中，人行道高度应大于 400 mm。

从顶梁尺寸看，$R=L+C$，L 为顶梁悬臂长度，C 为梁端距。梁端距越小越好，以增大支架对顶板的覆盖率。由于底板沿走向起伏不平会导致上滚筒倾斜而截割顶梁，因此必须保持一定的梁端距，一般 $C=250~350$ mm（薄煤层取小值）。顶梁后部尺寸 N 与支架结构有关。

推移液压缸的行程应较截深大 100~200 mm。

在截高方向，机面高度 A 要保证足够的过煤高度 h，一般 $h \geqslant 250~300$ mm（薄煤层允许 $h \geqslant 200~240$ mm），以便煤流顺利从采煤机底托架下通过。过机高度 Y 一般应大于 200 mm，以使采煤机在最小截割高度、顶板起伏不平及顶板下沉时，能顺利从顶梁下通过。

五、设备强度

由于综采工作面生产条件困难而多变，所以，工作面应使用重型设备。重量近 30 t 的采煤机要骑在工作面刮板输送机上往返运行，要求输送机的中部槽和导向管必须具有一定的强度和刚度，使用过程中耐磨而不变形。由于液压支架的推移千斤顶与输送机连接，所以其连接耳、销和螺丝的强度必须足够，否则将在拉架或推移刮板输送机时损坏。

第二节 工作面主要设备的选型及配套要求

一、液压支架的选型及配套要求

液压支架选型是工作面设备选型的首要任务，液压支架的适应性是决定综采工作面能否顺利推进，实现高产高效的先决条件。

进行液压支架选型时，其基本依据是顶底板性质、煤层条件和经济成本等。

（一）顶底板性质

1. 顶板

一般情况下，根据直接顶的类别和基本顶级别选择架型。不同的直接顶和基本顶基本决定了所采用的液压支架架型和工作方式。直接顶的分类：不稳定顶板、中等稳定顶板、

稳定顶板、坚硬顶板。基本顶级别：Ⅰ级顶板（周期来压不明显）、Ⅱ级顶板（周期来压明显）、Ⅲ级顶板（周期来压强烈）、Ⅳ级顶板（周期来压极其强烈）。由上可知，直接顶的类别和基本顶级别，两者的划分都无严格的定量评定指标，因此按顶板性质分级来选择架型不一定十分科学、严密。具体选用时可遵循下列原则：

（1）对于基本顶周期来压不明显的中等稳定或破碎顶板，可选用掩护式液压支架；对于直接顶稳定的顶板，可选用支撑式或支撑掩护式液压支架。

（2）对于基本顶周期来压强烈（Ⅲ～Ⅳ级）、直接顶不稳定或中等稳定的顶板，可选用支撑掩护式液压支架；对于直接顶稳定或坚硬的顶板，可选用支撑掩护式液压支架或支撑式液压支架。此外，由于某些顶板条件比较特殊，故可采用多种形式的液压支架，因此液压支架架型的选择既要以顶板性质作为依据，还应考虑顶板级别划分的模糊性。在顶板种类、级别大致确定的条件下，宜侧重于选用防护性能较好的液压支架，如掩护式支架或带有护帮装置的液压支架。

2. 底板

底板软硬程度或强度大小，决定了底座结构形式和支承面积。底座是液压支架的主要承载部件，它将顶板压力传至底板。其结构形式分为以下几种：

（1）整体刚性结构。用钢板焊接成箱形结构，底部封闭，强度高，稳定性好，对底板比压小，但排矸性差。适用于底板较松软、采高与倾角较大及稳定顶板等条件。

（2）分式刚性结构。左右对称，座箱上部用过桥或箱形结构固定连接。底板不封闭，排矸性较好，对顶板适应性较好。

（3）左右分体结构。两个独立而对称的箱形结构，两部分用铰接过桥或连杆连接，可在一定范围内摆动，对不平底板适应性好，排矸性较好。

（二）煤层条件

1. 煤层厚度

煤层厚度是液压支架选型的一项重要指标。煤层厚度及其变化情况决定了液压支架的结构高度和伸缩范围，采高和顶板性质直接决定了液压支架的工作阻力或支护强度。支架的结构形式应与支护特性及煤层赋存条件相适应。

（1）工作阻力的确定。液压支架的工作阻力实质上是液压支架在工作中能承受顶板的载荷，是衡量液压支架支护性能的最主要的技术参数。应选择具备合适的初撑力和工作阻力的液压支架，并提高支架的刚度。

（2）液压支架最大高度的确定。考虑到顶板有顶板冒落或可能局部冒落而压住液压支架，为保证立柱有一定的行程量，液压支架最大高度应在煤层最大采高基础上，再加200～300 mm。

（3）液压支架最小高度的确定。考虑到液压支架上、下浮煤堆积影响，移架操作时支架立柱要有150 mm左右的回缩量等因素，液压支架最小高度应在煤层最小采高基础上再减200～300 mm。

选型原则：对于薄煤层（采高小于1.3 m）开采，在液压支架选型时应考虑通风断面和作业空间较大的掩护式或支撑掩护式液压支架。煤层厚度超过1.5 m时，顶板对液压支架有一定的水平和侧向推力，这种情况下应优先选用抗水平力和扭转能力强的掩护式结构的液压支架，而不宜用支撑式支架。煤层厚度超过2.5 m时，煤壁和悬顶部分顶板可能在矿压作用或采煤机割煤时振动而引起垮落，需要选用带有护帮装置的液压支架，一般多采用支撑掩护式支架。如果煤层厚度变化较大，由于双伸缩立柱的行程范围较大，能更好地适应这种煤层条件。对于煤层厚度大、煤层松软或节理发育，因其不便于分层开采，煤层较破碎，在矿压作用下易冒落，可选用放顶煤支架。

2. 煤层倾角

煤层倾角主要影响液压支架的稳定性能。《煤矿安全规程》规定：煤层倾角大于15°时，液压支架应采取防倒、防滑措施。

3. 瓦斯量

瓦斯涌出量大的煤层，应考虑通风要求，优先选用通风面积大的掩护式或支撑掩护式液压支架。

（三）经济成本

在地质条件允许的情况下，液压支架选择范围较大，且使用数量较多，此时应优先考虑经济型的液压支架，以降低企业成本。在管理上做好液压支架的日常检修和维护，可大大减少使用过程中的维检资金，争取最大的经济效益。

（四）液压支架配套要求

在选择液压支架时，要考虑到支架推移装置与工作面输送机的连接方式及相对尺寸，同时要考虑到液压支架的端面距（顶梁前端至煤壁的距离）及与采煤机机身高度的关系。应将这三种设备画在一个断面图上，而且要绘制三者联合布置的平面图，看三者的配套是否合适。

二、采煤机的选型及配套要求

采煤机的选型在第二章第五节中已作了详细论述，本章不再赘述。这里只介绍采煤机的配套要求。

因为采煤机是以工作面刮板输送机为导轨进行割煤的，因此，所选的采煤机首先应能与刮板输送机配合。其次，采煤机和输送机、液压支架配套后，应保证采煤机滚筒能达到要求的截深。在煤层较薄时，还必须考虑采煤机的机身高度。机身高度太大时将与液压支架的顶梁相碰，使采煤机难以通过工作面煤层变薄带。在较薄的煤层中，还必须考虑采煤机机身下的过煤高度，否则，有块煤、块矸或物料沿着输送机从采煤机机身下通过时，会造成淤塞或顶翻采煤机。

三、输送机的选型及配套要求

综采工作面输送机包括工作面可弯曲刮板输送机、桥式转载机及破碎机、可伸缩带式输送机。

（一）刮板输送机的选型及配套要求

1. 刮板输送机的选型

（1）刮板输送机的输送能力一般选为采煤机最大生产能力的1.2倍。

（2）优先选用双电机双机头驱动方式，并尽量采用软启动方式。

（3）为了伸缩方便，优先选用短机头和短机尾。

（4）应满足采煤机的配合要求，如在机头机尾安装张紧、防滑装置，靠煤壁一侧设铲煤板，靠采空区一侧附设电缆槽等。

在选型时要确定的刮板输送机的参数主要包括输送能力、电机功率和刮板链强度等。输送能力要大于采煤机生产能力并有一定备用能力。电机功率主要根据工作面倾角、铺设长度及输送量的大小等条件确定。刮板链的强度应按恶劣工况和满载工况进行验算。

2. 刮板输送机与采煤机的配套要求

作为工作面运煤设备的刮板输送机与采煤机无论在结构上或运转上都是相互关联又相互制约的，它们之间的配套原则是：

（1）刮板输送机的输送能力不小于采煤机（或刨煤机）的生产率。

（2）刮板输送机的结构形式必须与采煤机结构相配套。例如，采煤机的牵引方式（链牵引或无链牵引）、行走导向方式（骑刮板输送机或爬底板）、底托架与滑靴结构、电缆与水管的拖移方法（自动或人工）以及是否要求自开缺口等，都对刮板输送机结构提出了相应要求。

3. 刮板输送机与液压支架的配套要求

由于刮板输送机的推移是由液压支架上的推移千斤顶实现的，所以它们之间必须在以下方面匹配。

（1）刮板输送机的结构形式要与液压支架的架型相匹配，如与放顶煤支架配套的刮板输送机就有自己的结构特点。

（2）刮板输送机的中部槽长度要与液压支架的中心距相匹配。

（3）刮板输送机中部槽与支架推移千斤顶连接装置的间距和结构要匹配。

（二）运输巷桥式转载机的选型及配套关系

综采工作面推进速度较快，因此要求运输巷输送机也能较快地缩短（或伸长）。为了不经常移动运输巷中的带式输送机，并使工作面刮板输送机运出的煤能顺利地转运到带式输送机上，则应使用桥式转载机。

桥式转载机的机头部是通过横梁和小车搭接在可伸缩带式输送机机尾两侧的轨道上的，所以转载机和可伸缩带式输送机的宽度要相适应，以保证转载机顺利地沿轨道向前移动。设备选型时，要注意搭接段长度应大于工作面每天的最大推进长度，这样就可以将可伸缩带式输送机的推移工作集中在检修班进行，对连续生产大有好处。

（三）可伸缩带式输送机的配套关系

如前所述，可伸缩带式输送机的机尾部和桥式转载机的配套尺寸要相适应。

第三节 典型工作面配套实例

一、薄煤层综采工作面设备配套实例

1.3 m以下的薄煤层综采主要有两种配套模式，一种是采用刨煤机落煤的工作面配套模式，另一种是采用滚筒式采煤机落煤的工作面配套模式。这两种配套模式在我国虽都有应用，但刨煤机使用较少，局限性大，而大多选择滚筒式采煤机。其主要原因有以下两点：①滚筒式采煤机技术相对成熟，配套难度小，风险低。②与刨煤机相比，

滚筒式采煤机具有截割效率高、破煤岩能力强、适应性好等优点，对煤层顶底板起伏变化适应能力强，可用于煤层厚度变化较大的工作面开采，符合我国薄煤层赋存复杂性的特点。

下面以近年来较有代表性的枣矿集团薄煤层综采装备为例，对薄煤层综采工作面总体配套进行介绍。

枣庄薄煤层综采工作面成套装备由 MG100/238 - WD 型电牵引滚筒式采煤机、ZY2000/6.5/13 型薄煤层液压支架和 SGZ630/220B 型刮板输送机和电液控制系统组成，最低开采厚度小于 1 m，设备配套年产能力 80 万吨。

（一）工作面配套设备技术规格与参数

1. 液压支架

工作面液压支架选取 ZY2000/6.5/13 型薄煤层两柱掩护式液压支架。其主要参数为支架高度 650~1300 mm，最低开采高度 0.8 m，中心距 1500 mm，宽度 1430~1600 mm，初撑力（$p=31.5$ MPa）1602 kN，工作阻力（$p=38.2$ MPa）2000 kN，支护强度 0.25~0.38 MPa，配备 PM32 电液控制系统。

2. 采煤机

采煤机为 MG100/238 - WD 型无链交流电牵引采煤机，具有自主知识产权。最大特点是采用多电机纵横向布置，即截割部采用单个截割电机纵向布置在摇臂煤壁侧，牵引部采用单个电机横向布置在机身煤壁侧，该布置方式为国内外首创。主要技术参数见表 4-1。

表 4-1 MG100/238 - WD 型采煤机主要技术参数

型 号	MG100/238 - WD	煤质硬度	$f \leqslant 4$
装机功率	238 kW	机身厚度	290 mm
截割功率	2×100 kW	机面高度	580 mm
牵引功率	2×15 kW	截深	600 mm
调高电机功率	2×3.5 kW	牵引速度	0~6~0 m/min
采高范围	750~1250 mm	电压等级	1140 V
适合倾角	$\leqslant 45°$	整机总重	16 t

3. 刮板输送机

SGZ630/220B 型刮板输送机主要技术参数见表 4-2。

表 4-2 SGZ630/220B 型刮板输送机主要技术参数

型 号	SGZ630/220B	链条规格	$\phi 22$ mm $\times 86$ mm - C
输送量	350 t/h	长度	150 m
刮板链速	0.93 m/s	槽帮高度	190 mm
功率	2×110 kW	中部槽内宽	588 mm
中板厚度	40 mm	中部槽结构	整体铸焊结构、封底

枣庄薄煤层综采设备"三机"配套如图4-2所示。

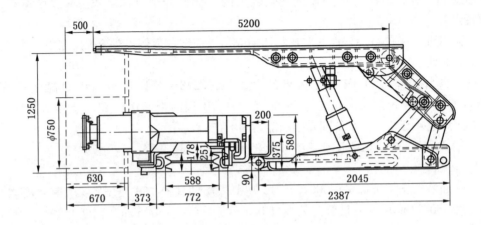

图4-2 枣庄薄煤层综采设备"三机"配套图

（二）设备配套特点

该套设备主要配套特点有：

(1) 采用多电机纵横向布置，即截割部采用单个截割电机纵向布置在摇臂煤壁侧，牵引部采用单个电机横向布置在机身煤壁侧，解决了装机功率、机面高度与过煤空间三者之间的矛盾。

(2) 刮板输送机行星减速器采用垂直布置，槽帮高度190 mm，解决了极薄煤层综采配套设备对煤层厚度和适应性问题。

(3) 最低开采高度0.8 m，使我国极薄煤层国产综采设备突破了1.0 m限制，解决了薄煤层国产综采成套装备研制难题，实现了上述煤层的安全高效开采。

二、中厚煤层综采工作面设备配套实例

神华集团万利一寸草塔矿矿井首采工作面年生产能力200万吨。煤层平均厚度2 m，含有夹矸0.10~0.6 m。顶板以砂质泥岩、粉砂岩为主，局部为中细粒砂岩；底板以砂质泥岩为主，粉砂岩次之，为低瓦斯矿井。

首采工作面的主要参数见表4-3。

表4-3 首采工作面主要参数

倾角	采高/m	工作面倾长/m	截深/m	走向长度/m
近水平	平均约2.0	260	0.865	3050

（一）工作面设备配套

综采工作面设备总体布置如图4-3所示，采煤机、刮板输送机和液压支架工作面中部配套关系如图4-4所示，所选综采工作面主要综采设备技术参数见表4-4。

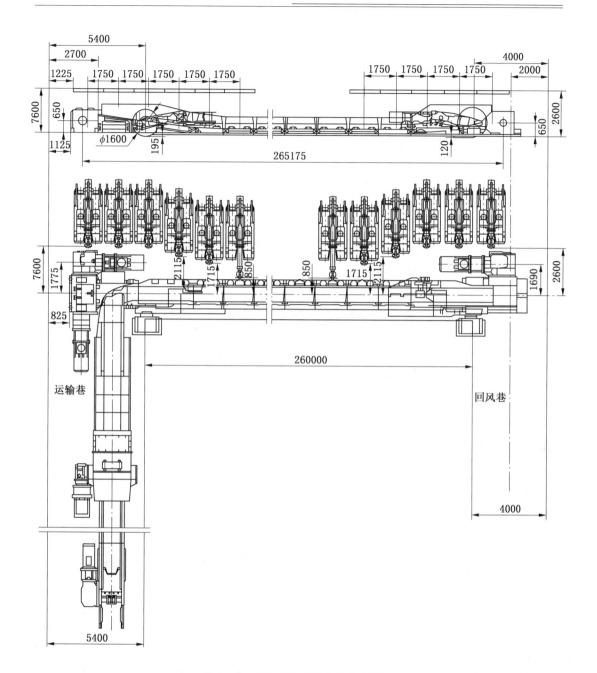

图 4-3 综采工作面设备总体布置图

(二) 总体配套特点

工作面长度 260 m,输送机采用交叉侧卸式。工作面布置 ZY7600/12/24 型掩护式支架 144 架,机头、机尾布置 ZYT7600/13/26 型端头支架各 3 架,机头、机尾布置 ZYG7600/12/24 型过渡支架各 1 架,端头支架、过渡支架采用滞后支护方式,中部支架采用及时支护方式。SGZ1000/2×700 型刮板输送机在机头、机尾各设置 4 节变线槽,总变线量 120 mm,输送机与采煤机配套销轨采用锻造 147 mm 节距。

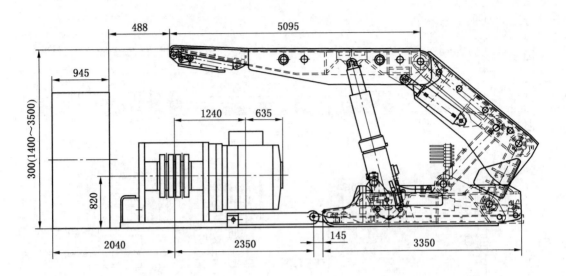

图 4-4 采煤机、刮板输送机和液压支架工作面中部配套关系图

表 4-4 寸草塔矿综采工作面主要综采设备一览表

设备名称	型号	数量	主要技术参数
液压支架	ZY7600/12/24	144 架	工作阻力 7600 kN,支护强度 0.79 MPa,中心距 1.75 m,高度 1.2~2.4 m
过渡支架	ZYG7600/12/24	2 架	工作阻力 7600 kN,支护强度 0.76 MPa,中心距 1.75 m,高度 1.2~2.4 m
端头支架	ZYT7600/13/26	6 架	工作阻力 7600 kN,支护强度 0.66 MPa,中心距 1.75 m,高度 1.3~2.6 m
采煤机	SL300	1 台	截割功率 2×275 kW,采高 1.5~3.0 m,截深 865 mm,交流变频电牵引,电压 3300 V
刮板输送机	SGZ1000/2×700	1 部	设计长度 300 m,运输能力 2500 t/h,功率 2×700 kW,电压 3300 V,链速 1.3 m/s,中部槽规格 1750 mm × 1000 mm × 330 mm,交叉侧卸
转载机	SZZ1200/400	1 部	设计长度 31 m,运输能力 3500 t/h,功率 400 kW,电压 3300 V,链速 1.73 m/s,内槽宽 1000 mm
破碎机	PLM4000	1 台	通过能力 4000 t/h,功率 315 kW,电压 3300 V,入口宽度 1200 mm × 1180 mm

三、放顶煤工作面设备配套实例

下面以兖州矿区 600×10^4 t 综放工作面成套设备配套为例说明放顶煤工作面设备配套情况。

兖州矿区所属煤矿首采 1303 工作面倾角平均 7°;煤层厚度 8.61~9.32 m,平均厚度 9.06 m,中间有一层粉砂质泥岩夹矸。煤层顶板为中、细砂岩,煤层底板主要为中细、粉细砂岩。

(一) 工作面参数选取

综合分析煤层赋存条件、采区划分及接续情况,选取工作面长度 240 m。采高选用 3.5 m,可提高放煤速度和顶煤回收率,放煤高度为 5.5 m,采放比为 1:1.57,截深为 0.8 m。

(二) 工作面主要设备的选型

1. 采煤机

采煤机的技术特征为生产能力大于或等于 2500 t/h,采高 2.5~4 m,截割硬度 $f = 6$,在过工作面断层时能截割 1 m 厚的矸石,截割功率大于或等于 $2 \times (500 \sim 600)$ kW,牵引功率大于或等于 2×90 kW,滚筒直径 $\phi 2200$ mm,截深 800 mm,摇臂大于或等于 2700 mm,在工作面的两端头伸出位置、挖底量合适,提高装煤效果,最多往复 2 次就能扫干净浮煤(可考虑使用翻转挡煤板),机身高度小于或等于 1700 mm。

2. 输送机、转载机

1) 前部输送机

工作面平均割煤量需 672 t/h,割煤不均匀系数取 1.6,则前部输送机输送量 1075 t/h,根据高可靠性原则,选择前部输送机输送量应大于 2000 t/h。

技术特征为铺设长度 260 m,槽宽 1000 mm,链条 $\phi 42$ mm,中板厚度 50 mm,电机功率 2×700 kW,端卸式,首尾均配备液压紧链器。

2) 后部输送机

工作面平均放煤量 916 t/h,放煤不均匀系数取 2,则后部输送机输送量为 1832 t/h,据此,选择后部输送机输送量大于 2000 t/h。技术特征同前部输送机。

3) 转载机

工作面产煤量需 1588 t/h,生产不均匀系数取 2,则转载机输送量为 3176 t/h,据此,转载机设计长度 80 m,输送量大于 4000 t/h。

技术特征为设计长度大于或等于 80 m,槽宽 1.2 m,驱动电机 700 kW,移动方式为液压自移,机头架为可伸缩式,行程大于 250 mm,与带式输送机重合段为 13 m,机头配备液压紧链器。

3. 工作面液压支架

根据放顶煤支架的特点,结合兖州矿区地质条件,选择两柱掩护式放顶煤支架架型。

试验工作面煤层厚度平均 9.06 m,根据工作面通风、行人、顶板控制、合理采放比及高产高效要求,选取工作面机采高度为 3.2 m,采放比约为 1:1.8,支架高度选 2.1~4.0 m。

在随采随冒情况下,采用大截深(0.8~1.0 m)时,放顶煤步距与截深相同,即割一刀煤放一次顶煤。为保证采放平行作业,实现高产高效,采煤机截深选为 0.8 m,一刀一放。

支护强度主要取决于工作面顶板条件、煤层埋藏深度和采高等因素。根据高产高效高可靠性的要求,考虑一定的富裕系数,取 $q_z = 0.92$ MPa。

根据配套尺寸,确定支架的顶梁长度和控顶距,计算得出支架的工作阻力为 $P = 8500$ kN。支架型号确定为 ZFY8500/21/40D 型两柱掩护式电液控制放顶煤支架。

根据兖矿集团放顶煤支架的使用经验及工作面顶煤较为破碎的特点,支架采用整体顶梁带伸缩梁结构形式和开底式底座结构形式。

支架主要技术参数为高度 2100~4000 mm，中心距 1750 mm，宽度 1620~1850 mm，初撑力 6352~6489 kN，工作阻力 8429~8611 kN，支护强度 0.912~0.950 MPa，底板比压 2.78~3.28 MPa，适应煤层倾角小于或等于 20，泵站压力 31.5 MPa，操作方式为电液控制，截深 800 mm，前后部输送机中心距 6400 mm。

4. 泵站

主泵采用国产 3×400 L/min + 125 L/min 的大流量立式泵和 315/16 型或者 400/16 型两箱喷雾泵。实现乳化液浓度自动配比和油温保护等措施。

(三) 工作面主要配套设备

1. 工作面配套设备

工作面配套设备见表 4-15。

表 4-15 工作面配套设备

序号	名　称	数量	备　注
1	ZFY8500/21/40D 型两柱放顶煤支架	132	电液控制
2	ZTF10800/22/38D 型放顶煤排头支架	6	电液控制
3	SL750 型电牵引采煤机	1	艾柯夫
4	SGZ1000/2×700 型中双链前部刮板输送机	1	输送能力 2200 t/h
5	SGZ1000/2×700 型中双链后部刮板输送机	1	输送能力 2200 t/h
6	SZZ1200/700 型转载机	1	输送能力 4000/h
7	PCM250 型破碎机	1	输送能力 4000 t/h
8	SSJ1400/6×400 型输送机	1	

2. 工作面主要设备配套关系

采煤机、刮板输送机和液压支架工作面中部配套关系如图 4-5 所示，工作面配套设备平面布置如图 4-6 所示。

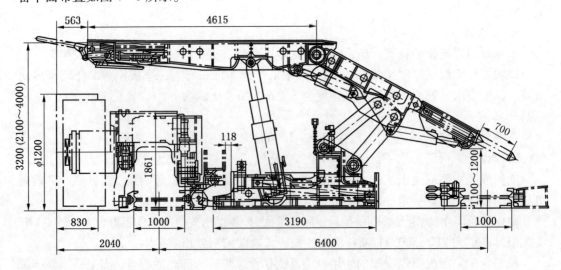

图 4-5　采煤机、刮板输送机和液压支架工作面中部配套关系图

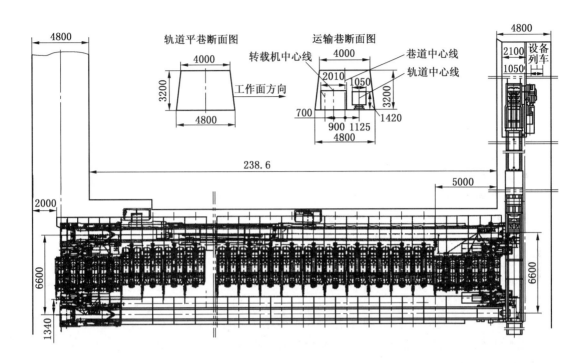

图 4-6 工作面配套设备平面布置图

思考题

1. 简述采煤工作面设备配套原则。
2. 简述液压支架的选型及配套要求。

第五章 刮板输送机

【本章教学目的与要求】
- 熟悉刮板输送机的结构和工作原理
- 熟悉刮板输送机的主要类型
- 熟悉刮板输送机的使用范围
- 掌握桥式转载机的结构特点和推移方式
- 理解刮板输送机的选型设计过程

【本章概述】
　　刮板输送机是一种以挠性体作为牵引机构的连续动作式运输机械，它主要用于采煤工作面或巷道等其他场所。
　　本章主要介绍刮板输送机的主要结构和工作原理、刮板输送机的主要类型和特点、桥式转载机的结构特点和推移方式以及刮板输送机的选型设计的主要过程。

【本章重点与难点】
　　本章的重点是理解并掌握刮板输送机的工作原理、主要类型和特点、主要结构，桥式转载机的结构特点、选型设计，其中主要结构和选型设计是本章的难点。

第一节 概　　述

　　刮板输送机是综采工作运输设备，其主要任务是把采煤机破碎下来的煤从工作面全长范围内运送至刮板转载机，再经可伸缩带式输送机运送至采区煤仓；此外，它还要作为采煤机的运行轨道以及液压支架向前推移的支点。

一、刮板输送机的组成、工作原理和使用范围

（一）刮板输送机的组成

　　刮板输送机是一种以挠性体作为牵引机构的连续动作式运输机械，它主要用于长壁采煤工作面，基本组成和工作原理相同。图 5-1 所示为刮板输送机的基本组成，它主要由机头部、中部槽、机尾部和附属装置以及供移动输送机用的移溜装置。其中刮板链是牵引机构，溜槽是承载结构，刮板链在溜槽中作无极循环牵引，实现拖拉运煤和卸煤。

（二）刮板输送机的工作原理

　　刮板输送机的工作原理如图 5-2 所示。驱动电动机经液力耦合器、减速器而驱动绕过机头链轮与机尾链轮进行无级闭合循环运行的刮板链，将溜槽中的煤推移到机头处的卸载点。其上部溜槽是重载工作溜槽，下部溜槽为回空槽。

（三）刮板输送机的使用范围

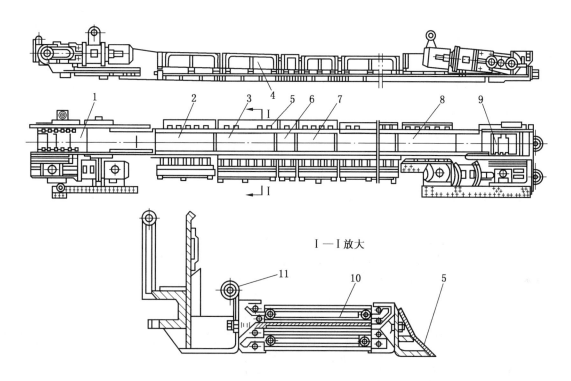

1—机头部；2—机头连接槽；3—中部槽；4—挡煤板；5—铲煤板；6—0.5 m 调节槽；
7—1 m 调节槽；8—机尾连接槽；9—机尾部；10—刮板链；11—导向管

图 5-1　可弯曲刮板输送机外形

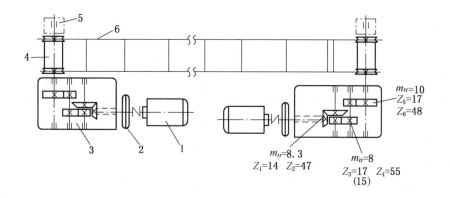

1—电动机；2—液力联轴器；3—减速器；4—链轮组件；5—盲轴；6—刮板链

图 5-2　刮板输送机的工作原理

1. 煤层倾角

刮板输送机向上运输最大倾角不得超过 25°，向下运输不得超过 20°。兼作采煤机轨道的刮板输送机，当工作面倾角超过 10° 时，为防止采煤机机身及煤的重力分力以及振动冲击引起的刮板输送机机身下滑，应采取防滑措施。

2. 采煤工艺和采煤方法

刮板输送机适用于长壁工作面的采煤工艺。轻型适用于炮采工作面，中型主要用于普采工作面，重型主要用于综采工作面。此外，在运输平巷和采区上、下山也可以使用刮板输送机运送煤炭。

二、刮板输送机的主要类型与特点

（一）主要类型

（1）按机头卸载方式和结构分为端卸式、侧卸式和90°转弯刮板输送机。

（2）按溜槽布置方式和结构分为重叠式和并列式、敞底式与封底式溜槽刮板输送机。

（3）按刮板链的数目和布置方式分为中单链、边双链和中双链刮板输送机。

（4）按单电动机额定功率大小分为轻型（$P \leqslant 40\ \text{kW}$）、中型（$40\ \text{kW} < P \leqslant 90\ \text{kW}$）、重型（$P > 90\ \text{kW}$）刮板输送机。

（5）按刮板链的结构分为片式套筒链、可拆模锻链和焊接圆环链。

为使刮板输送机的生产达到标准化、系列化和通用化，我国制定并发布了《矿用刮板输送机型式与参数》。国产刮板输送机典型机型的技术特征见表5-1。

表5-1 国产刮板输送机典型机型的技术特征

输送机型号		SGB-620/80T	SGB-620/40S	SGB-630/150C (SGB-630/150B)	SGD-730/320	SGB-764/320 (SGB-764/264W)	SGZC-764/320 (SGB-764/320)	SGZ-880/800 (张家口煤机厂)	SGZ-880/2×400 (西北煤机一厂)	SGZ-1000/1050 (张家口煤机厂)
设计长度/m		160	100	200	200	200	200	250	250	250
运输量/(t·h^{-1})		150	150	250	700	700	900	1500	1500	2000
链速/(m·s^{-1})		0.86	0.43/0.6	0.868	0.93	1.12	0.95	1.1	1.2	1.25
减速器速比		24.564	24.564	24.44	39.739	25.444	32.677	38.25	37.125	37.952
电动机	型号	DSB-40	DBYD-40/22	DSB-75	YSB-160	KBY-132	YBSD-160/80	YBSD-400/200-4/8		
	额定功率/kW	40×2	40/22	75×2	160×2	132×2	160/80×2	400×2	400×2	525×2
	额定电压/V	380/660	380/660	660	660/1140	1140	1140	1140	1140	3300
	额定转速/(r·min^{-1})	1450	1475	1480	1480	1470	1475/738	740/1480		738/1486
联轴器	型号	YL-400A4	对轮联轴器	YL-450A	TV562	YL-500X1Q	爪型弹性	弹性联轴器		摩擦限矩耦合器
	额定功率/kW	40	40	75	160	132	160			
	工作液体	难燃液		难燃液	难燃液	难燃液				
	冲液量/L	8.1		12.6	17.1	16.2				
刮板链	型式	双边	边双	边双	单中	边双	中双	中双	中双	中双
	规格/mm	φ18×64-2	φ18×64-2	φ18×64-2	φ30×180-1	φ22×86-2	φ26×92-2	φ34×126-2	φ34×126-2	φ34×137-2
	链环破断力/kN	410	410	410	1130	610	850	1450	1450	1810
	链条中心距/mm	500	500	500		600	100	160	180	
	每米质量/kg	18.6	18.6	18.6	42.2	41.5	57.1			

表5-1（续）

输送机型号		SGB-620/80T	SGB-620/40S	SGB-630/150C (SGB-630/150B)	SGD-730/320	SGB-764/320 (SGB-764/264W)	SGZC-764/320 (SGB-764/320)	SGZ-880/800（张家口煤机厂）	SGZ-880/2×400（西北煤机一厂）	SGZ-1000/1050（张家口煤机厂）
中部槽	长×宽×高/(mm×mm×mm)	1500×620×180	1500×620×180	1500×630×190	1500×730×222	1500×764×222	1500×764×222	1500×880×344	1500×880×320	1753×1000（内宽）×337
	水平可弯角度/(°)	3	3	3	1.2	2	2	1	1	0.7
	垂直可弯角度/(°)	3	3	3	4	4	6	3	3	3
紧链方式整机质量/t		摩擦25.6	摩擦17.6	摩擦82.6(93.8)	闸盘140	液压马达/闸盘158	液压马达180	闸盘	闸盘	液压马达与可伸缩机尾

型号实例：

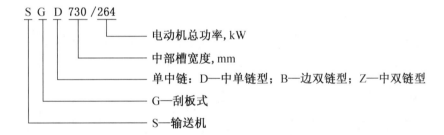

SGZC-730/264型：C—侧卸式；其他符号意义同前。

（二）刮板输送机的特点

1. 优点

结构强度高，运输能力大，可以爆破装煤；机身低矮，占空间小；可以水平弯曲，随采煤机的移动而推移，减小了控顶距；能够垂直弯曲，可以弥补底板高低不平的影响；可以作采煤机的运行轨道，还可兼作移架时的支点；推移输送机时，铲煤板可以自动清扫机道浮煤；挡煤板可以增加装煤断面积，防止煤抛到采空区，它上边的电缆、水管槽架对其起保护作用。所以，刮板输送机迄今为止仍是综采工作面唯一的运输设备。

2. 缺点

工作过程中，刮板链和货载要克服很大的摩擦阻力在溜槽中运行，因此消耗功率大；运输效率低、运输中货载破碎性大；易出现掉链、漂链、卡链，甚至断链等事故。

第二节 刮板输送机的结构

一、机头部

机头部是刮板输送机的传动部件，具有传动、卸载、紧链、锚固和固定采煤机牵引链等功能。

如图 5-3 所示，机头部由机头架、传动装置、链轮组件、盲轴、拨链器、护轴板等组成。机尾部与机头部的结构大体相同，主要零件均可互换。值得提出的是，因为机头部需要一定的卸载高度，故机头部比机尾部较长些、较高些。

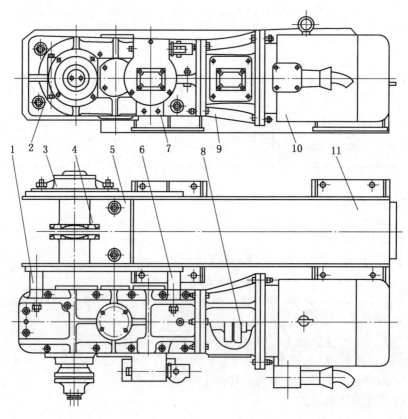

1—垫块；2—减速器；3—盲轴；4—拨链器；5—护轴板；6—垫块；7—紧链装置；
8—耦合器；9—连接罩；10—电动机；11—机头架

图 5-3 某刮板输送机机头

（一）机头架

机头架是支撑和装配机头传动装置（包括电动机、液力耦合器、减速器等）、链轮组件、盲轴以及其他附属装置的构件，由厚钢板焊接而成，具有较高的强度和刚度。各种型号机头部的共同点如下：①两侧对称，可在两侧壁安装传感器，以适应左、右采煤工作面的需要；②链轮由减速器伸出轴和盲轴支撑连接，这种连接方式便于在井下拆装；③拨链器和护轴板固定在机头架的前横梁上，防止刮板链在链轮的分离点处，被轮齿带动卷入链轮。护轴板是易损部位，用可拆换的活板，既便于链轮和拨链器的拆装，又可更换。

（二）减速器

采煤工作面刮板输送机的减速器，目前有平行式、垂直式和复合式布置三种形式，即传动装置轴线与输送机机身平行、垂直及两者兼备。按照 MT/T 148—1997 标准的规定，以后新设计的刮板输送机减速器应为平行式布置，并有以下特点：①减速器的箱体分为上箱体和下箱体，且应对称，以适应在机头、机尾安装的互换；②减速器为三级齿轮减速，其中第一级为锥齿轮传动；③中、重型刮板输送机的减速器，锥齿轮均采用圆弧齿，承载能力大、传动平稳和噪声小；④为改变链速，可更换第二对齿轮，在一定范围内改变传动比；⑤一般减速器应能适应工作面倾角8°以下的情况；⑥为使减速器内润滑油的油温不超过100℃，减速器应设有水冷装置；⑦减速器能用于正、反向运行。

（三）链轮组件

刮板输送机的链轮是为了专门与圆环链啮合而设计制造的。链轮的齿形及主要尺寸参数已有国际标准。

链轮是刮板输送机传动扭矩最大的部件之一。对链轮的基本要求是：强度高、耐磨、能承受脉动荷载、冲击荷载，并具有一定的韧性；齿形尺寸参数设计准确、加工精度高，保证与链条进行良好的啮合；无论哪种结构的链轮，都要具备易于拆装的特点。

链轮的材料选用优质钢材，经铸造或锻造后，进行调质处理。链窝和齿形表面需经表面淬火处理。MT/T 105—2006 标准规定，轻型刮板输送机链轮的使用寿命不得低于1年；中、重型刮板输送机链轮的寿命不得低于1年半。

链轮的齿数过多，会增加链轮的整体尺寸；链轮的齿数太少，会增加刮板链在运行中的动负荷。目前链轮的齿数以6~8个居多。对于单链传动的刮板输送机，不传递扭矩的机尾，可采用4齿链轮或滚筒。

习惯上说的链轮实际是一个组件。链轮组件的结构有剖分式和整体式两种。图5-4所示为剖分式链轮组件的结构图，它由链轮1和两个半圆剖分式滚筒2组成。链轮共两个，分别位于滚筒两端，为双边链结构。链轮孔为花键孔，滚筒孔为双平键孔，分别与两端的减速器低速轴和盲轴连接。链轮为锻件，齿形用电解加工成形。两个半圆滚筒，用8个螺栓4和螺母5紧固在一起。滚筒两端的扣环分别扣在两个链轮轮齿的相同相位上。剖分式结构的优点是，当轮子齿磨损后可以只更换链轮而不更换滚筒。图5-5所示为整体式链轮组件，它仍是由链轮2和滚筒1组成。与剖分式滚筒所不同的是，两端的滚筒与中间链轮是焊接在一起的。两端的滚筒均采用内花键，分别与减速器输出轴和盲轴的外花键连接。整体式链轮组件拆装维修方便。

（四）盲轴组件

盲轴组件是装在机头（尾）架不装减速器的一侧，它的作用是与减速器出轴共同支撑链轮。如果输送机为双侧传动，机头架两侧都有减速器，盲轴就不需要了。

盲轴组件如图5-6所示，其中的花键轴1是支承在轴承座2的轴承3上，轴承座与托板5用螺栓固定在一起，托板再与机头架的侧板进行连接。

（五）联轴器

电动机与减速器的连接，有弹性联轴器和液力耦合器两种。其中，液力耦合器是一种液力传动装置，又称液力联轴器。在不考虑机械损失的情况下，输出力矩与输入力矩相等。它的主要功能有两个方面，一是防止发动机过载，二是调节工作机构的转速。其结构主要由壳体、泵轮、涡轮三个部分组成。

二、机尾部

机尾部有驱动装置和无驱动装置两种。

·152· 矿山机械

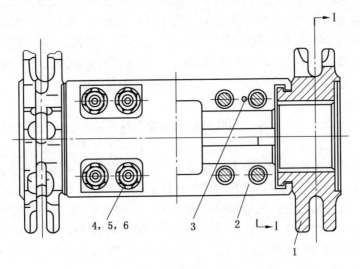

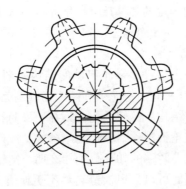

1—链轮；2—剖分式滚筒；3—定位销；4，5，6—螺栓、螺母、垫圈
图 5-4 剖分式链轮组件

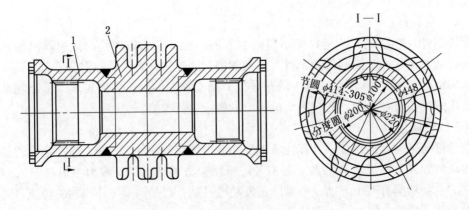

1—滚筒；2—链轮
图 5-5 整体式链轮组件

有驱动装置的机尾部，因机尾不需卸载高度，除了机尾架与机头有所不同外，其他部件与机头部相同。

无驱动装置的机尾部，尾架上只有使刮板链改向用的机尾轴部件，图 5-7 所示为一种双边链型的机尾部。

三、溜槽及附件

溜槽是刮板输送机的主体，用于承载和作为采煤机的轨道。溜槽有中部槽、调节槽、连接槽（或过渡槽）等类型。挡煤板和铲煤板属于附件。

（一）中部槽

中部槽是刮板输送机的机身，由槽帮钢和中板焊接而成，如图 5-8 所示。上槽为装运物料的承载槽，下槽有敞底式和封底式两种（图 5-9），供刮板链返程用。敞底式下槽，结构简单，维修方便。但当遇到松软底

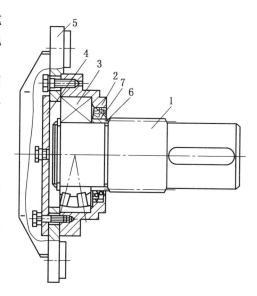

1—花键轴；2—轴承座；3—轴承；4—盖板；
5—托板；6—轴套；7—油封

图 5-6 盲轴组件

板时，机体因支撑面积小，压强太大，易使槽帮下沉陷入底板，造成回空链条不能正常运行。底板松软时如用封底式下槽则可避免此缺陷，但封底式下槽对维修、处理废链、断链比较困难。为解决这个问题，国外还制造和使用了一种封底式中间带检修窗的下槽，如图 5-9c 所示。

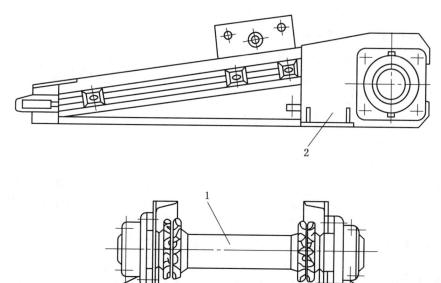

1—机尾架；2—机尾轴部件

图 5-7 双边链型的机尾部

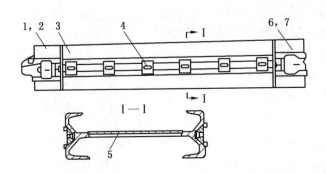

1,2—高锰钢凸头端；3—槽帮钢；4—支座；5—中板；6,7—高锰钢凹端头
图 5-8 中部槽

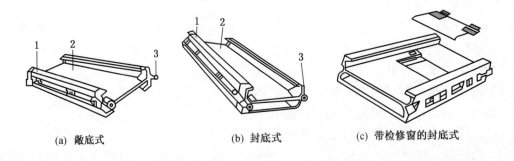

(a) 敞底式　　　　(b) 封底式　　　　(c) 带检修窗的封底式

1—槽帮；2—中板；3—连接头
图 5-9 下槽

中部槽的形式有中单链型、边双链型、中双链型三种。除用于轻型刮板输送机的中单链型采用冷压槽帮钢外，其他都使用热轧槽钢。

（二）调节槽、连接槽（或过渡槽）

调节槽与中部槽结构基本相同，用来调节刮板输送机的长度，以适应工作面长度变化的需要，有 500 m 和 1000 m 两种长度。

连接槽（或过渡槽）用于机头架或机尾架与中部槽的过渡或连接，使机头架、机尾架和中部槽连为整体。

（三）挡煤板和铲煤板

如图 5-10 所示，挡煤板是一个多功能组合件，安装在工作面刮板输送机采空区一侧槽帮的支座上，用以增加溜槽货载断面、防止向采空区散落、为采煤机导向、敷设和保护电缆及各种管线，并为推移千斤顶提供连接点。

铲煤板固定在中部槽支座上，用于推移中部槽时清理工作面浮煤。

四、刮板链

刮板链由链条和刮板组成，是刮板输送机的牵引机构，具有推移货载的功能。目前使用的长链段结构（图 5-11）和短链段结构两种形式。前者主要用于单链、中双链。后者主要用于边双链及轻型刮板输送机，其优点是用 U 型连接环将刮板固定在链段上，更换

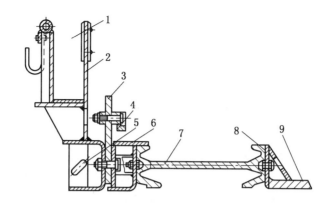

1—电缆槽；2—挡煤板；3—无链牵引齿条；4—导向装置；5—千斤顶连接孔；
6—定位架；7—中部槽；8—采煤机轨道；9—铲煤板

图 5-10 中部槽及附件的连接

比较方便，但因其中的连接环太多，故其强度低于圆环链的强度，所以一般断链事故都发生在连接环上，尤其是当螺母松动时，连接环更易损坏。

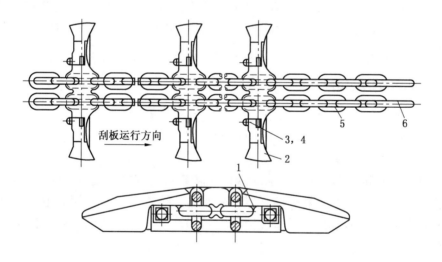

1—卡链横梁；2—刮板；3，4—螺栓、螺母；5—圆环链；6—接链环

图 5-11 长链段刮板链

刮板链有中单链、边双链和中双链三种，中双链式刮板链的组成，如图 5-11 所示。单链受力均匀，水平弯曲性能好，刮板遇刮卡阻塞可偏斜通过；缺点是预紧力大。边双链与单链比较，承受的拉力大，预紧力较低。水平弯曲性能差，两条链子受力不均匀，特别是中部槽在弯曲状态下运行时更为严重，断链事故多，链轮处易跳链。在薄煤层、倾斜煤层和大块较多的硬煤工作面使用性能较好，拉煤能力强。刮板转载机上也常优先采用。中双链受力比边双链均匀，预紧力适中，水平弯曲性能好，便于使用在侧卸式机头的输送机上。目前大运量长距离大功率工作面重型刮板输送机普遍采用单链和中双链。

(一) 刮板

刮板的作用是刮推槽内的物料和在槽帮内起导向作用。在运行时还有刮底清帮、防止煤粉粘结和堵塞的功能。在图5-11中，刮板内凹曲线一侧朝链条运动方向。刮板用高强度合金钢轧制或模锻经韧化热处理制成。

(二) 圆环链

现在刮板链使用的链条为圆环链，都是用优质合金钢焊接而成，并经热处理和预拉伸处理，使之具有强度高、韧性大、耐磨、耐腐蚀的特性。圆环链的规格是以链环棒料直径和链节距的尺寸（mm×mm）表示。标准规格有7种：10×40、10×50、18×64、22×86、26×92、30×108、34×126。圆环链按强度划分为B、C、D三个等级，D级最高。不同规格尺寸的各级强度的圆环链，其破断负荷也不相同。

第三节 桥式转载机

桥式转载机安装在采煤工作面运输巷，是将工作面运出的煤，转载到带式输送机上的中间转载设备。

桥式转载机实际是一种结构特殊的短刮板输送机，其传动系统和驱动系统装置与刮板输送机相同。主要不同点是，机身有一段悬桥结构，用来与可伸缩带式输送机搭接。当工作面刮板输送机向煤壁推移后，转载机亦沿巷道方向整体移动相应的距离。当转载机移动到搭接的极限位置时，带式输送机缩短，以使转载机仍可逐渐前移。

一、桥式转载机的结构特点

图5-12所示为桥式转载机的结构，主要由导料槽1、机头小车（车架2和横梁3）、机头部4、中间悬桥部分5、爬坡段6、水平装载段7和机尾部8组成。

(一) 机头部及机头小车

机头部固定在机头小车上，用来实现桥式转载机与带式输送机的搭接和相对移动。机头部由机头架、电动机、液力耦合器、减速器、链轮组件和盲轴等组成。机头小车由横梁和车架组成，小车车架上通过销轴安装四个车轮，其外侧装有定位板，用以导向与定位。

(二) 中间悬桥部分

中间悬桥部分由标准槽、挡板与封底板组成。三者用螺栓连接成一刚性整体。连接时溜槽、挡板和封底板的接口要互相错开，以增加机身的刚度。悬桥部分的前端与机头部的连接槽连接，后端与爬坡段的凸形溜槽连接，构成与带式输送机机尾搭接的足够长度。

(三) 爬坡段

爬坡段将机身在垂直面上改变方向，从巷道底板顺利升高，以使转载机机头在带式输送机机尾的方向。爬坡段通过一节凹形弯曲溜槽，使机身向上倾斜10°角，接中部标准溜槽后将机身引导到所需高度，再用一节凸形溜槽，把机身弯折10°到水平方向，与悬桥部分的标准溜槽连接。

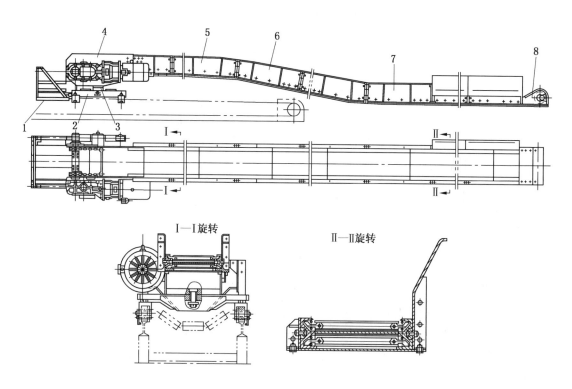

1—导料槽；2—车架；3—横梁；4—机头部；5—中间悬桥部分；
6—爬坡段；7—水平装载段；8—机尾部

图 5-12 桥式转载机的结构

（四）水平装载段和机尾部

水平装载段溜槽和爬坡段凹形弯曲溜槽的封底板均落在巷道底板上，封底板作为滑橇可在巷道底板上滑动。水平装载段用以承接工作面刮板输送机卸下的煤炭。

使用破碎机时，应将其装在水平装载段，并加长该段尺寸。

机尾部与水平装载段连接，由机尾架、机尾滚筒和压链板组成，是刮板链的换向装置。

（五）导料槽

导料槽为框形结构，内侧做成漏斗状，装在转载机的最前端，用以承接转载机卸下的货载，并导装至带式输送机中心线附近，防止偏载引起皮带跑偏，并减轻货载对皮带的冲击。

导料槽的底座是由左右两条槽钢形成的一个滑橇，骑在带式输送机机尾两侧的轨道上，并通过销轴与机头小车的车架相连。

二、桥式转载机的推移方式

桥式转载机与可伸缩带式输送机配套使用时，按照回采工艺实现整体移动。当采空区运输巷道维护时，工作面推进 5 m 移动 1 次；当采空区运输巷道不维护时，转载机与工作面刮板输送机同步推进。当转载机前移到搭接的极限位置时（一般为 12 m），必须缩短带式输送机后（后退式采煤），方可继续移动转载机。

第四节 刮板输送机的选型设计

每台刮板输送机都有其技术特征，故一般根据厂家给出的说明书选型和安装调试即可。然而，厂家说明书给出的输送机的铺设长度一般是指水平铺设长度，而现场的实际情况，工作面的倾角、长度是千变万化的，这就使得现场的实际情况不一定完全恰好符合输送机的技术特征，为此就需要通过计算来确定其是否满足要求。

刮板输送机的选型计算主要内容包括：①输送机输送能力的计算；②输送机运行阻力和电动机功率的验算；③刮板链的强度计算。

一、运输能力

刮板输送机是连续式运输设备，其每秒钟运输能力为

$$Q = qv \tag{5-1}$$

式中　v——刮板链运行速度，m/s；
　　　q——输送机上单位长度货载质量，kg/m。

每小时运输能力 $Q(t/h)$ 为

$$Q = 3.6qv \tag{5-2}$$

刮板输送机工作时，货载沿溜槽连续均匀分布，被刮板链拖带而沿溜槽移动，所以 q（kg/m）值与溜槽中货载断面积有关。

$$q = 1000F_0\gamma \tag{5-3}$$

式中　F_0——刮板输送机溜槽中货载断面积，m^2；
　　　γ——货载的散集密度，t/m^3（对于煤炭 $\gamma = 0.85 \sim 1.0$）。

刮板输送机装运货载的最大横断面积与溜槽的结构形式及结构尺寸有关，还与松散煤的堆积角（安息角）有关。

考虑上述因素后，刮板输送机的小时运输能力为

$$Q = 3600F\varphi\gamma v \tag{5-4}$$

式中　F——货载最大横断面积，m^2；
　　　φ——货载的装满系数，其取值见表 5-2。

表 5-2　装满系数 φ 的值

输送情况	水平及向下运输	向上运输		
		5°	10°	15°
装满系数 φ	0.9~1	0.8	0.6	0.5

二、运行阻力

刮板输送机运行阻力按直线段和曲线段分别计算。

图 5-13 所示为沿倾斜运行的刮板输送机的重载直线段。运行时除了要克服煤和刮板

链重力引起的阻力外,还需克服煤和刮板链重力引起的下滑力,通常将它们一起计为总运行阻力。

从图 5 – 13 可以看出来,作为牵引机构的刮板链,在重段直线段运行的总阻力为

$$W_{zh} = (q\omega + q_l\omega_l)Lg\cos\beta \pm (q + q_l)Lg\sin\beta \qquad (5-5)$$

式中　W_{zh}——重段直线段的总阻力,N;
　　　q——单位长度上的装煤量,kg/m;
　　　q_l——刮板链单位长度的质量,kg/m;
　　　L——刮板输送机的长度,m;
　　　ω——煤在槽内运行的阻力系数;
　　　ω_l——刮板链在槽内运行的阻力系数;
　　　g——重力加速度,m/s²;
　　　β——刮板输送机的铺设倾角。

刮板链在空段直线段的运行总阻力为

$$W_k = q_l Lg(\omega_l\cos\beta \mp \sin\beta) \qquad (5-6)$$

式中　W_k——空段直线段的总阻力,N。

上式中,"+""–"号的选择原则:该段向上运行时取"+",向下运行时取"–"。

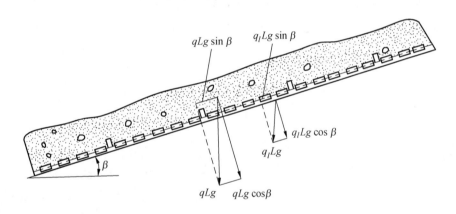

图 5 – 13　重载直线段运行的总阻力

阻力系数的数值,与煤的性质、刮板链型式、中部槽型式、安装条件等许多因素有关。准确值需要由实验得到,通常计算时,可参考表 5 – 3 近似选用。

表 5 – 3　阻　力　系　数

链子种类	ω	ω_l
单链	0.4 ~ 0.6	0.3 ~ 0.4
双链	0.6 ~ 0.8	0.3 ~ 0.4

刮板链绕经链轮时产生的阻力,称为曲线阻力。它主要是由牵引机构的刚性阻力、滑

动与滚动阻力、回转体的轴承阻力、链条和链轮轮齿间的摩擦阻力等组成，这些阻力计算起来相当烦琐，故在计算时通常都采用经验公式计算。

刮板链绕经链轮时的曲线阻力为

$$W_{曲线阻力} = (0.03 \sim 0.06)S_y \qquad (5-7)$$

式中　S_y——在链轮相遇点处刮板链的张力，N。

对于可弯曲刮板输送机，刮板链在弯曲的溜槽中运行时，弯曲段将产生附加阻力，弯曲段的附加阻力可按直线段运行阻力的10%近似计算。

三、刮板链张力

在计算刮板链的张力时，我们采用逐点张力法进行计算。所谓逐点张力法，是计算牵引构件在运行时各点张力的方法。逐点张力计算的规则是牵引构件某一点上的张力，等于沿其运行方向后一点的张力与这两点间的运行阻力之和。用公式表达为

$$S_i = S_{i-1} + W_{(i-1) \sim i} \qquad (5-8)$$

式中　S_i，S_{i-1}——牵引构件上前后两点的张力；

　　　$W_{(i-1) \sim i}$——前后两点间的运行阻力。

（一）最小张力点的位置及最小张力值的确定

对于单端驱动的刮板输送机，在电动机运转状态下，当 $W_k > 0$ 时，主动链轮的分离点处为最小张力点，即 $S_1 = S_{\min}$；当 $W_k < 0$ 时，从动轮的相遇点处为最小张力点，即 $S_2 = S_{\min}$。

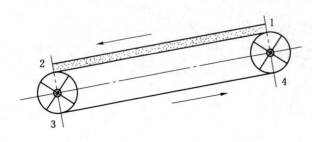

图 5-14　双机头驱动的计算图

对于两端驱动的刮板输送机，其刮板链上最小张力点的位置，要根据不同情况进行分析，如图 5-14 所示，当重段阻力 W_{zh} 为正值时，每一传动装置相遇点的张力均大于其分离点的张力。因此，可能的最小张力点是主轮分离点 1 或点 3，这需由两端传动装置的功率比值及重段、空段阻力的大小而定。

设上部驱动端电动机台数为 n_A 台，下端电动机台数为 n_B 台，总电动机台数为 $n = n_A + n_B$，各台电动机的技术参数都相同，牵引机构总牵引力为 W_0，则上端牵引力为 $W_a = \dfrac{W_0}{n}n_A$；下端牵引力为 $W_b = \dfrac{W_0}{n}n_B$。

由"逐点张力法"得

$$S_2 = S_1 + W_{zh}$$

$$S_2 - S_3 = W_b = \frac{W_0}{n}n_B$$

$$S_1 + W_{zh} - S_3 = \frac{W_0}{n}n_B$$

即得

$$S_1 = S_3 + \frac{W_0}{n}n_B - W_{zh}$$

对于可弯曲刮板输送机有：

$$W_0 = 1.2(W_{zh} + W_k)$$

故得

$$S_1 = S_3 + \left[\frac{1.2n_B}{n}W_k - \left(1 - \frac{1.2n_B}{n}\right)W_{zh}\right] \tag{5-9}$$

由此可以看出：当 $\frac{1.2n_B}{n}W_k - \left(1 - \frac{1.2n_B}{n}\right)W_{zh} > 0$ 时，$S_1 > S_3$，最小张力点在点 3，即 $S_3 = S_{\min}$；当 $\frac{1.2n_B}{n}W_k - \left(1 - \frac{1.2n_B}{n}\right)W_{zh} < 0$ 时，$S_3 > S_1$，最小张力点在点 1，即 $S_1 = S_{\min}$。

为了限制刮板链的垂度，保证链条与链轮正常啮合平稳运行，刮板链每条链子最小张力点的张力，一般可取为 2000~3000 N，可由拉紧装置（紧链装置）来提供。

（二）刮板链张力计算

图 5-15 所示布置的双链刮板输送机，其主动链轮的分离点 1 为最小张力点，由"逐点张力法"得

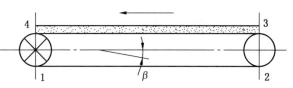

图 5-15 用逐点张力法求张力图

$$S_1 = S_{\min} = 2 \times (2000 \sim 3000)\text{N}$$
$$S_2 = S_1 + W_k$$
$$S_3 = S_2 + W_{2-3} = S_2 + (0.05 \sim 0.06)S_2 = (1.05 \sim 1.06)S_2$$
$$S_4 = S_3 + W_{zh} = (1.05 \sim 1.06)S_2 + W_{zh}$$

主动链轮的牵引力为

$$W_0 = S_4 - S_1 \tag{5-10}$$

当仅需计算牵引力时，可用简便的方法进行计算，即将曲线段运行阻力按直线段运行阻力的 10% 考虑，则牵引力为

$$W_0 = 1.1(W_{zh} + W_k) \tag{5-11}$$

对于可弯曲刮板输送机，在计算运行阻力时，还要考虑由于机身弯曲导致刮板链和溜槽侧壁之间的摩擦而产生的附加阻力，为简化计算，该附加阻力用一个附加阻力系数 $\omega_f(\omega_f = 1.1)$ 计入，故可弯曲刮板输送机的总牵引力为

$$W_0 = 1.1 \times 1.1(W_{zh} + W_k) = 1.21(W_{zh} + W_k) \tag{5-12}$$

四、电动机功率

根据上述方法算出了刮板输送机的运行阻力和主链轮的牵引力，就可以计算出电动机的功率为

$$N_d = \frac{W_0 v}{1000\eta} \tag{5-13}$$

式中　W_0——刮板输送机总牵引力，N；

　　　v——刮板链运行速度，m/s；

η——传动装置效率（包括减速器及液力耦合器），$\eta = 0.8 \sim 0.85$。

对于用于机械化采煤工作面与采煤机配合工作的可弯曲刮板输送机，其货载（煤）的装载长度随采煤机的移动而变化。在这种情况下，输送机电机功率应按等效功率来计算，并应验算电动机的启动能力与过载能力。

$$N_d = \sqrt{\frac{\int_0^T N_t^2 \mathrm{d}t}{T}} \approx 0.6\sqrt{N_{\max}^2 + N_{\max}N_{\min} + N_{\min}^2} \qquad (5-14)$$

$$N_{\min} = \frac{1.1 \times 2q_l L\omega_l g\cos\beta v}{1000\eta} \qquad (5-15)$$

式中　$N_{\max}$——刮板输送机满负荷时，电动机最大功率，kW，按式（5-13）计算；
　　　$N_{\min}$——刮板输送机空载时（即 $q=0$ 时），电动机最小功率，kW。

刮板输送机电机容量为

$$N_0 = k_d N_d \qquad (5-16)$$

式中　k_d——备用系数，一般取 $k_d = 1.15 \sim 1.20$。

五、刮板链强度验算

验算刮板链强度，需先算出链条最大张力点的张力值，此张力值的确定按上述逐点张力法进行计算。

得到刮板链的最大静张力 $S_{\max}$ 后，为了保证刮板链工作的可靠性，必须以链条在工作中所承受的最大张力验算其强度。最大张力为最大静张力与动张力之和，动张力可按最大静张力的 15% ~ 20% 计算。

刮板链的抗拉强度以安全系数 K 表示。

对于单链刮板输送机，应满足：

$$K = \frac{S_p}{1.2S_{\max}} \geqslant 3.5 \qquad (5-17)$$

对于双链刮板输送机，应满足：

$$K = \frac{2S_p\lambda}{1.2S_{\max}} \geqslant 3.5 \qquad (5-18)$$

式中　K——刮板链抗拉强度安全系数；
　　　S_p——一条刮板链子的破断拉力，N；
　　　λ——双链负荷不均匀系数，对于模锻链 $\lambda = 0.65$，圆环链 $\lambda = 0.85$。

思考题

1. 刮板输送机常用的分类方法有哪几种？各分为哪几类？
2. 简述刮板输送机的基本组成及工作原理？
3. 刮板输送机与桥式转载机在结构上主要有哪些不同？
4. 刮板输送机的运行阻力包括哪些？
5. 简述刮板输送机选型设计的基本步骤。

第六章 带式输送机

【本章教学目的与要求】
- 掌握带式输送机的基本组成
- 掌握带式输送机的摩擦传动原理
- 掌握带式输送机的选型设计方法

【本章概述】
带式输送机在国民经济各部门都有应用,矿用带式输送机不仅具有长距离、大运量、连续输送等优点;而且运行可靠、效率高,易于实现自动化、集中化控制和管理,已成为我国煤矿井下原煤运输系统的主要运输设备。

本章主要介绍带式输送机的结构原理,摩擦传动理论,带式输送机的选型设计计算。

【本章重点与难点】
本章的重点是掌握矿用带式输送机的基本组成及各部件的结构、特点等,掌握带式输送机的摩擦传动原理,理解保证摩擦牵引力的可靠条件。带式输送机的选型计算方法是本章的难点。

第一节 概 述

带式输送机是由输送带作为承载兼作牵引机构的连续运输设备,可输送矿石、煤炭等散装物料和包装好的成件物品。由于它具有运输能力大、运输阻力小、耗电量低、运行平稳、在运输途中对物料的损伤小等优点,广泛应用于现代化矿井巷道内运送煤炭、矿石等物料。

一、带式输送机的工作原理

带式输送机的基本组成部分:输送带、托辊、驱动装置(包括传动滚筒)、机架、拉紧装置和清扫装置。输送带绕经传动滚筒和改向滚筒、拉紧滚筒接成环形,拉紧装置给输送带以正常运行所需的张力。工作时,驱动装置驱动传动滚筒,通过传动滚筒与输送带之间的摩擦力带动输送带连续运行,输送带上的物料随输送带一起运行到端部卸出,利用专门的卸载装置也可在中间部位卸载。图6-3所示是带式输送机的结构简图。

带式输送机的上胶带称为承载段(或重载段)胶带,由槽形托辊支撑,以增大货载断面,提高输送能力;下胶带称为回空段胶带,不装货载,用平形托辊支撑。

二、带式输送机的适用条件及特点

(一)适用倾角

带式输送机可用于水平和倾斜运输,倾斜的角度依物料性质的不同和输送带表面形状不同而异。表6-1为各种物料所允许的最大倾斜角。

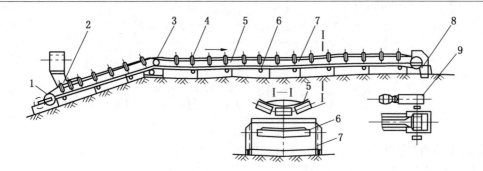

1—拉紧装置；2—装载装置；3—改向滚筒；4—上托辊；5—输送带；
6—下托辊；7—机架；8—清扫装置；9—驱动装置

图6-1 带式输送机的结构简图

表6-1 带式输送机的最大倾角 (°)

物料名称	最大倾角	物料名称	最大倾角	物料名称	最大倾角
0~25 mm 焦炭	18	块煤	18	干松泥土	20
0~30 mm 焦炭	20	原煤	20	湿精矿	20
0~350 mm 焦炭	16	水泥	20	干精矿	18
0~120 mm 矿石	18	块状干黏土	15~18	干矿	15
0~60 mm 矿石	20	粉状干黏土	22	湿砂	23
40~80 mm 油母页岩	18	筛分后石灰石	12		

注：表中给出的最大倾角为上运胶带的最大倾角，物料向下运输时最大倾角要减少20%。

(二) 适用地点

(1) 采区巷道多采用可伸缩带式输送机。

在综合机械化采煤工作中，工作面推进速度比较快，巷道的长度和运输距离也相应发生变化，这就要求巷道运输设备能够比较灵活迅速地进行伸长或缩短。可伸缩带式输送机正是为了适应这种需要而设计制造的。

巷道可伸缩带式输送机的传动原理和普通带式输送机一样，都是根据挠性体摩擦传动原理，靠胶带与传动滚筒之间的摩擦力来驱动胶带运行，完成运输作业的。这种输送机最突出的特点是有一个储带仓和一套储带装置，这套装置起暂时储存适量胶带的作用，当移动机尾进行伸缩时，储带装置可相应地放出或收储一定长度的胶带。

巷道可伸缩带式输送机一般由机头卸载部、储带装置、托辊、张紧装置、输送带、清扫器、制动装置、保护装置、机架以及机尾等组成，如图6-2所示。机头卸载部、储带装置、张紧装置固定或简单地锚固定，机身以及机尾不固定安装。

桥式转载机接受工作面刮板输送机运出的煤流，经破碎机将大块煤破碎后，转运装载到可伸缩带式输送机上去。随着采煤工作面的推进，桥式转载机与工作面刮板输送机机头部同步推移，转载机拱桥段与可伸缩带式输送机机尾段的搭接重叠长度增大，达到极限值时，带式输送机则需前移机尾、缩机储带。

(2) 采区上下山及主要运输平巷采用绳架吊挂式或落地可拆式带式输送机。

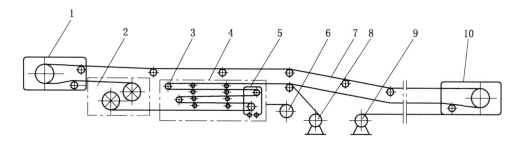

1—机头卸载部；2—传动装置；3—固定滚筒；4—储带装置；5—活动小车及活动滚筒；6—张紧装置；
7—输送带；8—输送带收放装置；9—机尾牵引滚筒；10—机尾

图 6-2 可伸缩带式输送机

绳架吊挂式带式输送机与通用型带式输送机基本相同，其特点仅在于机身部分为吊挂的钢丝绳机架支承托辊和输送带，主要用于煤矿井下采区巷道和集中运输巷中作为运输煤炭的设备，在条件适宜的情况下，亦可使用于采区上、下山运输。

（3）平硐和主斜井采用固定式钢绳芯式带式输送机或钢丝绳牵引式带式输送机。

钢丝绳芯带式输送机又称强力带式输送机。主要用于平硐、主斜井、大型矿井的主运输巷及地面，作为长距离、大运量的运煤设备。它的特点是用钢绳芯胶带代替普通胶带，抗拉强度高、功率大、运量大、运输距离长。

（4）井下主要运输巷道、地面选煤厂采用普通型固定式带式输送机。

普通型带式输送机，机架固定在底板或基础上。一般使用在运输距离不长的永久使用地点，如选煤厂、井下主要运输巷道。这种输送机由于拆装不方便而不能满足机械化采煤工作面推进速度快的采区运输需要。

（三）带式输送机的特点

带式输送机具有连续运行，运输能力大，运行阻力小，耗电量低，运行平稳可靠，对物料的破碎性小，结构简单，对环境污染小，易于实现集中控制和自动控制等特点，因此广泛应用于国民经济各个部门。在煤矿生产中，各种类型的带式输送机使用越来越多。但由于输送带易损伤，不宜运送坚硬有棱角的物料。

三、带式输送机的分类

带式输送机按其结构不同可分为多种型号。表 6-2 所列是 JB 2389—1978《起重运输机械产品型号编制方法》中所规定的带式输送机分类及代号。

表 6-2 带式输送机分类及代号（JB 2389—1978）

名　　称	代号	类、组、型代号	名　　称	代号	类、组、型代号
通用带式输送机	T（通）	DT	压带式输送机	A（压）	DA
轻型带式输送机	Q（轻）	DQ	气垫带式输送机	D（垫）	DD
移动带式输送机	Y（移）	DY	磁性带式输送机	C（磁）	DC
钢丝绳芯带式输送机	X（芯）	DX	钢输送机	G（钢）	DG
大倾角带式输送机	J（角）	DJ	网带输送机	W（网）	DW
钢丝绳牵引带式输送机	S（绳）	DS			

第二节 带式输送机的结构

一、输送带

输送带在带式输送机中既是牵引机构又是承载机构（钢丝绳牵引带式输送机除外）。它不仅应有承载能力，还要有足够的抗拉强度。

输送带由带芯（骨架）和覆盖层组成，如图6-3所示。带芯主要由各种织物（棉织物、化纤织物以及混纺材料等）或钢丝绳构成。它们是输送带的骨架层，几乎承受输送带工作时的全部负荷，因此带芯材料必须具有一定的强度和刚度。覆盖胶用以保护中间的带芯不受机械损伤以及周围介质的有害影响。上覆盖胶层一般较厚，这是输送带的承载面，直接与物料接触并承受物料的冲击和磨损。下覆盖胶是输送带与支承托辊接触的一面，主要承受压力。为了减少输送带沿托辊运行时的压陷阻力，下覆盖胶的厚度一般较薄。侧边覆盖胶的作用是当输送带发生跑偏使侧面和机架相碰时，保护其不受机械损伤。

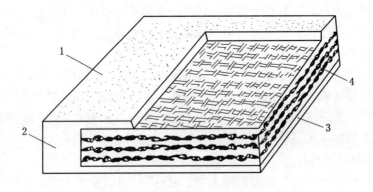

1—上覆盖胶；2—边条胶；3—下覆盖胶；4—带芯

图6-3 输送带结构

（一）输送带分类

按输送带带芯结构及材料不同，输送带被分成织物层芯和钢丝绳芯两大类。织物层芯输送带又被分为分层织物层芯和整体编织织物层芯两类，且织物层芯的材质有棉、尼龙和维纶等。

整体编织织物层芯输送带与分层织物层芯输送带相比，在带强相同的前提下，整体输送带的厚度小、柔性好、耐冲击性好、使用中不会发生层间剥裂，但其伸长率较高，在使用过程中，需较大的拉紧行程。

分层织物层芯使用的棉帆布的纵向拉断强度较低,仅为56N/(mm·层) 和96N/(mm·层)；而使用的尼龙帆布的纵向拉断强度较高，其强度为150 N/(mm·层)、200 N/(mm·层)、250 N/(mm·层)、300 N/(mm·层) 或更高。整体编织织物层芯的纵向拉断强度按单位宽度计，依所用材料和编织厚度的不同而不同。

钢丝绳芯胶带是一种高强度的输送带。其主要特点是使用钢丝绳代替帆布层。钢丝绳芯胶带可分为无布层和有布层两种类型。我国目前生产的均为无布层的钢丝绳芯胶带。这种胶带所用的钢丝绳是由高强度的钢丝顺绕制成的，中间有软钢芯，钢芯强度已达到 60000 N/cm。其结构如图 6-4 所示。

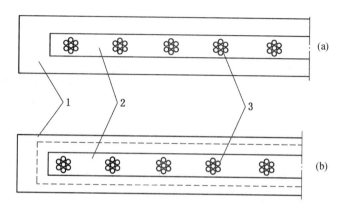

1—橡胶层；2—绳芯层；3—钢丝绳

图 6-4 钢丝绳芯胶带断面图

煤矿井下用输送带必须满足规定的阻燃标准，除有关部门特批外，一般不得应用非阻燃输送带。煤矿井下用输送带可以根据《煤矿用织物叠层阻燃输送带》(MT 830—2008)、《煤矿用织物整芯阻燃输送带》(MT 914—2008)、《煤矿用钢丝绳芯阻燃输送带》(MT 668—2008)进行选用。

（二）输送带的连接

输送带限于运输的条件，出厂时一般制成 100 m 的带段。使用时需要将若干条带段连接在一起。输送带的连接方式有机械法、硫化法和冷粘法三种。

机械法连接接头有铰接合页、铆钉夹板和钩状卡三种，如图 6-5 所示。用机械法连接时，输送带接头处的强度被削弱得很严重，一般只能相当于原来强度的 35%~40%，且使用寿命短。但在便拆装式的带式输送机上目前只能采用这种连接方式。

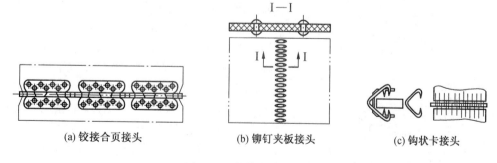

(a) 铰接合页接头　　　(b) 铆钉夹板接头　　　(c) 钩状卡接头

图 6-5 机械法连接接头

硫化法是利用橡胶与芯体的黏结力，把两个端头的带芯粘连在一起。其原理是将连接用的胶料置于连接部位，在一定的压力、温度和时间作用下，使缺少弹性和强度的生胶变成具有高弹性、高黏结强度的熟胶，从而使得两条输送带的芯体连在一起。为使接头有足够的强度，接头处应将带芯分层错开搭连一定的长度，如图 6-6 所示。两端头钢丝绳搭接方式可有多种，图 6-7 所示是常用的二级错位搭接法。用硫化法连接胶带时，需用专门的胶带硫化器，其中煤矿井下要求使用隔爆型电热蒸气胶带硫化器。

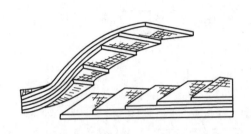

图 6-6 硫化胶合接头

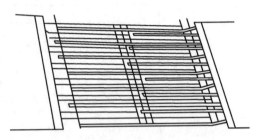

图 6-7 钢丝绳的二级错位搭接法

硫化法的优点是接头强度高，且接口平整。硫化法连接的接头静强度可达输送带本身强度的 85%～90%，但该数据是用宽度不大的试件做硫化接头试验得出的，与在输送带上将输送带的全宽进行硫化连接有一定差别。在设计和选型时应充分考虑该因素，留有充足的裕量，以保证输送带具有足够的强度及可靠性。

冷连接法与硫化连接的主要不同点是冷连接使用的胶料涂在接口后不需加热，只需施加适当的压力保持一定时间即可。冷连接只适用于分层织物芯的输送带。

二、托辊

托辊的作用是支承输送带，使它的垂度不超过限定值以减少运行阻力，保证带式输送机的平稳运行。托辊沿带式输送机全长分布，数量很多，其总重占整机的 30%～40%，价值约占整机的 20%。因此，托辊的质量好坏和工作情况直接影响输送机的运行。这就要求托辊运行阻力小，运转可靠，使用寿命长等。

（一）托辊的结构

托辊主要由心轴、管体、轴承座、轴承和密封装置组成，如图 6-8 所示。托辊的管体一般用无缝钢管制成，也可采用塑料管体，采用非金属材料时应符合相应的技术要求。轴承座有铸铁式、钢板冲压式及酚醛塑料加布轴承座。托辊轴承一般采用滚动轴承。托辊密封结构的好坏直接影响托辊阻力系数和托辊寿命。煤矿井下用托辊的密封装置应有效防止煤尘、水进入轴承。

托辊直径有 89 mm、108 mm、133 mm、159 mm、194 mm、219 mm 6 种，根据带速选用，托辊转速一般不超过 600 r/min。

（二）托辊的类型

托辊按用途不同分为承载托辊、调心托辊和缓冲托辊三种。

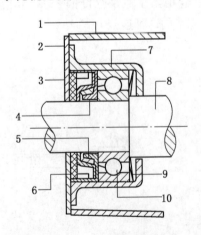

1—管体；2—端盖；3—毡圈；4—密封环；
5—O 形圈；6—机械密封环；7—轴承座；
8—轴；9—衬环；10—轴承

图 6-8 托辊的结构

1. 承载托辊

承载托辊用来承载装运物料和支承返回的输送带。承载托辊有槽形托辊、平形托辊、V 形托辊和反 V 形托辊等，各种承载托辊的结构形式如图 6-9 所示。

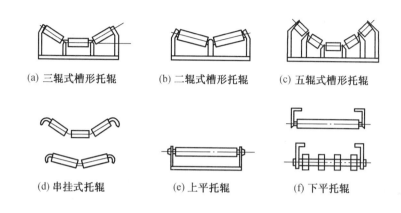

图 6-9 各种承载托辊的结构形式

（1）为增大输送带的承载断面，将承载段的输送带用短托辊组成槽形断面，这种托辊组称为槽形托辊。槽形托辊用于支承重载段输送带，一般由三个短托辊组成，两个侧辊的斜角称为槽角，通常为 30°或 35°，以增大输送带的承载断面。结构上有固定式和铰接式两种。固定式是每个托辊单独卡装在托辊支架上，用于固定式输送机；串挂铰接式是托辊之间相互铰接并悬挂在机架上，用于便拆装式输送机。

（2）平形托辊为一长托辊，用于支承回空段输送带；不要求增大装载量的输送机承载段也使用平行托辊。

（3）V 形托辊和反 V 形托辊主要用于支承回空段输送带，能降低输送带跑偏的可能性。

2. 调心托辊

调心托辊是将槽形或平形托辊安装在可转动的支架上构成的，如图 6-10 所示，用以防止和纠正输送带的跑偏，主要用于固定式输送机。它的纠偏原理如图 6-11 所示，当输送带跑偏时，碰撞回转架上的立辊，使回转架及槽形托辊向运行方向旋转一个角度 α。输送带给托辊的力 F 可以分解成沿托辊轴线的力 F_1 和垂直于托辊轴线的力 F_2。切向力 F_2 用于克服托辊的运行阻力，使托辊旋转；轴向力 F_1 作用在托辊上，欲使托辊沿轴向移动，由于托辊不能轴向移动，而 F_1 使托辊产生对输送带的反作用力，将输送带向中间移动，回转架逐渐回到原位。

承载段一般每隔 10 组承载托辊（又称上托辊）放置一组回转式槽形调心托辊，回空段每隔 6~10 组回空托辊（又称下托辊）放置一组回转式平形调心托辊。

3. 缓冲托辊

安装在输送机受料处的特殊承载托辊，用于降低输送带所受的冲击力，从而保护输送带。

它在结构上有多种形式，例如橡胶圈式、弹簧板支承式、弹簧支承式或复合式，图

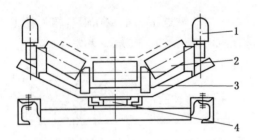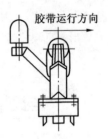

1—立辊；2—槽形托辊；3—回转架；4—回转轴

图 6-10 调心托辊结构

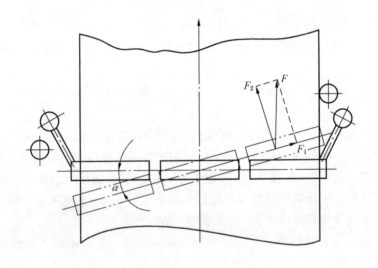

图 6-11 纠偏原理示意图

6-12 所示为橡胶圈式和弹簧板支承式缓冲托辊。

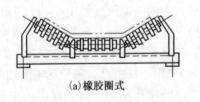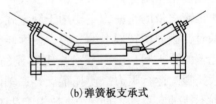

(a) 橡胶圈式　　　　　(b) 弹簧板支承式

图 6-12 缓冲托辊

此外，还有梳形托辊和螺旋托辊。在回程段采用这种托辊，能清除输送带上的粘料。

(三) 托辊的间距

托辊的间距应保证输送带有合理的垂度，一般输送带在托辊间产生的垂度应小于托辊间距的2.5%。上托辊间距见表6-3,下托辊间距一般为2~3 m,或取上托辊间距的2倍。

表6-3 上托辊间距　　　　　　　　　　　　　　　　mm

带　　　　宽		300~400	500~650	800~1000	1200~1400
松散物料堆积密度 γ /（kg·m^{-3}）	≤1800	1500	1400	1300	1200
	1000~2000	1400	1300	1200	1100
	>2000	1300	1200	1100	1000

在装载处的托辊间距需要密集一些,一般为300~600 mm,而且必须选用缓冲托辊。增大托辊间距能减少输送带的运行阻力,因此大型带式输送机的托辊间距可以不同:输送带张力大的部位间距大,输送带张力小的部位间距小。但对高速运行的输送机,设计时要注意防止因输送带发生共振而产生输送带的垂直拍打。

三、机架

机架是用于支撑滚筒、托辊及承受输送带张力的装置,包括机头架、机尾架和中间架等。中间架的类型有吊挂式和落地式两种,落地式又可分为固定式和可拆移式。

用于地面和井下主要运输巷道的固定通用型带式输送机属于落地式固定机架,它固定在输送机机道的地基上,牢固稳定,服务年限长。用于采区巷道的便拆装式带式输送机,其机头架、机尾架做成结构紧凑便于移置的结构,中间架是便于拆装的结构,有绳架吊挂式的钢丝绳机架、无螺栓连接的型钢机架两种。

四、驱动装置

驱动装置的作用是将电动机的动力传递给输送带,并带动它运行。功率不大的带式输送机一般采用电动机直接启动的方式;而对于长距离、大功率、高带速的带式输送机,采用的驱动装置须满足下列要求:

（1）电动机无载启动。
（2）输送带的加、减速度特性任意可调。
（3）能满足频繁启动的需要。
（4）有过载保护。
（5）多电动机驱动时,各电机的负荷均衡。

带式输送机采用可控方式使输送带启动,这样可减少输送带及各部件所受的动负荷及启动电流。

（一）驱动装置的组成

一般的驱动装置由电动机、联轴器、减速器和传动滚筒组及控制装置组成。

1. 电动机

常用的电动机有鼠笼式、绕线异步式电动机。在有防爆要求的场合,应选用矿用隔爆型。用于采区巷道的带式输送机,如功率相同,可选用与工作面相同的电机,以便于维护和更换。

2. 联轴器

按传动和结构上的需要,分别采用液力耦合器、柱销联轴器、棒销联轴器、齿轮联轴器、十字滑块联轴器和环形锁紧器。

环形锁紧器在带式输送机中主要用于主动滚筒与轴的连接（代替键连接）和减速器输出轴与主动滚筒轴的连接（代替十字滑块联轴器）。

长距离大型带式输送机都采用液力耦合器，尤其是多滚筒驱动的长距离带式输送机更应采用液力耦合器，它能解决功率平衡问题。另外，液力耦合器还能降低运输机启动时的动载荷。

3. 减速器

带式输送机用的减速器，有圆柱齿轮减速器和圆锥–圆柱齿轮减速器。圆柱齿轮减速器的传动效率高，但要求电机轴与输送机垂直，因而驱动装置占地宽度大，井下使用时需加宽硐室，若把电机布置在输送带下面，会给维护和更换带来困难。所以，用于采区巷道的带式输送机应尽量采用圆锥–圆柱齿轮减速器，使电机轴与输送机平行，以减少驱动装置的宽度。如功率相同，采区巷道带式输送机的减速器应与工作面刮板输送机减速器相同，以便维修。

4. 传动滚筒

传动滚筒是依靠它与输送带之间的摩擦力带动输送带运行的部件，有钢制光面滚筒、橡胶衬面（包胶或铸胶）滚筒和陶瓷滚筒等。

钢制光面滚筒制造简单，缺点是表面摩擦系数小，一般用在环境湿度小的短距离输送机中。橡胶衬面滚筒和陶瓷滚筒的主要优点是表面摩擦系数大，适用于长距离大型带式输送机或环境潮湿、易打滑的场合。

包胶滚筒按表面形状不同可分为：光面包胶滚筒、菱形（网纹）包胶滚筒、人字形沟槽包胶滚筒。人字形沟槽包胶滚筒摩擦系数大，防滑性和排水性好，但有方向性。菱形包胶滚筒多用于双向运行的输送机。用于重要场合的滚筒，最好选用硫化橡胶胶面。用于井下时，胶面应采用阻燃材料。

传动滚筒直径的大小影响输送带绕经滚筒时的附加弯曲应力及输送带在滚筒上的比压。因此，应限制传动滚筒的最小直径，以提高输送带的使用寿命。对于帆布层芯体的输送带，传动滚筒的直径 D 与帆布层数 z 的比值可根据下列情况确定：

当采用硫化接头时，$D/z \geq 125$。

当采用机械接头时，$D/z \geq 100$。

对于移动式和井下便拆装式输送机，则 $D/z \geq 80$。

对于整编芯体塑料输送带使用的滚筒直径，与同等强度的帆布层输送带相同。

对于钢丝绳芯输送带，则 $D/d \geq 150$，其中 d 为钢丝绳的直径。

输送带在滚筒上的比压，不能大于许用值。对于织物芯体输送带用式（6–1）计算，对于钢丝绳芯输送带用式（6–2）计算。

$$P_{ZH} = \frac{2S}{DB} \leq [P] \qquad (6-1)$$

$$P_{GX} = \frac{2Sl_s}{DBd_s} \leq [P] \qquad (6-2)$$

式中　P_{ZH}——织物芯体输送带的比压，N/cm^2；

　　　P_{GX}——钢丝绳芯输送带的比压，N/cm^2；

[P]——许用比压，取 100 N/cm²；
S——输送带的张力，N；
D——滚筒直径，cm；
B——滚筒宽度，cm；
l_s——钢丝绳间距，cm；
d_s——钢丝绳直径，cm。

各种输送带带宽与驱动滚筒直径的配合关系，参阅《运输机械手册》。滚筒宽度应比输送带宽度大 100~200 mm。

将电动机和减速齿轮都装在滚筒内的特殊滚筒称为电动滚筒。内齿轮固装在滚筒端盖上，电动机经两级减速齿轮带动滚筒旋转。其特点是结构紧凑，外形尺寸小，适用于短距离及较小功率的单机驱动带式输送机。

5. 可控启动装置

大型带式输送机由于在启、制动过程中会产生较大的动张力，导致输送机启动不平稳、启动电流对电网的冲击较大甚至难以启动和正常运行，同时产生强烈振动和磨损，引起各承载件的动载荷变化，严重时损坏机件。为保证大型带式输送机有足够的启、制动时间，使加、减速度控制在允许范围内，以降低动张力，常使用可控驱动装置。《煤矿安全规程》规定，煤矿主要运输系统的带式输送机必须采用软启动装置，以保证带式输送机的可靠、稳定运行。

带式输送机实现可控启动有多种方式，大致可分为两大类：一类是用电动机调速启动，如绕线式感应电动机转子串电阻调速、直流电机调速、变频调速、可控硅调速等方式；另一类是用鼠笼式电动机配用机械调速装置对负载实现可控启动和减速停车。机械调速装置如调速型液力耦合器、液体黏滞可控离合器、CST 可控驱动装置等。限矩型液力耦合器能起到软启动的作用，但不能实现可控启动。

（二）驱动装置的布置

驱动装置按传动滚筒的数量分为单滚筒、双滚筒及多滚筒驱动。每个传动滚筒既可配一个驱动单元，也可配两个驱动单元。单滚筒驱动用于功率不大的小型输送机上，双滚筒及多滚筒驱动用于功率较大的大、中型输送机上。

按电动机的数目分，有单电机驱动和多电机驱动。

按驱动装置的布置位置分，有头部驱动、头尾驱动和中间多点驱动。头部驱动是仅在机头或机尾一端装设驱动装置；头尾驱动是两端都装设驱动装置；多驱动是除机头、机尾设驱动装置外，在中间部位也设置若干套驱动装置。头尾驱动和多驱动是用于长距离带式输送机的驱动方式，以减小输送带所受的张力。

向下运输的倾角较大时，宜采用尾部驱动。

头部双滚筒驱动中，两个滚筒共用一个驱动单元，通过一对齿数相同的齿轮相连，称为双滚筒共同驱动，如图 6-13a 所示；两个滚筒共用一个驱动单元，称为双滚筒分别驱动，如图 6-13b 所以。双滚筒共同驱动适用于要求结构紧凑、占空间小的场合，如井下的便拆装式输送机。

五、拉紧装置

拉紧装置的作用，一是使输送带具有足够的张力，以保证驱动装置所传递的摩擦牵引

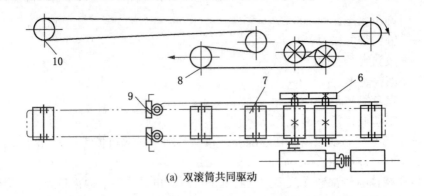

(a) 双滚筒共同驱动

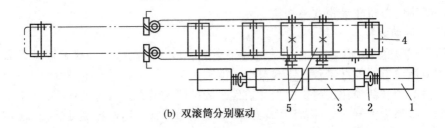

(b) 双滚筒分别驱动

1—电动机；2—液力耦合器；3—减速器；4—卸载滚筒；5—驱动滚筒；6—齿轮对；
7—改向滚筒；8—拉紧滚筒；9—手动蜗轮卷筒；10—机尾改向滚筒

图 6-13 PJ-800 型绳架式带式输送机传动系统

力；二是限制胶带在两托辊间的垂度，使输送机能正常运行。拉紧装置应尽量布置在输送带张力最小处或靠近传动滚筒的松边，以使拉紧力和拉紧行程最小，而响应速度快。拉紧装置通过改变滚筒中心距张紧输送带，根据在工作过程中拉紧力是否可调可分为固定拉紧装置和自动拉紧装置。

（一）固定拉紧装置

固定拉紧装置的特点是工作过程中拉紧力恒定不可调。常用的有以下几种。

1. 螺旋拉紧装置

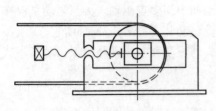

图 6-14 螺旋拉紧装置

它由螺杆和螺母组成的螺旋副来移动拉紧滚筒使输送带张紧，如图 6-14 所示。这种张紧装置行程有限，只能用于短距离、小功率、要求结构紧凑的场合。

2. 重力拉紧装置

重力拉紧装置如图 6-15 所示。此种装置适用于固定安装的带式输送机，结构形式可有多种。其特点是，输送带伸长变形不影响拉紧力，工作可靠。

3. 绞车拉紧装置

钢丝绳绞车式拉紧装置，是用绞车代替图 6-15 中的重砣，牵引钢丝绳改变滚筒位置以张紧输送带。用这种方式张紧，输送带伸长变形时，需要开动绞车调整输送带张力，否则张力将下降。它的优点是调整拉紧力方便，可实现自动调整。满载启动时，可开动绞

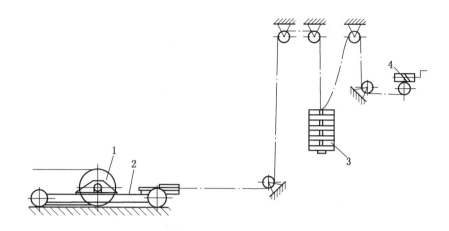

1—拉紧装置；2—滚筒小车；3—重砣；4—手摇绞车
图 6-15 重力式拉紧装置

车，适当增加张紧力；正常运转时，反转绞车，将拉紧力适当减小。驱动滚筒打滑时，可开动绞车加大拉紧力，以增加驱动滚筒的摩擦牵引力。

（二）自动拉紧装置

以上几种拉紧装置的拉紧力大小，是按整机重载启动时输送带与驱动滚筒不打滑所需张紧力确定的，因此不能满足输送机各种运行工况的要求。如输送机在稳定运行时所需张紧力较启动时小，由于拉紧力恒定不可调，输送带在稳定运行工况下，仍处于过张紧状态，从而影响其寿命、增加能耗。

自动拉紧装置的特点是在工作过程中拉紧力可自动调整，即采用测力元件及控制系统，使输送机在不同的工况下（启动、稳定运行、制动）工作时，拉紧装置能够提供合理的拉紧力。其缺点是结构较复杂，外形尺寸大。常用的有电动绞车式自动拉紧装置、液压绞车式自动拉紧装置、液压油缸式自动拉紧装置。

六、制动装置

制动装置的作用是使运行的带式输送机停止或减速以实现正常停车或紧急停车，或防止上运带式输送机在停机时倒转。制动装置包括制动器和逆止器两类，分别用于制动停车和防倒转。制动装置的选用应按输送机的具体使用条件确定，并应符合《煤矿安全规程》的规定，如下运带式输送机应装设软制动装置。

（一）逆止器

常用的逆止器有塞带逆止器、滚柱逆止器和非接触式逆止器等。当一部输送机使用两个以上逆止器时，为防止各逆止器的工作不均匀性，每个逆止器都必须按能单独承担输送机逆止力矩的1.5倍选定。同时，在安装时必须正确确定其旋转方向，以防造成人身伤害和机器损坏。

塞带逆止器依靠制动带与输送带之间的摩擦力制止输送带倒行，只适用于倾角和功率不大的带式输送机。滚柱逆止器靠挤紧滚柱，楔住星轮从而使滚筒制动不能倒转，广泛应用于中、小功率的带式输送机中。

非接触式逆止器主要由内圈1、楔块2、外圈5等组成,如图6-16所示。依靠楔块实现回转轴的单向制动。其内圈安装在减速器的高速轴轴伸上,外圈固定,若干楔块偏心安装于内圈和外圈形成的滚道中,在弹簧作用下楔块与内、外圈接触。正常运行时内圈连着楔块一起沿逆时针方向转动。当速度超过一定值时,楔块在离心力作用下产生偏转,与内圈和外圈脱离接触,从而避免了它们之间的磨损。当停车后向相反方向逆转时,楔块将内、外圈楔紧,实现制动。这种逆止器磨损小、寿命长、许用力矩大、结构紧凑,已广泛应用于带式输送机。

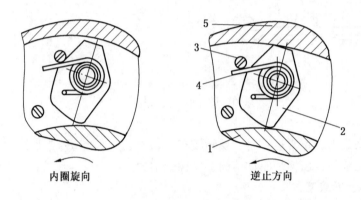

1—内圈;2—楔块;3—挡销;4—复位弹簧;5—外圈
图6-16 非接触式逆止器

(二) 制动器

常用的制动器有闸瓦制动器和盘式制动器。

1. 闸瓦制动器

闸瓦制动器通常采用电动液压推杆,如图6-17所示。制动器装在减速器输入轴的制动轮联轴器上,闸瓦制动器通电后,由电-液驱动器推动松闸。失电时弹簧抱闸,制动力是由弹簧和杠杆加在闸瓦上的。

闸瓦制动器的结构紧凑,但制动副的散热性能不好,不能单独用于下运带式输送机。

2. 盘式制动器

盘式制动器是安装在电动机与减速器之间的一套制动装置,如图6-18所示。盘式制动器由制动盘、制动缸和液压系统组成。制动缸活塞杆端部装有闸瓦,制动缸成对安装在制动盘两侧,闸瓦靠制动缸内的碟形弹簧加压,用油压松闸或调节闸瓦压力。液压系统由电磁比例溢流阀按控制信号调节进入制动缸的油压。

这种制动器多用于大型带式输送机,水平、向上、向下运输时均可采用,但下运时必须加强制动盘及闸瓦的散热能力。

七、清扫装置

清扫装置的作用是清扫输送带表面的黏着物,如煤粉等,防止输送带磨损、跑偏、打滑以及双滚筒驱动时牵引力分配不平衡等问题。最简单的清扫装置是刮板式清扫器,如图

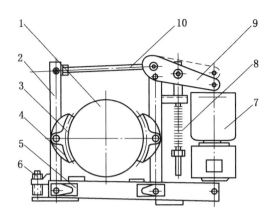

1—制动轮；2—制动臂；3—制动瓦衬垫；4—制动瓦块；5—底座；6—调整螺钉；
7—电-液驱动器；8—制动弹簧；9—制动杠杆；10—推杆

图 6-17 电动液压推杆制动器

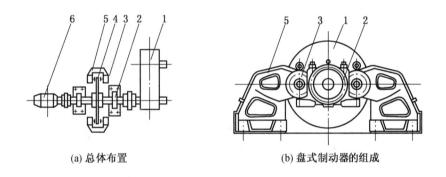

(a) 总体布置　　　　　　　　(b) 盘式制动器的组成

1—减速器；2—制动盘轴承座；3—制动缸；4—制动盘；5—制动缸支座；6—电动机

图 6-18 盘式制动器

6-1 中的 8，是用重锤或弹簧使刮板紧压在输送带上实现清扫。此外，还有旋转刷、指状弹性刮刀、水力冲刷、振动清扫等。采用哪种装置，视所运物料的黏性而定。

输送带的清扫效果，对延长输送带的使用寿命和双滚筒驱动的稳定运行有很大影响，在设计和使用中都必须给予充分的注意。

第三节　带式输送机的传动理论

一、输送带的摩擦传动原理

带式输送机所需要的牵引力是通过传动滚筒与输送带之间的摩擦力来传递的，输送带是挠性牵引构件。滚筒驱动所能传递的最大牵引力，按挠性体在圆弧上摩擦理论，即欧拉公式计算。欧拉公式是在假定挠性牵引构件不可拉伸、没有弯曲阻力、没有质量和厚度且它与圆弧面间的摩擦系数不变的理想条件下导出的。

图 6-19 所示为滚筒驱动带式输送机摩擦传动原理图。当电动机经减速器带动传动滚筒转动时，传动滚筒靠摩擦力带动输送带沿图中所示箭头方向运动，使得输送带与传动滚筒相遇点的张力 F_y 大于分离点的张力 F_l。F_y 与 F_l 之差值为传动滚筒所传递的牵引力。

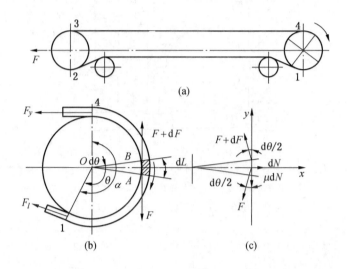

图 6-19　滚筒驱动带式输送机摩擦传动原理图

当负载增大，所需要的牵引力超过传动滚筒与输送带之间的极限摩擦力时，输送带与传动滚筒不再同步，输送带将在滚筒上打滑而不能正常工作。为使传动正常进行，则要分析即将打滑时相遇点张力 F_y 与分离点张力 F_l 的关系。

如图 6-19b 所示，输送带围包在滚筒上，相遇点与分离点之间输送带弧长为围包弧，对应的圆心角为围包角 α。取微弧段 AB 为隔离体，对应的中心角为 $d\theta$，如图 6-19c 所示。忽略其自重、离心力、弯曲应力，作用在其上的力有：A 点的张力 F，B 点的张力 $F+dF$，传动滚筒对输送带的法向反力 dN 及摩擦力 μdN，μ 为滚筒与输送带之间的摩擦系数。由于 AB 很短，若不考虑其厚度，上述四个力为共点力系。在极限平衡条件下，即摩擦力达到最大值，输送带与滚筒间即将打滑时，可得平衡方程：

$$\sum F_x = 0 \qquad dN = F\sin\frac{d\theta}{2} + (F+dF)\sin\frac{d\theta}{2}$$

$$\sum F_y = 0 \qquad (F+dF)\cos\frac{d\theta}{2} = F\cos\frac{d\theta}{2} + \mu dN$$

由于 $d\theta$ 很小，可近似认为 $\sin\frac{d\theta}{2} \approx \frac{d\theta}{2}$，$\cos\frac{d\theta}{2} \approx 1$，略去二次微量 $dF\frac{d\theta}{2}$，解方程组得

$$\frac{dF}{F} = \mu d\theta \tag{6-3}$$

式 (6-3) 为一阶常微分方程，当围包角 θ 由 0 增大到 α 时，张力由 F_l 增加到最大值 $F_{y\max}$，两边积分，得

$$\int_{F_l}^{F_{y\max}} \frac{dF}{F} = \int_0^\alpha \mu d\theta$$

式中 F_{ymax}——输送带在相遇点上的最大张力。

解上式,得

$$\frac{F_{ymax}}{F_l} = e^{\mu\alpha}$$

即 $$F_{ymax} = F_l e^{\mu\alpha} \tag{6-4}$$

式(6-4)称为挠性体摩擦传动的欧拉公式。相遇点张力 F_y 随负载的增加而增大,当负载增加过多时,就会出现相遇点张力 F_y 与分离点张力 F_l 之差大于传动滚筒与输送带间的极限摩擦力,输送带将在滚筒上打滑而不能工作。为防止输送带在传动滚筒上打滑,输送带在滚筒相遇点的实际张力 F_y,必须满足以下条件:

$$F_l < F_y < F_{ymax} \tag{6-5}$$

因输送带是弹性体,在张力作用下要产生弹性伸长,而且受力越大变形越大。因此输送带随滚筒由相遇点向分离点运行过程中,随张力逐渐变小,伸长量也逐渐变小。也就是说在相遇点被拉长的输送带,在向分离点运动时,就会随着张力的减小而逐渐收缩。在这个过程中,输送带与滚筒之间便产生相对滑动,称为弹性滑动。弹性构件摩擦牵引产生弹性滑动是不可避免的。

弹性滑动只发生在传动滚筒上有张力差的一段输送带内,这个张力差就是滚筒传递给输送带的牵引力。如图6-20所示,当 $F_y = F_{ymax}$ 时,输送带张力按曲线 bca' 变化,弹性滑动发生在整个围包弧上。当 $F_l < F_y < F_{ymax}$ 时,输送带张力在 ca 弧段不变,不传递牵引力,输送带没有弹性滑动,该弧段称为静止弧,对应的圆心角 γ 称为静止角;在 bc 弧段张力变化符合欧拉公式,传递牵引力,输送带有弹性滑动,该弧段称为滑动弧,对应的圆心角 λ 称为滑动角。滑动弧随着相遇点张力的增大而增大。

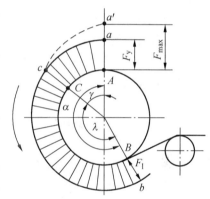

图6-20 输送带在传动滚筒上的张力变化

二、传动装置的牵引

由于输送带在驱动滚筒两端的张力差是驱动滚筒的圆周牵引力,故带式输送机单滚筒传动装置可能传递的最大牵引力为

$$F_{umax} = F_{ymax} - F_l = F_l(e^{\mu\alpha} - 1) \tag{6-6}$$

从式(6-6)中可以看出,增大传动装置牵引力有以下方法:

(1)增大输送带的拉紧力。增加拉紧力可使分离点张力 F_l 增大。但在增大 F_l 的同时,提高了对输送带强度的要求。由于运行阻力增大,某些部件结构尺寸必须加大,故不经济。

(2)增大围包角 α。单滚筒传动时,围包角只能取200°~230°。对于井下带式输送机,因工作条件较差,所需牵引力较大,可采用双滚筒传动,其围包角可达到450°~480°。

(3)增大摩擦系数 μ。通常是在传动滚筒表面覆盖摩擦系数较大的衬垫材料,如橡胶等,这在不增加输送带张力的情况下能使牵引力增加很多。

式 (6-6) 表示的是传动滚筒能传递的最大摩擦牵引力。实际设计中，考虑到摩擦系数和运行阻力的变化，以及启动加速时的动负荷影响，应使摩擦牵引力有一定的裕量作为备用。因此，设计采用的摩擦牵引力 F_u 应为

$$F_u = \frac{F_{u\max}}{n} = \frac{F_l(e^{\mu\alpha} - 1)}{n} \tag{6-7}$$

式中　n——摩擦力备用系数（又称启动系数），可取 $n = 1.3 \sim 1.7$。

根据式（6-7）可求得计入摩擦力备用系数、输送带在相遇点的许用张力与分离点张力的关系式。将 $F_u = F_{yxu} - F_l$ 代入式（6-7）得

$$F_{yxu} = F_l\left(\frac{e^{\mu\alpha} - 1}{n} + 1\right) \tag{6-8}$$

式中　F_{yxu}——计入摩擦力备用系数时输送带相遇点的许用张力，N；
　　　F_l——分离点张力，N；
　　　μ——摩擦系数；
　　　α——围包角，rad。

摩擦系数对所能传递的牵引力有很大影响，影响摩擦系数的因素很多，主要是输送带与滚筒接触面的材料、表面状态和工作条件。对于大功率带式输送机还要考虑比压、输送带覆盖胶和滚筒包覆层的硬度、滑动速度、接触面温度等。

第四节　带式输送机的选型

带式输送机的选型计算分为两种情况：一种是按给定的工作条件经设计计算，选用通用设备（如 TD75 型、DTⅡ型系列通用固定式带式输送机和 DX 系列钢丝绳芯带式输送机等）的标准零部件，组成固定式带式输送机的整机；另一种是按给定的使用条件选用有定型规格的整机产品。两种情况下的计算方法基本是一致的。

固定式带式输送机的标准系列部件的参数范围很广，其各个部件如输送带、滚筒组件、驱动装置、托辊组件、机架、拉紧装置、制动装置、清扫装置、电控及保护装置都有标准系列，可供选用。设计时，按给定的工作条件经过计算和优化，再选用适当规格的标准部件组成输送机的整机。

煤矿井下使用的便拆装式的带式输送机，有固定规格的定型整机产品，其主要产品的技术特征见表 6-4。对于这一类输送机的设计计算无须进行参数和部件的选择，如果给定的使用条件与某种型号的技术特征基本一致，经验算其主要技术特征适合工作条件，即可选用整机。

表 6-4　便拆装式带式输送机主要技术特征

型号	运输能力/ $(t \cdot h^{-1})$	输送长度/ m	带宽/ mm	带速/ $(m \cdot s^{-1})$	电动机			液力耦合器型号	机头外形尺寸（长×宽×高）/ $(mm \times mm \times mm)$	整机质量/ t
					型号	功率/ kW	电压/ V			
SPJ-800	350	300	800	1.63	DS_3B-17 DS_2B-30	17 30	380/660	420	6600×2110×1300	25

表6-4（续）

型　号	运输能力/ $(t \cdot h^{-1})$	输送长度/ m	带宽/ mm	带速/ $(m \cdot s^{-1})$	电动机 型号	电动机 功率/ kW	电动机 电压/ V	液力耦合器型号	机头外形尺寸（长×宽×高）/（mm×mm×mm）	整机质量/ t
SD-80	400	600	800	2.00	JDSB-40	2×40	380/660	YL-400	4230×1961×1500	48
SDJ-150	630	1000	1000	1.90	DSB-75	2×75	380/660	YL-450	4755×2266×1615	87
DSP-1063/1000	630	1000	1000	1.88	JDSB-125	125	660/1140	YL-500	4755×2269×1665	95
DPS-1000	660	300	1000	2.10		2×30		YL-420	7270×2300×1470	26

带式输送机的计算内容有：输送能力及相关参数、运行阻力、牵引力及运行功率、输送带强度验算、拉紧力和制动力矩。

一、输送能力及相关参数

带式输送机的最大输送能力是由输送带上物料的最大截面积、带速和设备倾斜系数决定的，即

$$Q = 3.6 A v \gamma K \tag{6-9}$$

式中　Q——带式输送机的输送能力，t/h；
　　　A——输送带上物料的最大横断面积，m²，按式（6-12）计算；
　　　v——输送带的运行速度，m/s；
　　　γ——物料的松散密度，kg/m³；
　　　K——输送机的倾斜系数，见表6-5。

表6-5　输送机的倾斜系数

倾角/(°)	2	4	6	8	10	12	14	16	18	20
K	1.00	0.99	0.98	0.97	0.95	0.93	0.91	0.89	0.85	0.81

对于沿水平运行的输送带可用一、二、三个托辊承托，物料在输送带上的最大横断面积如图6-21所示。计算方法如下：

$$A_1 = [l_3 + (b - l_3)\cos\lambda]^2 \frac{\tan\theta}{6} \tag{6-10}$$

$$A_2 = \left[l_3 + \frac{(b-l_3)}{2}\cos\lambda\right]\left[\frac{(b-l_3)}{2}\sin\lambda\right] \tag{6-11}$$

$$A = A_1 + A_2 \tag{6-12}$$

式中　b——有效带宽，m，当$B \leq 2$ m，$b = 0.9B - 0.05$，当$B > 2$ m，$b = B - 0.25$；
　　　θ——动堆积角，取决于被运物料的性质，它是物料横截面轮廓线与运动着的输送带交点处的切线与水平面的夹角，如图6-21所示，可用静堆积角的0.75倍近似计算，物料的静堆积角，是物料从较小的高度缓慢有规律地落在水平静止平面上所形成的锥形表面与水平面的夹角，(°)；

λ——槽角,对于一辊组成的槽形,$\lambda = 0$;

l_3——中心托辊长,设计时一般取 $0.38b \sim 0.4b$,对于一辊或二辊组成的槽形,$l_3 = 0$。

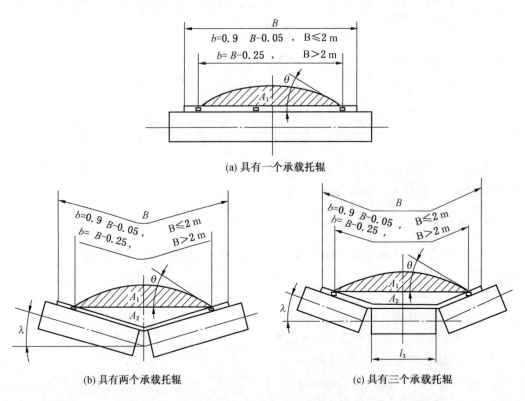

图 6-21 物料的最大横断面积

由上可知,输送带的带宽 B 和它的运行速度 v 决定了带式输送机的输送能力。带宽和带速已标准化,可查 GB/T 10595—2009 的规定。一般情况下,按表 6-6、表 6-7 选择带速。

表 6-6 DT Ⅱ 系列带式输送机速度表   m/s

物料特性	物料种类	不同带宽的推荐带速			
		500 mm、650 mm	800 mm、1000 mm	1200～1600 mm	1800 mm 以上
磨琢性较小或不会因粉化而引起物料品质下降	原煤、盐、砂等	≤2.5	≤3.15	2.5～5.0	3.15～6.3
磨琢性较大,中、小粒度的物料(160 mm 以下)	剥离岩、矿石、碎石等	≤2.0	≤3.15	2.0～4.0	2.5～5.0
磨琢性较大,粒度较大的物料(160 mm 以上)	剥离岩、矿石、碎石等	≤1.6	≤2.5	2.0～4.0	2.0～4.0

表6-6（续） m/s

物料特性	物料种类	不同带宽的推荐带速			
		500 mm、650 mm	800 mm、1000 mm	1200~1600 mm	1800 mm 以上
品质会因粉化而降低的物料	—	≤1.6	≤2.5	2.0~3.15	—
筛分后的物料	焦炭、精煤等	≤1.6	≤2.5	2.0~4.0	—
粉状、容易起尘的物料	水泥等	≤1.0	≤1.25	1.0~1.6	—

表6-7 DT75系列带式输送机速度表 m/s

物料特性	不同带宽的推荐带速		
	500 mm、600 mm	800 mm、1000 mm	1200 mm、1400 mm
无磨损性或磨损性小的物料，如原煤、盐	0.8~2.5	1.0~3.15	1.0~4.0
有磨损性的中小物料，如矿石、砾石、炉渣	0.8~2.0	1.0~2.5	1.0~3.15
有磨损性的大块物料，如大块矿石	0.8~1.5	1.0~2.0	1.0~2.5
速度系列	0.3、0.8、1.0、1.25、1.6、2.0、2.5、3.15、4.0 其中0.3为首选带式输送机专用		

确定带宽要考虑所运物料的最大块度，以使输送机能稳定运行。不同带宽适用的物料最大块度见表6-8。此外，表6-9给出了DTⅡ型固定式带式输送机的带宽B、运行速度v与输送能力Q的匹配关系。

表6-8 各种带宽适用的物料最大块度 mm

带宽	500	650	800	1000	1200	1400	1600	1800	2000	2200	2400
最大块度	150	150	200	300	350	350	350	350	350	350	350

表6-9 带宽B、运行速度v与输送能力Q的匹配关系 输送能力/(t·h^{-1})

带宽/mm	运行速度/(m·s^{-1})									
	1.25	1.6	2.0	2.5	3.15	4.0	(4.5)	5.0	(5.6)	6.3
500	108	139	174	217						
650	198	254	318	397						
800	310	397	496	620	781					
1000	507	649	811	1014	1278	1622				
1200	742	951	1188	1486	1872	2377	2674	2971		
1400	1032	1321	1652	2065	2602	3304	3718	4130		
1600			2186	2733	3444	4373	4920	5466	6122	
1800			2795	3494	4403	5591	6291	6989	7829	9083

表6-9（续）　　　　　　　输送能力/(t·h^{-1})

带宽/mm	运行速度/(m·s^{-1})								
	1.25	1.6	2.0	2.5	3.15	4.0	(4.5)	5.0	(5.6)	6.3
2000			3470	4338	5466	6941	7808	8676	9717	11277
2200				6843	8690	9776	10863	12166	14120
2400					8289	10526	11842	13158	14737	17104

注：1. 输送能力 Q 值是按水平运输、动堆积角 $\theta=20°$、托辊槽角 $\lambda=35°$ 时计算的。
　　2. 表中运行速度 (4.5)、(5.6) m/s 为非标准值，一般不推荐。

二、运行阻力

带式输送机的运行阻力由以下几种阻力组成：①主要阻力 F_H；②附加阻力 F_N；③特种主要阻力 F_{S1}；④特种附加阻力 F_{S2}；⑤倾斜阻力 F_{St}。这五种阻力不是每种带式输送机都有，如特种阻力 F_{S1}、F_{S2} 只出现在某些设备中。

（一）主要阻力 F_H

主要阻力包括：托辊旋转阻力和输送带的前进阻力。托辊旋转阻力是由托辊轴承和密封间的摩擦产生的；输送带的前进阻力是由于输送带在托辊上反复被压凹陷以及输送带和物料经过托辊时反复弯曲变形产生的。计算方法如下：

$$F_H = fLg[(2q_B + q_G)\cos\beta + q_{RO} + q_{RU}] \tag{6-13}$$

式中　f——模拟摩擦系数，根据工作条件及制造、安装水平选取，参见表6-10；
　　　L——输送机长度（头、尾滚筒中心距），m；
　　　g——重力加速度，取 9.81 m/s^2；
　　　β——输送机的工作倾角，当输送机倾角小于 18° 时，可取 $\cos\beta \approx 1$；
　　　q_B——每米长输送带的质量，kg/m；
　　　q_G——每米长输送物料的质量，kg/m；
　　　q_{RO}——承载分支托辊每米长旋转部分的质量，kg/m；
　　　q_{RU}——回程分支托辊每米长旋转部分的质量，kg/m。

表6-10　模拟摩擦系数 f

安装情况	工作条件	f
水平、向上倾斜及向下倾斜的电动工况	工作环境良好，制造、安装良好，带速低，物料内摩擦系数小	0.02
	按标准设计、制造、调整良好，物料内摩擦系数中等	0.022
	多沉、低温、过载、高带速，安装不良，托辊质量差，物料内摩擦系数大	0.023~0.03
向下倾斜	设计、制造正常，处于发电工况时	0.012~0.016

注：本表取自 DTⅡ型固定带式输送机设计选用手册。

每米长输送物料的质量 q_G，承载分支和回程分支托辊每米长旋转部分的质量 q_{RO}、q_{RU} 分别按下列各式计算：

$$q_G = \frac{Q}{3.6v} \tag{6-14}$$

$$q_{RO} = \frac{m_{RO}}{l_{RO}} \tag{6-15}$$

$$q_{RU} = \frac{m_{RU}}{l_{RU}} \tag{6-16}$$

式中　　Q——输送能力，t/h；

　　　　v——带速 m/s；

　　m_{RO}——承载分支中一组托辊旋转部分的质量，kg，查表 6-11；

　　m_{RU}——回程分支中一组托辊旋转部分的质量，kg，查表 6-11；

　　l_{RO}——承载分支（上）托辊的间距，m；

　　l_{RU}——回程分支（下）托辊的间距，m。

钢丝绳芯胶带每米质量应参阅钢丝绳芯胶带参数。

表 6-11　托辊旋转部分的质量 m_{RO} 和 m_{RU}　　　　　　　　kg

托辊型式 （轴承座型式）		带宽/mm						
		800	1000	1200	1400	1600	1800	2000
上托辊	铸铁座	14	22	25	47	50	72	77
	冲压座	11	17	20	—	—	—	—
下托辊	铸铁座	12	17	20	39	42	61	65
	冲压座	11	15	18	—	—	—	—

（二）附加阻力

附加阻力包括：物料在装卸段被加速的惯性阻力和摩擦阻力 F_{Na}；物料在装载段的导料挡板侧壁上的摩擦阻力 F_{Nb}；除驱动滚筒以外的滚筒轴承阻力 F_{Nc}；输送带在滚筒上绕行的弯曲阻力 F_{Nd}。

附加阻力的计算：

$$F_N = F_{Na} + F_{Nb} + F_{Nc} + F_{Nd} \tag{6-17}$$

1. 物料在装卸段被加速的惯性阻力和摩擦阻力 F_{Na}

$$F_{Na} = Q_v \gamma (v - v_0) \tag{6-18}$$

式中　　Q_v——容积输送能力，m³/s；

　　　　γ——物料的松散堆积密度，kg/m³；

　　　　v——输送带的速度，m/s；

　　　　v_0——装入的物料在输送带运行方向的速度分量，m/s。

2. 物料在装载段的导料挡板侧壁上的摩擦阻力 F_{Nb}

$$F_{Nb} = \frac{\mu_2 Q_v^2 \gamma l_b}{\left(\dfrac{v+v_0}{2}\right)^2 b_1^2} \tag{6-19}$$

$$l_b = \frac{v^2 - v_0^2}{2g\mu_1} \tag{6-20}$$

式中　　μ_2——物料与导料挡板间的摩擦系数，$\mu_2 = 0.5 \sim 0.7$；

l_b——加速段长度，m；

μ_1——物料与输送带间的摩擦系数，$\mu_1 = 0.5 \sim 0.7$；

b_1——导料挡板间的宽度，m。

3. 滚筒轴承阻力 F_{Nc}（传动滚筒的不计入）

$$F_{Nc} = 0.005 \frac{d_0}{D} F_T \tag{6-21}$$

式中　d_0——轴承内径，m；

　　　D——滚筒直径，m；

　　　F_T——作用于滚筒上的输送带张力与滚筒旋转部分重力的向量和，N。

4. 输送带在滚筒上绕行的弯曲阻力 F_{Nd}

对各种帆布输送带：

$$F_{Nd} = 9B\left(140 + 0.01 \frac{F_p}{B}\right)\frac{\delta}{D} \tag{6-22}$$

对钢丝绳芯输送带：

$$F_{Nd} = 12B\left(200 + 0.01 \frac{F_p}{B}\right)\frac{\delta}{D} \tag{6-23}$$

式中　B——输送带的宽度，m；

　　　F_p——滚筒上输送带的平均张力，N；

　　　δ——输送带的厚度，m。

（三）特种主要阻力

特种主要阻力 F_{S1} 包括：由于槽形托辊的两侧辊向前倾斜引起的摩擦阻力；在输送带的重段沿线设有导料挡板时，物料与挡板之间的摩擦阻力。

（四）特种附加阻力

特种附加阻力 F_{S2} 包括：输送带清扫器的阻力、犁式卸料器的阻力、卸料车的阻力、空段输送带的翻转阻力。

（五）倾斜阻力

倾斜阻力 F_{St} 是在倾斜安装的输送机上，物料上运时要克服的重力，或物料下运时要克服的重力。倾斜阻力的计算式为

$$F_{St} = q_G H g = q_G L \sin\beta \tag{6-24}$$

式中　H——输送机提升或下降物料的高度，m。

三、牵引力及运行功率

（一）驱动滚筒上所需的牵引力（圆周力）

带式输送机驱动滚筒所需牵引力（圆周力）是所有运行阻力之和，即

$$F_U = F_H + F_N + F_{S1} + F_{S2} + F_{St} \tag{6-25}$$

对于长距离带式输送机（机长大于80 m），附加阻力明显小于主要阻力，可引入阻力系数 C（$C>1$）来考虑附加阻力，以简化计算，即

$$F_U = CfLg[(2q_B + q_G)\cos\beta + q_{RO} + q_{RU}] + F_{S1} + F_{S2} + q_G H g \tag{6-26}$$

系数 C 依输送机长度的不同按表6-12选取，也可由图6-22中曲线查取。输送机长

度小于 80 m 时，系数 C 不是定值，图中用阴影区表示为系数 C 的不确定区。

表 6-12 计入附加阻力的系数 C 值

L/m	80	100	150	200	300	400	500	600	700	800	900	1000	1500	2000	2500	5000
C	1.92	1.78	1.58	1.45	1.31	1.25	1.20	1.17	1.14	1.12	1.10	1.09	1.06	1.05	1.04	1.03

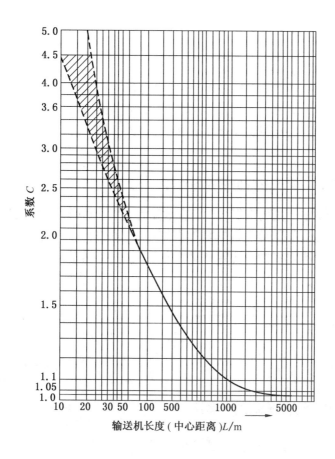

图 6-22 系数 C 随 L 变化的曲线

上述计算驱动滚筒上所需牵引力（圆周力）的公式仅适合于均匀而连续加载的输送机，如果输送机的线路有坡度变化，输送带经常处于部分区段有载的情况，牵引力（圆周力）的计算应考虑各种可能的不同工况计算，采用所需牵引力（圆周力）最大的工况设计驱动系统。

(二) 带式输送机所需运行功率

带式输送机驱动滚筒上所需的运行功率，取决于牵引力（圆周力）和输送带的速度，即

$$N_A = \frac{F_U v}{1000} \tag{6-27}$$

式中 N_A——传动滚筒轴所需的运行功率，kW；

F_U——驱动滚筒所需的牵引力（圆周力），N；

v——输送带速度，m/s。

计入驱动设备的传动效率，所需电动机的功率 N_M 为

对具有正功率的输送机：

$$N_M = \frac{N_A}{\eta_1} \qquad (6-28)$$

对具有反馈功率的输送机：

$$N_M = N_A \eta_2 \qquad (6-29)$$

式中 η_1——传动效率，一般在 0.85～0.95 之间选取；

η_2——反馈传动效率，一般在 0.95～1.0 之间选取。

选用驱动电动机时，应按实际情况的需要，计入负载启动的动负荷、电压降、双机功率分配不均等因素的影响，将上述计算值乘一个启动系数，启动系数的大小按实际需要选用。

四、输送带张力、垂度及强度的校核计算

输送带作为带式输送机的牵引构件，在承受为克服输送带运行阻力所必需的牵引力的同时，由于带式输送是靠驱动滚筒与输送带之间的摩擦力传递牵引力，其张力还要满足摩擦传动条件；为防止输送带在两托辊之间的垂度过大，输送带的张力还要保证垂度不超过规定值。

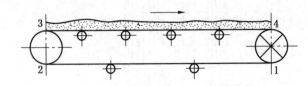

图 6-23 带式输送机张力计算图

（一）输送带张力

输送带作为牵引构件，它的张力沿输送机全长是变化的，需要用逐点计算法求出它在各点的张力。现以图 6-23 所示的系统为例，说明在稳定（等速）运行时，为满足上述各项要求的输送带张力的计算方法和步骤。

（1）按前述的运行阻力计算公式，依线路情况分段计算各项阻力。为简化说明，图 6-23 仅采用了只有水平直线段的简单系统。

（2）用逐点计算法列出为克服运行阻力，输送带各点的张力关系。为简化说明，这里仅计入了主要阻力和简化计算的绕经滚筒的阻力。输送带在滚筒上绕行的弯曲阻力及滚筒轴承的阻力两项合并，按输送带的张力增加 5% 计算。如需详细计算，还应列入各种附加阻力。式（6-30）中 F_1、F_2、F_3、F_4 为输送带在各点上的张力，F_k 和 F_{zh} 为回空段和承载段的主要阻力，F_{2-3} 为绕经滚筒的阻力。

$$\left.\begin{aligned} F_2 &= F_1 + F_k \\ F_3 &= F_2 + F_{2-3} = F_2 + 0.05F_2 = 1.05F_1 + 1.05F_k \\ F_4 &= F_3 + F_{zh} = 1.05F_1 + 1.05F_k + F_{zh} \end{aligned}\right\} \qquad (6-30)$$

（3）按式（6-8）列出满足摩擦牵引力的张力关系：

$$F_4 = F_1\left(1 + \frac{e^{\mu\alpha} - 1}{n}\right) \tag{6-31}$$

(4) 将式 (6-30)、式 (6-31) 联立，求出 F_1 值，将此值代入式 (6-30) 中的各式，得出满足克服运行阻力和驱动滚筒不打滑两个条件的各点张力值。

(二) 托辊间垂度的计算

在输送带自重和载荷重量的作用下，输送带在两托辊之间必然有悬垂度。托辊间距越大或输送带张力越小，其垂度将越大。如果垂度过大，输送带在两组托辊之间将发生松弛现象，可能导致物料撒落且将引起输送带运行阻力加大，故各国均规定了允许的最大垂度值。ISO 5048 中规定输送带垂度不超过托辊间距的 0.5%~2.0%，我国设计规范中规定为 2.5%。

为满足输送带的垂度条件，按照输送带最大允许垂度 $y_{\max} = 0.025 l_{RO}$ 计算，承载段的最小张力 $F_{\min}$ 需满足：

$$F_{\min} \geq 5(q_B + q_G) l_{RO} g\cos\beta \tag{6-32}$$

如按式 (6-32) 计算得到的值，小于按式 (6-30)、式 (6-31) 联立解出的承载段最小张力，表明按后者计算是能满足各种要求的；否则应以式 (6-32) 求得的值作为承载段的最小张力，并以此值为准，代入式 (6-30) 中的各式，再求各点的张力值。

也可以先用式 (6-32) 求出满足垂度要求的最小张力，以此值为承载段最小张力，按逐点计算法，计算各点的张力，然后验算是否能满足摩擦牵引力条件。

回空段垂度要求输送带最小张力点的张力：

$$F'_{\min} \geq 5 q_B l_{RU} g\cos\beta \tag{6-33}$$

(三) 输送带强度验算

计算出输送带的最大张力后，应验算输送带的强度。对于帆布芯输送带校核帆布层数 Z 的计算公式如下：

$$Z \geq \frac{m F_{\max}}{B \sigma_b} \tag{6-34}$$

式中　　m——安全系数，按表 6-13 选取；

　　　　σ_b——输送带强度，N/(mm·层)；

　　　　B——带宽，mm。

表 6-13　帆布芯输送带安全系数

帆布层数 Z	3~4	5~8	9~12
硫化接头	8	9	10
机械接头	10	11	12

整芯输送带和钢丝绳芯输送带的强度按下式计算：

$$\sigma_b = \frac{m F_{\max}}{B} \tag{6-35}$$

整芯输送带的安全系数取 $m = 9$，钢丝绳芯输送带的安全系数取 $m = 10$。

五、拉紧力

拉紧装置的拉紧力，按拉紧装置的位置，根据计算得到的张力值计算。拉紧力等于输送带在拉紧滚筒两端的张力之和。

带式输送机所需要的拉紧力，在启动、稳定运行和制动过程中是不同的。采用自动拉紧装置时，可按不同工况的需要调整大小；采用固定式拉紧装置时，拉紧力不能随工况的改变而变化，输送带的预拉紧力应按各种工况都不打滑的条件计算。计算拉紧力时，也要考虑启动和制动工况的需要。

其他各种参数的计算和未尽部分可参阅《DT Ⅱ型固定式带式输送机设计选用手册》或《运输机械设计选用手册》。

📖 思 考 题

1. 简述带式输送机的组成部分、工作原理及分类。
2. 胶带有哪几种类型？各用什么方法连接？
3. 简述调心托辊的纠偏原理。
4. 拉紧装置、制动装置的作用是什么？说明各自的类型及适用范围。
5. 输送带的张力应满足哪些条件？怎样确定输送带应有的张力值？
6. 试分析增大摩擦牵引力的措施。
7. 带式输送机的运行阻力由哪些阻力组成？各是如何产生的？
8. 某矿用一台带式输送机运送煤炭，其摩擦传动装置的围包角为 470°，摩擦系数为 0.2，最初采用 3000 N 的初张力，产生的极限牵引力刚好与所需牵引力相等，试问如采用提高初张力的办法使其极限牵引力比所需牵引力大 15%，则初张力应增加多少？

第七章 矿井提升设备

【本章教学目的与要求】
- 掌握矿井提升系统的分类及特点
- 掌握常用提升容器、提升钢丝绳、提升机的结构
- 具备初步的矿井提升设备选型计算能力

【本章概述】
矿井提升是煤炭生产过程中的重要环节，煤矿提升设备是由机械设备和电气设备组成的大型综合设备，其主要组成部分包括提升容器、提升钢丝绳、提升机、电气控制装置、井架或井塔以及装卸载设备等。本章主要介绍提升系统的组成及主要设备的结构和工作原理，选型设计的基本原则与设计依据、选型计算的方法与步骤。

【本章重点与难点】
本章的重点是提升容器的作用和类型，钢丝绳的作用和标记，提升系统的组成，制动系统的作用，安全规程对立井与斜井提升的规定。其中矿井提升设备选型计算是本章的难点。

第一节 概 述

矿井提升是煤炭生产过程中的重要环节，井下各工作面采掘下来的煤炭或矸石，经过井下运输设备运到井底车场，再由提升设备提至地面。人员的升降、材料、设备的运输都需要提升设备完成。"运输是矿井的动脉，提升是咽喉"形象说明了矿井提升的重要作用。

矿井提升设备是周期工作的大型输送设备，需要频繁地正、反运转、启动与停车，工作条件苛刻，其机械和电气设备适用性、可靠性和操作维护简便快捷性非常重要，其安全性在《煤矿安全规程》中有严格要求。一旦发生事故，将直接影响矿井正常生产，甚至造成人员与设备的巨大损失，必须按照相关规程使用和维护，使之安全、可靠、经济地运转。

一、提升系统的组成

矿井提升系统主要由提升容器、提升钢丝绳（平衡钢丝绳）、提升机、电动机、主井装卸载系统、副井上下操车系统、过卷和过放防护设备、电控系统、提升信号系统、井架或井塔等组成。

（一）提升容器

提升容器有立井多绳箕斗、立井单绳箕斗和斜井箕斗，立井多绳罐笼、单绳罐笼等。

（二）提升机

提升机有多绳摩擦式提升机、单绳缠绕式提升机和液压提升机等。其主要组成有：

（1）主轴装置，包括卷筒本体、摩擦衬垫固定装置、摩擦衬垫、制动盘、主轴、主轴承和其他必要的连接件及附件。

（2）车槽装置。

（3）导向轮（天轮）装置，包括导向轮、轴承、绳槽衬垫、钢绳滑动检测装置、导向轮（天轮）基础支架和固定地脚螺栓。

（4）主电动机。

（5）制动系统，包括液压弹簧制动器、支架、液压站装置、液压系统的管道及连接件、液压站控制系统。

（6）附属装置，包括设备周围的护栏、盖板，安装专用工具，必需的备品、备件及易损件，拨绳装置及钢丝绳固定装置等。

（三）电控系统

提升机的电气传动方式有直流传动、交 – 交变频传动和交 – 直 – 交变频传动。提升机电控系统的组成主要有：晶闸管变频器（变流器），控制、监测及安全系统，司机控制台，制动电控系统及各种监测与保护开关等。

（四）主井装卸载系统

箕斗的井底装载方式主要有板式输送机方式、定量输送机方式和定量斗箱方式。目前国内主井装载多采用定量输送机或定量斗箱两种装载方式。箕斗的卸载方式目前主要有固定曲轨方式和外动力方式。

（五）副井上下操车系统

副井采用轨道运输的，其操车设备主要有绳式推车机、直线电机推车机、电动链式推车机、销齿操车装置等。前两者已逐渐淘汰，目前主要使用后两者。

副井采用无轨运输的，则在井口、井底设置罐笼锁紧装置及摆动平台或自适应稳罐（胶轮车）摇台，以保证人员、无轨胶轮车或无轨平板车的出入安全。

二、提升系统的分类

矿井提升系统的分类方式很多，主要有以下几种：

（1）按井筒角度分，有斜井提升系统和立井提升系统。

（2）按用途分，有主井箕斗提升系统（提升煤炭）和副井罐笼（或串车）提升系统（升降人员、材料、设备，提升矸石）。

（3）按提升机的动力传动方式分，有缠绕式提升系统（用于立井或斜井）和摩擦式提升系统（用于立井）。

（4）按拖动方式分，有交流提升（交 – 交变频、交 – 直 – 交变频、串电阻）、直流提升和液压提升。

（一）立井缠绕式提升系统

立井缠绕式提升机有单绳单卷筒提升机、单绳双卷筒提升机和双绳双卷筒（布莱尔式）提升机。

立井单绳缠绕式提升系统又分为立井罐笼提升系统和立井箕斗提升系统。

1. 立井罐笼提升系统

立井罐笼提升系统多为副井提升系统（也有作为混合井提升的，在小型的矿井中也有兼作主井提升的）。由于罐笼提升系统的装、卸载方式多为人力或半机械化操作方式，再加上提升内容的变化较大，如提升矸石、材料、设备、升降人员等，故不易实行自动化提升，其提升系统如图7-1所示。

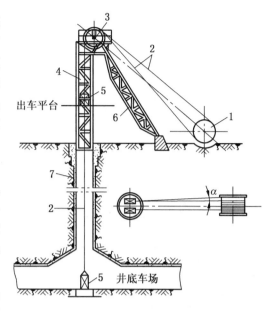

1—提升机；2—钢丝绳；3—天轮；4—井架；
5—罐笼；6—井架斜撑；7—井筒

图7-1 立井罐笼提升系统

从图7-1可以看出，两根提升钢丝绳2的一端固定在提升机1的卷筒上，而另一端则绕过井架4上的天轮3后悬挂提升容器（罐笼5），两根提升钢丝绳在提升机卷筒上的缠绕方向相反。这样，当电动机启动后经减速器带动提升机卷筒旋转，两根钢丝绳则经过天轮在提升机卷筒上缠上和松下，从而使提升容器在井筒里上下运动。不难看出，当位于井口出车平台的罐笼与井底车场罐笼装、卸工作完成后，即可启动提升机进行提升，将井底罐笼提至井口出车平台位置，原井口的罐笼则同时下放到井底车场位置进行装车，然后重复上述过程完成提升任务。

2. 立井箕斗提升系统

立井箕斗提升系统为主井提升系统。与副井提升系统相比，除容器不同外，其装、卸载分为机械与自动两种方式，易实现自动化操作。该提升系统如图7-2所示。

从图7-2可以看出，上、下两个箕斗分别与两根钢丝绳7相连接，钢丝绳的另一端绕过井架上的天轮2引入提升机房，并以相反的方向缠绕和固定在提升机1的卷筒上，开动提升机，卷筒旋转，一根钢丝绳向卷筒上缠绕，另一根钢丝绳自卷筒上松放，相应的箕斗就在井筒内上下运动，完成提升重箕斗，下放空箕斗的任务。

当煤炭运到井底车场的翻车机硐室时，经翻车机8将煤卸到井下煤仓9内，再经装载门送入给煤机10，并通过定量装载斗箱11的闸门装入位于井底的箕斗内。与此同时，另一个箕斗即位于井架的卸载位置，箕斗通过安装在井架上部的卸载曲轨5时，曲轨将箕斗底部的扇形闸门打开，将煤卸入地面煤仓6内。

（二）立井摩擦式提升系统

立井摩擦式提升系统有井塔式和落地式两种布置方式。井塔式是把提升机安装在井塔上。其优点是布置紧凑、节省工业广场占地，没有天轮，钢丝绳不在露天中，改善了钢丝绳的工作条件，但需要建造井塔，费用较高。井塔式摩擦提升机又可分为有导向轮和无导向轮两种，有导向轮与无导向轮相比，其优点为两提升容器的中心距不受摩擦轮直径的限制，不仅可减小井筒断面，而且可以加大钢丝绳在摩擦轮上的围包角，增加其提升能力。其缺点是钢丝绳产生反向弯曲，影响使用寿命。落地式是将提升机安装在地面上，其优点是井架建造费用低，减少了矿井的初期投资，并可提高抵抗地震灾害能力。过去我国多采用井塔式，近年来主要采用落地式。图 7-3 所示为井塔式多绳摩擦罐笼提升示意图。

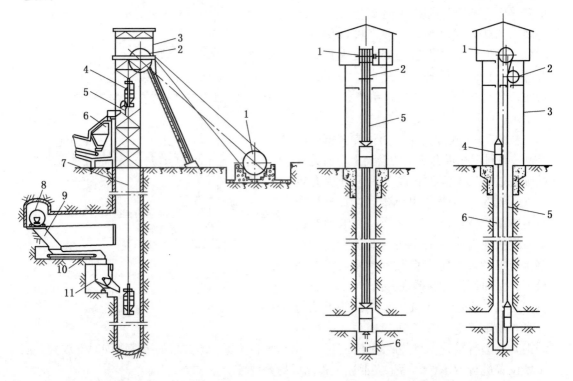

1—提升机；2—天轮；3—井架；4—箕斗；5—卸载曲轨；
6—地面煤仓；7—钢丝绳；8—翻车机；9—井下煤仓；
10—给煤机；11—装载斗箱

图 7-2　立井箕斗提升系统

1—提升机；2—导向轮；3—井塔；
4—罐笼；5—提升钢丝绳；
6—尾绳

图 7-3　井塔式多绳摩擦罐笼提升示意图

多绳摩擦式提升系统提升容器可以是箕斗也可以是罐笼。它具有体积小、重量轻、提升能力大等优点，适用于较深矿井。

（三）斜井提升系统

斜井提升在我国矿井中应用广泛，主要有斜井串车、斜井箕斗及斜井带式输送机三种提升方式。斜井箕斗提升系统和斜井串车提升系统即指斜井缠绕式提升系统。

斜井箕斗提升系统属主井提升系统，斜井串车提升系统一般为副井提升系统，小产量的矿井也兼作提煤的主井提升系统，其系统分别如图 7-4 和图 7-5 所示。

图 7-4 中，提升机卷筒 11 上缠绕两根钢丝绳，每根绳的一端绕过天轮 10 连接着箕斗 4，位于井口装载位置的箕斗等待装载，井上的箕斗在栈桥上已卸载完等待运行。当井下矿车进入翻车机硐室 1 中的翻车机内，经翻转将煤卸入井下煤仓 2 内，装车工操纵装载闸门 3，将煤卸入井下箕斗 4 内；另一个箕斗则在地面栈桥 6 上，通过卸载曲轨 7 将闸门打开，把煤卸入地面煤仓 8 内。由于箕斗座上的提升钢丝绳经过天轮 10 后与提升机卷筒 11 连接并固定，所以卷筒旋转时即带动钢丝绳运动，从而使箕斗 4 在井筒斜巷 5 中往复

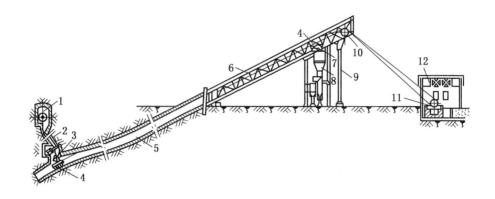

1—翻车机硐室；2—井下煤仓；3—装载闸门；4—斜井箕斗；5—井筒；6—栈桥；7—卸载曲轨；
8—地面煤仓；9—立柱；10—天轮；11—提升机卷筒；12—提升机房

图 7-4 斜井箕斗提升系统

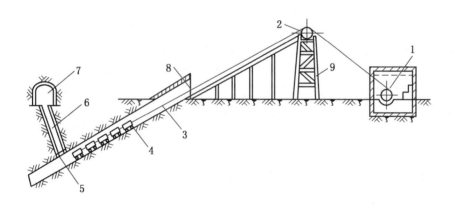

1—提升机；2—天轮；3—提升钢丝绳；4—矿车；5—装载闸门；6—井下煤仓；
7—运煤巷；8—斜井井口；9—井架

图 7-5 斜井串车提升系统

运动，实现提升与下放的任务。

斜井串车提升系统可作为主井提升系统，也可作为辅助提升系统。在上、下物料时，多采用矿车和运料车；在升降人员时可将串车摘掉，挂上人车运送人员。从图 7-5 可以看出，它与斜井箕斗提升基本一样，所不同的是它以矿车作为提升容器，矿车在井下装满车后，拉至斜井井口 8 处转为地面水平轨道，人工摘钩后转入道岔，再挂空车或料车等待下井。

用斜井串车提升具有投资小和基建快的优点。尤其在采用单钩提升时，井筒断面小，铺设轨道少，更能节约资金。但是，单钩串车的生产力低。年产量较大的矿井（大于 21×10^4 t），宜用双钩串车提升。

斜井坡度大于 25°时，用串车提升煤炭容易洒出来，此时宜改用箕斗提升。斜井箕斗也需要装卸载设备，所以投资较多，设备的安装时间也长，并且需要另建一套副井提升设备。因此坡度较小时，尽量采用串车提升。不过，箕斗提升许用的速度大，停车时间短，所以在年产量大时（45×10^4 t 以上）不论坡度大小皆需选用箕斗提升。

设计规范曾规定年产量达 90×10^4 t 方宜选用带式输送机。但有的设计单位建议，只要技术经济条件合理，经过方案比较，可在年产量 60×10^4 t 时选用带式输送机。

斜井中人员的运送一般多用斜井人车。

在倾角较大的斜井，有时用斜井台车，台车又称斜井罐笼。它是在倾斜的底盘上装三角架，形成承载矿车的平台。

上述各种斜井提升设备，都可以用于矿山暗斜井、上山、下山以及露天矿斜坡道的提升和下放工作。由于串车提升设备简单，安装容易，所以使用比较广泛。

第二节 提升容器

一、提升容器分类

矿井提升容器是直接提升矿石、废石，上下人员、材料及设备的工具。按提升容器类型提升容器分为罐笼、箕斗、箕斗罐笼、串车、台车（斜井罐笼）、斜井人车和吊桶等。其中应用最为广泛的是罐笼和箕斗，其次是串车及斜井人车，后两种用于斜井，台车应用较少。

按提升方式提升容器分为直接提升容器和间接提升容器。其中箕斗、吊桶、箕斗罐笼属于直接提升容器，罐笼、串车、台车、斜井人车属于间接提升容器。

按提升作用提升容器分为主井提升容器、副井提升容器和建井提升容器。

按服务方式提升容器分为竖井提升容器和斜井提升容器。

二、箕斗

箕斗是提升煤炭、矿石或矸石的提升容器。根据其卸载方式可分为翻转式、侧卸式及底卸式。根据提升钢丝绳数目分为单绳和多绳箕斗。

箕斗一般由三部分组成，即斗箱、悬挂装置和卸载闸门。斗箱的框架由两根直立的槽钢和横向槽钢组成。四侧由钢板焊接制成，其外面用钢筋加固。框架上面有钢板制成的平台，防止淋帮水落入斗箱和便于检查井筒。悬挂装置是提升钢丝绳与箕斗连接的装置，它与罐耳均固定于框架上。卸载闸门以扇形、下开折页平板闸门及插板闸门最为多见。

（一）立井单绳箕斗

立井单绳箕斗多为底卸式，按名义载货量分为 3 t、4 t、6 t、8 t 四种。其闸门采用曲轨连杆下开折页平板闸门的结构形式，如图 7-6 所示。

这种箕斗的结构主要由框架、斗箱、主提梁、闸门、罐耳和连接装置等组成。整体结构除闸门与楔形绳环和罐耳为组装件外，其余的均为槽钢、钢板、角钢等组焊和铆接而成。这种箕斗的闸门采用曲轨连杆下开折页平板闸门的结构形式，具有以下优点：闸门结构简单、严密；关闭闸门时冲击小；卸载时撒煤少；由于闸门是向上关闭的，对箕斗存煤有向上捞回的趋势，故当煤没有卸完（煤仓已满）产生卡箕斗而造成断绳坠落事故的可能性小；箕斗卸载时闸门开启主要借助煤的压力，因而传递到卸载曲轨上的力较小，改善了井架受力状态；出现过卷时，闸门打开后，即使脱离卸载曲轨，也不会自动关闭，因此可缩短卸载曲轨的铺设长度。

这种闸门的缺点是箕斗运行过程中由于煤和重力作用使闸门处于被打开的状态，因此

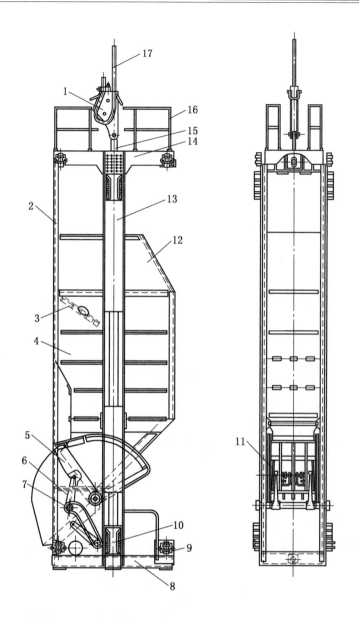

1—楔形绳环；2—框架；3—可调节溜煤板；4—斗箱；5—闸门；6—连杆；7—卸载滚轮；8—底部框架；
9—套管罐耳（用于绳罐道）；10—钢轨罐道罐耳；11—扭转弹簧；12—罩子；13—主提梁；
14—上部框架；15—连接装置；16—栅栏；17—提升钢丝绳

图 7-6 立井单绳箕斗的结构

箕斗必须装有可靠的闭锁装置（两个防止闸门自动打开的扭转弹簧）。如闭锁装置一旦失灵，闸门就可能由于振动、冲击而在井筒中自行打开，开启的闸门超出箕斗断面尺寸以外，就会撞坏罐道、罐道梁和管、线等其他井筒设施，造成生产事故，并污染风流，增加井筒和井底的清理工作。因此必须经常认真地检查闭锁装置。

（二）立井多绳箕斗

立井多绳箕斗有三种形式：钢丝绳罐道、同侧装卸式立井箕斗为 JDS 型，钢丝绳罐道、异侧装卸式立井箕斗为 JDSY 型，以及刚性罐道、同侧装卸式立井箕斗为 JDG 型。

JD 系列立井多绳箕斗按名义载货量分为 4 t、6 t、9 t、12 t、16 t、20 t、25 t 七种；按提升钢丝绳数量分为 4 绳、6 绳两种；按尾绳可分为圆尾绳和偏尾绳两种。JD 系列立井多绳箕斗的结构大致一样，常用的 JDS 型立井多绳箕斗的结构如图 7-7 所示。

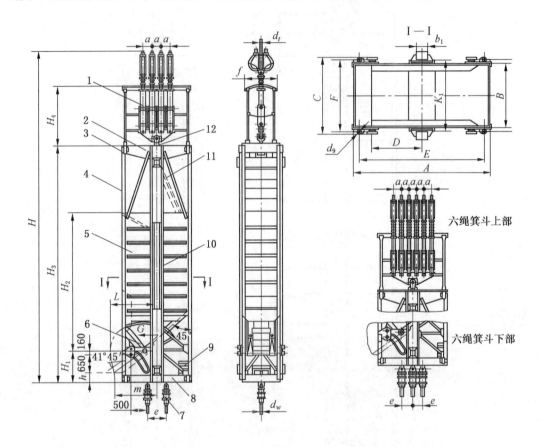

1—调绳液压缸；2—上横梁；3—罐耳；4—框架；5—斗箱；6—开闭机构；7—尾绳连接装置；8—下横梁；9—平衡铁；10—主提梁；11—乘人铁板；12—连接装置

图 7-7 JDS 型立井多绳箕斗的结构

这种箕斗的结构主要由提升钢丝绳和尾绳的连接装置、框架（斗箱、开闭机构、平衡铁、主提梁）等部件组成。其结构均为铆、焊和销子、螺栓连接等。其中，平衡铁是用来平衡箕斗本体提升时的歪斜配重用，它与附加重锤的作用不一样。乘人铁板是一块可以放平后用来升降人员用的可活动钢板，淋水棚也叫安全伞，调绳时人员必须站在棚下工作。

JD 系列箕斗规定：箕斗本体制成曲轨连杆下开折页式平板闸门、固定斗箱底卸式；卸载方式为固定曲轨自动卸载，提升钢丝绳悬挂装置（调绳液压缸部分）采用螺旋液压调绳方式，方便地调节绳长，以平衡其各绳张力；平衡尾绳采用圆股钢丝绳。钢丝绳罐道的箕斗，其罐道为四角布置方式，导向装置为半滑套式；刚性罐道的箕斗，其罐道为两端布置方式，导向装置为胶轮滚动式。

(三) 斜井箕斗

斜井提升容器有斜井箕斗、串车、台车和人车等。斜井箕斗有前翻式、后卸式和底卸式三种。前翻式箕斗结构简单、坚固、重量轻，适用于提升重载，地下矿使用较多。但卸载时动载荷大，有自重不平衡现象，卸载曲轨较长，在斜井倾角较小时，装满系数小。小型矿常采用前翻式箕斗。后卸式箕斗比前翻式箕斗使用范围广，卸载比较平稳，动载荷小，倾角较小时，装满系数大。但结构较复杂，设备质量大，卷扬道倾角过大卸载困难。后卸式箕斗优点是卸载容易，缺点是结构复杂，自重大，通常在斜井倾角不大时选用后卸式箕斗。底卸式箕斗在斜井中很少使用。

后卸式箕斗按名义载货量分为3 t、4 t、6 t、8 t四种。其主要特点是在轨道上运行。其结构主要由框架、斗箱、扇形开闭机构、底梁、轮子、提杆及连接装置组成。它们均为铆、焊结构。其结构如图7-8所示。

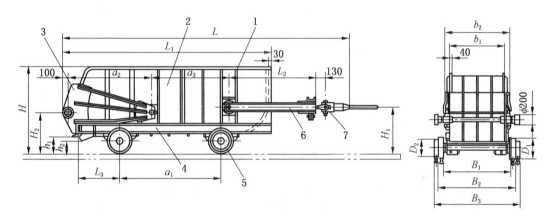

1—框架；2—斗箱；3—开闭机构；4—底梁；5—轮子；6—提杆；7—连接装置

图7-8 斜井箕斗的结构及尺寸

各型号箕斗规格见表7-1至表7-3。

表7-1 JL型立井单绳箕斗规格表

名 称		JL-3	JL-4	JL-6	JL-8
名义吨位/t		3	4	6	8
有效容积/m³		3.3	4.4	6.6	8.8
提升钢丝绳直径/mm		31	37	43	43
钢丝绳罐道	直径/mm	32~50（根据提升高度确定）			
	数量	4			
刚性罐道	规格	38 kg/m 钢轨			
	数量	2			
箕斗自身质量/t		3.8	4.4	5.0	5.5
最大终端负荷/kN		80	95	120	145
最大提升高度/m		500	650	700	500

表7-1（续）

名　称	JL-3	JL-4	JL-6	JL-8
箕斗总高/mm	7780	8560	9450	9250
箕斗中心距/mm	1830	1830	1870	2100
适应井筒直径/m	4.5	4.5	5	5
适应提升机型号	2JK-2.5	2JK-2.5	2JK-3	2JK-3.5
		2JK-3	2JK-3.5	

注：立井单绳箕斗型号标记示例：JL-4，J—箕斗提升；L—立井；4—名义吨数，t。

表7-2　立井多绳箕斗规格表

多绳提煤箕斗型号			有效容积/m³	提升钢丝绳		箕斗自身质量/t	名义装载量/t	最大终端载荷/kN	箕斗全高/mm	尾绳数
钢丝绳罐道		刚性罐道		数量	绳间距/m					
同侧装卸式	异侧装卸式	同侧装卸式								
JDS-4/55×4	JDSY-4/55×4	—	4.4	4	200	6.5	4	220	10900	2
JDS-6/55×4	JDSY-6/55×4	—	6.6			7.0	6		11800	2
JDS-6/75×4	JDSY-6/75×4	—		4	300	7.5		300	12000	2
JDS-9/110×4	JDSY-9/110×4	—	10	4	300	10.8	9	440	13350	2
JDS-12/110×4	JDSY-12/110×4	JDG-12/110×4	13.2			12.0	12		14450	
JDS-12/90×6	JDSY-12/90×6	—		6	250	12.5		540	14430	3
JDS-16/150×4	JDSY-16/150×4	JDG-16/150×4	17.6	4	300	15.0	16	600	15600	2

注：型号标记示例：JDSY-12/110×4，J—箕斗提升；D—立井多绳；S—适用于钢丝绳罐道（适用于刚性罐道用G标记）；Y—异侧进出车（同侧进出车不用字母标记）；12—名义装载量，t；110—每根提升钢丝绳悬挂装置的破坏载荷为1100 kN；4—提升钢丝绳数4根。

表7-3　JX系列后卸式斜井箕斗

箕斗型号	装载质量/t	自身质量/t	斗箱容积/m³	轨距/mm	最大宽度/m	高度(自轨面计)/mm	全长(包括绳卡)/mm	选用轨道规格/(kg·m⁻¹)
JX-3	3	2.661	4.07	1300	1630	1485	6740	24
JX-4	4	3.045	5.64	1400	1730	1600	7480	24
JX-6	6	1.496	8.24	1400	1770	1840	8735	38
JX-8	8	5.705	10.90	1500	1870	1900	9590	38

三、罐笼

（一）罐笼

普通罐笼（简称罐笼）是多种用途的提升容器，可用以提升煤炭，也可用以提升矸石，运送人员、材料及设备等。所以罐笼既可以用于主井提升，也可以用于副井提升。

罐笼按提升钢丝绳的数目不同可分为单绳罐笼和多绳罐笼；按层数可分为单层罐笼、双层罐笼和多层罐笼。

标准罐笼按固定车厢式矿车载货量可分为1 t、1.5 t、3 t三种。每种均有单层和双层罐笼。标准单绳普通罐笼参数规格见表7-4，立井多绳罐笼参数规格见表7-5。图7-9所示为单绳1 t标准普通罐笼结构简图，主要由以下几部分组成：

（1）罐体。罐体由骨架（横梁7和立柱8）、侧板、罐顶、罐底及轨道等组成。罐笼顶部设有半圆弧形的淋水棚6和可以打开的罐盖14，以供运送长材料之用。罐笼两端设有帘式罐门10，以保证提升人员时的安全。

表7-4 立井单绳普通罐笼参数规格

单绳罐笼型号			罐笼断面尺寸/（mm×mm）	罐笼总高（近似值）/mm	装载矿车			允许乘人数/人	罐笼总载货量/kg	罐笼自身质量/kg
					型号	名义载货量/t	车数			
GLS-1×1/1	钢丝绳罐道	同侧进出车	2250×1020	4290	MG1.1-6A	1	1	12	2395	2218
GLSY-1×1/1		异侧进出车								2088
GLG-1×1/1	刚性罐道	同侧进出车								2878
GLGY-1×1/1		异侧进出车								2748
GLS-1×2/2	钢丝绳罐道	同侧进出车		6680			2	24	3235	3247
GLSY-1×2/2		异侧进出车								3000
GLG-1×2/2	刚性罐道	同侧进出车								3907
GLSY-1×2/2		异侧进出车								3657
GLS-1.5×1/1	钢丝绳罐道	同侧进出车	3000×1200	4850	MG1.7-6A	1.5	1	17	3420	2790
GLSY-1.5×1/1		异侧进出车								2650
GLG-1.5×1/1	刚性罐道	同侧进出车								3450
GLGY-1.5×1/1		异侧进出车								3310
GLS-1.5×2/2	钢丝绳罐道	同侧进出车		7250			2	34	4610	4070
GLSY-1.5×2/2		异侧进出车								3790
GLG-1.5×2/2	刚性罐道	同侧进出车								4670
GLGY-1.5×2/2		异侧进出车								4390
GLS-3×1/1	钢丝绳罐道	同侧进出车	4000×1470	4820	MG3.3-9B	3	1	29	6720	4670
GLSY-3×1/1		异侧进出车								4500
GLG-3×1/1	刚性罐道	同侧进出车								5050
GLGY-3×1/1		异侧进出车								4880
GLS-3×2/2	钢丝绳罐道	同侧进出车		7170				58		6480
GLSY-3×2/2		异侧进出车								6310
GLG-3×2/2	刚性罐道	同侧进出车								6950
GLGY-3×2/2		异侧进出车								6780

注：型号标记示例：

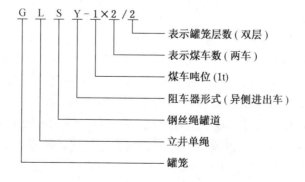

表7-5 立井多绳罐笼参数规格

多绳罐笼型号				装载矿车			允许乘人数/人	自身质量(估计)/kg
钢丝绳罐道		刚性罐道		型号	名义载货量/t	车数		
同侧进出车	异侧进出车	同侧进出车	异侧进出车					
GDS−1×1/55×4 GDS−1×2/75×4	GDSY−1×1/55×4 GDSY−1×2/75×4	GDG−1×1/55×4 GDG−1×2/75×4	GDGY−1×1/55×4 GDGY−1×2/75×4	MG1.1−6 A B	1	1 2	24	5000 7000
GDS−1.5×1/55×4 GDS−1.5×2/110×4 GDS−1.5×4/90×6 GDS−1.5×4/195×4	GDSY−1.5×1/55×4 GDSY−1.5×2/110×4 GDSY−1.5×4/90×6 GDSY−1.5×4/195×4	GDG−1.5×1/55×4 GDG−1.5×2/110×4 GDG−1.5×4/90×6 GDG−1.5×4/195×4	GDGY−1.5×1/55×4 GDGY−1.5×2/110×4 GDGY−1.5×4/90×6 GDGY−1.5×4/195×4	MG1.7−6A	1.5	1 2 4	32 34 62	6000 7500 17000
GDS−1.5K×4/90×6 GDS−1.5K×4/195×4	GDSY−1.5K×4/90×6 GDSY−1.5K×4/195×4	GDG−1.5K×4/90×6 GDG−1.5K×4/195×4	GDGY−1.5K×4/90×6 GDGY−1.5K×4/195×4	MG1.7−9B		4	70	17000
GDS−3×1/110×4 GDS−3×2/150×4	GDSY−3×1/110×4 GDSY−3×2/150×4	GDG−3×1/110×4 GDG−3×2/150×4	GDGY−3×1/110×4 GDGY−3×2/150×4	MG3.3−9B	3	1 2	60	8000 11000
GDS−5×1(1.5K×4)/195×4	GDSY−5×1(1.5K×4)/195×4	GDG−5×1(1.5K×4)/195×4	GDGY−5×1(1.5K×4)/195×4	—	5	1	—	17000

注：型号标记示例：

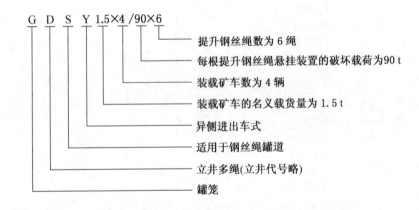

(2) 连接装置。连接装置是连接提升钢丝绳和提升容器的装置，包括主拉杆、夹板、楔形绳环等。对此，《煤矿安全规程》第四百一十六条都做了详细规定。

(3) 罐耳。罐耳与罐道配合，使提升容器在井筒中稳定运行，防止发生扭转或摆动。

(4) 阻车器。阻车器的作用是防止提升过程中矿车跑出罐笼。

(二) 承接装置

使用罐笼提升的矿井中，由于在各水平平台需进出矿车，因此必须通过罐笼承接装置，将罐笼内的轨道与各水平平台的固定轨道衔接起来，才能正常提升。但是，在运行过程中，承担提升罐笼的主提升钢丝绳因载荷的原因，使其长度发生程度不同的变化。这些变化，提升司机是无法掌握的，而且井上和井下的罐笼不可能同时对准进、出车平台位置。所以，只有用承接装置才能调节、补偿提升钢丝绳长度的不同变化，以满足司机正确操作的停罐要求，从而保证井上或井下同时进出车。目前，矿井中常用的承接装置有罐座、摇台两种。

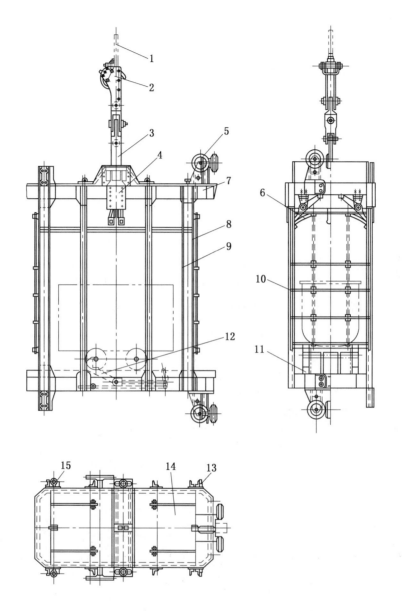

1—提升钢丝绳；2—双面夹紧楔形绳环；3—主拉杆；4—防坠器；5—橡胶滚轮罐耳（用于刚性组合罐道）；
6—淋水棚；7—横梁；8—立柱；9—钢板；10—罐门；11—轨道；12—阻车器；13—稳罐罐耳；
14—罐盖；15—套管罐耳（用于绳罐道）

图 7-9　单绳 1 t 标准普通罐笼结构简图

1. 罐座

罐座的作用是当罐笼提升到井口停车位置时，操纵罐座手把，罐座伸出，罐笼落在罐座上后，进行装卸车工作。再提升时，要事先将罐座上的罐笼稍微提起，罐座靠配重可自动收回到原位。罐座不允许用在中间水平位置。

使用罐座的优点是，罐笼停车位置准确，便于出入，推入矿车时产生的冲击负荷可由罐座承受，钢丝绳不受力。但存在以下缺点：

（1）要下放位于井口罐座上的罐笼时，必须先稍稍上提井口罐笼，罐座才能收回，故使提升机操作复杂，效率低，且易出现过卷，不利于实现自动化操作。

（2）当稍稍向上提起罐笼时，使位于井底承接装置上的另一罐笼的提升钢丝绳松弛，因此再提升时钢丝绳便受到冲击负荷，对钢丝绳的使用寿命不利，且易产生"弯鼻子"现象，造成断丝事故。

（3）如因提升机司机操作不慎发生过卷时，另一罐笼即产生蹲罐。如果在提人时发生蹲罐事故，则会造成人身伤亡。

因此，《煤矿安全规程》中有"立井井口和井底使用罐座时，必须设置闭锁装置，罐座未打开，发不出开车信号"的规定。鉴于以上优缺点的对比和规程的规定，为了安全生产和提高提升效率，已建矿井中已有不少井口将罐座更换为摇台。

2. 摇台

摇台作为罐笼的承接装置，比较容易与提升信号系统实现闭锁，以确保安全生产和提高提升效率。摇台的应用范围较广，可用于井口、井底和多水平提升的中间运输巷道，尤其是多绳摩擦式提升系统，必须使用摇台作为承接装置。摇台的结构如图7-10所示。

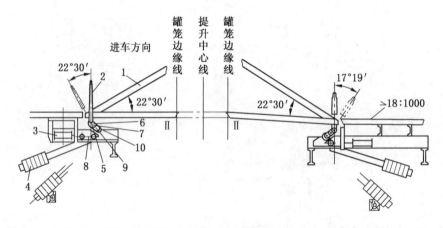

1—钢臂；2—手把；3—动力缸；4—配重；5—轴；6—摆杆；7—销子；8—滑车；9—摆杆套；10—滚子

图7-10 摇台的结构

摇台位于井口两侧通向罐笼进出口处。当罐笼停于装卸载位置时，动力缸3中的压缩空气排出，装有轨道的钢臂1靠自重绕轴5转动落下搭在罐笼底座上，将罐内的轨道与车场的轨道连接起来，以便罐内矿车出罐，井口矿车进入罐内。固定在轴5上的摆杆6用销子7活套在轴5上与摆杆套9相连，摆杆套9前部装有滚子10。矿车进入罐内后，压缩空气进入动力缸3，推动滑车8，滑车8推动摆杆套9前的滚子10，致使轴5转动而使钢臂抬起，罐笼开始升降，进行正常的提升运行。

当动力缸发生故障或其他原因时，也可临时用手把2进行人工操作。此时要将销子7去掉，并使配重4的质量大于钢臂部分的质量。这时钢臂1的下落靠手把2转动轴5，抬起钢臂靠配重4实现。

使用钢丝绳罐道的罐笼，用摇台作承接装置时，为防止罐笼由于进出车的冲击造成罐笼摆动过大，在井口与井底的金属支持结构上专设一段刚性罐道，进行稳罐（也称稳罐道）。稳罐道与罐笼上的稳罐罐耳相配合使用（图 7-9 中 13）。在中间水平位置，因不能设刚性罐道，可采用气动或液动的专门稳罐装置，当罐笼停于中间水平位置时，稳罐装置可自动伸出凸块将罐笼抱稳。

使用摇台时，还必须注意，当摇台不工作时，扳动手把将摇臂抬起后，用卡销定位。为确保安全，罐笼不提升时，必须插上安全销子。调整时，应使摇臂部分质量略大于配重质量，使摇台在工作时能随罐笼上下摆动。

(三) 防坠器

1. 防坠器的作用

为保证升降人员的安全，《煤矿安全规程》第三百九十三条规定："升降人员或者升降人员和物料的单绳提升罐笼必须装设可靠的防坠器。"当提升钢丝绳或连接装置万一断裂时，防坠器可以使罐笼平稳地支撑在井筒中的罐道或特设的制动绳上，以免罐笼坠入井底，造成重大的事故。

2. 对立井防坠器的基本要求

(1) 必须保证在任何条件下都能制动住下坠的罐笼，动作迅速、平稳、可靠。

(2) 为保证人身安全，在最小终端载荷时，制动减速度应不大于 $50\ m/s^2$，延续时间不超过 $0.2\sim0.5\ s$；在最大终端载荷时，减速度应不小于 $10\ m/s^2$。

(3) 防坠器动作的空行程时间，即从钢丝绳断裂到防坠器发生作用的时间，应不大于 $0.25\ s$。

(4) 结构简单、可靠。

(5) 各个连接和传动部分，必须经常处于灵活状态。

(6) 新安装或大修后的防坠器，必须进行脱钩试验，合格后方可使用。使用中的立井罐笼防坠器，每半年应进行一次不脱钩检查性试验，每年应进行一次脱钩试验。

3. 防坠器的种类

目前，我国常用的防坠器主要有以下三种。

1) 木罐道防坠器

此种防坠器的支承物为木罐道，其工作原理为切割式。当防坠器动作时，靠抓捕器的齿形猫爪插入木罐道产生的切割阻力来制动下坠的罐笼。其优点是结构简单，制造方便，维修量小；缺点是罐道磨损时或有弯曲时，罐笼在运行中易出现摆动，引起防坠器的误动作，擦伤罐道，故新矿井已不采用，但很多老矿井仍使用这种防坠器。

2) 钢轨罐道防坠器

此种防坠器的支承物为钢轨，其工作原理为摩擦式。断绳时靠抓捕机构的凸轮爪或楔形块在钢轨罐道上所产生的摩擦阻力来制动下坠的罐笼。其优点是结构简单，易加工制造；缺点是很难控制其制动力达到设计要求，安全可靠性能较差，故很少被选用。

3) 制动绳防坠器

此种防坠器的支承物以专门在井筒中设置的制动钢丝绳作为支承元件。其特点是采用定点抓捕及用专设的缓冲器进行缓冲。制动绳防坠器是我国过去常用的一种，其形式主要有 GS 型防坠器、FS 型防坠器和 JS 型防坠器。1978 年原煤炭工业部在 JS 型防坠器的基础上对防坠器进行了完善，并考虑了刚性罐道与绳罐道的通用性，成功地设计和使用了 BF

型防坠器,从而取代了 FS 型防坠器、GS 型防坠器和 JS 型防坠器。

4. BF 型防坠器的结构及工作原理

BF 型防坠器是我国的标准防坠器,可以配合 1 t、1.5 t、3 t 矿车双层双车或单层单车罐笼使用。它的组成有以下四个部分:

(1) 开动机构。当发生断绳事故时,开动防坠器,使之发生作用。

(2) 抓捕机构。它是防坠器的主要工作机构,采用抓捕支承物(刚性罐道或制动绳),把下坠的罐笼悬挂在支承上。

(3) 传动机构。当开动机构动作时,通过杠杆系统传动抓捕机构。

(4) 缓冲机构。用以调节防坠器的自动力,吸收下坠罐笼的动能,限制制动减速度。

BF 型防坠器整个系统布置如图 7-11 所示。制动绳 7 的上部通过连接器 6 与缓冲绳 4 相连,缓冲绳通过装于天轮平台上的缓冲器之后,绕过圆木 3 自由地悬垂于井架的一边,绳端用合金浇铸成锥形杯 1,以防止缓冲绳从缓冲器中全部拔出。制动绳的另一端穿过罐笼 9 上防坠器的抓捕器 8 之后垂到井底,用拉紧装置 10 固定在井底水窝的固定梁上。

1) 开动机构与传动机构的结构

BF 型防坠器的开动机构和传动机构如图 7-12 所示。开动机构与传动机构是相互连在一起的组合机构,由断绳时自动开启的弹簧和杠杆系统组成。从图 7-12 可以看出,它采用垂直布置的弹簧 1 作开动机构。弹簧为螺纹旋入式接头,克服了弹簧易断的缺点。正常提升时,钢丝绳拉起主拉杆 3,通过横梁 4、连板 5 使两个拨杆 6 处于最低位置,此时弹簧 1 受拉。发生断绳时,主拉杆 3 下降,在弹簧 1 的作用下,拨杆 6 的端部抬起,使抓捕器的滑楔与制动绳接触,实现定点抓捕。

2) 抓捕机构与缓冲机构的结构

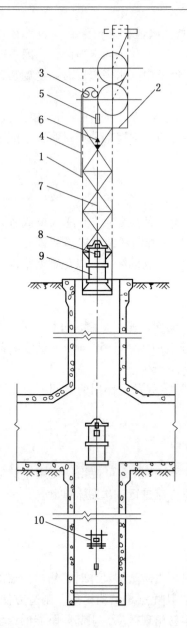

1—锥形杯; 2—导向套; 3—圆木;
4—缓冲绳; 5—缓冲器; 6—连接器;
7—制动绳; 8—抓捕器; 9—罐笼;
10—拉紧装置

图 7-11 防坠器系统布置

抓捕机构与缓冲机构可以是联合作用的,也可以设置成单独的缓冲机构。抓捕机构采用背面带滚子的楔形抓捕器,其结构如图 7-13 所示。

在图 7-13 中,两个带有绳槽的滑楔 3,在拨杆作用下向上移可以抓捕穿过抓捕器的制动钢丝绳 7。滚子的作用主要是使抓捕器容易释放恢复。

抓捕器的滑楔具有 1:10 的斜度。正常情况下,滑楔与穿过抓捕器的制动钢丝绳每边有 8 mm 间隙，断绳后滑楔上提消除间隙并压缩制动钢丝绳。制动钢丝绳的变形量为绳直径的 20%，再考虑制动钢丝绳直径磨损 10%，滑楔的三个位置如图 7-14 所示，即可计算出滑楔的最大水平位移。

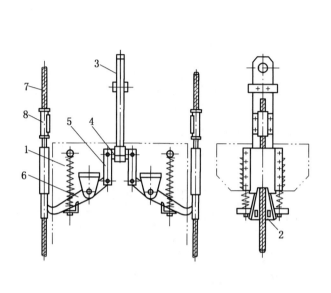

1—弹簧；2—滑楔；3—主拉杆；4—横梁；5—连板；
6—拨杆；7—制动绳；8—导向套

图 7-12 BF 型防坠器的开动机构和传动机构

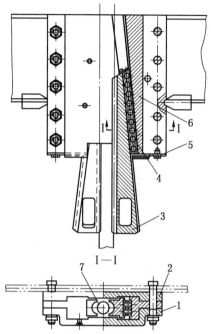

1—上臂板；2—下臂板；3—滑楔；4—滚子；
5—下挡板；6—背楔；7—制动钢丝绳

图 7-13 抓捕器结构

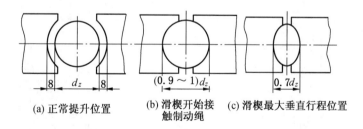

(a) 正常提升位置　(b) 滑楔开始接触制动绳　(c) 滑楔最大垂直行程位置

图 7-14 抓捕器滑楔的不同位置

滑楔的最大水平位移 s_s，可按下式计算：

$$s_s = 2 \times 8 + 0.2 d_z + 0.1 d_z = 16 + 0.3 d_z \tag{7-1}$$

式中　d_z——制动钢丝绳直径，mm。

滑楔的垂直位移 s_c 为

$$s_c = \frac{s_s}{2} \times 10 \tag{7-2}$$

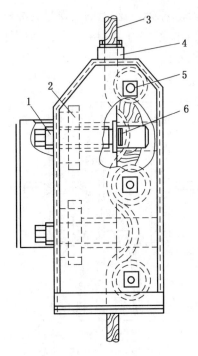

这种抓捕器属于自锁结构，既安全可靠，又不损坏制动钢丝绳。

缓冲机构采用安装在井架平台上的缓冲器，其结构如图7-15所示。缓冲器中有三个圆轴5、两个带圆头的滑块6，缓冲钢丝绳3在其间穿过并受到弯曲，滑块6的背面连有螺杆1和螺母2。转动螺杆便可以带动滑块左右移动，借以调节缓冲钢丝绳的弯曲程度，从而达到调节缓冲力大小的目的。

从图7-15可以看出，提升钢丝绳断绳后，抓捕器卡住制动钢丝绳，制动钢丝绳通过图7-16所示的连接器将缓冲钢丝绳从缓冲器中抽出一部分（根据终端载荷的吨位不同，可抽出不同长度）。这时，缓冲钢丝绳的弯曲变形和摩擦阻力吸收下坠罐笼的动能，使下坠的罐笼平稳地停住，保证了安全。

连接器是用来连接制动钢丝绳与缓冲钢丝绳的。绳头用合金浇铸，固接法固定，两个半连接器采用销轴连接。

3) 制动钢丝绳拉紧装置

制动钢丝绳拉紧装置结构如图7-17所示。从图7-17可以看出，制动钢丝绳靠绳卡5、角钢6和可断

1—螺杆；2—螺母；3—缓冲钢丝绳；
4—密封；5—圆轴；6—滑块

图7-15 缓冲器结构

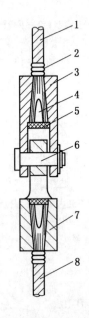

1—缓冲钢丝绳；2—铜丝扎圈；3—上锥形体；
4—斜楔；5—巴氏合金；6—销轴；
7—下锥形体；8—制动钢丝绳

图7-16 连接器

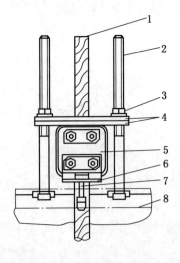

1—制动钢丝绳；2—张紧螺栓；3—张紧螺母；
4—压板；5—绳卡；6—角钢；
7—可断螺栓；8—固定梁

图7-17 制动钢丝绳拉紧装置结构

螺栓 7 固定在井底水窝的固定梁上，然后装上张紧螺栓 2、压板 4 及张紧螺母 3，当制动钢丝绳的拉力大约为 10 kN 时，即可把螺栓 7 固定好。可断螺栓 7 在 15 kN 力的作用下应能被拉断。这是考虑防坠器动作时，制动钢丝绳产生弹性振动，可能会把罐笼再次抛起，使抓捕器释放，致使第一次抓捕失效，再产生第二次抓捕，这是有害的。因为有了可断螺栓，第一次抓捕后，制动钢丝绳的振波将把可断螺栓拉断，罐笼便随制动钢丝绳一起振动，避免了二次抓捕现象。由于制动钢丝绳的伸长，因此需要定期调整拉紧装置。

第三节 提升钢丝绳

提升钢丝绳是矿井提升系统中的重要组成部分，它起到连接提升容器与提升机的作用。对提升钢丝绳的正确选择、合理使用、及时保养是确保提升安全、延长钢丝绳的使用寿命和经济运行的重要环节。因此，对钢丝绳必须引起足够的重视。

一、钢丝绳结构

矿用钢丝绳是由钢丝捻成绳股，再由绳股捻制成绳的，即丝—股—绳结构，如图 7-18 所示。制造钢丝绳的钢丝用优质碳素结构圆钢冷拔而成，钢丝的直径一般为 0.4~4 mm，直径过细的钢丝易于磨损，过粗的钢丝则难以保证抗弯疲劳性能。钢丝的抗弯强度为 1400~2000 MPa。我国立井多采用 1550 MPa 和 1700 MPa 两种，斜井多采用 1400 MPa 和 1550 MPa 两种。钢丝绳的抗拉强度要求越大，钢丝绳所承受的载荷也越大，但其弯曲疲劳性能也就有所降低。

为了增加钢丝绳的耐蚀能力，钢丝表面可以镀锌，称为镀锌钢丝，未镀锌的称为光面钢丝（现场的维修人员即称镀锌钢丝绳和不镀锌钢丝绳）。

在同一钢丝绳的各股中，相同直径钢丝的公称抗拉强度应相同；不同直径的钢丝允许采用相邻的公称抗拉强度，但韧性号都应相同。

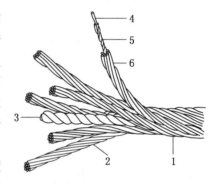

1—钢丝绳；2—绳股；3—绳芯；4—股芯；
5—内层钢丝；6—外层钢丝

图 7-18 钢丝绳的结构

绳股由钢丝捻制而成，由外层钢丝、内层钢丝和股芯构成。股芯一般为钢丝。

钢丝绳除密封型钢丝绳外均为多股钢丝绳。构成钢丝绳的绳股数最多的有 34 股。煤矿应用最广泛的是 6 股和 18 股两种钢丝绳。绳股有圆股和异型股之分。多层股钢丝绳为不旋转钢丝绳。

钢丝绳有两种绳芯，即纤维绳芯和金属绳芯。金属绳芯中有钢丝股绳芯和独立钢丝绳绳芯两种。绳芯主要起支撑固定绳股位置的作用，减少股间压力。纤维绳芯还起到润滑、防腐和贮油作用。

纤维绳芯与绳股间接触好，对冲击载荷有较好的缓冲作用。纤维绳芯最好采用剑麻，因剑麻有较大的抗挤压和抗损坏性能，也可用黄麻代替。金属绳芯比纤维绳芯钢丝绳的金属断面积大，破断拉力大，具有耐横向压力大和不易变形的优点。但柔软性较差，在高温条件下选这种绳芯较好。

二、分类与特点

提升钢丝绳种类很多,从不同的角度可以有多种分类方法,以下说明钢丝绳的结构特点。

1. 按股在绳中的捻向来分

左捻钢丝绳（S 捻）,即股在绳中以左螺旋方向捻制；右捻钢丝绳（Z 捻）,即股在绳中按右螺旋方向捻制,如图 7-19 所示。

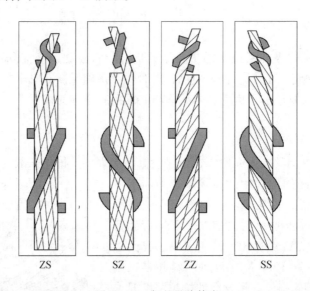

图 7-19 钢丝绳的捻向

2. 按丝在股中和股在绳中的捻向关系分

丝在股中和股在绳中捻向相同时称为同向捻（顺捻）。丝在股中和股在绳中捻向相反时称为交互捻（逆捻）,如图 7-19 所示。同向捻钢丝绳表面光滑,与卷筒天轮接触面积大,磨损均匀,弯曲应力小,使用寿命长,断丝后丝头翘起易发现。故矿山提升中一般多采用同向捻钢丝绳,但同向捻钢丝绳易打结和松散。

把上述两项合起来,钢丝绳可分为左同向捻（SS）、左交互捻（SZ）、右同向捻（ZZ）和右交互捻（ZS）。

3. 按钢丝在股中相互接触的情况来分

绳股中钢丝有点、线、面三种接触情况,据此,钢丝绳可分为点接触、线接触和面接触钢丝绳。

点接触钢丝绳股中内外层钢丝以等捻角不等捻距捻制,一般以相同直径的钢丝来制造,钢丝间呈点接触状态,如图 7-20a 所示。

线接触钢丝绳股中内外层钢丝以等捻距不等捻角来捻制,一般内外层钢丝直径不同,丝间呈线接触状态,如图 7-20b 所示,西鲁型（标记为 X）、瓦林吞型（标记为 W）、填丝型（标记为 T）均为线接触钢丝绳。与点接触钢丝绳相比,柔软性好,不易产生应力集中,使用寿命较长。

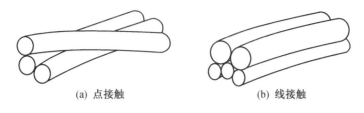

(a) 点接触　　　　　　　(b) 线接触

图 7-20　股中钢丝相互接触情况

面接触钢丝绳是线接触钢丝绳绳股经特殊碾压加工而成，使钢丝产生塑性变形，钢丝间呈面接触状态，再捻制成绳，如图 7-21 所示。这种钢丝绳结构紧密，表面光滑，耐磨损，抗腐蚀，寿命长。

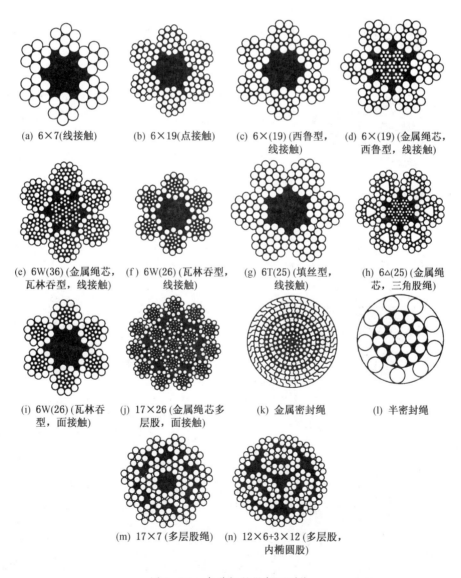

(a) 6×7(线接触)　　(b) 6×19(点接触)　　(c) 6×(19)(西鲁型，线接触)　　(d) 6×(19)(金属绳芯，西鲁型，线接触)

(e) 6W(36)(金属绳芯，瓦林吞型，线接触)　　(f) 6W(26)(瓦林吞型，线接触)　　(g) 6T(25)(填丝型，线接触)　　(h) 6△(25)(金属绳芯，三角股绳)

(i) 6W(26)(瓦林吞型，面接触)　　(j) 17×26(金属绳芯多层股，面接触)　　(k) 金属密封绳　　(l) 半密封绳

(m) 17×7(多层股绳)　　(n) 12×6+3×12(多层股，内椭圆股)

图 7-21　各种钢丝绳断面形状

4. 按照绳股断面形状分

有圆股绳、三角股绳和椭圆股绳。圆股绳绳股断面为圆形，这种绳易于制造，价格低，矿井提升中应用最多。三角股绳绳股断面形状为三角形。其特点是：承压面积大，耐磨损，强度大，寿命长。椭圆股绳绳断面为椭圆形。椭圆股绳虽然也具有承压面积大、耐磨损等特点，但绳的稳定性较差，不易承受较大挤压力。钢丝绳断面形状如图 7-21 所示。

5. 按绳中股数和股中丝数分

以矿山常用的圆股绳为例，有 6 股 7 丝（6×7）、6 股 19 丝（6×19）、6 股 37 丝（6×37）。在钢丝绳直径相同的情况下，丝数越多，钢丝的直径就越小，钢丝绳也就比较柔软，但不耐磨。

6. 按韧性分

根据钢丝的韧性不同，捻制成的钢丝绳有特号、Ⅰ号、Ⅱ号三种。《煤矿安全规程》规定，专为升降人员或升降人员和物料的新换钢丝绳必须选用特号。专为升降物料的新绳可以使用Ⅰ号。

7. 特种钢丝绳

多层股不旋转钢丝绳，具有两层及以上的绳股，内外层绳股以相反的方向捻绕，如图 7-22 所示，多用于尾绳及凿井提升。

图 7-22 多层股不旋转钢丝绳

密封钢丝绳及半密封钢丝绳，属一次捻成单股结构，绳的最外一层钢丝采用异形钢丝彼此相互锁住（又称为锁丝绳），如图 7-23 所示。

扁钢丝绳如图 7-24 所示，绳的断面呈扁形，这种绳是由手工编制而成的，生产能力低，价格昂贵，但不易扭转，不打结，抗横向振动性强，运行平稳可靠，它适用于尾绳。

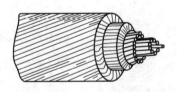

图 7-23 密封钢丝绳　　　图 7-24 扁钢丝绳

一般用途钢丝绳、圆股绳、异形股（三角股和椭圆股）绳和优质股捻钢丝绳按国家标准 GB/T 20118—2006 和 GB 8918—2006 选用；密封钢丝绳按国家标准密封钢丝绳 GB/T 352—2002 选用。煤矿常用的几种钢丝绳技术规格见表 7-6、表 7-7。

表7-6 绳6×7股（1+6）绳纤维芯

直径		钢丝总断面积	参考质量	钢丝绳公称抗拉强度/(N·mm^{-2})				
钢丝绳	钢丝			1400	1550	1700	1850	2000
				钢丝破断拉力总和				
mm		mm^2	kg/100 m	N（不小于）				
3.8	0.4	5.28	5.04	7390	8180	8970	9760	10500
4.7	0.5	8.24	7.87	11500	12700	14000	15200	16400
5.6	0.6	11.87	11.34	16600	18300	20100	21900	23700
6.5	0.7	16.16	15.40	22600	25000	27400	29800	32300
7.5	0.8	21.10	20.15	29500	32700	35800	39000	42200
8.4	0.9	26.71	25.51	37300	41400	45400	49400	53400
9.4	1.0	32.97	31.49	46100	51100	56000	60900	65900
10.5	1.1	39.89	38.09	55800	61800	67800	73700	79700
11.5	1.2	47.48	45.34	66400	73500	80700	87800	94900
12.0	1.3	55.72	53.21	78000	86300	94700	103000	111000
13.0	1.4	64.62	61.71	90400	100000	109500	119500	129000
14.0	1.5	74.18	70.84	103500	114500	126000	137000	148000
15.0	1.6	84.40	80.60	118000	130500	143000	156000	168500
16.0	1.7	95.28	90.99	133000	147000	161500	176000	190500
17.0	1.8	106.82	102.00	145900	165500	181500	197500	213500
18.5	2.0	131.88	125.90	184500	204000	224000	243500	263500
20.5	2.2	159.57	152.40	223000	247000	271000	295000	
22.5	2.4	189.91	181.40	265500	294000	322500	351000	
24.5	2.6	222.88	212.90	312000	345000	378500	412000	
26.0	2.8	258.48	246.80	361500	400500	439000	478000	
28.0	3.0	296.73	283.40	415000	459500	504000	548500	
30.0	3.2	337.61	322.40	472500	523000	573500	624500	
32.0	3.5	403.88	385.70	565000	626000	686500		
34.5	3.8	476.09	454.70	666500	737500	809000		
36.5	4.0	527.52	503.80	738500	817500	896500		

表7-7 绳18×7股（1+6）绳纤维芯

直径		钢丝总断面积	参考质量	钢丝绳公称抗拉强度/(N·mm^{-2})				
钢丝绳	钢丝			1400	1550	1700	1850	2000
				钢丝破断拉力总和				
mm		mm^2	kg/100 m	N（不小于）				
6.2	0.4	15.83	14.80	22100	24500	26900	29200	31600
7.7	0.5	24.73	23.12	34600	39300	42000	45700	49400

表 7-7（续）

直径		钢丝总断面积	参考质量	钢丝绳公称抗拉强度/(N·mm^{-2})				
				1400	1550	1700	1850	2000
钢丝绳	钢丝			钢丝破断拉力总和				
mm		mm^2	kg/100 m	N（不小于）				
9.3	0.6	35.61	33.30	49800	55100	60500	65800	71200
11.0	0.7	48.47	45.32	67800	75100	82300	89600	96900
12.5	0.8	63.30	59.19	88600	98100	107500	117000	126500
14.0	0.9	80.12	74.91	112000	124000	136000	148000	160000
15.5	1.0	98.91	92.48	138000	153000	168000	182500	197500
17.0	1.1	119.68	111.90	167500	185500	203000	221000	239000
18.5	1.2	142.43	133.20	199000	220500	242000	263000	284500
20.0	1.3	167.16	156.30	234000	259000	284000	309000	334000
21.5	1.4	193.86	181.30	271000	300000	329500	358500	387500
23.0	1.5	222.55	208.10	311500	344500	378000	411500	445000
24.5	1.6	253.21	236.80	354000	392000	430000	468000	506000
26.0	1.7	285.85	267.30	400000	413000	485500	528500	571500
28.0	1.8	320.47	299.60	44850	496500	544500	592500	640500
31.0	2.0	395.64	369.90	553500	613000	672500	731500	791000
34.0	2.2	478.72	447.60	670000	742000	813500	885500	
37.0	2.4	569.72	532.70	797500	883000	968500	1050000	
40.0	2.6	668.63	625.20	936000	1035000	1135000	1235000	
40.0	2.8	775.45	725.00	1085000	1200000	1315000	1430000	
46.0	3.0	890.19	832.30	1245000	1375000	1510000	1645000	

三、钢丝绳的标记

1. 全称标记示例及图解说明

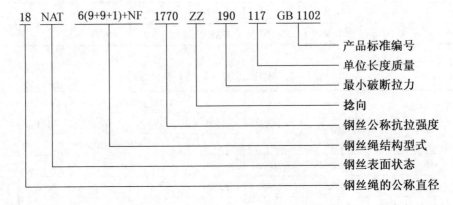

2. 简化标记示例
18NAT6×19S + NF177022190
18ZBB6×19W + NF177022
18NAT6×19FI + IWR1770
18ZAA6×19S + NF

第四节 矿井提升机

一、提升机分类

矿井提升机是矿井提升设备中最重要的组成部分。目前，我国矿山使用的提升机可分为两大类：单绳缠绕式提升机和多绳摩擦式提升机，具体分类方式如图 7-25 所示。

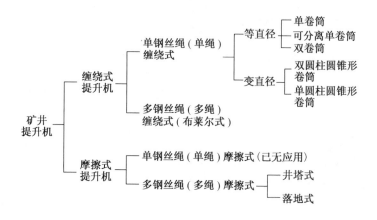

图 7-25 矿井提升机分类

二、提升机组成

矿井提升机一般由电动机、减速器、主轴装置、制动装置、深度指示器、电控系统、润滑系统及操纵台组成。总体上可分为三大部分，如下所述：

（1）机械部分：机械部分由工作系统（主轴装置）、传动系统、制动系统、控制系统、保护系统组成。单绳缠绕式双卷筒提升机还配有调绳离合器，多绳摩擦式提升机配有车槽装置。

（2）导向部分：导向部分由天轮、导向轮组成。

（3）电气部分：电气部分由拖动电机（主、微）、电气控制装置、电气保护装置组成。

（一）主轴装置

主轴装置是提升机的主要工作和承载部件，如图 7-26 所示。主要由卷筒、主轴和主轴承等组成。卷筒包括轮毂、轮辐、筒壳、挡绳板、制动盘、木衬、离合器及尼龙套等。固定卷筒的右轮毂通过切向键固定在主轴上，左轮毂滑装在主轴上，该轮毂上有油杯，应定期注油。游动卷筒的右轮毂经衬套滑装在主轴上，也装有油杯，以保证润滑，衬套的作用是保证主轴和轮毂避免在调绳时磨损或擦伤。左轮毂通过切向键与主轴相连，并通过离合器与卷筒的轮辐相连。

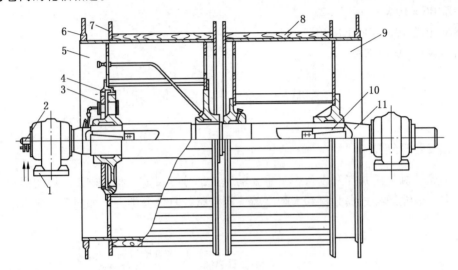

1—主轴承；2—密封头；3—调绳离合器；4—尼龙套；5—游动滚筒；6—制动盘；
7—挡绳板；8—木衬；9—固定卷筒；10—切向键；11—主轴

图 7-26 主轴装置

（二）调绳离合器

调绳离合器在单绳缠绕式双卷筒提升机的活卷筒上，其作用是使游动卷筒与主轴联接或脱开，便于调节绳长或更换水平时，主轴带动固定卷筒转动，游动卷筒固定不动。其类型有齿轮调绳离合器（包括轴向移动式齿轮调绳离合器和径向移动式齿轮调绳离合器），蜗轮蜗杆离合器和摩擦离合器。目前应用最多的为轴向移动式齿轮调绳离合器，径向移动式齿轮调绳离合器是近些年应用的新产品。

图 7-27 所示为 JK 系列提升机上的轴向移动式齿轮调绳离合器。它是由油缸 4（3个），齿轮 6、内齿圈 8、联锁阀 13 及油压控制回路组成。游动卷筒左轮毂 3 通过切向键与主轴固联，轮毂上面有三个孔放置油缸，并与活塞杆固接的端盖固定在一起，缸体与齿轮 6 连在一起，并可在轮毂的孔内移动。内齿圈 8 固定在轮辐上，并可与齿轮 6 啮合，游动卷筒上力的传递过程为：

在正常工作时，齿轮 6 与内齿圈 8 相啮合，卷筒随主轴一起转动。调绳时打开离合器，齿轮 6 与内齿圈 8 脱开，主轴转动而游动卷筒不动。

离合器油缸左腔进油，由于活塞杆与轮毂主轴固联，活塞杆不动，缸体带动齿轮 6 左移，使齿轮 6 与内齿圈 8 脱开，打开离合器；需要合上离合器时，离合油缸右腔进油，缸体带动齿轮 6 右移，齿轮 6 与内齿圈 8 啮合。

调绳离合器的液压控制系统如图 7-28 所示。打开离合器时，离合器缸左腔进油，右腔回油。进油路线为 K—n—m—S—q—r—j—i—h—g—f—e—左腔；回油路线为右腔—d—c—b—a—L—油箱。

合上离合器时，离合器右腔进油，左腔回油。进油路线为 L—a—b—c—d—右腔；回

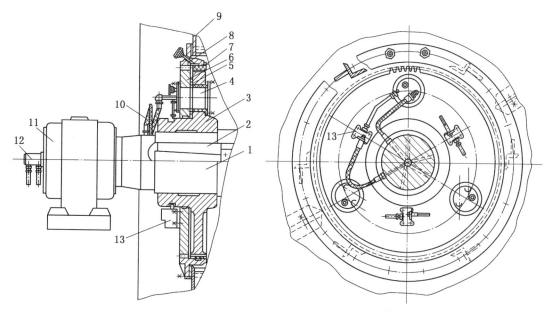

1—主轴；2—键；3—轮毂；4—油缸；5—橡胶缓冲垫；6—齿轮；7—尼龙瓦；8—内齿圈；9—卷筒轮辐；10—油管；11—轴承座；12—密封头；13—联锁阀

图 7-27 轴向移动式齿轮调绳离合器

油路线为左腔—e—f—g—h—i—j—p—q—S—m—n—K—油箱。

联锁阀的活塞销插在轮毂的槽中，目的是防止提升机在运转中，离合器的齿轮 6 自动外移，脱开与内齿圈的啮合，造成事故。在打开离合器压力油到达 r 时，压力油将联锁阀的活塞销先顶起，即从轮毂槽中拔出，解除闭锁，此时 r 的空间才与 j 孔相通。

(三) 减速器

提升机减速器有许多类型，矿山提升机常用齿轮减速器。其作用主要是传递回转运动和动力，即把电动机输出的转速经减速器降至提升卷筒所需的工作转速；把电动机输出的扭矩和力经减速器增至提升卷筒所需的工作扭矩和力。

(1) 渐开线行星齿轮减速器。我国在提升机传动系统中，从 20 世纪 80 年代开始应用行星齿轮减速器。渐开线行星齿轮减速器具有体积小、重量轻、承载能力大、传动效率高和工作平稳等优点。

(2) 平行轴圆弧齿轮减速器。由于传动噪声和振动大等缺点，故在矿井提升减速器中逐步被渐开线齿轮减速器所代替。但是，过去由于技术原因，渐开线齿轮减速器有某些不足，平行轴圆弧齿轮减速器在矿井提升中应用很广。

(3) 平行轴渐开线圆柱齿轮减速器。渐开线齿轮减速器具有传动速度和功率范围大，传动效率高，对中心距的敏感性小、装配和维修简单。

(4) 双输入轴渐开线（圆弧）齿轮减速器。双输入轴渐开线（圆弧）齿轮减速器除具有渐开线（圆弧）平行轴齿轮减速器的优缺点外，由于是双输入轴，属多点啮合，故传动功率大。由于一个输出大齿轮和两个小齿轮相啮合，省去一个大齿轮，重量比较轻。双输入轴减速器多用于井塔式提升机上。

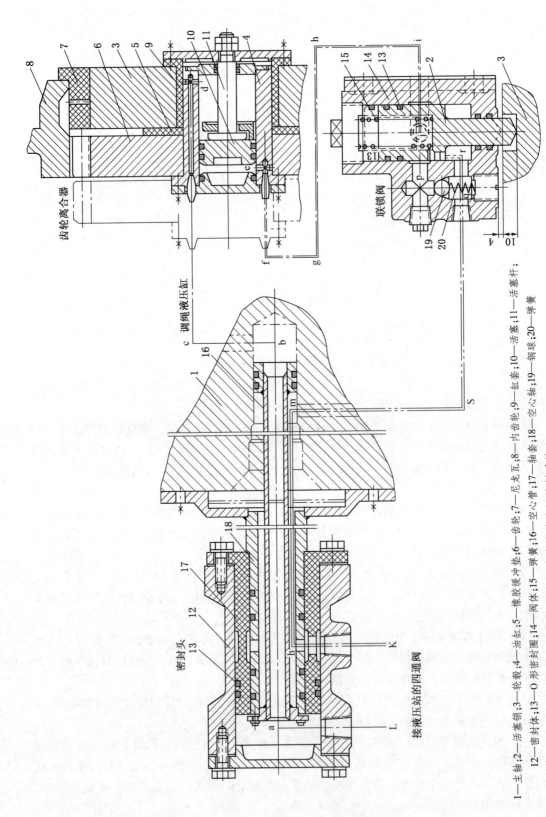

图 7-28 调绳离合器的液压控制系统

1—主轴;2—活塞销;3—轮毂;4—油缸;5—橡胶缓冲垫;6—齿轮;7—尼龙瓦;8—内齿轮;9—缸套;10—活塞;11—活塞杆;12—密封体;13—O形密封圈;14—阀体;15—弹簧;16—空心管;17—轴套;18—空心轴;19—钢球;20—弹簧

（5）同轴式弹簧基础减速器。同轴式弹簧基础减速器是带有弹簧机座的中心驱动型减速器，减速器的输入轴与输出轴的中心在同一轴线上。电动机的动力通过弹性联轴器传递给高速小齿轮，再经由两侧的高速级大齿轮，中间轴齿轮，传到低速大齿轮和输出轴，输出轴通过刚性法兰联轴节与提升机主轴装置连接，从而驱动提升机运转。

矿山提升机常用减速器及相关参数见表7-8。

表7-8 部分常用减速器及相关参数表

型号	总中心距/mm	外形尺寸/(mm×mm×mm)	传动比	提升机型号	结构特点	备注
UO-120	2×1200	3600×1650×2700	7.35, 11.5		滚动轴承支承	单机双电机驱动
ZD-120	2×1200	3600×1655×2695	7.35			
ZHD2R-120	2×1200	3600×1755×2705	7.35, 10.5, 11.5	JKM-1.85×4		
ZD-2×200	2×2200	6200×3495×4685	10.59, 11.52	2JK-5/10.5, 11.5		
ZHD2R-180	2×1800	5100×3125×4080	11.53, 11.88	JKM-4×4 JK2-4/10.5		

（四）制动系统

提升机制动系统是提升机的重要组成部分，它直接关系到提升设备的安全运行，它由制动器（通常称为闸）和传动装置组成。制动器是直接作用到制动轮或制动盘上产生制动力矩的机构，传动装置是控制并调节制动力矩的机构。制动器按其结构可分为块闸（角移式和平移式）和盘闸；传动装置按传动能源可分为液压，气动及弹簧等。

KJ型（2~3m）提升机使用油压角移式制动系统。KJ型（4~6m）提升机使用气压平移式制动系统。JK系列提升机使用液压控制的盘式制动系统。

提升机制动系统的作用：①正常工作制动，即在减速阶段参与提升机的速度控制；②正常停车制动，即在提升终了或停车时闸住提升机；③安全制动，即当提升机工作不正常发生紧急事故时，迅速而及时地闸住提升机；④调绳制动，即双卷筒提升机在调绳或更换水平时闸住活卷筒，松开死卷筒。

为使制动系统能保证提升工作安全顺利地进行，《煤矿安全规程》对提升机制动系统提出以下要求：①对于立井或倾角大于30°的斜井，最大制动力矩不得小于提升或下放最大静负荷力矩的3倍；②对于双卷筒提升机，为了使离合器打开时能制动住游动卷筒，制动器在一个卷筒上的制动力矩不得小于该卷筒悬挂提升容器和钢丝绳重力所产生的力矩的1.2倍；③在同一制动力矩作用下，安全制动时，上提及下放货载，其减速度是不同的。在立井和倾斜巷道中使用的提升机，安全制动时全部机械的减速度必须符合表7-9的规定；④对于摩擦式提升机工作制动或安全制动的减速度，不得超过钢丝绳的滑动极限，即不引起钢丝绳打滑；⑤安全制动必须能自动、迅速和可靠地实现，制动器的空动时间（由安全保护回路断电时起到闸瓦接触到闸轮上的时间）对于气压块闸不得超过0.5s，液压块闸不得超过0.6s，盘式制动器不得超过0.3s。

表7-9 安全制动减速度规定值

运行状态	倾角		
	立井及大于30°	15°~30°	小于15°
上提货载/(m·s^{-2})	≤5	≤a_z	≤a_z
下放货载/(m·s^{-2})	≥1.5	≥0.3a_z	≥0.75

注：a_z—自然减速度。

1. 块闸式制动器

块闸式制动器按结构分为角移式、平移式和综合式三种。

1) 角移式制动器

角移式制动器结构如图7-29所示。焊接结构的前制动梁2和后制动梁7，经三角杠杆5用拉杆4彼此连接，木制或压制石棉塑料的闸瓦6固定在制动梁上。利用拉杆4左端的调节螺母来调节闸瓦6与制动轮9之间的间隙，挡钉（钉丝）1用来支撑制动梁以保证制动轮两侧的松闸间隙相同。当进行制动时，三角杠杆5的右端按逆时针方向转动，带动前制动梁2，同时经拉杆4带动后制动梁7绕其轴承3转动一个不大的角度，使两个闸瓦压向制动轮9产生制动力。

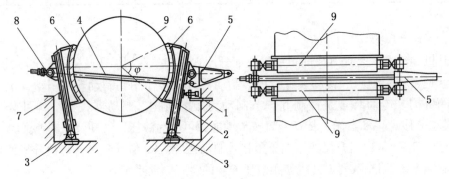

1—钉丝；2—前制动梁；3—轴承；4—拉杆；5—三角杠杆；6—闸瓦；
7—后制动梁；8—调节螺母；9—制动轮

图7-29 角移式制动器

2) 平移式制动器

平移式制动器结构如图7-30所示。后制动梁10用铰接立柱7支承在地基上。后制动梁10的上、下端安设三角杠杆6，用可调节拉杆12保持联系。前制动梁10用铰接立柱7和辅助立柱支承在地基上。前后制动梁用三角杠杆6和横拉杆11彼此连接，通过制动立杆4、制动杠杆8，受工作制动气缸3和安全制动气缸2控制。工作制动气缸充气时抱闸，放气时松闸，安全制动气缸工作情况与之相反。当工作制动气缸3充气或安全制动气缸2放气时都可使制动立杆4向上运动，通过三角杠杆6、横拉杆11等驱使前后制动梁上的闸向制动轮14产生制动作用。反之，若3放气或2充气，都使立杆4向下运动，实现松闸。这种制动器后制动梁因为只有一根立柱来支承，很难保证其平移性，所以用顶丝9来辅助改善其工作情况。前制动梁受立柱7和5的支承，形成四连杆机构，当其接近垂直位置时，基本上可保证前制动梁的平移性。

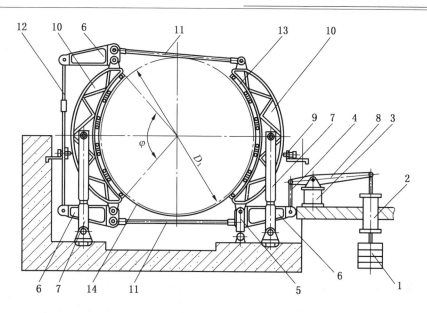

1—安全制动重锤；2—安全制动气缸；3—工作制动气缸；4—制动立杆；5—辅助立柱；
6—三角杠杆；7—立柱；8—制动杠杆；9—顶丝；10—制动梁；11—横拉杆；
12—可调节拉杆；13—闸瓦；14—制动轮

图 7-30 平移式制动器

3) 综合式制动器

综合式制动器如图 7-31 所示，它由一对制动梁 2、3，活瓦块 10，横拉杆 7，三角杠杆 1 组成。制动臂安装在轴承座 6 上，在制动臂上装有活瓦块 10，活瓦块上装有闸瓦 4，活瓦块在制动臂上可绕销轴 9 转动，从而使闸瓦与制动轮接触均匀，闸瓦磨损均匀。调节螺丝 11 可保证在松闸时闸瓦与制动轮间上下均匀。横拉杆 7 的两端为左右螺纹以调整松闸时闸瓦间隙为 1~2 mm。挡钉 5 的作用是保证松闸时两侧闸瓦间隙相等。立杆 8 上下运动时，带动三角杠杆转动，通过横拉杆 7 又带动制动臂使闸瓦靠近或离开制动轮。

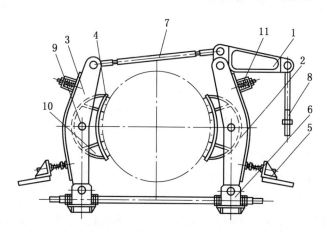

1—三角杠杆；2—前制动梁；3—后制动梁；4—闸瓦；5—挡钉；6—轴承座；
7—横拉杆；8—立杆；9—销轴；10—活瓦块；11—调节螺丝

图 7-31 综合式制动器

2. 盘形制动器

盘形制动器与块式制动器不同，它的制动力矩是靠闸瓦沿轴向从两侧压向制动盘而产生的。它有盘闸式制动器和油缸后置式盘式制动器两种。

1）盘闸式制动器

盘闸式制动器结构如图 7-32 所示，油缸 3 用螺栓固定在整体铸钢支座 2 上，经过垫板 1，用地脚螺栓固定在基础上。油缸 3 内装活塞 5、柱塞 11、调整螺母 6、碟形弹簧 4 等，筒体 9 可在支座内往复移动，闸瓦固定在衬板 13 上。油缸 3 上还装有放气螺钉 15、塞头 20、垫 21。

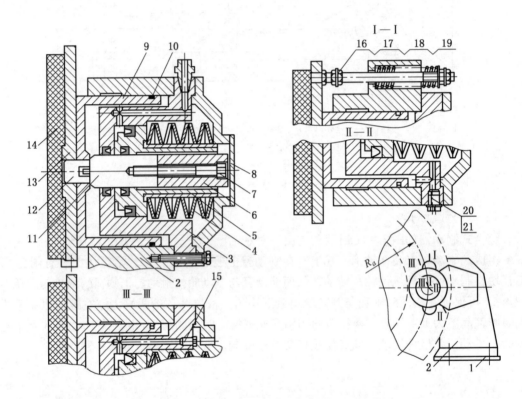

1—垫板；2—支座；3—油缸；4—碟形弹簧；5—活塞；6—调整螺母；7—螺钉；8—盖；9—筒体；
10—密封圈；11—柱塞；12—销子；13—衬板；14—闸瓦；15—放气螺钉；16—加复弹簧；
17—螺栓；18、21—垫；19—螺母；20—塞头

图 7-32 盘闸式制动器结构

2）液压油缸后置式盘式制动器

液压油缸后置式盘式制动器结构如图 7-33 所示。它由闸瓦 26，带筒体的衬板 25，碟形弹簧 2 和液压组件（挡圈 4，V 形密封圈 5，Yx 形密封圈 22、8，油缸 21，调节螺母 20，活塞 10，密封圈 12、16、19，油缸盖 9 等），连接螺栓 13，后盖 11，密封圈 14，制动器体 1 等组成。

（五）深度指示器

深度指示器的作用：①指示提升容器在井筒中的位置；②容器接近井口时发出减速信

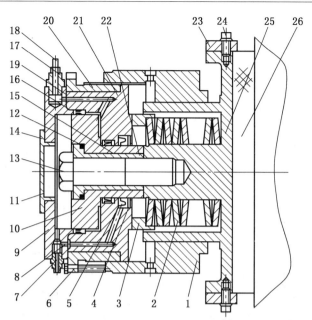

1—制动器体；2—碟形弹簧；3—弹簧座；4—挡圈；5—V形密封圈；6—螺钉；7—渗漏油管接头；
8,22—Yx形密封圈；9—油缸盖；10—活塞；11—后盖；12,14,16,19—密封圈；
13—连接螺栓；15—活塞内套；17—压力油管接头；18—油管；20—调节螺母；
21—油缸；23—密封圈；24—螺栓；25—带筒体的衬板；26—闸瓦

图 7-33 液压油缸后置式盘式制动器

号；③当提升机发生过卷时，切断安全回路，进行安全制动；④在减速阶段参与速度控制并实现过速保护。

目前我国单绳缠绕式提升机上的深度指示器有牌坊式（立式）和圆盘式两种。KJ 型提升机采用牌坊式，JK 型提升机可选用牌坊式和圆盘式任一种。对于多绳摩擦式提升机采用带有调零补偿机构的深度指示器。

1. 牌坊式深度指示器

牌坊式深度指示器的传动系统如图 7-34 所示，其结构如图 7-35 所示。提升机主轴的转动由传动轴传递给深度指示器，使两根垂直丝杆以相反方向旋转，带动螺母指针上下

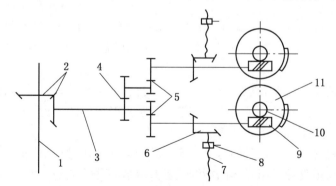

1—主轴；2—传动锥齿轮；3—传动轴；4,5—传动齿轮；6—锥齿轮；7,8—丝杆和螺母指针；
9—蜗杆；10—蜗轮；11—限速圆盘

图 7-34 牌坊式深度指示器传动原理

移动。深度指示器丝杆的转数与提升机主轴的转数成正比，而主轴转数与提升容器在井筒中的位置相对应。因此指针的位置与提升容器的位置相对应，完成指示提升容器位置的任务。

提升容器接近井口到达减速位置时，螺母的移动通过信号拉条孔中的销子将信号拉条抬起，当信号拉条上的销子滑脱时，铃锤敲响，向司机发出减速信号。同时，在限速圆盘下部装有减速行程开关，到减速位置时限速圆盘上的撞块碰压减速行程开关，发出声光信号，并使提升机减速运行。

发生过卷时，螺母碰压深度指示器上部的过卷限位开关，或限速圆盘上的撞块碰压在圆盘下部的过卷行程开关，进行安全制动。

减速阶段限速凸轮板带动限速自整角机旋转，发出减速给定信号，参与减速阶段的速度控制。

2. 圆盘式深度指示器

圆盘式深度指示器如图7-36所示。其传动轴通过法兰盘与减速器输出轴相连。通过更换齿轮对2、蜗杆4、增速齿轮对5，将主轴的旋转运动传给发送自整角机6。同时通过蜗杆、蜗轮带动限速圆盘转动。限速圆盘上的撞块和限速凸轮板，用来碰压减速开关、过卷开关及限速自整角机，发出减速信号，进行过卷保护及减速阶段的过速保护。

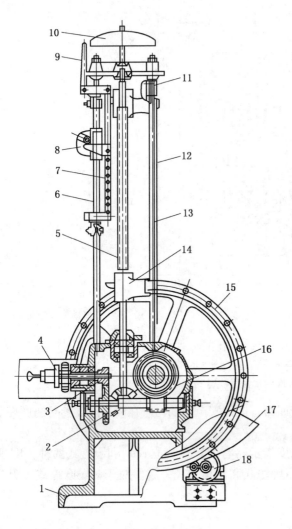

1—机座；2—伞齿轮；3—齿轮；4—离合器；5—丝杆；6—杆；7—信号拉条；8—减速限位开关；9—铃锤；10—信号铃；11—过卷限位开关；12—标尺；13—支柱；14—螺母指针；15—限速圆盘；16—蜗轮蜗杆组；17—限速凸轮板；18—限速自整角机

图7-35 牌坊式深度指示器的结构

深度指示器的指示盘安装在操纵台上，发送自整角机转动时，发出信号使指示盘上的接收自整角机随之同步转动，带动粗针和精针指示提升容器的位置。

3. 多绳摩擦式提升机深度指示器

多绳摩擦式提升机由于钢丝绳搭放在摩擦轮上，在工作过程中钢丝绳不可避免地会产生蠕动和滑动。这就使深度指示器的指针与提升容器在井筒上的位置不能很好地对应。因此，多绳摩擦式提升机深度指示器需要设置调零机构，如图7-37所示，与普通的立式深度指示器相比，它具有两个特点，一是有一个精确指示针，二是具有自动调零的性能。在正常工作状态下调零电动机31并不转动，故与之相连的蜗杆30、蜗轮29与圆锥齿轮10

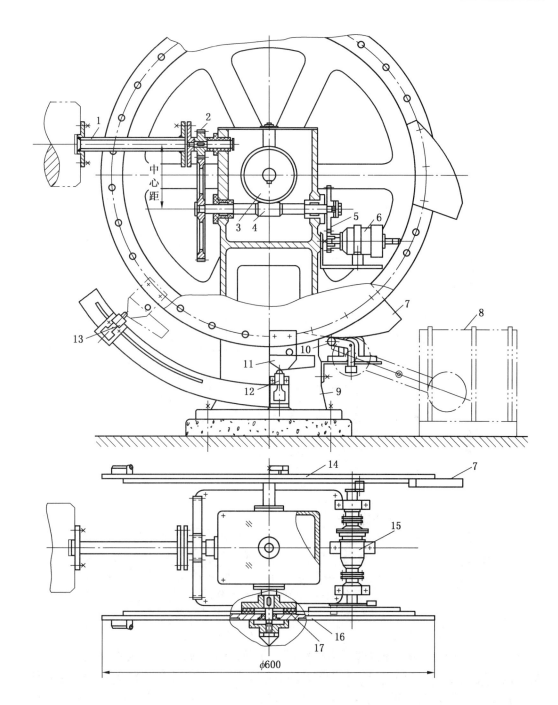

1—传动轴；2—更换齿轮对；3—蜗轮；4—蜗杆；5—增速齿轮对；6—发送自整角机；7—限速凸轮板；8—限速变阻器；
9—机座；10—滚轮；11—撞块；12—减速开关；13—过卷开关；14,16—限速圆盘；15—限速自整角机；17—摩擦离合器

图 7-36 圆盘式深度指示器

都不转动，此时由主轴传来的动力，经轴 1 和 4 使差动轮系的圆锥齿轮 7、8、9 转动，再使轴 11、14 和丝杠 17 转动，粗针 18 便指示提升容器的位置。精针 27 是在电磁离合器 25

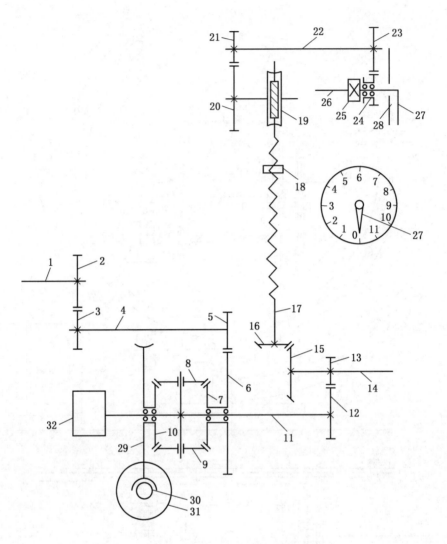

1、4、11、14、22、26—轴；2、3、5、6、12、13、20、21、23、24—齿轮；7、8、9、10、15、16—圆锥齿轮；17—丝杠；18—粗针；19、30—蜗杆；25—电磁离合器；27—精针；28—刻度盘；29—蜗轮；31—调零电动机；32—自整角机

图 7-37 多绳摩擦式提升机深度指示器

接通后才开始转动，精针刻度盘 28 每格表示 1 m 的提升高度。通常是在井筒中距提升容器卸载位置以前 10 m 处，安装一个电磁感应继电器，以控制电磁离合器，这样就能保证在提升机停车以前获得较准确的指示。如果钢丝绳由于蠕动或滑动而使容器已达卸载位置而指针尚未到零位或已超过零位，自整角机 32 的转角与预定零位不对应，输出电压达到一定值时，通过电控系统使调零电动机 31 转动，此时因提升机已停止运转，故齿轮 6 和 7 不动，蜗杆 30 和蜗轮 29 便带动轴 11、14 和丝杠 17 转动，直到指针返回预定零位为止。这时指针的位置与容器位置一致，自整角机的电压也减为零，调零电动机停转，调零结束。

（六）微拖动装置

微拖动装置主要用于提升机在爬行阶段能获得比较稳定的低速度，以便提升容器在规定位置打开闸门装载。XKT 型、JKM 型和 2JK-2 型矿井提升机都采用了微拖动装置。它使提升机在停机前有一段稳定低速行程来保证提升容器在卸载位置准确停机，同时在箕斗提升时可减少提升容器对卸载曲轨的冲击。这段稳定低速（一般为 0.3~0.6 m/s）运行叫作低速爬行。

微拖动装置的传动系统如图 7-38 所示。在自动化提升中，当提升机实际运行速度降低到某一值（如 3 m/s 左右）时，微拖动电动机 6 启动，在实际运行速度略高于规定的爬行速度时，电动气阀通电，气囊离合器 4 充气接合。此时的动力传递过程为微拖动电动机 6—弹性联轴器—球面涡轮蜗杆减速器 5—气囊离合器 4—主电动机 3—蛇形弹簧联轴器—主减速器 2—齿轮联轴器—卷筒 1。

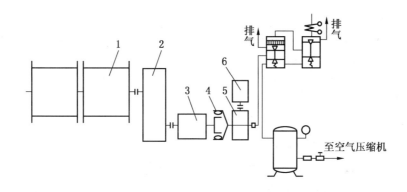

1—卷筒；2—主减速器；3—主电动机；4—气囊离合器；5—减速器；6—微拖动电动机

图 7-38 微拖动装置的传动系统示意图

微拖动装置可用手动控制，也可自动控制，在操纵台上装有微拖动装置控制开关。无论手动或自动控制，都是先启动微电机，然后气囊离合器进行充气闭合，带动提升机维持稳定低速爬行。为了保证提升机正常运行，使用微拖动装置时应注意：

（1）只有主电动机断电后才可将微拖动装置接入。

（2）只有在储气罐中压缩空气压力在 0.6~0.9 MPa 范围时才能启动微拖动装置。

（3）压缩空气系统执行阀的接通应在微拖动电动机启动之后。

（4）只有提升机松闸时才可接通微拖动装置，而微拖动装置断电时提升机应该制动。

（5）只有当提升容器的速度降低到规定的爬行速度后，才能接入微拖动装置，以减少冲击和避免涡轮蜗杆减速器发生倒转。

三、单绳缠绕式提升机

单绳缠绕式提升机是出现较早，在我国使用较多的一种类型。其工作原理是：将提升钢丝绳的一端固定到提升机卷筒上，另一端绕过井架上的天轮与提升容器相连，利用两个卷筒上钢丝绳缠绕方向的不同，当提升机转动时两个提升容器一个上提一个下降，来完成提升任务。

根据卷筒数目的不同,单绳缠绕式提升机有单卷筒和双卷筒之分,单卷筒提升机只有一个卷筒,缠绳时容器上升,松绳时容器下降,双卷筒提升机在一个主轴上有两个卷筒,一个为固定卷筒(死卷筒),一个为游动卷筒(活卷筒)。固定卷筒与主轴固接,游动卷筒通过离合与主轴相连,其优点是两个卷筒可以相对转动,便于调节绳长或更换水平。

单绳缠绕式提升机适用于浅井或中等深度的矿井,这是因为在深井及大终端载荷的提升系统中,钢丝绳的直径和提升机卷筒容绳宽度都要求很大,这将导致提升机体积庞大,质量激增,因而在一定程度上限制了单绳缠绕式提升机在深井中的使用。正因如此,1957年 Robert Blair 提出并设计了一种多绳缠绕式提升机(布莱尔式提升机),以克服单绳缠绕式提升机的缺点,扩大其适用范围。

目前使用的单绳缠绕式提升机有 KJ 型和 JK 型两大类。KJ 型矿井提升机是我国在 1958—1966 年期间生产的仿苏联 BM-2A 型产品,此类产品目前已不再生产,但在一些老矿井中仍在使用。我国现在主要生产 JK 系列(包括 JK 型和 JK/A 型)矿井提升机。JK 系列提升机是我国目前使用最广泛的一种,卷筒直径为 2~5 m,主要用于立井提升,其规格参数见表 7-10。

四、多绳摩擦式提升机

(一)概述

由于矿井开采深度的增加和一次提升量的增大,如采用单绳缠绕式提升机,其体积、重量就会很大。这不仅增加了设备的投资,而且在制造、运输、安装、使用维护等方面都带来了一系列问题。在这种情况下,德国人戈培(Koepe)提出将钢丝绳搭在摩擦轮上,即出现了单绳摩擦式提升机。与缠绕式提升机相比摩擦轮的宽度变窄,相应的体积变小、重量减轻,但卷筒的直径仍未减小。为此,后来发展为多绳摩擦式提升机。

多绳摩擦提升系统如图 7-39 所示。钢丝绳不是缠绕在卷筒上,而是搭放在摩擦轮上,两端各悬挂一个提升容器(也有一端是平衡锤的)。当电动机带动摩擦轮转动时,借助于安装在摩擦轮上的衬垫和钢丝绳之间的摩擦力,传动钢丝绳完成提升或下放任务。

多绳摩擦式提升机与单绳缠绕式提升机相比,其主要优点有:①提升高度不受卷筒宽度限制,适用于深井提升;②由于多根钢丝绳共同承受终端载荷,钢丝绳直径变小,故摩擦轮直径显著减小;③在相同提升速度情况下,可以使用转速较高的电动机和传动比较小的减速器;④偶数根钢丝绳左右捻各半,提升容器扭转减小,减小了罐耳与罐道间的摩擦,改善了钢丝绳的工作条件,提高了钢丝绳

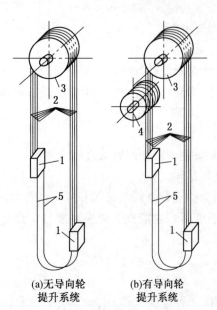

(a)无导向轮提升系统 (b)有导向轮提升系统

1—提升容器;2—提升钢丝绳;3—摩擦轮;
4—导向轮;5—尾绳
图 7-39 多绳摩擦提升系统

表 7-10 JK 系列提升机规格参数表

机器型号	卷筒个数	卷筒直径/m	卷筒宽度/m	两卷筒中心距/m	钢丝绳最大静张力差/kN	两卷筒最大静张力差/kN	最大钢丝绳直径/mm	提升高度/m 一层	提升高度/m 二层	提升高度/m 三层	减速器速度比	减速器扭矩,静/动/(kN·m)	电机转速(不大于)/(r·min⁻¹)	提升速度(不大于)/(m·s⁻¹)	卷筒中心高/mm	机器旋转部分总成定位质量(不大于)(不包括电机)/kg	机器部分总质量(不包括电机)(不大于)/t
JK-2/20	1	2	1.5		60	60	24.5	290	610	950	20	50/75	1000	5	650	5900	23
JK-2/30											30					6800	
JK-2.5/20	1	2.5	2		90	90	31	400	810	1290	20	75/115	75	5	650	13700	37
JK-2.5/30											30					14200	
JK-3/20	1	3	2.2		130	130	37	460	960	1500	20	120/180	750	6	650		
2JK-2/11.5	2	2	1	1130	60	40	24.5	170	380	600	11.5	50/75	1000	6.5	650	7400	27
2JK-2/20											20					9700	
2JK-2/30											30					8700	
2JK-2.5/11.5	2	2.5	1.2	1350	90	55	31	220	500	790	11.5	75/115	750	8.5	650	11300	37
2JK-2.5/20											20					12300	
2JK-2.5/30											30					13600	
2JK-3/11.5	2	3	1.5	1640	130	80	37	290	650	1000	11.5	120/180	750	10	650	18100	53
2JK-3/20											20					19200	
2JK-3/30											30					19300	
2JK-3.5/11.5	2	3.5	1.7	1840	170	115	43	340	750		11.5	200/300	750	12	700	23500/28500	74
2JK-3.5/20											20						
2JK-4/11.5	2	4	2.1	2260	210	140	47.5	450	930		11.5		600	12	700	24600	74/95
2JK-4/20											20						
2JK-5/11.5	2	5	2.3	2460	260	180	52	570			11.5		600	14	900		

的使用寿命；⑥多根钢丝绳同时被拉断的可能性极小，提高了其安全性，因此多绳提升罐笼可以不设防坠器。其主要缺点有：①多根钢丝绳的悬挂、更换、调整、维护检修工作复杂，而且当一根钢丝绳损坏时，需更换所有钢丝绳；②绳长不能调节，不适用多水平提升，也不适用于凿井。由于多绳摩擦式提升机具有一系列明显优点，目前在国内外都得到了广泛的应用。

JKD 型和 JKM 型多绳摩擦提升机系列产品技术规格分别列于表 7-11 和表 7-12。

表 7-11 JKD 型多绳摩擦提升机技术规格

机器型号	摩擦轮直径/mm	钢丝绳最大静张力/kN	钢丝绳最大静张力差/kN	钢丝绳最大直径/mm 有导向轮	钢丝绳最大直径/mm 无导向轮	钢丝绳根数	最大提升速度/(m·s⁻¹)	减速器 型号	减速器 扭矩最大/额定(kN·m)	机器总质量(不包括电器)/t	变位质量/t	适应年产量/kt
JKD1850×4	1850	220	65		23	4	9.7	ZGH70	116/78	15.7	5.7	600
JKD2100×4	2100	280	90		25.5	4	10.5	ZGH70		17.7		600
JKD2100×6	2100	420	100		25.5	6	11.75	ZGH80		24.7		800~1000
JKD2250×6	2250	495	130		28	6	11.75	ZGH80		27.5	9.372	900~1200
JKD2800×6	2800	495	150	28		6	11.75	ZGH90		48.9	2.16（导轮）	1500~1800
JKD3250×8	3250	700	170	32.5		6	11.75	ZGH100	330/220	59.1	16.51	1800~2100
JKD4000×6	4000	950	200	39.5		6	11.75	ZGH120	780/440	90	5.72（导轮）	3000~3500

（二）JKM 型多绳摩擦式提升机

JKM 型多绳摩擦式提升机由电动机、联轴器、减速器、主轴装置、制动系统、深度指示器、车槽装置等组成。其传动型式有三种：Ⅰ型是主导轮通过中心驱动共轴式具有弹簧基础的减速器与电动机相连接，用于单机驱动，如图 7-40 所示；Ⅱ型是主导轮通过侧动式具有刚性基础的减速器与电动机相连接，用于双机拖动或单机拖动；Ⅲ型为不带减速器，主导轮通过联轴器直接与电动机连接。

JKD 型多绳摩擦式提升机采用两级传动共轴式弹簧基础减速器，使用弹性齿轮使两侧齿轮的负荷均衡。

1. 主轴装置

JKM 型多绳摩擦式提升机主轴装置的结构如图 7-41 所示。主要由摩擦轮、主轴及主轴承组成。它与缠绕式提升机的主要区别是用摩擦衬垫来代替木衬。由于摩擦提升机是靠摩擦力来传递动力的，所以衬垫必须具有足够的摩擦系数和耐磨损能力，通常是用具有倒梯形截面的压块把衬垫挤压固定在筒壳上。摩擦衬垫形成衬圈，再车出绳槽。

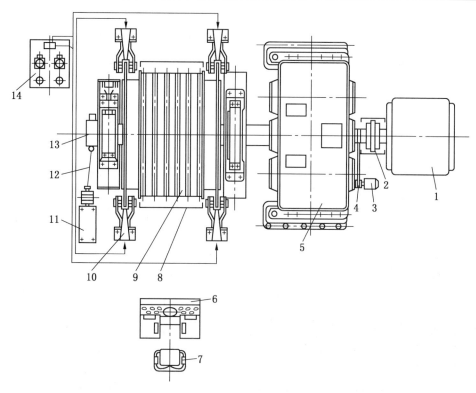

1—电动机；2—弹性联轴器；3—测速发电机；4—护罩；5—减速器；6—操纵台；7—司机座椅；8—摩擦轮护板；
9—主轴装置；10—盘式制动器；11—深度指示器；12—万向联轴节；13—精针发送装置；14—液压站

图 7-40 JKM（Ⅰ）型多绳摩擦提升机

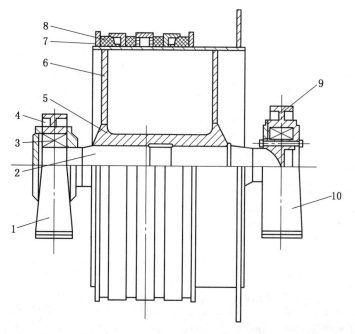

1,10—轴承座；2—主轴；3—轴承；4,9—轴承盖；5—轮毂；6—摩擦轮；7—摩擦衬垫；8—固定衬圈

图 7-41 JKM 型多绳摩擦式提升机主轴装置

表 7-12 JKM 型多绳摩擦

机器型号	主导轮直径 m	导向轮直径 m	钢丝绳最大静张力 kN	钢丝绳最大静张力差 kN	钢丝绳最大直径/mm 有导轮	钢丝绳最大直径/mm 无导轮	最大提升速度 m/s	减速器 速比	减速器 扭矩 最大 kN·m	减速器 扭矩 额定 kN·m	质量/t
JKM-1.85/4(Ⅰ)	1.85		204	60		23	9.7	7.35 10.5 11.5	115	75	12
JKM-1.85/4(Ⅱ)	1.85		204	60		23	9.7	7.35 10.5 11.5	118	78.5	14.6
JKM-2/4(Ⅰ)	2		244	60		25	10.5	7.35 10.5 11.5	115	75	12
JKM-2/4(Ⅱ)	2		244	60		25	10.5	7.35 10.5 11.5	118	78.5	14.6
JKM-2.25/4(Ⅰ)	2.25	2	201/204	60		28	11.8	7.35 10.5 11.5	115	75	12
JKM-2.25/4(Ⅱ)	2.25	2	201/204	60		28	11.8	7.35 10.5 11.5	118	78.5	14.6
JKM-2.8/4(Ⅰ)	2.8	2.5	300	90	28		11.8	7.35 10.5 11.5	190	133	17.2
JKM-2.8/4(Ⅱ)	2.8	2.5	300	95	28		11.8	7.35 10.5 11.5	230/420	140/250	22
JKM-3.25/4(Ⅰ)	3.25	3	450	140	32.5		12	7.35 10.5 11.5	390	225	23
JKM-3.25/4(Ⅱ)	3.25	3	450	140	32.5		12	7.35 10.5 11.5	420	250	22
JKM-2.8/6(Ⅰ)	2.8	2.5	529	150	28		14.75	7.35 10.5 11.5	390	225	23
JKM-2.8/6(Ⅱ)	2.8	2.5	529	150	28		14.75	7.35 10.5 11.5	420	250	222
JKM-2.8/6(Ⅲ)	2.8	2.5	529	150	28		14.75				
JKM-4/4(Ⅰ)	4	3	600	180	39.5		14	7.35 10.5 11.5	570	380	35
JKM-4/4(Ⅱ)	4	3	600	180	39.5		14	10.5 11.88	680	402.5	39
JKM-3.5/6(Ⅰ)	3.5	3	800	230	35		13	11.5 10.88	680	402.5	39
JKM-3.5/6(Ⅱ)	3.5	3	800	230	35		14				

提升机技术规格

电动机功率/kW				最大转速/ (r·min⁻¹)	传动方式	最大不可拆件质量	机器总质量	最大不可拆件外形尺寸（长×宽×高）	变位质量（不计入电机和导向轮）	导向轮变位质量	电控配套
最大允许功率计算值											
电动机转速/(r·min⁻¹)						t		mm×mm×mm	t	t	
365	490	590	750								
	525	630	800						5.37		
	400	460	570	750	单电机	6.17	29.3	1910×2460×2640	7		交流电控金属电阻加动力、微拖、低频
	350	430	550						7.47		
	525	630	800						7.78		
	400	460	570	750	单电机	6.96	34	2257×2460×2460	8.85		
	350	430	550						8.91		
	600	700	900						5.58		
	425	500	630	750	单电机	6.37	29.5	1910×2590×2590	6.66		
	400	460	570						7.08		
	600	700	900						7.33		
	250	500	630	750	单电机	7.16	34	2275×2590×2590	8.01		
	400	460	570						8.3		
	630	800	1000						5.4		
	425	520	700	750	单电机	7.14	30.3	1910×2800×2800	6.25	1.36	
	390	480	600						6.58		
	630	800	1000						6.78		
	425	520	700	750	单电机	7.93	25.4	2275×2800×2800	7.31	1.36	
	400	480	600						7.55		
800	1000	1250	1150				48.9		9.31		
600	720	900	1000	750	单电机	13.1	49.1	2210×3700×3700	10.98	2.38	
500	630	800					49.2		11.53		
800/900	1150/1250	1300/1500	1200/1400		单电机		54.9		13.82/14.91		
580/640	800/850	1000/1000	1150/1260	750	双电机	13.6	54.6	2705×3700×3700	15.01/17.35	2.38	
500/640	720/800	800/1000					54.7		15.49/18.31		
	2050	1800	2150				64.4		12.06		直流电控、发电机—发动机、扩大机励磁
	1450	1600	2000	750	单电机	18.3	64.9	2645×3780×3780	13.6	3.06	
	1300						65		14.08		
	2000	1700	2300				64.4		15.26		
	1460	1600	2000	750	双电机	18.6	64.1	3195×3780×3780	17.05	3.06	
	1400						64.2		17.65		
	2000	2300	3000				66.7		17.19		
	1300	1600	2150	750	单电机	19.8	67.1	3070×3340×3340	13.36	3.4	
	1260	1500	1900				67.3		16.18		
	1000	2400	3000				71.7		17.33		
	1400	1700	2300	750	双电机	22.6	71.4	36.5×3340×3340	19.71	3.4	
	2260	1600	2000				71.5		20.67		
2800	2800	2800	2800		单机直联	22.6	46.3	3615×3340×3340	8.66	3.4	
	3000	2500	2900				82.3		16.55		
	2050	3000		750	单电机	26.2	83.5	2705×4520×4520	17.58	2.01	
	1900						83.5		18.05		
	2300	2850	3200	750	双电机	29.3	94.7	3435×4520×4520	21.87	2.01	
	2000	2500					95.3		22.19		
				750	双电机					2.52	
3500	3500	3500	3500		单机直联	28.6	55.6	3875×3960×3960	11.4	2.52	

2. 减速器

多绳摩擦提升机的减速器有带弹簧基座和不带弹簧基座两种。前者减速器机壳安放在两排弹簧上，以消除振动，且输出轴与输入轴在同一轴线上，故又称为共轴减速器。

3. 车槽装置

多绳摩擦提升机装设有车槽装置，其作用是在提升机安装时对主导轮的摩擦衬垫车削绳槽，以及在使用过程中根据绳槽进行车削，使各绳槽直径相等，以保证各提升钢丝绳的受力趋于均匀。车槽装置如图 7-42 所示。

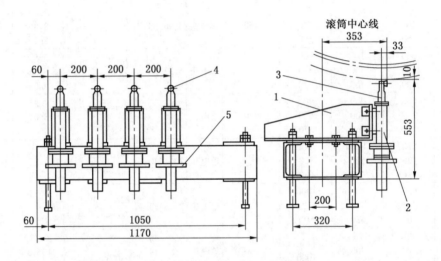

1—支承架；2—车刀装置；3—车刀杆；4—车刀；5—手轮

图 7-42 车槽装置

第五节 天 轮

一、天轮的用途及种类

天轮安装在井架的最上部（雨棚下面）平台上，用来引导钢丝绳转向。一般天轮有三种：井上固定天轮、凿井及井下固定天轮、井下及地面斜井使用的游动天轮。游动天轮轮体制成整体铸钢结构形式，采用光轴，其两端装有滚动轴承使其轮体既能在轴上滑动，又能随轴一起转动。

井上固定天轮的结构形式有下列三种：

（1）直径小于或等于 3000 mm 时，多采用整体铸钢（或铸铁）的结构，如图 7-43 所示。

（2）直径等于 3500 mm 时，则多采用模压焊接结构，如图 7-44 所示。

（3）直径等于或大于 4000 mm 时，多采用模压焊接及铆接结构。有的在井下使用时，为运输安装的需要，也可制作成装配式的结构。

天轮轮缘的结构质量好与坏对钢丝绳的使用寿命有一定的影响。因为在提升机启动和

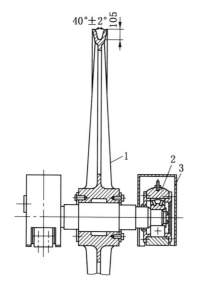

1—天轮本体；2—滚动轴承座；3—轴承罩

图 7-43 整体铸钢天轮

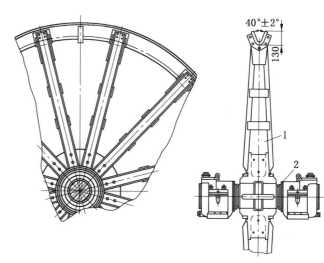

1—天轮本体；2—滑动轴承

图 7-44 泵压焊接天轮

停止时，由于天轮的惯性，将引起轮缘与钢丝绳间的相对滑动，增加钢丝绳的磨损。从这个意义上讲，应尽量减轻轮缘的质量。此外，轮缘的材质和绳槽沟的半径，对钢丝绳的使用寿命也有直接影响。一般绳槽沟半径要稍大于钢丝绳的半径。绳槽沟开角一般在 40°~60°之间。

为延长钢丝绳的使用寿命，国内尚有相当数量的矿井采用沟槽带衬垫的天轮，衬垫的材质多采用牛皮、橡胶、铝合金及塑料等制作。带衬垫天轮的材质多为铸铁的，其结构如图 7-45 所示。不带衬垫的天轮材质为铸钢或钢板压模的。一般铸铁天轮成本较低，但带衬垫的天轮维修量偏大。铸钢及压模的成本较高，但省去了对衬垫的维修量。

井上固定天轮的基本参数见表 7-13。

目前，天轮多数采用滚动轴承，少部分采用滑动轴承。滚动轴承的天轮具有更换方便，不需研瓦，维修量小，转动效率高，寿命长等优点。

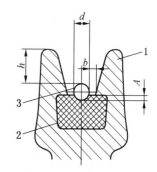

1—天轮；2—衬垫；3—钢丝绳；
A—衬料沟槽深度；b—钢丝绳在天轮沟槽内的侧向间隙；h—钢丝绳外缘到天轮沟槽外缘的径向高度；
d—钢丝绳直径

图 7-45 整体铸铁天轮

表 7-13 井上固定天轮的基本参数

型号	名义直径 D/mm	绳槽半径 R/mm	适于钢丝绳直径范围/mm	允许的钢丝绳全部钢丝破断拉力总和/N	两轴承中心距 L/mm	轴承中心高 H/mm	变位重量/N	总重/N
TSG $\frac{1200}{7}$	1200	7	11~13	168000	550	105	1040	2590
TSG $\frac{1200}{8.5}$		8.5	>13~15					

表 7-13（续）

型 号	名义直径 D/mm	绳槽半径 R/mm	适于钢丝绳直径范围/mm	允许的钢丝绳全部钢丝破断拉力总和/N	两轴承中心距 L/mm	轴承中心高 H/mm	变位重量/N	总重/N
$TSG\dfrac{1600}{9.5}$		9.5	>15~17					
$TSG\dfrac{1600}{10}$	1600	10	>17~18.5	304500	600	140	2220	5930
$TSG\dfrac{1600}{11}$		11	>18.5~20					
$TSG\dfrac{2000}{12}$		12	>20~21.5					
$TSG\dfrac{2000}{12.5}$	2000	12.5	>21.5~23	458500	700	180	3070	9100
$TSG\dfrac{2000}{13.5}$		13.5	>23~24.5					
$TSG\dfrac{2500}{15}$		15	>24.5~27					
$TSG\dfrac{2500}{16}$	2500	16	>27~29	661500	800	200	5500	15120
$TSG\dfrac{2500}{17}$		17	>29~31					
$TSG\dfrac{3000}{18}$		18	>31~33					
$TSG\dfrac{3000}{19}$	3000	19	>33~35	1010000	950	240	7810	24660
$TSG\dfrac{3000}{20}$		20	>35~37					
$TSH\dfrac{3500}{23.5}$	3500	23.5	>37~43	1420000	1000	255	11330	36400
$TSH\dfrac{4000}{25}$	4000	25	>43~46.5	1450000	1030	250	13000	55310

注：型号含义，例如，$TSH\dfrac{3500}{23.5}$，T—天轮；S—井上；H—滑动轴承；3500—名义直径；23.5—绳槽半径。

二、天轮绳槽及天轮直径与钢丝绳直径的规定

1. 天轮绳槽与钢丝绳直径的规定

《煤矿安全规程》规定：通过提升用天轮的钢丝绳必须低于天轮的轮缘，其高度差不得小于钢丝绳直径的 1.5 倍。摩擦轮绳槽衬垫磨损剩余厚度小于钢丝绳直径，绳槽磨损深度超过 70 mm，该衬垫必须立即更换。

2. 天轮直径与钢丝绳直径的规定

天轮直径相关规定见下一节内容。

第六节 矿井提升设备的选型

一、选型设计的基本原则与设计依据

(一) 选型设计的基本原则

矿井提升设备的选型是否合理,直接影响到矿井的安全生产、基建投资、生产能力、生产效率和吨煤成本,所以在选型设计之前,必须进行技术方案比较,使其达到技术先进,经济合理。

矿井提升设备的合理设计,主要取决于确定合理的提升系统,即设计矿井提升设备的套数、类型(单绳缠绕式还是多绳摩擦式)及提升方式(箕斗还是罐笼)。一般情况下,对于年产量小于 30×10^4 t 的矿井,可采用两套罐笼提升设备,或采用一套罐笼提升设备进行混合提升。年产量在 30×10^4 t 及其以上的大中型矿井,由于提升任务重,可设两套提升设备:主井采用箕斗提升,副井采用罐笼提升。对于年产量超过 180×10^4 t 的特大型矿井,主井可采用两套箕斗提升设备,副井除配备一套罐笼提升设备外,有时尚需设置一套带平衡锤的单容器提升设备作辅助提升。

对于大中型矿井,决定其提升方式时,除考虑年产量外,还应考虑以下因素:

(1) 如果煤的品种较多,且要求不同品种分别外运时,以采用罐笼提升为宜。

(2) 如果对煤的块度要求较高时,宜采用罐笼提升。

(3) 地面生产系统靠近井口,采用箕斗提升可简化煤的生产流程;若远离井口,且需窄轨运输,则宜采用罐笼提升。

(4) 单水平开采时,一般采用双容器提升;多水平提升时,一般采用单容器加平衡锤的提升系统。

(5) 在立井提升中,一般当年产量超过 60×10^4 t、井深在 300~350 m 以上时,采用多绳摩擦式提升为好;如果井深更大,即使年产量较小,也以多绳摩擦式提升为宜。对于斜井或较浅的立井,应采用单绳缠绕式提升设备。

(6) 斜井提升方式。主要有串车、箕斗和带式输送机 3 种。串车提升一般用于井筒倾角小于 25° 的矿井。对于年产量在 20×10^4 t 及其以下的矿井,一般采用单钩串车提升;当年产量达 30×10^4 t 且提升距离较短时,一般采用双钩串车提升。箕斗提升一般用于年产量在 45×10^4 t 以上、井筒倾角大于 25° 的矿井。带式输送机一般用于年产量较大,距离较长的斜井中。

以上仅是一般设计原则。在具体设计时,必须根据矿井的具体条件提出若干可行方案,在对基本投资、运转费用、技术的先进性等方面进行技术经济比较后确定。同时,还要考虑到我国提升设备的生产和供应情况,才能确定比较合理的方案。

(二) 设计依据

1. 主井提升

(1) 矿井年产量 A_n,单位为 t/a。

(2) 工作制度:年工作日数 b_r,日工作小时数 t。《煤炭工业设计规范》规定,$b_r = 300$ d,$t = 14$ h。

(3) 矿井开采水平数，各水平井深 H_s 及各水平的服务年限。

(4) 提升方式，箕斗或罐笼。

(5) 卸载水平与井口的高差（卸载高度）H_x，单位为 m。

(6) 装载水平与井下运输水平的高差（装载高度）H_z，单位为 m。

(7) 煤的松散密度，单位为 t/m^3。

(8) 矿井电压等级。

2. 副井提升

(1) 井筒各水平深度 H_s，单位为 m。

(2) 矸石提升量。若无特别规定，一般按煤炭产量的 15%～25% 计算。

(3) 最大班下井人数。一般按每天下井人数的 40% 计算。

(4) 矿车型号和规格。

(5) 每班运送材料、设备、炸药等的数量。

(6) 送往井下最大设备的尺寸和最重部件的质量。

二、提升容器的选择计算

提升容器需根据提升任务的大小来确定。针对某一矿井的具体情况，若加大提升容器，则可降低提升速度，可节约用电，但提升机、井筒装备都要加大；反之，若加大提升速度，则可选用较小提升容器和提升机，这样投资较少，但耗电量增加。为解决上述矛盾，应通过技术经济比较，并考虑矿井将来的发展，选择合理的方案。

（一）小时提升量 A_h

$$A_h = \frac{A_n c a_f}{b_r t} \tag{7-3}$$

式中　c——提升不均衡系数，《煤炭工业设计规范》规定，有井底煤仓时为 1.10～1.15，无井底煤仓时为 1.20；

　　　a_f——提升能力富裕系数，主井提升设备对于第一水平留有 20% 的富裕能力。

（二）合理的经济提升速度

在选择提升容器时，一般都采用经济速度法。常用的经济提升速度为

$$v_f = (0.3 \sim 0.5)\sqrt{H} \tag{7-4}$$

式中　H——提升高度，$H = H_s + H_x + H_z$，m。

提升高度越大，其系数取值越大。一般情况下，当 $H < 200$ m 时取 0.3 为宜；当 $H > 600$ m 时取 0.5 为宜。必须指出，在设计时还需根据具体情况选取。

此外，《煤矿安全规程》对提升速度作了规定：

(1) 立井中用罐笼升降人员时的最大速度不得超过 $0.5\sqrt{H}$，并且最大速度的数值不得超过 12 m/s。

(2) 专为升降物料的立井提升，最大速度不得超过 $0.6\sqrt{H}$。

(3) 对于斜井升降人员或使用矿车运输物料的最大速度不得超过 5 m/s；用箕斗提煤（或矸石）的最大速度不得超过 7 m/s；当铺设固定道床，采用重型钢轨时，箕斗提煤的最大速度不得超过 9 m/s。

（三）估算一次提升循环时间

$$T_x = \frac{H}{v_m} + \frac{v_m}{a} + u + \theta \tag{7-5}$$

式中 v_m——所需提升速度；

a——提升加速度，升降人员时，$a \leq 0.75$ m/s；升降物料时，$a \leq 0.8$ m/s；

u——爬行时间，箕斗可取 10 s，罐笼可取 5~7 s。

θ——休止时间，箕斗及罐笼的休止时间见表 7-14 和表 7-15。

表 7-14 箕斗休止时间

箕斗规格/t	≤6	8~9	12	16	20
休止时间/s	8	10	12	16	20

表 7-15 罐笼休止时间   s

罐笼类型		单层装车罐笼			双层装车罐笼			
进出车方式		两侧进出车		同侧进出车	一个水平进出车		两层同时进出车	
每层矿车数		1	2	1	1	2	1	2
矿车规格/t	1	12	15	35	30	36	17	20
	1.5	13	17	—	32	40	18	22
	3	15	—	—	36	—	20	—

（四）一次合理提升量

$$m = \frac{A_n c a_f T_x}{3600 b_r t} \tag{7-6}$$

（五）箕斗的选择原则

（1）根据计算出的一次合理提升量值，从箕斗规格表中选取接近的标准箕斗。

（2）在不增大提升机规格及井筒直径的前提下，选择较大的提升容器，采用较低的提升速度，节省电耗，比较经济合理。

（六）一次提升循环时间 T_x 和所需提升速度 v_m

箕斗选定后，计算一次提升循环的时间 T_x 和所需提升速度 v_m。

$$T_x = \frac{3600 b_r t m}{A_n c a_f} \tag{7-7}$$

$$v_m = \frac{a[T_x - (u+\theta)] - \sqrt{a^2[T_x - (u+\theta)]^2 - 4aH}}{2} \tag{7-8}$$

若采用罐笼提升，根据计算的 m 值从罐笼规格表中选取所需罐笼。

副井罐笼提升应考虑以下规定：

（1）最大班工人下井时间不超过 40 min。

（2）罐笼提升最大班静作业时间一般不超过 5 h。在计算最大班下井人员、矸石及材料提升时间时应遵守下列规定：

① 升降工人时间，按下井工人提升时间的 1.5 倍计算。
② 升降其他人员时间，按升降工人时间的 20% 计算。
③ 提升矸石按日出矸量的 50% 考虑，运送坑木按日需要量的 50% 考虑。
(3) 对于混合提升设备的提升能力，应同时符合下述要求：
① 最大班工人下井时间不超过 40 min。
② 每班提煤和提矸时间均计入 1.25 倍不均匀系数，并且总计不超过 5.5 h。
(4) 能够运送井下设备的最大和最重部件。
(5) 普通罐笼进、出车（材料车和平板车）的休止时间为 40~60 s。升降人员的休止时间采用：
① 单层罐笼，每次升降 5 人及以下时为 20 s；超过 5 人，每增加 1 人增加 1 s。
② 双层罐笼，如两层中的人员同时进、出罐笼，休止时间比单层罐笼增加信号联系时间 2 s；当两层中的人员都由一个平台进出时，休止时间比单层罐笼增加一倍并另加置换罐笼时间 6 s。

三、提升钢丝绳的选择计算

（一）提升钢丝绳的安全系数

提升钢丝绳的选择是提升设备选型设计中的关键之一。钢丝绳在提升工作过程中受到许多应力的作用和各种因素的影响，如静应力、动应力、弯曲应力、扭转应力和挤压应力等，磨损和锈蚀也将损害钢丝绳的性能。尽管国内外对此做了大量研究工作，但仍未找出一种能综合反映上述应力破坏的计算方法。目前，其强度计算仍根据《煤矿安全规程》的规定，按最大静载荷并考虑一定安全系数的方法进行计算。

安全系数是指钢丝绳各钢丝拉断力的总和与钢丝绳最大静拉力之比。《煤矿安全规程》对提升钢丝绳的安全系数 m_a，作了明确规定，见表 7-16，使用时可直接参考。

表 7-16 提升钢丝绳安全系数

用途分类		单绳缠绕式提升	多绳摩擦式提升
专为升降人员		9	$9.2 - 0.0005 H_c$
升降人员和物料	升降人员	9	$9.2 - 0.0005 H_c$
	混合提升	9	$9.2 - 0.0005 H_c$
	升降物料	7.5	$8.2 - 0.0005 H_c$
专为升降物料		6.5	$7.2 - 0.0005 H_c$

注：H_c 为钢丝绳最大悬垂长度，m。

（二）提升钢丝绳的类型选择

在选择钢丝绳时，应考虑以下因素：
(1) 在井筒淋水大、水的酸碱度高以及出风井中，应选用镀锌绳。
(2) 在磨损严重条件下使用的钢丝绳，如斜井提升等，应选用外层钢丝尽可能粗的钢丝绳，或线接触、面接触钢丝绳。
(3) 弯曲疲劳为主要破坏原因时，应选用线接触顺捻绳或三角股绳。

(4) 一般立井或斜井箕斗提升用同向捻较好，多绳摩擦提升用左右捻各半，斜井串车提升采用交互捻，单绳缠绕提升多选右捻。

(5) 罐道绳多用密封或三角股绳，其表面光滑，耐磨损。

(6) 用于温度高或有明火的地方，应选用石棉绳芯或金属绳芯钢丝绳。

（三）提升钢丝绳的规格选择计算

1. 立井单绳缠绕式提升钢丝绳的选择计算

如图 7-46 所示，钢丝绳最大静载荷 Q_{max} 为

$$Q_{max} = mg + m_z g + m_p g H_c \quad (7-9)$$

$$H_c = H_j + H_s + H_z$$

式中　m——一次提升货载质量，kg；

m_z——提升容器的质量，kg；

m_p——提升钢丝绳每米质量，kg/m；

g——重力加速度，m/s²；

H_c——钢丝绳最大悬垂长度，m；

H_j——井架高度，罐笼提升 $H_j = 15 \sim 25$ m，箕斗提升 $H_j = 30 \sim 35$ m；

H_s——矿井深度，m；

H_z——装载高度，罐笼提升 $H_z = 0$，箕斗提升 $H_z = 18 \sim 25$ m。

设 σ_b 为钢丝绳抗拉强度（N/m²），A_s 为钢丝绳各钢丝断面积之和（m²），ρ_0 为钢丝绳密度（kg/m³），则需要满足：

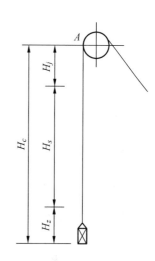

图 7-46　立井无尾绳缠绕式提升钢丝绳计算示意图

$$\frac{\sigma_b A_s}{Q_{max}} \geq m_a$$

即

$$\frac{\sigma_b A_s}{(m + m_z + m_p H_c) g} \geq m_a \quad (7-10)$$

式中，A_s 与 m_p 有以下关系：

$$A_s = \frac{m_p}{\rho_0}$$

从而

$$m_p \geq \frac{m + m_z}{\frac{\sigma_b}{m_a \rho_0 g} - H_c} \quad (7-11)$$

计算出钢丝绳每米质量 m_p 后，可以从钢丝绳规格中选取稍大于 m_p 的钢丝绳，并查出该绳所有钢丝的破断力之和 Q_q，验算所选钢丝绳：

$$\frac{Q_q}{(m + m_z + m_p H_c) g} \geq m_a \quad (7-12)$$

满足上式即说明所选钢丝绳合适。否则，应选取大一些的钢丝绳，并重新进行验算。

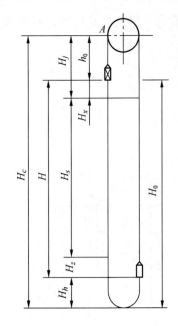

图 7-47 多绳摩擦提升钢丝绳计算示意图

2. 立井多绳摩擦提升钢丝绳的选择

如图 7-47 所示为多绳摩擦提升系统示意图。设 h_0 为容器卸载位置到天轮中心线的距离，m；H_j 为井架（或井塔）高度，m；H_x 为卸载高度，m；H_z 为装载高度，m；H_h 为尾绳环高度，$H_h = H_g + 1.5S$，m；S 为两容器中心距，m；H_g 为过卷高度，m；H_0 为尾绳最大悬垂长度，$H_0 = H_h + H_s + H_z + H_x$，m；$H_c$ 为钢丝绳最大悬垂长度，$H_c = H + h_0 + H_h$，m；H 为提升高度，m；n_1 为提升钢丝绳根数；m_p 为每根提升钢丝绳单位长度的质量，kg/m；n_2 为尾绳根数；m_q 为每根尾绳单位长度的质量，kg/m。

根据主绳和尾绳每米重量的不同，有等重尾绳（$n_1 m_p = n_2 m_q$）、重尾绳（$n_1 m_p < n_2 m_q$）、轻尾绳（$n_1 m_p > n_2 m_q$）三种。一般多采用等重尾绳，重尾绳也有应用，轻尾绳使用很少。

对于等重尾绳提升系统，提升钢丝绳在 A 点受最大静张力，且重载容器在任何位置时，其值不变，根据式（7-11）可得

$$m_p \geqslant \frac{(m + m_z)/n_1}{\dfrac{\sigma_b}{m_a \rho_0 g} - H_c} \qquad (7-13)$$

验算公式为

$$\frac{Q_q}{(m + m_z)g/n_1 + m_p H_c g} \geqslant m_a \qquad (7-14)$$

对于重尾绳，$\Delta = n_2 m_q - n_1 m_p$。当重容器在井口卸载位置时，主绳在 A 点受最大静拉力，其值为

$$Q_{\max} = (m + m_z + \Delta H_0) g/n_1 + m_p g H_c \qquad (7-15)$$

同样可得：

$$m_p \geqslant \frac{(m + m_z + \Delta H_0)/n_1}{\dfrac{\sigma_b}{m_a \rho_0 g} - H_c} \qquad (7-16)$$

验算公式为

$$\frac{Q_q}{(m + m_z + \Delta H_0)g/n_1 + m_p H_c g} \geqslant m_a \qquad (7-17)$$

对于轻尾绳系统，当重容器在井底装载位置时，提升钢丝绳在 A 点受最大静拉力。

平衡尾绳是为了平衡提升钢丝绳的重量以获得等力矩而设置的，尾绳无其他外加载荷，只承受其下面悬垂的钢丝绳本身的重量，故可选用抗拉强度较低的钢丝绳，其安全系数也足够。目前，新建矿井大多数都使用圆股钢丝绳做平衡尾绳，一般是根据提升钢丝绳的单重，选用两条规格、品种、结构相同的钢丝绳作平衡尾绳，大型多绳提升机也有设置 3 条平衡尾绳的。

四、提升机和天轮的选择计算

根据矿井生产条件,参照提升机的规格表选择提升机时,应首先计算卷筒的直径和宽度,并以这两个基本参数为依据,选择提升机规格型号。

(一)提升机卷筒(或摩擦轮)直径的确定

选择卷筒(或摩擦轮)直径的主要原则是使钢丝绳在卷筒(或摩擦轮)上缠绕时不致产生过大的弯曲应力,以保证钢丝绳的和天轮的钢丝绳弯曲应力大小及其使用寿命,取决于卷筒与钢丝绳直径的比值。因此,《煤矿安全规程》规定:

$$\text{缠绕式提升机}\begin{cases}\text{地面安装}\begin{cases}D \geq 80d \\ D \geq 1200\delta\end{cases} \\ \text{井下安装}\begin{cases}D \geq 60d \\ D \geq 900\delta\end{cases}\end{cases}$$

$$\text{摩擦式提升机}\begin{cases}\text{有导向轮}\begin{cases}\text{井上}\ D \geq 90d \\ \text{井下}\ D \geq 80\delta\end{cases} \\ \text{无导向轮}\begin{cases}\text{井上}\ D \geq 80d \\ \text{井下}\ D \geq 70\delta\end{cases}\end{cases}$$

式中 D——卷筒(或摩擦轮)直径,mm;

d——钢丝绳直径,mm;

δ——钢丝绳中最大钢丝的直径,mm。

根据上式计算 D 值后,从提升机规格表中选择提升机。

(二)天轮的选择

天轮安装在井架上,作为提升钢丝绳的支撑、导向之用。根据《煤矿安全规程》规定,天轮直径 D_t 按以下条件确定:

$$\text{井上}\begin{cases}\text{围包角不大于}90°\text{时}\begin{cases}D_t \geq 60d \\ D_t \geq 1200\delta\end{cases} \\ \text{围包角大于}90°\text{时}\begin{cases}D_t \geq 80d \\ D_t \geq 1200\delta\end{cases}\end{cases}$$

$$\text{井下}\begin{cases}\text{围包角大于}90°\text{时}\begin{cases}D_t \geq 60d \\ D_t \geq 900\delta\end{cases} \\ \text{围包角不大于}90°\text{时}\begin{cases}D_t \geq 40d \\ D_t \geq 900\delta\end{cases}\end{cases}$$

(三)卷筒宽度的验算

卷筒直径确定后,提升机即已确定,卷筒宽度便为确定值,但能否满足容绳量的要求,尚需进行验算。

卷筒上所需缠绕的钢丝绳总长度包括以下部分:

(1)提升高度 H。

(2)钢丝绳试验长度 L_s。《煤矿安全规程》规定,升降人员或升降人员和物料用的钢丝绳自悬挂起每6个月检验一次;升降物料用的钢丝绳自悬挂起经过1年进行一次试验,以后每6个月试验一次。每次剁绳头5 m，钢丝绳寿命按3年考虑，则钢丝绳试验长度L_s为30 m。

(3) 为减少钢丝绳在卷筒固定处的拉力，按规定应保留3圈不动（称摩擦圈）。

(4) 多层缠绕时，为了避免上、下层钢丝绳总是在一个地方过渡，需要在每季度将钢丝绳错动1/4圈。根据钢丝绳的使用年限，一般取错绳圈数为$n' = 2 \sim 4$圈。

卷筒的宽度应满足：

单层缠绕时

$$B \geqslant \left(\frac{H + L_s}{\pi D} + 3 \right)(d + \varepsilon) \tag{7-18}$$

多层缠绕时

$$B \geqslant \left[\frac{H + L_s + (3 + n')\pi D}{\pi D} + 3 \right](d + \varepsilon) \tag{7-19}$$

式中　ε——相邻两绳圈间的间隙，一般取$2 \sim 3$ mm。

多层缠绕时，钢丝绳平均缠绕直径D_p按《煤矿安全规程》选取：

$$D_p = D + \frac{k-1}{2}\sqrt{4d^2 - (d + \varepsilon)^2}$$

式中　k——缠绕层数。

(四) 提升机强度校核

从提升机规格表中，可查得提升机允许的最大静张力F_{jm}和最大静张力差F_{jc}，按下式验算提升机强度是否满足要求。

对于缠绕式提升机，则

$$F_{jm} = (m + m_z + m_p H_c)g \tag{7-20}$$

$$F_{jc} = (m + m_p H)g \tag{7-21}$$

对于缠绕式提升机，等重尾绳时

$$F_{jm} = (m + m_z + n_1 m_p H_c)g \tag{7-22}$$

$$F_{jc} = mg \tag{7-23}$$

重尾绳时

$$F_{jm} = (m + m_z + n_1 m_p h_0 + n_2 m_q H_0)g \tag{7-24}$$

$$F_{jc} = mg + \Delta H \tag{7-25}$$

轻尾绳时

$$F_{jm} = [m + m_z + n_1 m_p (h_0 + H) + n_2 m_q H_h]g \tag{7-26}$$

$$F_{jc} = Q + \Delta H \tag{7-27}$$

式中　Δ——尾绳与主绳每米重力差，$\Delta = n_2 m_q g - n_1 m_p g$。

(五) 摩擦衬垫比压

多绳摩擦提升机靠钢丝绳和衬垫间的摩擦力传动，为保证摩擦衬垫的性能，延长其使用寿命，规定了衬垫的允许比压$[p_b]$。

实际比压p_b为

$$p_b = \frac{F_{js} + F_{jx}}{n_1 D d} \tag{7-28}$$

$$p_b < [p_b] \qquad (7-29)$$

式中 F_{js}——上升侧钢丝绳总的静张力，$F_{js} = mg + m_z g + n_1 m_p g(h_0 + H_c) + n_2 m_q g H_h$；

F_{jx}——下放侧钢丝绳总的静张力，$F_{jx} = m_z g + n_1 m_p g h_0 + n_2 m_q g (H + H_h)$。

如果以上验算通过，则所选提升机可用；否则，必须改选用摩擦轮直径较大的提升机，或直径不变而将原来选用的四绳提升机改用六绳提升机。

五、提升机与井筒相对位置的计算

提升机对于井筒的相对位置，应根据卸载作业方便、地面运输简化以及设备运行安全而定。所有这些都应在矿井工业广场的布置中解决。一般采用普通罐笼提升时，提升机房位于重车运行方向的对侧；用箕斗提升时，提升机房位于卸载方向的对侧。井架上的天轮，根据提升机的类型和用途、容器在井筒中的布置及提升机房地点等，装在同一水平轴线上，或同一垂直面上。

当井筒布置有两套提升设备时，两套提升机与井筒的相对位置有以下方案：对侧式、同侧式、垂直式和斜角式（图7-48）。对侧式的优点是井架受力易平衡，同侧式和斜角式的优点是提升机房占地面积小。

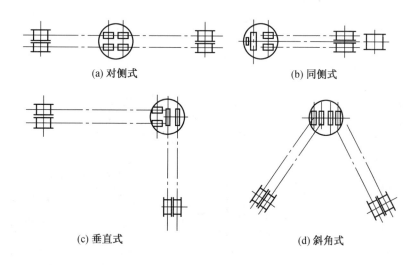

图7-48 井筒中布置两套提升设备时提升机安装位置示意图

提升机安装地点选定后，要确定影响提升机相对位置的5个因素，即井架高度、提升机卷筒轴线与提升中心线的水平距离、钢丝绳弦长、偏角和出绳角。它们彼此相互制约，互相影响。

（一）钢丝绳允许最大内偏角（$\alpha_{2,\max}$）、外偏角（$\alpha_{1,\max}$）的确定

钢丝绳的偏角是指钢丝绳弦与通过天轮平面所形成的角度，有内偏角和外偏角之分。在提升过程中，随着卷筒的转动，钢丝绳在卷筒上缠绕或放松，偏角是变化的。

（1）偏角过大将会加剧钢丝绳与天轮间的磨损，降低钢丝绳的使用寿命，磨损严重时还会引起断绳事故。因此，《煤矿安全规程》规定，内、外偏角不得超过1°30′。

（2）如果内偏角过大，当钢丝绳缠绕卷筒时，绳弦与已缠绕到卷筒上的绳圈会相互

接触，并产生磨损，这一现象称为"咬绳"，如图 7 - 49 所示。因此，最大内偏角不仅受《煤矿安全规程》的上述限制，同时还受不"咬绳"的限制。

（二）井架高度 H_j

如图 7 - 50 所示，井架高度是指从井口水平到天轮中心轴线间的垂直距离。

$$H_j = H_x + H_r + H_g + 0.75R_t \tag{7-30}$$

式中 H_x——卸载距离，由井口水平到卸载位置的容器底部的距离，对于罐笼提升，通常 $H_x = 0$；对于箕斗提升，一般 $H_x = 18 \sim 25$ m，并与煤仓的参数和箕斗卸载方式有关；

H_r——容器全高，由容器底到连接装置最上面一个绳卡的距离，其数值可由容器规格表查出；

H_g——过卷高度，指容器从正常卸载位置起，提升到容器连接装置的最上面绳卡或绳头同天轮轮缘接触的高度，《煤矿安全规程》规定，对于罐笼提升，最大提升速度小于 3 m/s 时，$H_g \geq 4$ m；最大速度大于或等于 3 m/s 时，$H_g \geq 6$ m。对于箕斗提升，$H_g \geq 4$ m；

R_t——天轮半径，取 $0.75R_t$，因为天轮与绳卡或绳头相碰处至天轮轴心线尚有一段距离，约为 $0.75R_t$。

井架高度按上式计算后圆整为整数值。

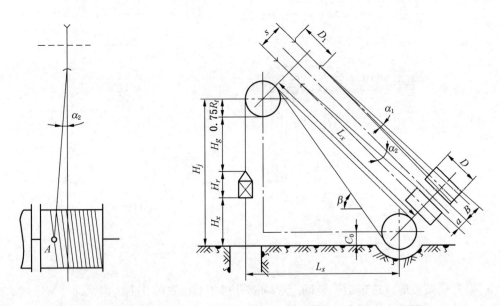

图 7 - 49 "咬绳"示意图　　图 7 - 50 提升机与井筒相对位置图

（三）内、外偏角的最小允许弦长（$L_{x,min}$）的确定

钢丝绳弦长是钢丝绳离开卷筒处与天轮切点的一段绳长。多绳弦越长，内、外偏角越小。

由 $\alpha_{1,max}$ 有：

$$L'_{x,min} = \frac{B - (s-a)/2 - 3(d+\varepsilon)}{\tan\alpha_{1,min}} \tag{7-31}$$

由 $\alpha_{2,\max}$ 有：

（1）单层缠绕时：

$$L''_{x,\min} = \frac{\frac{s-a}{2} - \left[B - \left(\frac{H+30}{\pi D} + 3\right)(d+\varepsilon)\right]}{\tan\alpha_{2,\min}} \qquad (7-32)$$

（2）多层缠绕时：

$$L''_{x,\min} = \frac{s-a}{2\tan\alpha_{2,\min}} \qquad (7-33)$$

式中　B——卷筒宽度，m；

　　　a——两卷筒之间的间隙，m；

　　　s——两天轮中心距，m；

　　　ε——绳圈间隙，m；

　　　d——钢丝绳直径，mm。

根据式（7-31）、式（7-32）或式（7-33）的计算结果，取其中大者为弦长最小值 $L_{x,\min}$。一般情况下，弦长不应超过 60 m。

（四）卷筒中心与井筒提升中心间距离 L_s 的确定

根据最小允许弦长计算 $L_{s,\min}$：

$$L_{s,\min} = \sqrt{L_{x,\min}^2 - (H_j - C_0)^2} + R_t \qquad (7-34)$$

式中　C_0——卷筒中心至井口水平的高差，一般 $C_0 = 1.5 \sim 2$ m。

对于需要在井筒与提升机房之间安装井架斜撑的矿井，$L_{s,\min}$ 还要满足下式：

$$L_{s,\min} \geq 0.6 H_j + D + 3.5 \qquad (7-35)$$

一般来说，式（7-34）确定的 $L_{s,\min}$ 值能满足式（7-35）的要求。根据上式计算值确定合适的 L_s 值。

（五）复算实际弦长 L_x 及内、外偏角（α_2、α_1）

当井架高度 H_j 确定后，根据上述确定的 L_s 值，反算实际弦长 L_x 及内、外偏角（α_2、α_1）。

$$L_x = \sqrt{(H_j - C_0)^2 + (L_s - R_t)^2} \qquad (7-36)$$

$$\alpha_1 = \arctan\frac{B - (s-a)/2 - 3(d+\varepsilon)}{L_x} \qquad (7-37)$$

单层缠绕时：

$$\alpha_2 = \arctan^{-1}\frac{\frac{s-a}{2} - \left[B - \left(\frac{H+30}{\pi D} + 3\right)(d+\varepsilon)\right]}{L_x} \qquad (7-38)$$

多层缠绕时：

$$\alpha_2 = \arctan\frac{s-a}{2L_x} \qquad (7-39)$$

（六）下出绳角 β

出绳角 β 的大小，影响提升机主轴的受力情况，JK 型提升机主轴设计时是以下出绳角 $\beta = 15°$ 考虑的。若 $\beta < 15°$，钢丝绳有可能与提升机基础接触，增大了钢丝绳的磨损。对于 JK 型提升机，要求满足 $\beta > 15°$。

（七）多绳摩擦式提升机相对位置的计算

多绳摩擦式提升机多数为井塔式安装。

1. 井塔高度的确定

如图 7-51 所示，井塔高度 H_t 为

$$H_t = H_x + H_r + H_g + H_{md} + 0.75R \quad (7-40)$$

式中 H_x——容器卸载高度，对于罐笼提升，通常 $H_x = 0$；对于箕斗提升，根据煤仓参数和箕斗结构确定；

H_r——容器全高；

H_g——过卷高度，当提升速度小于 10 m/s 时，过卷高度应不小于提升速度值，但最小不得小于 6 m；当提升速度大于 10 m/s 时，过卷高度不得小于10 m；现在倾向于统一按 10 m 计算；

H_{md}——摩擦轮与导向轮间的高差；

R——摩擦轮半径。

为了防止过卷或紧急制动时容器冲上机房，一般在过卷高度内设置楔形罐道和防撞梁，用以强制容器停止运行和保护提升机，防撞梁设在楔形罐道的终点。

2. 钢丝绳对摩擦轮围包角的计算

井塔式多绳摩擦式提升机有导向轮时，钢丝绳在摩擦轮上的围包角一般在 195° 以内，如图 7-52 所示，并按下式计算：

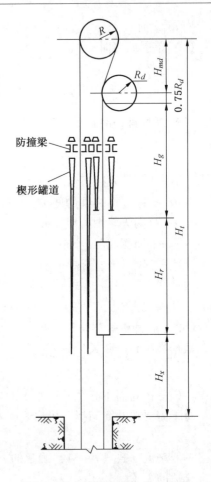

图 7-51 井塔高度计算示意图

$$\alpha = \pi + \frac{\pi}{180}\left(\arcsin\frac{R+R_d}{b} - \arctan\frac{L_0}{H_{md}}\right) \quad (7-41)$$

式中 R——摩擦轮半径，m；

R_d——导向轮半径，m；

b——摩擦轮与导向轮中心间距，m；

L_0——摩擦轮与导向轮中心间水平距离，m；

H_{md}——摩擦轮与导向轮中心垂直高差，一般 $R <$ 2.25 m 时取 4.5 m，$R = 2.8$ m 时取 5.0 m，$R = 3.25$ m 时取 6.0 m，$R = 3.5$ m 时取 6.5 m。

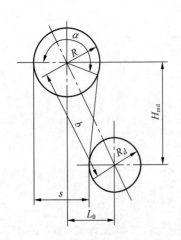

图 7-52 摩擦轮与导向轮相对位置

六、提升电动机的初选

在进行提升设备方案比较时，需要初步确定提升电动机；在进行提升设备动力学计算之前也要进行提升机的预

选。一般情况下先预选电动机，动力学计算后再进行电动机的验算。

提升电动机有交流和直流两类。目前，国内矿山广泛采用交流绕线式感应电动机。其优点是设备简单、投资少。其缺点是加速和低速运行阶段的电耗较大，调速受一定限制。当电动机超过 1000 kW 时，因国内目前生产的高压换向器的容量不够，故不易采用单电动机交流拖动，应考虑采用直流电动机拖动。直流拖动的优点是调速性能好，电耗小，易于自动化。采用可控硅供电的直流电动机拖动在大型及特大型矿井已得到了推广应用。

这里主要介绍广泛采用的三相交流绕线式感应电动机的初选计算。初选电动机的依据是电动机的功率、转速和电压等级 3 个方面的要求。

（一）电动机的功率估算

$$N = \frac{kmgv}{1000\eta_j}\varphi \tag{7-42}$$

式中　k——矿井阻力系数，箕斗提升 $k=1.5$，罐笼提升 $k=1.2$；
　　　m——一次提升货载质量，kg；
　　　v——提升机的标准速度，m/s；
　　　φ——考虑到提升系统运转时，有加、减速度及钢丝绳重力等因素影响的系数，箕斗提升 $\varphi=1.2\sim1.4$，罐笼提升 $\varphi=1.4$；
　　　η_j——减速器传动效率，单级传动 $\eta_j=0.92$，双级传动 $\eta_j=0.85$。

（二）电动机的转速估算

$$n = \frac{60v_m i}{\pi D} \tag{7-43}$$

式中　v_m——最大提升速度；
　　　i——减速器传动比；
　　　D——卷筒直径。

（三）初选电动机

按上述计算出来的 N 与 n，在电动机技术参数表中选择合适的电动机，所选提升电动机的转速应与计算值一致。此外，应选用过载能力较大者，以满足对电动机的过载能力要求。

第七节　斜井提升及设备选型

一、甩车场与平车场

斜井串车提升具有基建投资少和建设速度快的优点，并且可直接使用矿车不需转载。因此，它是中小型矿井的主要提升方式。斜井串车提升用的车场分平车场和甩车场两种，下面以单钩甩车场和双钩平车场分别讨论。

（一）单钩甩车场串车提升

单钩甩车场串车提升如图 7-53 所示，在井底及井口均设甩车道。提升开始时，重车在井底车场沿重车甩车道运行，由于甩车道的坡度是变化的，而且又是弯道，为防止矿车

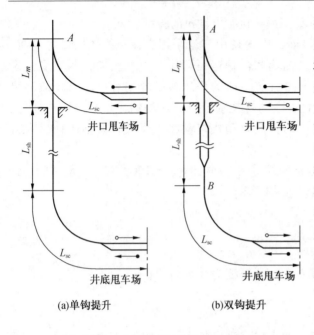

(a) 单钩提升　　(b) 双钩提升

图 7-53　采用甩车场的串车提升系统

掉道，要求初始加速度 $a_0 \leqslant 0.3$ m/s，速度 $v_{sc} \leqslant 1.5$ m/s，其速度图如图 7-54 所示，当全部重串车提过井底进入井筒后，加速至最大速度 v_m，并以最大速度等速运行。在到达井口停车点前，重串车以减速度 a_3 减速。全部重串车提过道岔 A 后停车，重串车停在栈桥停车点后，扳动道岔 A 后，提升机换向，重串车以低速 v_{sc} 沿井口甩车场重车道运行。停车后，重串车摘钩并挂上空串车。提升机把空串车以低速沿井口甩车场提过道岔 A 后在栈桥停车，搬过道岔 A，提升机换向，下放空串车到井底甩车场。空串车停车后进行摘挂钩，挂上重串车后开始下一提升循环。整个提升循环包括提升重串车及下放空串车两部分。单钩甩车场串车提升适用于井筒断面小、轨道铺设少的矿井，因而在小型矿井中使用较多。但是单钩提升的生产能力低，同时由于甩车场开拓工程和轨道线路布置均较复杂，而且运行操作难度较大，故年产量较大的矿井（大于 21×10^4 t）多采用双钩平车场提升方式。

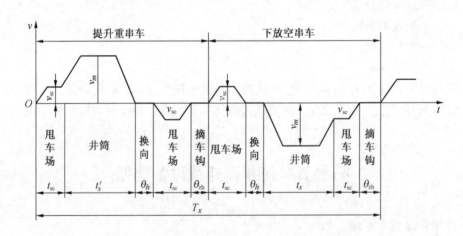

图 7-54　采用甩车场的单钩串车提升速度图

（二）双钩平车场串车提升

双钩平车场串车提升如图 7-55 所示，在双钩平车场上串车开始提升时，空串车由井口平车场推车器推向斜井，此时井底重串车也以相应速度拉向井筒。这一阶段串车运动的初加速度 $a_0 \leqslant 0.3$ m/s，速度 $v_{pc} \leqslant 1.0$ m/s。当空重串车均进入井筒以后，加速至最大运行

速度 v_m 并等速运行。当重串车上行到接近井口,而空串车运行至井底时,减速至 v_{pc},空、重串车以速度 v_{pc} 在井上、井下车场运行,最后减速停车。当重、空串车分别进入井上下平车场时进行摘挂钩操作,一次提升循环完成。

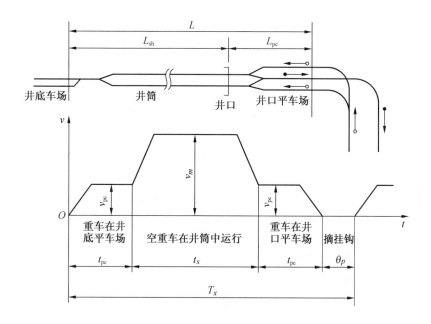

图 7-55 采用平车场的双钩串车提升示意图和速度图

二、斜井提升设备选型计算原始资料

(1) 矿井年生产量 A_n (副井为矸石年提升量,最大班下井人数,长材料、设备等辅助提升量)。

(2) 矿井服务年限。

(3) 井筒斜长 L_{sh}。

(4) 井筒倾角 β。

(5) 矿井工作制度,年工作日数 b_r,日工作小时数 t。

(6) 矿车型式:单个矿车自身质量 m_{z1},kg;单个矿车载货量 m_1,kg;单个矿车的长度 L_c,m。

(7) 煤的松散密度 ρ,kg/m。

(8) 采用的提升方式。

(9) 矿井电压等级。

三、一次提升量和串车车数的确定

(一) 一次提升量 m 的计算

斜井一次提升量 m 的确定方法与立井相同,可按式 (7-6) 计算。式中,c 为提升不均衡系数,当矿井有两套提升设备时 $c=1.15$,只有一套提升设备时 $c=1.25$。

其他符号意义同立井提升。

(二) 一次提升循环时间 T_x 的估算

1. 采用甩车场的单钩串车提升

$$T_x = \frac{2(L - 2L_{sc})}{v_p} + \frac{4L_{sc}}{v_{sc}} + 2\theta_{zh} + 2\theta_h \qquad (7-44)$$

$$L = L_{sh} + L_{sc} + L_k$$

式中　L——提升斜长，m；

　　　L_{sh}——井筒斜长，m；

　　　L_{sc}——甩车场长度，根据设计的甩车场长度及一次提升的串车数决定，一般为 25~45 m；

　　　L_k——从井口至栈桥停车点的距离，一般取 10~20 m；

　　　v_p——提升平均速度，$v_p = (0.75 \sim 0.9)v_m$，系数取法与箕斗提升相同；

　　　v_m——最大提升速度，m/s，《煤矿安全规程》规定 $v_m \leq 5$ m/s；

　　　v_{sc}——甩车场运行速度，m/s，$v_{sc} \leq 1.5$ m/s；

　　　θ_{zh}——摘挂钩时间，取 20~30 s；

　　　θ_h——提升电动机换向时间，取 5 s。

2. 采用平车场的双钩串车提升

$$T_x = \frac{L - 2L_{pc}}{v_p} + \frac{2L_{pc}}{v_{pc}} + \theta_p \qquad (7-45)$$

$$L = L_{sh} + L_{pc}$$

式中　L——提升斜长，m；

　　　L_{pc}——井口平车场长度，即从井口至摘钩地点的距离，$L_{pc} = 1.5n_c l_c + (7 \sim 9)$ m，其中，n_c 为串车组矿车数，l_c 为矿车全长，m；

　　　v_p——提升平均速度，$v_p = (0.75 \sim 0.9)v_m$，m/s，$L < 200$ m 时取 0.75，$L > 600$ m 时取上限值；

　　　v_{pc}——平车场内运行速度，一般 $v_{sc} \leq 1.0$ m/s；

　　　θ_p——平车场摘挂钩时间，取 25 s。

3. 斜斗箕斗提升

$$T_x = \frac{L}{v_p} + \theta \qquad (7-46)$$

$$L = L_s + L_{sh} + L_{zh}$$

式中　θ——装卸载时间，$Q \leq 6$ t 时取 8 s，当 $Q > 6$ t 时取 10 s；

　　　L——提升斜长，m；

　　　L_s——卸载段斜长，m；

　　　L_{zh}——装载段斜长，m；

　　　v_p——提升平均速度，$v_p = (0.75 \sim 0.9)v_m$，m/s，其中系数的取值方法与斜井串车相同；

　　　v_m——最大提升速度，一般取 $v_m \leq 7$ m/s，当铺设固定道床并采用重轨时，v_m 则可加大到 9 m/s。

算出以后,便可按与立井箕斗相同的方法,计算一次提升量,从而确定斜井箕斗规格。

4. 串车组矿车数 n_c 的确定

n_c 可以根据一次提升量 m 进行计算初步确定,然后对钩头强度进行验算。一般矿车钩头强度为 60000 N,n_c 的数值不应使矿车钩头强度超限,以保证作业安全。

根据一次提升量确定的 n_c:

$$n_c = \frac{m}{m_1}$$

串车总阻力与钩头强度应满足:

$$n_c \leqslant \frac{60000}{g(m_1 + m_{z1})(\sin\alpha + \omega\cos\alpha)} \tag{7-47}$$

式中 m——一次提升量,kg;

m_1——单个矿车的载重,kg;

m_{z1}——单个矿车的自重,kg;

α——轨道倾角,(°);

ω——矿车沿轨道运行阻力系数,滚动轴承轮对取 0.01~0.05。

n_c 应取整数,但不得大于式(7-47)的计算结果。

四、钢丝绳、提升机及天轮的选择计算

(一)钢丝绳的选择计算

图 7-56 所示为斜井提升钢丝绳计算示意图,对于斜井提升钢丝绳的计算,只要考虑到井筒的倾角以及容器和钢丝绳沿斜井运行的阻力,其他与单绳立井提升钢丝绳计算相同。其公式为

$$m_p = \frac{n_c(m_1 + m_{z1})(\sin\alpha + \omega_1\cos\alpha)}{11 \times 10^{-6}\frac{\sigma_B}{m_a} - L(\sin\alpha + \omega_2\cos\alpha)} \tag{7-48}$$

$$m_a = \frac{Q_p}{n_c(m_1 + m_{z1})g(\sin\alpha + \omega_1\cos\alpha) - m_p gL(\sin\alpha + \omega_2\cos\alpha)} \geqslant 安全规程规定值 \tag{7-49}$$

式中 m_p——每米钢丝绳的质量,kg/m;

m_a——钢丝绳的安全系数;

σ_B——钢丝绳抗拉强度,N/mm²;

Q_p——所选钢丝绳所有钢丝拉断力之和;

L——钢丝绳最大长度,m;

α——井筒倾角;

ω_1——容器运行阻力系数,可取 0.01~0.015;

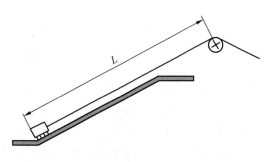

图 7-56 斜井提升钢丝绳计算示意图

ω_2——钢丝绳运行时与托辊和底板间的阻力系数,若钢丝绳全部支撑在托辊上,其值为 0.15~0.20;若钢丝绳局部支撑在托辊上,其值为 0.25~0.40;若钢丝绳全部在底板上运行,其值为 0.40~0.60。

（二）提升机选型计算

提升机选型计算原则上与立井相似,只是提升机强度验算公式有所不同。

若为单钩串车提升,可按下式验算提升机最大静拉力 $F_{j\max}$:

$$F_{j\max} \geqslant n_c g(m_1 + m_{z1})(\sin\alpha + \omega_1\cos\alpha) + m_p gL(\sin\alpha + \omega_2\cos\alpha) \qquad (7-50)$$

若为双钩串车提升,可按下式验算提升机最大静拉力差 F_{jc}:

$$F_{jc} = n_c g(m_1 + m_{z1})(\sin\alpha + \omega_1\cos\alpha) + m_p gL(\sin\alpha + \omega_2\cos\alpha) - n_c g m_{z1}(\sin\alpha - \omega_1\cos\alpha) \qquad (7-51)$$

为了减少提升机与井口间的距离,且保证钢丝绳的内外偏角不超过 1°30′,斜井串车提升可以采用游动天轮。

五、提升机与井口相对位置的计算

（一）双钩串车平车场

1. 钢丝绳弦长

图 7-57 所示为双钩串车平车场井口相对位置示意图。

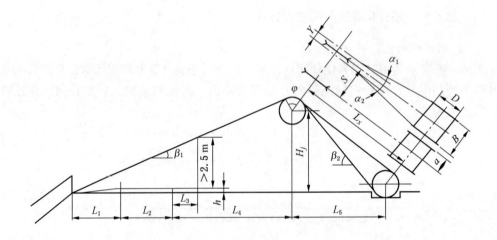

图 7-57 双钩串车平车场井口相对位置示意图

按外偏角不大于 1°30′计算最小绳弦长度 $L_{x\min}$:

$$L_{x\min} = \frac{2B - S + a - Y}{2\tan 1°30'} \approx 19(2B - S + a - Y) \qquad (7-52)$$

式中　S——斜井井筒重轨道中心间距,$S \geqslant b_c + 200$,mm;

　　　b_c——矿车最突出部分宽度,mm;

　　　B——卷筒宽度,mm;

　　　a——两卷筒内侧支轮间距,mm;

　　　Y——游动天轮的游动距离,mm。

按内偏角不大于 1°30′ 计算最小绳弦长度 $L_{x\min}$：

$$L_{x\min} = \frac{S-a-Y}{2\tan 1°30'} \approx 19(S-a-Y) \qquad (7-53)$$

为防止咬绳，实际绳弦长度 L_x 应大于式（7-52）与式（7-53）之计算结果。据此，再考虑地形条件，可初步确定提升机至井架中心的水平距离 L_s。

2. 井口至井架中心的水平距离

井口至井架中心水平距离 L_s 的计算公式：

$$L_s = L_1 + L_2 + L_4 \qquad (7-54)$$

式中　L_1——井口至阻车器的距离，一般为 7~9 m；

L_2——阻车器至摘钩点的距离，一般取值为串车组长度的 1.5 倍，即 $L_2 = 1.5 n_c l_c$，l_c 为矿车全长，m；

L_4——摘钩点到井架中心的水平距离，为防止提升机侧钢丝绳悬垂重力过大，造成摘钩困难，一般建议取 $L_4 = (2.5 \sim 4) L_s$，m；

L_s——前述提升机卷筒中心至井架中心的水平距离，m。

3. 井架高度

井架高度 H_j 的确定应该满足以下要求：

（1）摘钩后的重矿车要穿过空车侧钢丝绳弦的下方。为保证通行无阻，通过点处空车侧钢丝绳距地面的高度不得小于 2.5 m。

（2）为了防止矿车在井口出轨掉道，造成事故。井口处钢丝绳的牵引角 β_1 要小于 9°。考虑第一项要求，井架高度 H_j 不应小于下式计算结果：

$$H_j \geqslant \frac{(2.5+h)(L_1+L_2+L_4)}{L_1+L_2+L_3} - R_t \qquad (7-55)$$

式中　L_3——通过点与摘钩点间的距离，$L_3 = 4$ m；

R_t——天轮半径，m；

h——通过点处地面与井口地面标高之差，m。

初定 H_j 后，为保证第二项要求，还应做以下验算：

$$\beta_1 = \arctan \frac{H_j + R_t}{L_1 + L_2 + L_4} \qquad (7-56)$$

如果按式（7-56）计算的 β_1 大于 9°时，则可考虑加大 L_4 以满足要求。

井架高度确定后，相对位置的各个参数值不难确定，这里不详述。

（二）甩车场

在提升机侧与平车场相同，在井口侧串车出井筒后运行在栈桥上，井架和天轮在栈桥顶端，井口至天轮处的斜长 L_{xc} 为

$$L_{xc} = L_m + L_2 + L_g + 0.75 R_t \qquad (7-57)$$

式中　L_m——井口到道岔 A（图 7-53）的距离，一般为 10~15 m；

L_2——道岔 A 到串车停止时钩头位置的距离，一般取值为串车组长度的 1.5 倍，即 $L_2 = 1.5 n_c l_c$，l_c 为矿车全长，m；

L_g——过卷距离，《煤矿安全规程》规定与立井过卷高度相同。

则井架高度 H_j 为

$$H_j = L_{xc}\sin\beta_q \qquad (7-58)$$

式中 β_q——栈桥倾角，一般取 $9° \sim 12°$。

相对位置的其他参数计算同前。

（三）斜井箕斗提升相对位置

斜井箕斗提升相对位置诸参数中，除井架高度以外，其余与串车提升相同。

斜井箕斗提升的井架高度 H_j 按下式考虑：

$$H_j = L_j\sin\alpha \qquad (7-59)$$
$$L_j = L_x + L_r + L_g + 0.75R_t \qquad (7-60)$$

式中 α——井架上基本轨道倾角，一般与井筒倾角相同；

L_j——井架斜长，m；

L_x——井口至箕斗卸载点的距离，m；

L_r——箕斗全长，m；

L_g——过卷长度，与立井箕斗过卷高度的有关规定相似，但要有 1.5 倍备用系数，m；

R_t——天轮半径，m。

两天轮间距 S，取值与井筒中轨道中心距相同，即 $S = b + 200$ mm，其中 b 为箕斗的最突出部分宽度，mm。

六、速度图的计算

串车提升速度图的计算按图 7-54、图 7-55 计算。

最大提升速度 v_m 的确定要符合《煤矿安全规程》的要求。

七、动力学的计算

内容略。

八、容器的自然加（减）速度

在斜井轨道提升系统（串车或箕斗）中，设备（提升机、天轮、钢丝绳）的选型、运动学、动力学诸参数的计算，电动机容量校核等项工作，其基本原则与立井相同。计算过程中，对于卷筒圆周拖动力应考虑斜井倾角的影响。其中，除容器运行阻力之外，还应考虑钢丝绳在托绳轮上的运动阻力。这里，要强调指出的是：斜井提升加、减速度的确定，要考虑容器的自然加（减）速度。

容器在重力作用下，沿倾斜轨道作向下、向上的自由滑行运动时，所具有的加、减速度，叫做自然加（减）速度。它的大小取决于轨道倾角和运行阻力系数，数值上它远小于重力加速度。

斜井提升作业中，在下放空容器时，提升机卷筒的加速度 a_1 应小于空容器的自然加速度 a_{1z}；否则下放侧钢丝绳将呈松弛状态，在加速终了转入等速运行的瞬间，钢丝绳再一次绷紧，从而产生冲击力，这对钢丝绳十分不利。

在上提重容器时，提升机卷筒圆周的减速度 a_3 应小于重容器的自然减速度 a_{3z}，以免上升端钢丝绳松弛，从而造成重容器压坏本侧的钢丝绳。此外，重容器还可能因重力作用，在上冲一段后，停止并反向下滑绷紧钢丝绳。此间所产生的冲击力，有把钢丝绳拉断，从而造成跑车事故的危险。

当井筒倾角 α＞6°时，容器的自然加（减）速度一般均大于 0.75 m/s²。此时，自然加（减）速度大体上不受到限制。

上面所述，均指正常工作情况。在事故状态下，由于安全制动减速度较大，因而都必须检验其是否超过自然减速度的值。当此条件不能满足时，应综合考虑《煤矿安全规程》的有关规定，对保险闸进行调整，以达到要求。

思 考 题

1. 矿井提升设备由哪几部分组成？立井普通罐笼提升与立井箕斗提升系统的特点是什么？
2. 矿井提升机有哪些类型，各自的结构特点是什么？
3. 试说明摩擦提升的传动原理。
4. 为什么双卷筒提升机上装有调绳离合器？
5. 深度指示器的作用是什么？
6. 多绳摩擦式提升机深度指示器为什么要设置调零机构？
7. 提升容器有哪些类型，各有何特点？
8. 各种不同类型钢丝绳有何特点？
9. 为什么单绳罐笼上要设置防坠器？对防坠器有哪些基本要求？
10. 说明防坠器的作用、类型及各自特点。
11. 罐笼承接装置有哪些类型，各有何特点？
12. 箕斗卸载闸门有哪几种？简述其卸载原理。
13. 钢丝绳张力平衡装置有哪些类型？
14. 矿井提升方式的确定主要应考虑哪些因素？
15. 提升容器应如何选择计算？
16. 简述立井无尾绳提升钢丝绳的选择计算。
17. 提升机卷筒直径为何按照钢丝绳直径及钢丝的直径确定？
18. 提升机卷筒上所需容纳的钢丝绳包括哪几部分？
19. 影响提升机和井筒相对位置的因素是什么？如何计算？
20. 初步选择提升电动机的依据是什么？怎样进行初选计算？
21. 斜井提升方式有哪几种？各有何特点？
22. 说明双钩平车场串车提升速度图各阶段的作用。
23. 斜井提升一次提升量根据什么确定？串车提升时矿车数如何确定？
24. 说明斜井串车提升井架高度的确定方法及基本原则。

第八章　矿用电机车

【本章教学目的与要求】
- 了解矿用电机车的构造及组成
- 了解牵引电动机牵引特性曲线的应用
- 理解列车运行理论
- 掌握电机车的运输计算

【本章概述】
电机车是煤矿运输的重要设备之一，尤其是在长距离水平巷道中使用广泛。本章主要介绍电机车的分类、矿用电机车的构造及组成、列车运行理论和电机车的运输计算。

【本章重点与难点】
本章的重点是机车运输的列车组成计算，难点是理解电机车的牵引力和制动力产生的原因及限制因素。

第一节　概　　述

机车是轨道车辆运输的一种牵引设备，主要用于长距离水平巷道的运输作业。机车按使用的动力分为电机车和内燃机车。牵引电机（或内燃机）驱动车轮转动，借助车轮与轨面间的摩擦力，使机车在轨道上运行。这种运行方式，它的牵引力不仅受牵引电机（或内燃机）功率的限制，还受车轮与轨面间的摩擦制约。目前，电机车运输在我国矿山应用最为广泛。

机车运输能行驶的坡度有限制，运输轨道坡度一般为3‰，局部坡度不能超过30‰。

一、矿用电机车的类型和分类

电机车有不同的分类方法：

（1）矿用电机车按其电源不同可分为直流电机车和交流电机车两大类。我国绝大部分矿井使用的是直流电机车。直流电机车按其供电方式不同又分为架线式（ZK型）与蓄电池式（XK型）两种，如图8-1所示。

（2）按电机车的黏着质量（能够产生牵引力的质量，即作用于主动轮对上的质量）分类，架线式电机车有1.5 t、3 t、7 t、10 t、14 t、20 t 几种；蓄电池式有2 t、2.5 t、8 t、12 t 等几种。小于7 t 的电机车一般用作短距离调车用，或用于输送量不大的采区平巷。

（3）按电机车的轨距，分为600 mm、762 mm 和900 mm 三种，其中762 mm 轨距主要用于密度较大的金属矿井中，中小型煤矿多采用600 mm 轨距，大型煤矿多采用900 mm 轨距。

（4）按电压等级，架线式电机车有100(97) V、250 V、550 V 三种，其中100(97) V

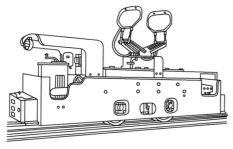 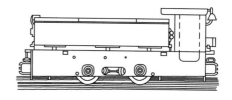

(a) ZK型架线式电机车　　　　　　(b) XK型蓄电池式电机车

图 8-1　矿用电机车外形图

常用于 3 t 及以下吨位的电机车。蓄电池式电机车有 40 V/48V 与 110 V/132 V 两个等级。同一台机车，使用铁镍蓄电池时取斜线下边的值，40 V/48 V 电压等级用于 2.5 t 以下吨位机车。

煤矿井下广泛使用直流架线式电机车和蓄电池式电机车。

二、直流架线式电机车

直流架线式电机车是通过受电弓从网路上取得电能的。当电机车运行时，受电弓沿着架空导线滑动。

架线式电机车的供电方式如图 8-2 所示。由中央变电所引来的高压电缆，供给牵引变流所三相交流电源，经变压器降压，再经低压电缆送到变流设备，将交流电变为直流。直流电源的正极通过供电电缆与架空线相连接，其间的接点称为供电点，其负极通过回电电缆与轨道连接，相应的接点称为回电点。架空线是沿运行轨道上空架设的裸导线，机车上的受电弓与架空线接触，将电流引入车内，经车上的控制器和牵引电动机，再经轨道流回。因此架线式电机车的轨道必须按电流回路的要求接通。

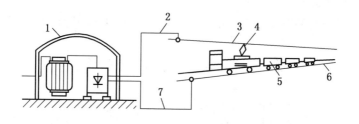

1—牵引变流所；2—馈电线；3—架空线；4—受电弓；
5—矿车；6—轨道；7—回电线

图 8-2　架线式电机车的供电方式

架线式电机车运行时，受电弓与架空线间难免发生火花，《煤矿安全规程》规定，只能在低沼气矿井进风（全风压通风）的主要运输巷道内使用，巷道支护必须使用不可燃性材料；在高沼气矿井进风（全风压通风）的主要运输巷道内，如使用架线式电机车，必须遵守《煤矿安全规程》的有关规定。

三、蓄电池式电机车

蓄电池式电机车由车上携带的蓄电池组供电。运输线路不受限制，但需要充电设施，蓄电池放电到规定值时需更换。

蓄电池式电机车有矿用增安型和矿用防爆特殊型两种。增安型的电动机、控制器、灯具、电缆插销等为隔爆型或增安型，蓄电池和电池箱为普通型。适用于有瓦斯、煤尘，但有良好的通风条件，瓦斯、煤尘不能聚集的矿井巷道运输。防爆特殊型的电动机、控制器、灯具、电线插销等为隔爆型，蓄电池为防爆特殊型。因整车具有防爆性能，适用于有瓦斯、煤尘等爆炸性危险的矿井巷道运输。

矿用防爆特殊型电机车型号标记：

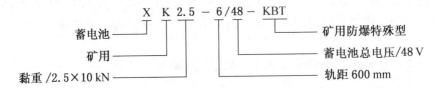

矿用电机车在井下巷道运输中得到广泛应用，它有下列优点：

（1）牵引力大。机车采用直流串励牵引电动机，该电机特性使机车能够获得较大的牵引力。

（2）维护费用小。电机车运行速度较高，最高可达 26 km/h，所需辅助人员少，维护简单，动力消耗不大。

（3）可改善劳动条件。电机车运行不受气候的影响，由于采用电力拖动，不会产生废气，避免了空气污染，大大改善了劳动条件，保证井下工人的安全。

电机车运输的缺点是：基建投资较大（架线式电机车要铺设轨道、安架空线、设牵引交流所）；架线式电机车需要有较大的巷道断面，会产生不良的泄漏电流，而蓄电池式电机车蓄电池组成本较高。

矿用电机车运输总的发展趋向是增加列车载重，电机车串联运转，减少列车次数。

第二节 矿用电机车的构造

矿用电机车由机械和电气两部分组成。其机械部分包括车架、轮对、轴承和轴承箱、弹簧托架、制动系统、撒砂系统、齿轮传动装置及连接缓冲装置等；其电气部分包括牵引电动机、控制器、自动开关、启动电阻器、受电弓（仅对架线式电机车）、照明装置及电流表等。机械部分的基本结构如图 8-3 所示。

一、矿用电机车的机械结构

（一）车架

车架是电机车的主体结构，车架由侧板、端板和隔板焊接而成，车架钢板的厚度视机车的类型、黏着重力及牵引力等不同而异。除了轮对和轴承箱，电机车上所有的机械和电气装置都安装在车架上，车架用弹簧托架支承在轴承箱上。

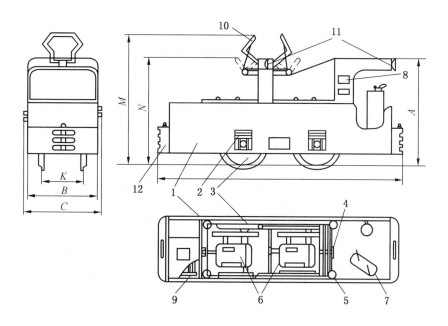

1—车架；2—轴承箱；3—轮对；4—制动手轮；5—砂箱；6—牵引电机车；7—控制器；
8—自动开关；9—启动电阻器；10—受电弓；11—车灯；12—缓冲器及连接器

图 8-3 架线式电机车机械部分的基本结构

(二) 轮对

轮对（图 8-4）由两个车轮压装在一根车轴上组成。车轮由轮心和轮圈热压配合而成。轮心用铸铁或铸钢制成，并用压力装在车轴上。轮圈由优质钢轧制成型，耐磨性好，磨损后可单独更换，不需要换整个车轮，但制造成本高。车轴由优质钢轧制而成，轴颈插入轴箱内，使车轴能顺利地旋转。车轴上还装有安装牵引电动机的轴瓦和一个传动齿轮。

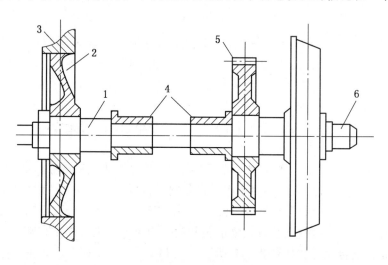

1—车轴；2—轮心；3—轮圈；4—轴瓦；5—齿轮；6—轴颈

图 8-4 轮对

矿用电机车都是双轴的，并且两根轴一般都是装有传动装置的主动轴。

（三）轴箱

轴箱是轴承箱的简称，内有一对滚柱轴承，与轮对两端的轴颈配合安装，如图 8-5 所示。轴箱两侧的滑槽与车架上的导轨相配，上面有安放弹簧托架的座孔。车架靠弹簧托架支承在轴箱上，轴箱是车架与轮对的连接点，轨道不平时，轮对在车架上能上下活动，通过弹簧托架起缓冲作用。

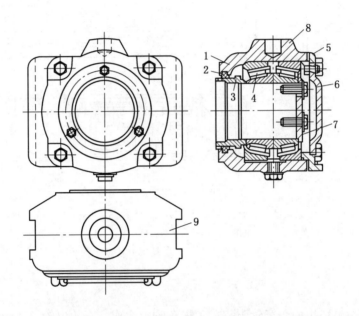

1—轴箱体；2—毡垫；3—金属圈；4—滚柱轴承；5—盖；6—轴盖；
7—止推垫板；8—座孔；9—滑槽

图 8-5 轴箱

（四）弹簧托架

如图 8-6 所示，弹簧托架是一个组件，由弹簧、连杆、均衡梁组成。这是一种使用板簧的弹簧托架。每个轴箱上座装一副板簧，板簧用连杆与车架相连。均衡梁在轨道不平或局部有凹陷时，起均衡各车轮上负荷的作用。

（五）齿轮传动装置

矿用电机车的齿轮传动装置有两种型式。一种是单级开式齿轮传动，另一种是两级闭式减速箱。

在小型矿用电机车上，一般是用一台牵引电动机通过传动齿轮同时带动两个轴的传动方式。在中型矿用电机车上，用两台牵引电动机分别带动两个轴。传动装置为一级齿轮减速。

如图 8-7a 所示，牵引电动机的一侧用抱轴承安在车轴上，另一侧用机壳上的挂耳通过弹簧吊挂在车架上。这种安装方式既能缓和运行中对电动机的冲击和震动，又能保证传动齿轮处于正常啮合状态。如图 8-7b 所示，在 14 t 及 20 t 电机车上，由于采用高旋转速度、尺寸较小、功率较大的牵引电动机，所以采用二级齿轮减速。齿轮在闭式减速箱内工作，润滑效果好，既能提高其传动效率，又能增加其寿命。

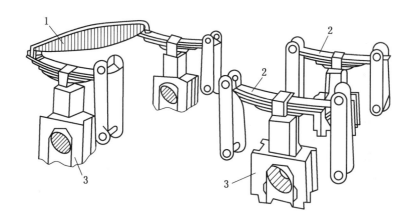

1—均衡梁；2—板簧；3—轴箱

图 8-6 弹簧托架

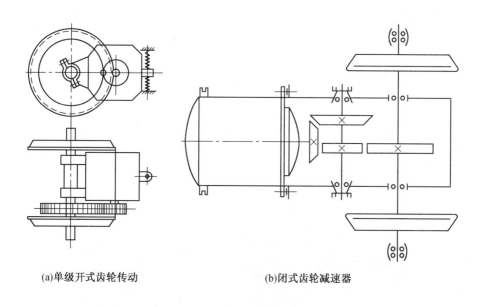

(a)单级开式齿轮传动　　(b)闭式齿轮减速器

图 8-7 矿用电机车的齿轮传动装置

（六）撒砂装置

为了增加电机车车轮与轨道间的摩擦系数，需要往轨面上撒砂。撒砂装置包括 4 个砂箱，由司机室中上下两个手柄操纵，两个手柄靠弹簧复位。如图 8-8 所示，当拉动一个手柄时，拉杆 1 向左拉，摇臂 2 将拉杆 3 向上提，锥体 4 向上与砂箱底之间拉开一条缝隙，砂经出砂导管 5 落在轨面上。砂箱中装有颗粒不大于 1 mm 的干砂。

（七）制动装置

制动装置是为电机车在运行过程中迅速减速和停车而设计的。按其操作方式分为手动和气动两种。

图 8-9 所示是手动制动装置。闸瓦的位置应在车轮中心的水平线以下，使压力中心

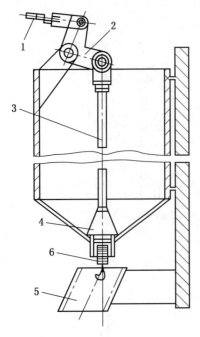

1,3—拉杆；2—摇臂；4—锥体；
5—出砂导管；6—弹簧

图8-8 矿用电机车撒砂装置

线同车轮中心水平线的夹角约为15°。这样，在松闸时有助于闸瓦离开车轮。四个车轮的内侧各装一个闸瓦9、10，闸瓦铰接在制动杆7、8上，每侧的两个制动杆的下端用正反扣调节螺丝11连接。此调节螺丝用来调整闸瓦与车轮轮面的间隙。操纵控制靠司机室内的手轮1实现。手轮安装在螺杆2上，螺杆无螺纹部分可在车架上转动。螺母4固定在均衡杆5的中间，螺母不能转动只能移动。

当顺时针转动手轮时，螺母和均衡杆5及拉杆6均沿螺杆的轴线向后移动，并借助制动杠杆系统制动杆7、8，使闸瓦9、10同时动作，压向前后轮，实现制动。逆时针旋转手轮时，制动解除。

用手轮操纵的闸瓦制动装置，制动空行程时间较长。气动制动装置操作方便，空行程时间短。装设气动制动装置的同时，还装有手动制动器，为停车时间闸住机车和在气动操纵系统出故障时使用。

（八）连接缓冲装置

矿用电机车的前后两端都有连接和缓冲装置。为了能牵引具有不同连接高度的矿车，连接装置一般是做成多层接口的，如图8-3所示。缓冲装置有刚性和弹性两种，蓄电池式电机车采用弹性缓冲装置，以减轻对蓄电池的冲击，架线式电机车采用刚性缓冲装置。

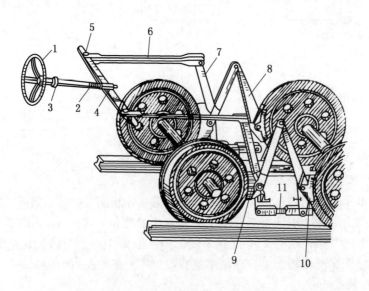

1—手轮；2—螺杆；3—衬套；4—螺母；5—均衡杆；6—拉杆；
7,8—制动杆；9,10—闸瓦；11—正反扣调节螺丝

图8-9 矿用电机车的手动制动装置

二、矿用电机车的电气设备

矿用电机车的电气设备有：牵引电动机、控制器、受电弓、自动开关、启动电阻器、蓄电池组、插销连接器、照明装置等。

（一）牵引电动机

牵引电动机是矿用电机车的主要设备之一。目前使用的主要是直流串励电动机牵引。

串励电动机的转矩和旋转速度随着列车运行阻力及行驶条件而自动地进行调节。这种特点是由于串励电动机具有软的牵引特性（图 8-10）所决定的。当电机车上坡行驶或负荷较大时，需要较大的牵引力，随着牵引力的增大，电动机的转速会自动地降低。这样，既保证了运行安全，又不致从电网吸取过大的功率。

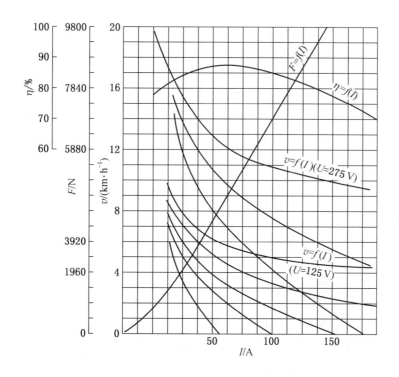

图 8-10 ZQ-21 型牵引电动机的特性曲线

牵引电动机的特性是指机车运行速度 v、轮缘牵引力 F 以及效率与电枢电流之间的关系，即速度特性 $v=f_1(I)$，牵引力特性 $F=f_2(I)$ 及效率特性 $\eta=f_3(I)$，这些特性均用曲线表示。图 8-10 为 ZQ-21 型牵引电动机的特性曲线。利用这些特性曲线，若已知牵引力可求出电枢电流及速度，反之亦然。

牵引电动机的功率有长时功率和小时功率之分。长时功率是指在电动机绝缘材料的允许温升条件下，电动机长时运转时能够输出的最大功率，主要取决于电动机的散热能力。小时功率是指在允许温升条件下，电动机连续运转 1 h 的最大功率，它是牵引电动机的额定功率，主要取决于电动机的绝缘材料和冷却性能的好坏。

与功率相对应的，电流牵引力和转速也有长时制和小时制之分。

（二）控制器

控制器是电机车的操纵装置。控制器包括主控制器（也称为主轴）和换向器（也称为换向轴）。主控制器控制电机车的启动、调整以及电气制动，换向器可以控制电机车的运行方向。

（三）受电弓

受电弓（受电器）是架线式电机车从架线上取得电能的装置。它分为沿架线滚动的滚动轮受电弓和沿架线滑动的受电弓，目前使用最广的是滑动受电弓。

受电弓采用铝制或紫铜做的弓子，并在弓槽内填充固体润滑脂。随着电机车的运行，润滑脂被涂在弓子上和架空导线的表面，既可减少磨损又可减少产生火花。

矿用电机车除采用单弓受电外，还采用双弓受电。它的主要优点是可以增大受电弓与架空线间接触面积，有利于受电弓吸取电能；当轨道坡度变化时，如果某一弓脱开架空导线，电流可以由另一弓引入电动机，从而减少或避免产生电弧。

（四）自动开关与照明装置

自动开关是电机车主回路的电源开关，也是过流保护装置，安装在电机车的受电弓和控制器之间。

矿用电机车前后均装有照明灯，通常由接触网路供电。除此之外，还有插座和插销接入网路的携带用灯。

（五）启动电阻器

启动电阻器用于电阻调速的电机车，串联在牵引电动机电枢回路中，在电机车启动过程中起限流和分压作用。它通常由几个单独的电阻元件组装而成，且可以有不同的连接方式，有不同的电阻值。

（六）蓄电池组

蓄电池组是蓄电池电机车的电源装置，由许多个蓄电池组成。蓄电池有酸性和碱性两种，其主要技术特征是额定电压和额定容量。

蓄电池电机车用的蓄电池，有矿用一般型和防爆特殊型两种。矿用一般型没有防爆性能；防爆特殊型有防爆性能。防爆特殊型蓄电池的防爆性能不是依靠采用隔爆外壳，而是在蓄电池本身和蓄电池箱内采取特殊措施，使蓄电池在正常和故障时不发生电弧或电火花，消除火源，并防止氢气在箱体内聚积，使蓄电池箱内不产生爆炸的因素，达到防爆目的。

第三节 列车运行理论

电机车和它所牵引的矿车组总称为列车。列车运行理论是研究作用于列车上的各种力与其运动状态的关系以及机车牵引力和制动力的产生等问题。

一、列车运行的基本方程式

作用于列车上的各种力与其运行状态的关系，用列车运行基本方程式来表示。

在讨论列车运行基本方程式时，为便于研究列车运行的力学问题，假定电机车与矿车之间、矿车与矿车之间的连接都是刚性的，即认为在运动的任何瞬间列车中各部分的速度或加速度都是相等的。这一假设与实际情况虽有差异，但其结果对工程应用影响不大。

列车运行有三种状态：

(1) 牵引状态，列车在牵引电动机产生的牵引力作用下加速启动或匀速运行。

(2) 惯性状态，牵引电动机断电后列车靠惯性运行，一般这种状态为减速运行。

(3) 制动状态，列车在制动闸瓦或牵引电动机产生的制动力矩作用下减速运行或停车。

(一) 牵引状态的列车运行基本方程式

列车在牵引状态下加速运行时，沿运行方向作用于列车上的力有三个：电机产生的牵引力 F、与列车运行方向相反的静阻力 F_j 和惯性阻力 F_a。根据力的平衡原理，列车在牵引状态下的力平衡方程式为

$$F - F_j - F_a = 0 \tag{8-1}$$

1. 惯性阻力

列车在平移运动的同时，还有电动机的电枢、齿轮以及轮对等部件的旋转运动。考虑到这些旋转运动对惯性阻力的影响，用惯性系数来增大平移运动的惯性阻力。因此，惯性阻力 F_a 可用下式表示：

$$F_a = m(1 + \gamma)a \tag{8-2}$$

式中　m——电机车和矿车组的全部质量，$m = 1000(P + Q)$，kg；

　　　P——电机车质量，t；

　　　Q——矿车组质量，t；

　　　γ——惯性系数，矿用电机车为 $0.05 \sim 0.1$，平均取 0.075；

　　　a——列车加速度，对于矿用电机车，一般取 $0.03 \sim 0.05 \text{ m/s}^2$。

将 m 值及 γ 值代入式 (8-2)，得

$$F_a = 1075(P + Q)a \tag{8-3}$$

2. 静阻力

列车运行的静阻力包括基本阻力、坡道阻力、弯道阻力、道岔阻力及气流阻力等。对于矿用电机车，由于运行速度低，后三者都不予考虑，只考虑基本阻力和坡道阻力。

1) 基本阻力 W_0

基本阻力是指轮对的轴颈与轴承间的摩擦阻力、车轮在轨道上的滚动摩擦阻力、轮缘与轨道间的滑动摩擦阻力，以及列车在轨道上运行时的冲击振动所引起的附加阻力等。通常基本阻力是经过试验来确定的。表 8-1 列出了矿车运行阻力系数，此阻力系数是无因次的参数。基本阻力可用下式计算：

$$W_0 = 1000(P + Q)g\omega \tag{8-4}$$

式中　W_0——基本阻力，N；

　　　g——重力加速度，取 9.8 m/s^2；

　　　ω——列车运行阻力系数。

2) 坡道阻力

坡道阻力是列车在坡道上运行时，由于列车重力沿坡道倾斜方向的分力而引起的阻力。很明显，只有当列车沿坡道上行时此分力才成为阻力；而沿坡道下行时，此分力则变为列车运行的主动力。

表 8-1 列车运行阻力系数

矿车中的货载重量/t	单个矿车		列　　车		列车启动时	
	重车	空车	重列车	空列车	重列车	空列车
1	0.0075	0.0095	0.009	0.011	0.0135	0.0165
2	0.0065	0.0085	0.008	0.010	0.0120	0.0150
3	0.0055	0.0075	0.007	0.009	0.0105	0.0135
5	—	—	0.006	0.008	0.0009	0.0120

设 β 为坡道的倾角，则坡道阻力为

$$F_i = \pm 1000(P+Q)g\sin\beta \tag{8-5}$$

在计算时，如列车为上坡运行，上式右端取"+"号，如为下坡运行，则取"-"号。

一般情况下，电机车运行轨道的倾角都很小，因此 $\sin\beta \approx \tan\beta$，而 $\tan\beta = i$，式中 i 为轨道坡度（‰）。

将前面两式代入式（8-5），即得

$$F_i = \pm 1000(P+Q)gi \tag{8-6}$$

列车运行的静阻力应为基本阻力和坡道阻力之和，即

$$F_j = W_0 + F_i$$

$$F_j = 1000(P+Q)(\omega \pm i)g \tag{8-7}$$

将式（8-3）和式（8-7）代入式（8-1），得到牵引电动机所必须产生的牵引力为

$$F = 1000(P+Q)[(\omega \pm i)g + 1.075a] \tag{8-8}$$

式（8-8）就是列车在牵引状态下的运行基本方程式。利用这个方程式可求出在一定条件下电机车所必须给出的牵引力，或者根据电机车的牵引力求出列车能牵引的矿车数。

（二）列车惯性状态的运行方程式

在惯性状态下，电机车牵引电动机断电，牵引力等于零，列车依靠已具有的能量继续运行。在这种情况下，列车除了受有静阻力 F_j 以外，还受到由于减速度所产生的惯性阻力 F_a。F_a 与列车运行方向相同，正是它使列车继续运行。惯性状态时列车力的平衡方程式为

$$-F_j + F_a = 0 \tag{8-9}$$

得

$$(\omega \pm i)g - 1.075a = 0$$

$$a = \frac{(\omega \pm i)g}{1.075} \tag{8-10}$$

式（8-10）中，上坡时 i 取"+"号，下坡时取"-"号。

由此可见，当列车运行阻力系数一定时，惯性状态的减速度取决于轨道坡度的大小和上下坡。上坡时减速度 a 始终保持正值，直到停车为止。下坡时，如 $i < \omega$，则 a 为正值即仍为减速运行，直到停车；如 $i > \omega$，则 a 变为负值，此时不再是减速而是加速运行了。可见，惯性状态是很不可靠的，操作时应予以特别注意。

（三）列车制动状态的运行方程式

在制动状态下，牵引电动机断电，牵引力等于零，并利用机械或电气制动装置施加一个制动力 B。这个制动力与列车运行方向相反，在力的平衡方程式中应为负值，与基本阻力的性质和方向一致。在制动力和静阻力作用下，列车必定产生减速度。此时，惯性阻力 F_a 却与运行方向一致，即为正值。则制动状态下的力平衡方程式应为

$$-B - F_j + F_a = 0$$

即

$$B = F_a - F_j \tag{8-11}$$

则

$$F_a = 1075(P + Q)b \tag{8-12}$$

式中 F_a——减速时的惯性阻力，N；

b——制动时的减速度，m/s²。

将式（8-7）及式（8-12）代入式（8-11），得到制动状态下列车运行方程式为

$$B = 1000(P + Q)[1.075b - (\omega \pm i)g] \tag{8-13}$$

利用式（8-13）可以求出在一定条件下制动装置必须产生的制动力；或者已知制动力，求出减速度及制动距离。

二、电机车的牵引力

牵引电动机产生动力转矩，使电机车在轨道上运行。但是，主动轮受到的牵引电动机传来的转矩对整个电机车而言是一种内力，还需要其他力的共同作用使电机车运动。

如图 8-11 所示，设矿用电机车作用在一个主动轮对上的重力为 $P_0 g$，轨面对轮对的反作用力为 N_0，与 $P_0 g$ 在一条直线上。轮对受到牵引电机传来的转矩 M，要使轮对绕中心 O 点旋转，根据平面内力偶的等效定理，将这个力矩用一个作用在轴心向前（图中向右）的力 F_0 和一个作用在车轮与轨道接触点 C 的向后（图中向左）的力 F_0 构成等效力偶代替，F_0 的大小为

$$F_0 = \frac{M}{R} \tag{8-14}$$

式中 R——电机车主动轮对的轮缘半径，m。

由于轮缘上与轨道接触点 C 相对于轨面有向左滑动的趋势，因此轮缘在 C 点处受到轨面的反作用力，即摩擦力 T_0。它与 F_0 大小相等，方向相反，保

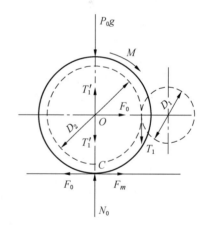

图 8-11 机车牵引力分析图

证整个轮对以 C 为瞬时回转中心向前做纯滚动。作用在轴心 O 上的力 F_0 即为推动列车前进的力，叫牵引力。所有主动轮上的牵引力总和，叫作电机车的牵引力或轮缘牵引力。此外，轮对还受到列车一部分的运行阻力。

由上述分析可以看出，电机车的牵引力 F_0 不仅取决于牵引电动机给出的转矩，还受限于车轮与轨面间的摩擦力。如果 $F_0 > T_{0\max}$，接触点 C 的受力不平衡，车轮将在轨面上滑动而不能滚动前进。车轮与轨道接触面的最大摩擦力为

$$T_{0\max} = 1000P_0 g f \tag{8-15}$$

式中 $T_{0\max}$——车轮与轨道接触点的最大摩擦力，N；
 P_0——电机车一个轮对上分配的机车质量，t；
 f——轮轨接触面上的静摩擦系数。

实际上，由于电机车的每个主动车轮不同的圆度误差、不均匀磨损以及轨面状况的变化等因素的影响，车轮在 C 点不可能保持理想的纯滚动运动。为考虑这一因素的影响，不用公式（8-15）中的静摩擦系数 f，而将这个系数值取低一些，机车运行理论把这个系数称为黏着系数，轮对与轨道之间的摩擦力相应的称为黏着力；这种牵引方式称为黏着牵引。

为了使主动轮对的轮缘上同轨面的接触点在轨面不发生相对滑动，该主动轮对产生的轮缘牵引力 F_0 应满足：

$$F_0 \leqslant 1000P_0 g \psi \tag{8-16}$$

式中 ψ——黏着系数。

这就是单个轮对的黏着条件。

以上分析是就一个主动轮对而言的，对于整台电机车，能够产生的最大轮缘牵引力为

$$F_{\max} = 1000P_n g \psi \tag{8-17}$$

式中 $F_{\max}$——电机车的最大黏着牵引力，N；
 P_n——电机车的黏着力质量，t，若电机车的全部轮对均为主动轮，则其黏着质量等于电机车的总质量。

整台电机车的黏着条件是：

$$F \leqslant 1000P_n g \psi \tag{8-18}$$

式中 F——电机车为克服列车运行阻力所必须提供的牵引力。

影响电机车黏着系数的因素很多，如轮箍与轨道材料，轨面的接触状况，运行速度等。增加电机车的黏着牵引力，可在轨面上撒细砂以增大黏着系数。通常电机车牵引矿车组运行，在列车启动和制动时都要撒砂。实际测得电机车的黏着系数见表 8-2。

表 8-2 电机车黏着系数值

工作状态	ψ 值	
	井下	地面
启动（撒砂）	0.24	0.24
启动（不撒砂）	0.20	0.20
制动（撒砂）	0.17	0.17
制动（不撒砂）	0.09	0.12
运行（撒砂）	0.17	0.17
运行（不撒砂）	0.12	0.12

由式（8-14）、式（8-18）可以看出，电机车的牵引力不仅受牵引电动机给出的转矩影响，还要受电机车的黏着力即机车的质量及黏着系数的限制。为增大电机车的牵引

力，在加大牵引电动机功率的同时还必须相应增加机车的质量（增加配重）。在运行中，因轨面条件不好等原因，造成黏着系数下降，牵引力不足时，可在轨面上撒砂以增大黏着系数。

三、电机车的制动力

电机车的制动力是为了使运行中的列车加速停车，人为增加的阻力。矿用电机车有机械制动和电气制动两种方法。下面讨论机械制动（闸瓦制动）时的制动力。

电机车的制动力是由闸瓦施加在轮面上的压力产生的。制动运行时，作用在电机车上的力有惯性力、静阻力和制动力。

图 8-12 所示是一个制动轮制动时的受力分析图。矿用电机车作用在一个制动轮上的重力为 P_0g，N_0 为轨面对轮对的法向反力。在实行制动时，先使电机车断电，列车在惯性力的作用下减速向前运行。惯性力 F_a 的方向与列车运行方向相同。当闸瓦施加正压力 N_1（作用在轮缘的均布力，以集中力代替）时，轮缘即产生切向滑动摩擦力 T_0，其方向与车轮旋转方向相反，其大小为

$$T_0 = \varphi N_1 \qquad (8-19)$$

式中　φ——制动闸瓦与轮缘间的滑动摩擦系数，它的数值决定于闸瓦垫衬的材料、运行速度及闸瓦的比压。对于铸铁闸瓦，一般可取 0.18~0.20。

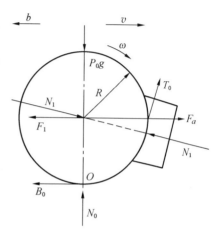

图 8-12　电机车的制动

在 T_0 的作用下，车轮受到一个逆时针方向的转矩。在这一转矩作用下，车轮轮缘上同轨面的接触点 O 有沿轨面向前滑动的趋势。因而轨面对轮缘产生一个切向静摩擦力 B_0，它的方向与车轮旋转方向相同，根据转矩平衡条件，$B_0R - T_0R = 0$，得出：

$$B_0 = T_0 \qquad (8-20)$$

由此可见，B_0 就是电机车一个制动轮对所产生的制动力。在 B_0 和静阻力 F_j 的作用下，轮对即列车减速运行，减速度为 b，因而产生制动的惯性力 F_a，B_0 及 F_j 一起与 F_a 正好平衡。

当 T_0 增大时 B_0 相应地增大，因而减速度也增加，使列车能较快地制动住。

制动力 B_0 受黏着条件的限制，一个制动轮对能够产生的最大制动力为

$$B_{0\max} = 1000 P_0 g \psi \qquad (8-21)$$

整台电机车能够产生的最大制动力为

$$B_{\max} = 1000 P_z g \psi \qquad (8-22)$$

式中　P_0——一个制动轮对的制动质量，t；

　　　P_z——整台电机车的制动质量，t，对于全部轮对均装有制动闸的电机车，此质量即为电机车总质量，即 $P_z = P$；

　　　g——重力加速度，取 9.8 m/s^2；

　　　ψ——制动状态的黏着系数。

在理想状况下，即在制动车轮保持纯滚动下，制动状态的黏着系数值应为静摩擦系数值。然而，对于电机车的四个车轮来说，有的做纯滚动，有的既滚动又滑动。因此，制动状态的黏着系数值介于静摩擦系数值与滑动摩擦系数值之间。

如果闸瓦的压力 N_1 继续增加，以致使整个电机车的制动力超过式（8-22）的数值，即把车轮抱死时，则制动车轮轮缘 O 点将沿轨面向前滑动。这时，制动力约减少一半，制动效果大大降低，制动距离增大。因此，闸瓦压力不能过大。合理的闸瓦压力应使制动力为

$$B_0 \leq 1000 P_z g \psi \tag{8-23}$$

如果闸瓦最大总压力为 N_{max}，总摩擦力为 T_{max}，对于整台电机车来说，式（8-19）可以变为

$$T_{max} = \varphi N_{max} \tag{8-24}$$

对于整台电机车，有：

$$B_{max} = T_{max} \tag{8-25}$$

把式（8-22）及式（8-24）代入式（8-25），可求得

$$N_{max} = 1000 P_z g \frac{\psi}{\varphi} = 1000 P_z g \delta \tag{8-26}$$

或

$$B_{max} = 1000 P_z \psi g \delta \tag{8-27}$$

式中 δ——闸压系数。

考虑到对于铸铁闸瓦，$\varphi \leq 0.18 \sim 0.20$，$\psi = 0.09 \sim 0.17$，故 $\delta = 0.5 \sim 0.94$。为了保证车轮不被抱死，闸压系数 δ 值不应超过 0.9。

第四节　电机车运输计算

电机车运输计算的主要内容是在选定电机车及矿车型号的基础上，根据运输条件确定出电机车所能牵引的矿车数，计算需要的电机车台数。对于架线式电机车进行牵引网路和牵引变流所的计算；对蓄电池式电机车，还有变流设备及充电室的有关计算。

一、电机车的选择

进行电机车运输计算时，要先选择出电机车的类型、黏着质量和矿车容量。

选择电机车是一个技术经济问题，影响电机车选择的主要因素有：运输量、运输区段的长度和生产率、装矿点的集中与分散情况、矿井轨道坡度和工作状态等因素。若装矿点较分散、溜井贮矿量小时，应选用多台小吨位电机车；若装矿点集中、贮矿量大和运距较长时，应选用较大吨位机车。因阶段运量和供矿条件不同，必要时可选两种型号电机车。当采用双机牵引时，应选两台同型号电机车。专为掘进中段用的应选小吨位电机车。在运距长、运量大的平硐，选用大吨位机车运输的同时，还应考虑运输人员、材料和线路维修等需要，配备小吨位机车。根据矿井瓦斯情况，对照《煤矿安全规程》要求，确定电机车的防爆类型。

按照我国多年的设计实践，电机车黏着重力一般按表 8-3 进行选定。

表8-3　电机车黏着重力选择表

矿井年产量 A_n/kt	机车黏着重力/kN		配用矿车/t
	架线式	蓄电池式	
150~300	30~70	80以下	1及以下
300~600	70~100	80以下	1~3
900~1800	80~140	80	3~5
>1800	140~200	80~120	5

二、列车组成的计算

一列车应由多少辆矿车组成，要按机车的牵引能力和制动能力计算。牵引力受黏着力和牵引电机温升条件限制；制动力决定于能够在规定的距离内停车。因此，列车组成应按电机车的黏着力条件、温升条件、制动条件三个条件来计算确定。

1. 按黏着力条件计算

按此条件计算时应考虑机车在运输过程中，牵引力最大的情况。电机车牵引重车组沿上坡启动时所需的牵引力最大，根据式（8-8）可得这种情况下，电机车需给出的牵引力为

$$F = 1000(P+Q_z)[(\omega'_z \pm i_p)g + 1.075a] \quad (8-28)$$

式中　F——重车组上坡启动时电机车所需给出的牵引力，N；

　　　P——电机车质量，t；

　　　Q_z——重车组质量，t；

　　　ω'_z——重车组启动时的阻力系数，见表8-1；

　　　i_p——运输线路的平均坡度，一般取3‰。

　　　g——重力加速度，取9.8 m/s²；

　　　a——电机车启动时的加速度，一般取0.03~0.9 m/s²。

根据牵引力不应超过电机车的黏着条件所允许的极限值，将式（8-28）代入式（8-18），得

$$1000(P+Q_z)[(\omega'_z \pm i_p)g + 1.075a] \leq 1000 P_n g \psi \quad (8-29)$$

即重车组质量为

$$Q_z \leq \frac{P_n g \psi}{(\omega'_z + i_p)g + 1.075a} - P \quad (8-30)$$

式中　P_n——电机车的黏着力质量，t，对全部轮对都是主动轮的电机车，$P_n = P$；

　　　ψ——电机车启动时的黏着系数，见表8-2。

算出列车牵引的重车组质量后，用下式求出最多牵引的矿车数：

$$n = \frac{P}{m_z + m_0}\left[\frac{g\psi}{(\omega'_z + i_p)g + 1.075a} - 1\right] \quad (8-31)$$

式中　m_z——每辆矿车的自身质量，t；

　　　m_0——矿车载重的质量，t。

上式计算结果应圆整为整数。

2. 按牵引电动机的温升条件计算

牵引电动机的温升条件是，电动机在运转中，其温升不超过允许值。机车运输是往返循环连续运行，牵引电动机是按短时重复工作制运转。在一个循环中，重列车和空列车所需的牵引力不同。电机在这种工况下运行，用下式计算等效电流：

$$I_{dx} = \alpha \sqrt{\frac{I_z^2 t_z + I_k^2 t_k}{T + \theta}} \tag{8-32}$$

式中 I_{dx}——等效电流，A；

I_z——重列车运行时电动机电流，A；

I_k——空列车运行时电动机电流，A；

t_z——重列车的运行时间，min；

t_k——空列车的运行时间，min；

T——列车往返一次的运行时间，min；

θ——列车往返一个循环中的停车及调车时间，min，包括在装、卸车站的等候时间，一般可取 18～22 min；

α——调车系数，此值参见表 8-4。

表 8-4 调车系数值

运输距离/km	<1	1～2	>2
α 值	1.4	1.25	1.15

列车往返一次的运行时间 T，等于重列车与空列车的运行时间 t_z、t_k 之和：

$$t_z = \frac{60L}{0.75v_z} = \frac{80L}{v_z} \tag{8-33}$$

$$t_k = \frac{60L}{0.75v_k} = \frac{80L}{v_k} \tag{8-34}$$

$$T = t_z + t_k \tag{8-35}$$

式中 L——运输距离，km；

v_z——重列车的运行速度，km/h；

v_k——空列车的运行速度，km/h；

0.75——考虑列车运行中，过弯道或过岔道等降速运行区段所乘的系数。

重、空列车运行时的电流值 I_z、I_k 及运行速度 v_z、v_k，按重、空列车等速运行所需的牵引力，从牵引电动机特性曲线中查得。重、空列车等速运行所需的牵引力为

$$F_z = 1000(P + Q_z)g(\omega_z - i_p) \tag{8-36}$$

$$F_k = 1000(P + Q_k)g(\omega_k - i_p) \tag{8-37}$$

式中 F_z——重列车等速运行时的牵引力；

F_k——空列车等速运行时的牵引力；

P——机车质量，t；

Q_z——重车组的质量，t；

Q_k——空车组的质量，t；

g——重力加速度，m/s²；
ω_z——重列车运行的阻力系数；
ω_k——空列车运行的阻力系数；
i_p——轨道的平均坡度。

应该注意，牵引电动机的特性曲线是针对一台电动机，而式（8-36）、式（8-37）列出的是电机车的牵引力，对于两台电动机牵引的电机车，应按 $F_z/2$ 和 $F_k/2$ 从曲线上查出相应的电流和速度。

按电动机的温升条件，实质上是按照电动机的等效电流不超过长时制电流的条件来进行计算的，即

$$I_{dx} \leqslant I_{ch} \tag{8-38}$$

式中 I_{ch}——牵引电机的长时制电流，A。

直流串励电动机由于磁饱和的关系，正常工作时牵引力和电流是成正比的，即其比例关系是一条直线，只是在低负荷时才呈抛物线状。因此，可以按等效牵引力不超过长时牵引力的条件验算电动机是否满足温升条件：

$$F_{dx} \leqslant F_{ch} \tag{8-39}$$

式中 F_{dx}——等效牵引力，N；
F_{ch}——长时牵引力，N。

与等效电流的计算方法一样，等效牵引力也可以用均方根法来求得，即

$$F_{dx} = \alpha \sqrt{\frac{F_z^2 t_z + F_k^2 t_k}{T + \theta}} \tag{8-40}$$

按重列车下坡运行，空列车上坡运行的牵引力相等的条件，可求出具有等阻牵引力的轨道坡度，这种坡度在机车运输中称为等阻坡度。使用滚动轴承的矿车，等阻坡度约为2‰。矿井轨道的实际坡度与等阻坡度有出入，根据研究，用于按温升条件计算列车组成时，按等阻坡度计算，对结果影响不大。

为了使计算进一步简化，假定列车是在理想的等阻坡度上运行。在等阻坡度上运行，重列车下坡时的运行阻力等于空列车上坡时的运行阻力。式（8-40）中重列车与空列车牵引力相等，即

$$F_z = F_k \tag{8-41}$$

将式（8-41）代入（8-40），得

$$F_{dx} = \alpha F_{dz} \sqrt{\frac{t_z + t_k}{T + \theta}} \tag{8-42}$$

式中 F_{dz}——重、空列车牵引力相等的等阻牵引力，N。

令

$$\frac{T}{T + \theta} = \tau \tag{8-43}$$

则

$$F_{dx} = \alpha \sqrt{\tau} \cdot F_{dz} \tag{8-44}$$

等阻牵引力可按下式计算：

$$F_{dz} = 1000(P + Q_z)g(\omega_z - i_{dz}) \tag{8-45}$$

式中 i_{dz}——等阻坡度，对于用滚动轴承的矿车，一般为2‰。

将式（8-45）代入式（8-44）即得

$$Q_z = \frac{F_{dx}}{1000\alpha\sqrt{\tau(\omega_z - i_{dz})g}} - P \tag{8-46}$$

将式（8-46）代入式（8-39），即得按牵引电动机温升条件计算的重车组质量为

$$Q_z = \frac{F_{ch}}{1000\alpha\sqrt{\tau(\omega_z - i_{dz})g}} - P \tag{8-47}$$

列车最多的矿车数为

$$n = \frac{1}{m_z + m_0}\left[\frac{F_{ch}}{1000\alpha\sqrt{\tau(\omega_z - i_{dz})g}} - P\right] \tag{8-48}$$

上式计算结果应圆整为整数。

3. 按制动条件计算

按制动条件计算车组，是按列车能在规定的制动距离内制动停车的条件，计算列车中最多的矿车数。

为了安全起见，《煤矿安全规程》规定：运送物料时列车的制动距离不得超过40 m，运送人员时不得超过20 m。这个距离是根据电机车照明灯的有效照射距离来制定的。制动距离是指从司机开始拨动闸轮或电闸手把到机车完全停止的距离。

在计算重车组质量时必须遵守这一规定，并应按最不利的情况，即按重列车下坡制动时的情况来计算。

列车开始制动时的速度为长时速度 v_{ch}，则制动时的减速度 b 为

$$b = \frac{v_{ch}}{2l_z} \tag{8-49}$$

式中 l_z——制动距离，运物料时为40 m。

由式（8-13）可以求得当重列车沿直线轨道下坡制动时电机车的制动力为

$$B = 1000(P + Q_z)[1.075b + (i_p - \omega_z)g] \tag{8-50}$$

式中 i_p——平均坡度，‰；

ω_z——重列车运行阻力系数。

将式（8-23）代入式（8-50）得

$$1000(P + Q_z)[1.075b + (i_p - \omega_z)g] \leq 1000P_z g\psi \tag{8-51}$$

由上式得出按制动条件计算重车组质量的公式为

$$Q_z \leq \frac{P_z g\psi}{1.075b + (i_p - \omega_z)g} - P \tag{8-52}$$

式中 P_z——电机车的制动质量，对于矿用电机车，它等于电机车的全部质量 P；

ψ——制动时的黏着系数，如撒砂时可取为0.17。

由此得到满足制动条件、列车中最大矿车数的计算公式：

$$n = \frac{P}{m_0 + m_z}\left[\frac{g\psi}{1.075b + (i_p - \omega_z)g} - 1\right] \tag{8-53}$$

上式计算结果应圆整为整数。

列车组成应按同时满足上述三个条件来确定重车组质量。多数情况下，按制动条件求

得的重车组质量比按其他两个条件求得的质量少。在这种情况下，为了不因减少车组质量而使每列车中矿车数过少，可以采用这样的办法：在重列车下坡时两台牵引电动机由并联运行改为串联运行，使牵引电动机电压降低一半以降低运行速度；或者每隔一定时间切断电源，以改善制动条件。在列车中的若干辆矿车上加装制动闸，也是增加制动力的方法之一。

按上述三个条件分别求出重车组质量之后，应取三者中之最小者来确定车组中的矿车数。

列车组成计算，也可采用按启动黏着条件初选，然后按电机温升条件和制动条件验算的方法进行。

应当指出，由以上方法确定的车组中的矿车数，仅仅是从电机车牵引的技术可能性出发的，最有利的矿车数还要以实际条件和技术经济比较作为基础。因为在某些条件下，最大允许的车组中矿车数太多，反而会引起矿车总数不必要地增加和调车车场的加长等。

三、电机车台数的确定

矿井（或水平）所需电机车台数，可按下列步骤进行。

1. 确定一台电机车在一个班内能往返的次数

$$z_1 = \frac{60T_b}{T+\theta} \tag{8-54}$$

式中　T_b——电机车每班的运输工作时间，h，不运送人员时取 7 h，运送人员时取7.5 h；

　　　T——往返一次的运行时间，用式（8-33）、式（8-34）、式（8-35）计算，min。

此处若有数个装车站时，式（8-33）、式（8-34）中的 L 应代入加权平均距离计算，即

$$L_Q = \frac{Q_1L_1 + Q_2L_2 + \cdots + Q_nL_n}{Q_1 + Q_2 + \cdots + Q_n} \tag{8-55}$$

式中　　　　　L_Q——加权平均距离，m；

　　$L_1, L_2, \cdots, L_n$——各装车站的运输距离，m；

　　$Q_1, Q_2, \cdots, Q_n$——各装车站的运量，t。

　　　　　　　　θ——机车在往返一次内调车和休止时间，min。

把上式的计算结果圆整为接近的较小整数。

2. 确定每班需要运送的货载次数

$$z_b = \frac{K_1 K_2 A_b}{nG} \tag{8-56}$$

式中　A_b——矿井每班运煤量，t/班；

　　　K_1——运输不均匀系数，一般取 1.25；

　　　K_2——矸石系数，用以考虑每班外运矸石量，$K_2 = 1 +$ 每班外运矸石量$/A_b$；

　　　n——列车组成计算确定的矿车数；

　　　G——矿车中货载的质量，t。

把上式的计算结果圆整为接近的较小整数。

3. 每班运人所需列车次数

根据《煤矿安全规程》，当主要行人平巷的水平距离大于 1.5 km 时，上下班必须采用机械运送人员。矿井一般均为两翼开采，两翼每班运送人员按一次考虑，共计两次，即

$$z_r = 2 \text{ 次/班}$$

4. 确定每班列车的总运行次数

$$z_0 = z_b + z_r \tag{8-57}$$

5. 确定所需工作电机车台数

$$N_0 = \frac{z_0}{z_1} \tag{8-58}$$

把上式的计算结果圆整为接近的较大整数。

6. 确定全矿所需电机车总台数

$$N = N_0 + N_b \tag{8-59}$$

式中 N_b——备用和检修电机车台数。

$N_0 \leq 3$ 时，$N_b = 1$；$N_0 = 4 \sim 6$ 时，$N_b = 2$；$N_0 = 7 \sim 12$ 时，$N_b = 3$；$N_0 \geq 13$ 时，$N_b = 4$。

📖 思 考 题

1. 牵引电动机的长时功率和小时功率有什么区别？
2. 列车运行有哪几种状态？分别是如何运行的？
3. 机车的牵引力是如何产生的，受哪些因素的限制？
4. 电机车运输计算过程中，什么时候用加权平均运输距离，什么时候用最大运输距离，为什么？
5. 电机车运输计算过程中，如果因为制动条件的限制而降低了机车的运输能力，有什么办法可以不降低车组质量？
6. 某矿主要运输巷道有两个装车站，其中东翼采区装车站距井底车场的距离为 $L_1 = 3$ km，运煤量 $Q_1 = 300$ t/班；西翼采区装车站距井底车场的距离 $L_2 = 2.5$ km，运煤量 $Q_2 = 350$ t/班；两翼运矸量均为运煤量的 10%。又取运输巷道的平均坡度为 $i_p = 3‰$，假定采用轨距为 900 mm 的 3 t 矿车，并选用 ZK-10-9/250 型矿用电机车，请确定所需矿车数和机车台数。

第九章 辅助运输机械

【本章教学目的与要求】
- 理解辅助运输机械的主要类型
- 理解钢丝绳牵引运输的方式和使用条件
- 掌握单轨吊运输的特点和主要部件
- 了解卡轨车的结构和使用条件
- 了解无轨运输车的种类和特点

【本章概述】

矿井辅助运输是指井下的材料、设备、人员的运输，有时也包括矸石的运输。该领域的技术发展对降低人员劳动强度、提高工时利用率、增大工作面产量等方面发挥着关键性的作用。本章主要介绍辅助运输的主要类型、各类运输方式的特点和适用条件。

【本章重点与难点】

本章的重点是理解并掌握辅助运输的主要类型、各种运输方式的特点和适用条件，其中单轨吊运输的特点和主要部件是本章的难点。

第一节 概　　述

所谓煤矿辅助运输，泛指煤矿生产中除煤炭运输之外的各种运输的总和，主要包括材料、设备、人员和矸石等的运输。它是整个煤矿运输系统不可或缺的重要组成部分。辅助运输设备是在矿井内运送材料、设备和人员的设备。在煤矿井下主要运输大巷，采用机车运煤时，材料、设备、人员和矸石也用机车运输，若用带式输送机运煤则需另设专用的辅助运输设备。在采区巷道内，一般都采用刮板输送机或带式输送机运煤，采用矿用钢丝绳绞车或蓄电池机车运送材料和设备。在使用综采机组的工作面，由于综采机组调换工作面即综采设备安装搬家时，设备的整件质量大、数量多、时间紧，要求安全、快速、高效，对辅助运输提出了更高的要求，若采用高效的辅助运输设备，可大大缩短综采工作面搬家时间，对提高煤炭产量及机组的利用率有很重要的意义。

煤矿辅助运输的特点是：①运输线路随工作地点的延伸（缩短）或迁移而经常变化；②运输线路水平和倾斜互相交错连接；③工作地点分散，运输线路复杂，运输环节多；④待运物料品种繁多，形状各异；⑤井下巷道空间受限制，并有瓦斯和煤尘等爆炸性物质，且瓦斯为有毒气体，故需用防爆净化设备。

鉴于上述特点，煤矿辅助运输系统及其设备具有复杂性和类型的多样性。除了过去常用的常规辅助运输设备，诸如矿用绞车、调度绞车、电机车和一般的矿车、平板车、材料车之外，近年来又出现了许多先进的新型高效的辅助运输设备，如单轨吊车、卡轨车、黏着力齿轨机车、胶套轮机车、无轨运输车（轮胎式或履带式）、无极绳连续牵引车，等等。这些新型高效辅助运输设备的使用，从根本上改变了煤矿辅助运输的落后面貌。

第二节 钢丝绳牵引运输

一、钢丝绳牵引运输的方式及使用条件

钢丝绳牵引运输，是以绞车为动力装置，通过钢丝绳牵引矿车或其他运输设备，进行运输作业的一种运输方式。

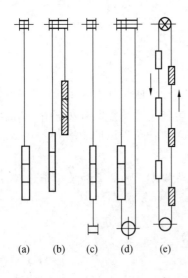

图 9-1 钢丝绳运输方式

钢丝绳运输，按其牵引方式分为单绳、双绳、首尾绳和无极绳等；按使用的容器和轨道不同可分为矿车运输、单轨吊车运输、卡轨车运输和架空索道运输等。

单绳运输是用一台单滚筒绞车，通过钢丝绳牵引矿车组，沿倾斜向上运行，如图 9-1a 所示，向下靠矿车的自重溜放。这种方式的使用条件是能依靠矿车组的重力向下溜放，因此只能用于有一定坡度的斜巷。

双绳运输是用一台双滚筒绞车，每个滚筒各牵引一组矿车，钢丝绳在两个滚筒上的缠绕方向相反，绞车旋转时，一组矿车被牵引向上运行，另一组靠自重向下溜放，如图 9-1b 所示。使用条件与单绳运输相同，其运输能力几乎比单绳多一倍。由于两组矿车的自重得到平衡，故双绳运输所需牵引功率小。

首尾绳运输是用两台单滚筒绞车，各在线路一端，分别向两个方向牵引矿车，如图 9-1c 所示，它使用在坡度不长或起伏的巷道内，也可以用一台双滚筒绞车安装在线路的一端，另一端用一个导向绳轮，如图 9-1d 所示。

无极绳运输是用一台摩擦轮绞车，装在线路一端，另一端用一个导向绳轮，钢丝绳接成封闭环并被张紧。依靠摩擦轮与钢丝绳之间的摩擦力驱动钢丝绳连续运转，两股绳各在一条轨道上，从线路两端间隔一定距离分别向绳上挂一辆空、重车进行连续运输，到位后摘下矿车，如图 9-1e 所示。

二、运输绞车

运输绞车是钢丝绳牵引运输的动力装置。按牵引钢丝绳的方式可分为缠绕式和摩擦轮两种。缠绕式绞车是钢丝绳一端固定在绞车的缠绳滚筒上，另一端连接被牵引的矿车组，滚筒转动时，牵引绳在滚筒上缠绕，牵引矿车组运行。

图 9-2 所示是 JDB、JYB 型防爆调度、运输绞车的结构示意图。

摩擦轮绞车多用于无极绳运输系统中，是一种简单而经济的运输方式。为增加钢丝绳在摩擦轮上的围包角，需将钢丝绳在摩擦轮上多圈螺旋缠绕。摩擦轮连续运转时，缠绕的钢丝绳不应绕出轮外，采取的方法一种是用多槽轮与另一偏置的导向轮配合工作，另一种

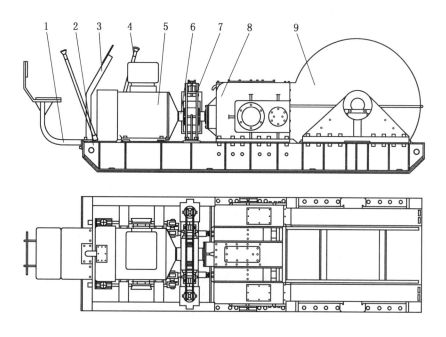

1—司机座椅；2—底座；3—控制开关支架；4—手动制动闸；5—电动机；
6—联轴器；7—电液制动闸；8—减速箱；9—卷筒装置

图 9-2 JDB、JYB 型绞车的结构示意图

方法是用有抛物线曲面的宽摩擦轮。后者在运行中，钢丝绳在曲面的周向和轴向都有滑动，增大了绳与绳轮之间的磨损，但结构简单；前者虽然没有滑动磨损，但同样的缠绕圈数，钢丝绳在轮上的围包角只有后者的1/2，且结构复杂。两种形式的摩擦轮绞车，现在都有使用。

摩擦轮绞车采用液压马达驱动，可实现无级调速；启动平稳，容易达到防爆要求和遥控要求。摩擦轮绞车也有采用笼式电动机与机械变速器配合驱动的。

第三节 单轨吊车与卡轨车

一、单轨吊车

单轨吊运输是将运送人员、物料的车辆悬吊在巷道顶部特制工字钢单轨上的运输系统，用牵引设备牵引，沿轨道运行，主要用于回采和掘进工作面的材料、设备和人员的运输。其特点是能适用于大坡度的巷道，不受巷道底板变形的影响，能有效地利用巷道断面空间，减少运输环节，减轻体力劳动。

按驱动方式的不同可分为钢丝绳牵引和自驱动两大类，自驱动单轨吊车比较灵活，发展较快。按牵引动力类别和使用特征，可分为钢丝绳牵引单轨吊车、防爆柴油机单轨吊车和防爆特殊蓄电池单轨吊车等三个类型。

钢丝绳牵引单轨吊车的工作原理与自驱动单轨吊车不同，前者为摩擦传动，后者为自

带着驱动。钢丝绳牵引就是用无极绳绞车牵引,通过钢丝绳与驱动轮之间的摩擦力来带动钢丝绳运动,从而牵引单轨吊车沿轨道往复运行。

自驱动单轨吊车的牵引力即黏着力,是由一定数量的配有耐磨胶圈的成对驱动轮通过液压或机械方式压紧在单轨的腹板上而产生的,它与单轨吊车本身自重无关。

为了防止驱动轮打滑,牵引力 F 应根据下式计算:

$$F < 2nfR \qquad (9-1)$$

式中　R——加在驱动轮上的力;
　　　f——轨道与驱动轮耐磨胶圈接触面的摩擦系数;
　　　n——成对驱动轮的数量,根据需要可取 $n = 1 \sim 4$。

(一) 钢丝绳牵引单轨吊车

该类型单轨吊车是悬吊在一种特殊的工字钢轨道上,用绞车通过钢丝绳牵引的运输设备,能适应坡度不大于 45°的巷道运输。运输线路固定,运距一般不超过 2000 m。它是单轨运输的最早形式,结构简单,成本较低,且对坡度的适应性强。因此应用较广泛,特别在运输任务量大、服务年限较长的大坡度巷道中使用有其独特优势。其整体组成如图 9-3 所示。

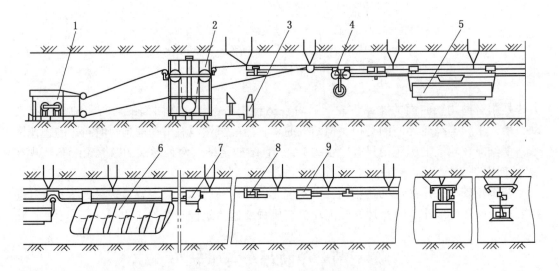

1—绞车;2—张紧绞车;3—操纵台;4—牵引吊车;5—承载吊车;
6—人车;7—制动吊车;8—阻车器;9—回绳站

图 9-3　钢丝绳牵引单轨吊车

绳牵引单轨吊车由绞车、紧绳器、导绳轮系、牵引车及储绳车、承载车、制动车和尾轮站等组成。司机在绞车房靠信号操纵运行。制动车在列车超速时自动制动保护。牵引车、储绳器、起吊运输车和制动车都悬挂在轨道下部翼板上,其他部分分别安装在巷道中。

绞车可采用电动无极绳绞车,但较多采用电动液压绞车。液压绞车能无级调速,在启动或爬坡时以低速大牵引力运行,平道时可加快速度,实现速度与牵引力的自动调节。绞车与尾绳站分别固定在运输区间的两端。紧绳器靠近绞车固定安装,用重锤式机构使钢丝绳保持一定张力。尾绳站固定安装于运输系统末端，由回绳轮和张紧器组成。钢丝绳径回绳轮折回绞车向前延伸，牵引车与储绳车受钢丝绳牵引沿轨道带动运输车辆运行。

储绳车是把满足运输后多余部分钢丝绳储存在卷筒上，以备系统延伸时使用。通常储绳车与牵引车铰接在一起或合并成牵引储绳车。

导绳轮系是钢丝绳按照设定路线往返运行的导向组件。在直线路段，轮系承载钢丝绳质量并限制其抖动，在弯道处（水平或垂直）轮系控制钢丝绳的运行轨迹，断绳时不使绳头紊乱，保证人员安全。

承载车悬挂在单轨下部的翼板上，可由各种承载车组成运输列车，车与车之间用拉杆及销子连接。

（二）防爆柴油机单轨吊车

该类型单轨吊车是当今单轨吊车运输方式中的主要机型，它以防爆无污染柴油机为动力，其特点是体积小，机动灵活，适应性强，不怕水，不怕煤，不受底板状况的影响，过道岔方便。连续运输距离长，用于掘进巷道时能迅速接长轨道，既安全可靠，经济性也好。可以实现从井底车场甚至从地面（斜井或平硐开拓时）至采区工作面的直达运输。国内生产的这种牵引吊车有 FND-20Y 型、FND-40 型和 FND-90 型等几种。FND-90 型防爆低污染柴油机单轨吊车的牵引吊车如图 9-4 所示，主要技术参数见表 9-1。

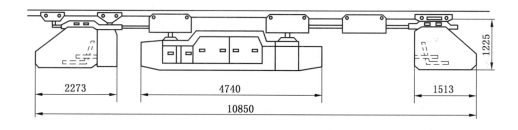

图 9-4　FND-90 型单轨吊车的牵引吊车

表 9-1　FND-90 型防爆低污染柴油机单轨吊车主要技术参数

传动方式	吊车牵引力	吊车最大速度	离心释放限压速度	爬坡能力	制动力	水平曲率半径	垂直曲率半径	外形尺寸	牵引吊车质量
液压	60 kN	2.0 m/s	2.5 m/s	0°~18°（载支架时不超过12°）	90 kN	≥4 m	≥10 m	10.85 m×0.8 m×1.225 m	6.3 t

FND-90 型柴油机牵引吊车有配套的防爆和本安型电气设备，故可用于高瓦斯矿井的巷道运输。因柴油机功率大，几乎可用于各种辅助运输。

该牵引吊车的主要组成：吊车主、副司机室分设在吊车两端，内设操作手把及各种显示装置；主体部分由柴油机及附属装置、主液压泵及液压控制站、液压油箱、液压启动装置、燃油箱、散热器和废气自理箱组成；有 3 个驱动部，每个驱动部设有 1 对驱动装置、2 对承载轮、2 对导向轮和 2 对安全制动闸。各部间用连接拉杆相连。

使用防爆柴油机单轨吊车的巷道，要加强通风，其通风量应能将空气中的有害物质稀释到《煤矿安全规程》规定的范围之内，其瓦斯含量不超过1%，环境温度不高于35℃。单台使用时，配风量不少于4 m³/(min·kW)，超过两台时，第一台按单台配风量配风，第二台按第一台的75%配风，第三台及三台以上按第一台的50%配风。它的动力源连续持久，不受运输距离和使用时间的限制，而且可以向大功率大牵引力发展，实现煤矿重型设备的直达运输。使用单轨吊车的巷道一般采用U型钢拱形支架，T形棚或锚喷。各国同类型柴油机单轨吊车的主要技术参数见表9-2。

表9-2 各国同类型柴油机单轨吊车的主要技术参数

项目		捷克	德国沙尔夫	德国鲁尔塔勒	法国	苏联	中国
型号		LZH-50.2	5Z66-3.1	HL90H/3.H	斯特凡努斯型4-810	3ДМД	FND-40
柴油机型号		Zetor7201	D916	—	伯金4-236	—	FB4105
功率		44 kW	44 kW/66 kW	50 kW	55 kW	55 kW	40HP
柴油机转速/(r·min⁻¹)		2000	2100	2000	1000/2250	—	1500
牵引力/kN		45/60	45/68	50	75	70	24
最大运行速度/(m·s⁻¹)		2	2	2	3.3	4	2
最大爬坡能力/(°)		25	20	20	14（25%）20	—	8
爬坡时牵引列车质量/t		25°时12	20°时8	20°时6.1	14°(25%)7.8	20°时6.5	8°时6
水平时牵引列车质量/t		34/52	—	—	—	—	—
弯道半径/m	水平	4	4	4	4	4.5	4
	垂直	8	8	8	7	10	8
传动方式		液压	液压	液压	液压	液压	机械
机器自重/kg		3500	5600	4860	7450	4500	5200
外形尺寸/mm	长	6060	9500	8150	9000	7 000	8800
	宽	800	750	700	900	1050	872
	高	1200	1100	1200	1360	1400	1340

在运输系统中若有局部大坡道而又需要连续运输时，可以在柴油机单轨吊车和运行的轨道上增设一组啮合的齿轮齿条以增大单轨吊车的爬坡能力，这时的单轨吊车已成为齿轨单轨吊车。它的齿轮驱动部，在非啮合轨区段不投入运行。司机根据信号在进入齿轨之前和驶出齿轨区时，将齿轮驱动部启动和停止工作。齿轮驱动部的牵引力一般为原来的1.5~2倍，牵引速度也相应减少同样倍数。

（三）防爆特殊型蓄电池单轨吊车

防爆特殊型蓄电池单轨吊车是以防爆特殊型蓄电池为动力，由直流牵引电动机驱动的单轨吊车，能适应坡度小于10°起伏多变的巷道和不小于6 m半径的弯道及多支路运输。它机动灵活、噪声低、无污染、发热量小，属于储能式动力源，工作一段时间后，电源箱需要充电，一般每工作3~4 h就需要更换蓄电池充电，造价较高。因此不宜于长距离、大坡度、大载荷或繁重的运输工况。由于蓄电池的能力较小、效率较低，充放电管理复杂，维修费用较高，所以蓄电池单轨吊车的推广应用受到限制。TXD-25 型蓄电池牵引吊车如图 9-5 所示，主要技术参数见表 9-3。

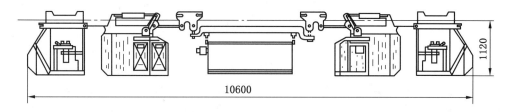

图 9-5　TXD-25 型蓄电池牵引吊车

表 9-3　TXD-25 型蓄电池牵引吊车主要技术参数

最大牵引力	小时牵引力	最大速度	限定速度	直流电动机型号	直流电动机功率	蓄电池型号	蓄电池容量	适应能力	水平弯曲半径	垂直弯曲半径	制动力	电源装置型号	吊车质量
36 kN	26 kN	1.6 m/s	2.1 m/s	DZQ-d/12.5	2×12.5 kW（小时制）	DG-385-KT 型	385 A·h	≤12°	≥4 m	≥10 m	54 kN	TXD-120 型	6.84 t

一般防爆蓄电池单轨吊车的主要技术参数：功率 4.525 kW；牵引力 736 kN；速度范围 0.5~2.1 m/s；有效载重 2~12 t；适应坡度 0°~12°。

防爆蓄电池单轨吊车由驱动部、电源箱、司机室等组成。每个驱动部由机架、直流牵引电机、分动箱、摇臂架和驱动轮组成，一个驱动部一般由一个电机通过分动箱把动力传送给两个摇臂和驱动轮，在两个摇臂架之间由挤压油缸拉紧，使驱动轮紧压在轨道腹板上以产生黏着牵引力。驱动部上还设有工作制动器和安全制动闸。电源箱是防爆特殊型电源装置，由专用吊梁挂在机车中部，并设有升降机构，以便于更换，一台蓄电池单轨吊车一般配备两套以上电源箱，轮换使用和充电。

（四）单轨吊车的配套设备

1. 单轨（轨道）

单轨吊车用的轨道是工字形断面，但与普通的工字钢不同，它的翼板厚而且窄，对长度方向的平直性、截面形状误差、机械强度和化学成分都有严格的要求，以提高其承载能力和耐磨损能力，减少运行阻力。目前，世界上多数国家包括我国均采用如图 9-6 所示的标准化单轨，即 155 m×68 m×6 mm 的 I140E 型特种加厚工字钢，符合 DIN20593 德国标准。由于我国目前尚未有 I140E 型钢生产，故引进费用较高。在一定条件下可用 I140 型热轧普通工字钢代替。

轨道有直轨、曲轨两种。I140E 型钢加工成的单

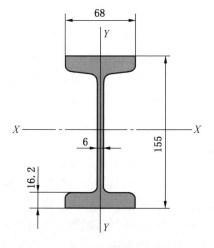

图 9-6　I140E 型单轨截面

轨，其直轨长度每节为 3 m，两端有连接机构和吊钩。节间连接在结构上使之在水平和垂直两个方向各有一定角度变化的间隙。用钢丝绳牵引的单轨吊车，为安装导绳轮，每隔 15～20 m 采用一节带有绳轮座的直轨，如图 9-7a 所示。

图 9-7 所示为直轨的一种连接装置。每节单轨 1 的两端分别焊接着连接吊钩 2、插板 3 和连接柄 4、夹板 5。部分直轨上还装有导绳轮座 6，每隔 5～6 节单轨安装一节带导绳轮座的单轨。安装单轨时，将一节单轨的连接柄搭在与其相邻的另一节单轨的连接吊钩的凸台上，下面的插板插入另一节单轨下面的夹板内。两节单轨在连接状态中，带连接柄的一端可以向上或向下偏转 7°。因为连接吊钩的凸台和连接柄具有相同的曲率半径，因而在允许的偏差范围内，连接柄与吊钩凸台之间均能保持严密、良好的接触。同时，插板和夹板为球面接触，保证相邻的两节单轨在立面顺利偏转。

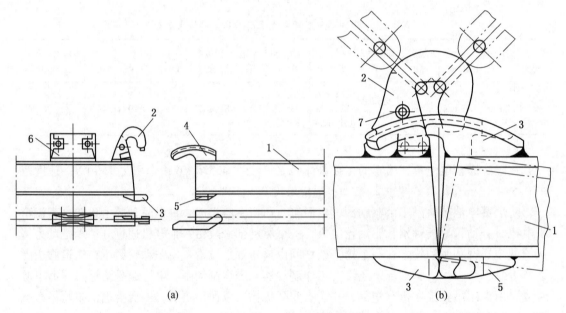

1—单轨；2—连接吊钩；3—插板；4—连接柄；5—夹板；6—导绳轮座；7—弹性套筒销
图 9-7 单轨连接装置 I

图 9-8 所示为曲轨之间的连接。曲轨与曲轨之间用焊接在单轨 1 翼板上的连接板 2 和下翼板下的连接管 3 用螺栓 4 和 5 连接。连接板上部的孔用来连接吊挂装置。

要求各连接装置的连接件不得自行脱落，并能保证在 15 t 的垂直静载荷下不松脱，不破坏。通常成品单轨上已经焊好连接装置。

2. 安全制动车

为保证运行安全，每台单轨吊车都设有工作制动、停车安全制动和紧急制动三种制动装置。工作制动闸装在驱动轮的内缘，如同汽车上使用的胀闸。安全制动车是不与主机联动的独立制动装置，设在车体与两端的司机室之间，用刚性的连接杆与车体连成一体。当车辆超速运行或瓦斯超限等不安全因素出现时，安全监控系统能令其自动制动停车。当出现紧急情况时司机也可以随时操纵该闸紧急制动停车。不同型号的单轨吊车，配备不同的安全制动吊车。

FND20Y型制动吊车在列车超速（超过2 m/s）情况下，由离心限速器控制释放阀6自动起作用。该吊车由吊挂架1和4个承载轮3组成一个整体，吊挂在单轨的翼板上，如图9-9所示。在吊挂架的两侧，通过销轴7铰接两组钳形闸杆2。闸杆2的上端铰接着镶有合金块的闸块4，下端铰接着外面套有弹簧的制动液压缸10。在吊挂架1的侧板上，固定着限速器5和释放阀6。限速器与承载轮转速同步，当车速超过2 m/s时，限速器打开释放阀，泄掉制动液压缸内的压力油，在制动弹簧作用下，实现安全制动。

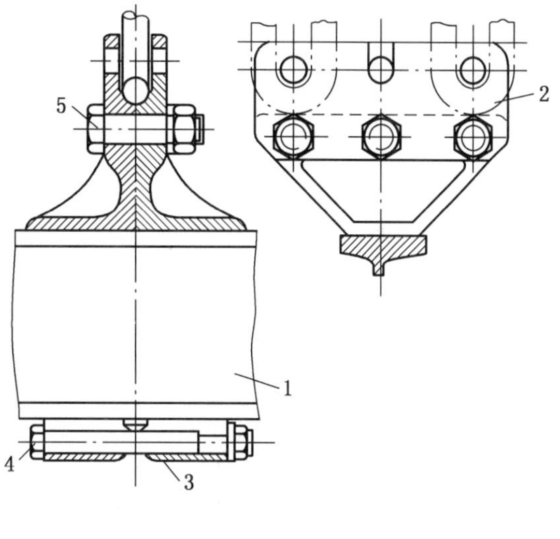

1—单轨；2—连接板；3—连接管；4,5—螺栓
图9-8 单轨连接装置Ⅱ

3. 承载吊车

承载吊车是支架吊装设备、材料或其他吊具的基本吊车。最简单的是由两对行走轮和吊运梁组成。在吊运梁下吊挂货载或者在两端与其他吊具相连。承载吊车有DQ-3型、DQ-6型、DQ-12型和DQ-16型等数种。图9-10所示为DQ-6型承载吊车。

4. 集装箱

集装箱与承载吊车配合使用，它吊在承载吊车的下面。集装箱是运送矸石、散装物料和设备零部件的专用机具，结构简单、容积大、重量小，能实现人工操作下的自卸。

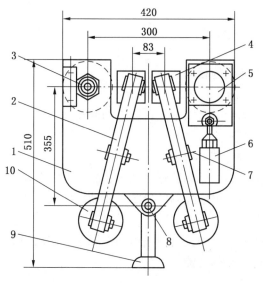

1—吊挂架；2—闸杆；3—承载轮；4—闸块；5—限速器；
6—释放阀；7,8—销轴；9—吊杆；10—液压缸
图9-9 FND20Y型制动吊车

5. 人车

人车是单轨吊车专用于人员运输的车辆。图9-3中6所示为RC-10型人车，共有5排10座。该人车主要由承载车和车厢两大部分组成。承载车与车厢的连接采用球形销轴，以适应在水平和垂直弯曲单轨上运行。人车与牵引吊车采用拉杆连接。人车座椅为固定架软靠背形式，在列车编组时有方向要求。

二、卡轨车

卡轨车是目前矿井运输中较理想的辅助运输设备，它能安全、可靠、高效地完成材料、设备、人员的运输任务，是现代化矿井运输的发展方向。

从国内外卡轨车的发展历程看，首先是钢丝绳牵引的卡轨车受到人们重视，20

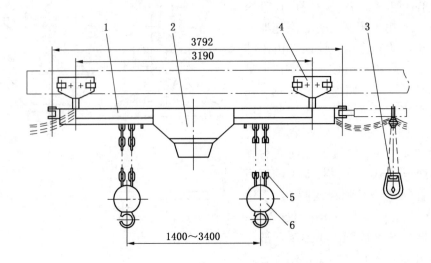

1—梁体；2—减速箱；3—液压控制装置；4—承载车；5—链条；6—滑轮
图 9-10 DQ-6 型承载吊车

世纪 70 年代初又发展了柴油机牵引的卡轨车，近年来以蓄电池为动力的卡轨车也在煤矿生产部分中占有一席之地。钢丝绳牵引的卡轨车技术较为成熟，应用广泛。图 9-11 所示是一种钢丝绳牵引的卡轨车系统。使用的车辆按功能不同有牵引车、制动车、载重车、乘人车等。根据需要可将各种车辆连成车组。牵引钢丝绳与牵引车相连，牵引车组沿轨道运行。

卡轨车结构主要由牵引绞车、张紧装置、钢丝绳、电控及通信系统、轨道系统和车辆等部分组成。

（一）牵引设备

1. 摩擦轮绞车

卡轨车系统用的摩擦轮绞车，与单轨吊车使用的相同。

2. 卡轨机车

卡规机车的特点是驱动轮受强制加压、增黏牵引，以增大可行驶的倾角，并能够在采区小弯道半径轨道上行驶。

图 9-12 所示是英国 Becorit 公司生产的一种卡轨机车。

动力部是防爆低污染型柴油机带动的变量泵站。驱动装置有两套，每套有两台定量液压马达，各带动一个驱动轮。驱动轮缘上是聚氨基甲酸酯制的轮圈，驱动轮由液压缸强制加压，紧压在轨道上，以增大其黏着牵引力。

制动装置在两端各有一套，使用槽钢轨道时，用闸瓦夹持槽钢的上翼缘。制动闸瓦是弹簧加压、液压松解式。制动装置有超速自行制动的功能。

司机室位于两端，以便两向行驶。

为了能在较小的弯道半径的轨道上行驶，动力部、驱动装置与司机室相互用垂直轴连接。因此机车的总长虽大，但可在半径为 4 m 的曲线上行驶。

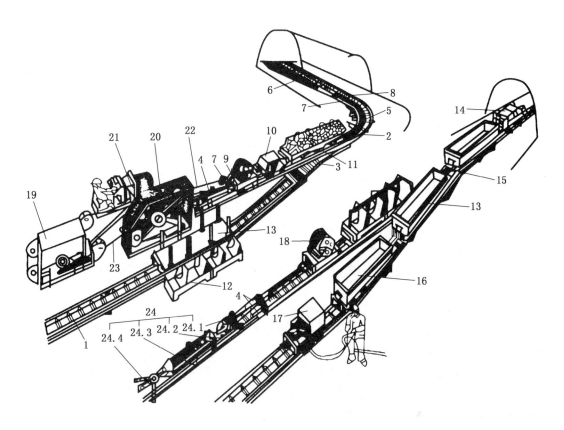

1—直线轨道；2—弯道；3—岔道；4—缓冲装置；5—弯道导向轮组；6—拖绳辊；7—空绳导向轮；8—通过式导向轮组；9—牵引车（带储绳筒）；10—控制车；11—带人座运输车；12—人座车；13—运输车；14—制动车；15—连接杆；16—可翻转容器；17—调用卡轨车；18—储绳滚筒；19—牵引绞车；20—张紧装置；21—带操纵台的泵站；22—返回绳（空绳）；23—牵引绳；24—回绳站（1—带护板回声轮；2—测力计；3—棘轮张紧器；4—锚固装置）

图 9-11 钢丝绳牵引的卡轨车系统

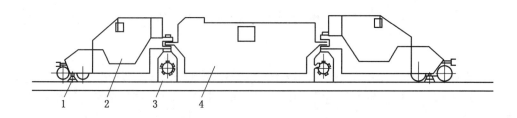

1—制动装置；2—司机室；3—驱动装置；4—动力部

图 9-12 卡轨机车的组成

3. 调度机车

调度机车专供转站内短距离调度车辆使用，可由电缆供电，车上装有电动液压泵站和驱动液压马达。

（二）张紧装置

张紧装置的作用是拉紧非受力侧的钢丝绳，以便使钢丝绳有足够的预紧力，防止打滑。

张紧装置按张紧方式可以分为重锤张紧和液压张紧两种。

重锤张紧装置的优点是对于松绳的吸收反应迅速，可使整条钢丝绳一直处于张紧状态，缺点是重锤行程大。

液压张紧装置的优点是吸收绳的长度长，占用空间小，张紧力大；缺点是车辆在行走至边坡点时，张紧装置紧绳的反应速度比重锤紧绳装置稍慢。

（三）轨道系统

卡轨车用的轨道，多用槽钢制成，也有普通钢轨或异型钢轨制成的。槽钢轨道有槽口向内和槽口向外两种。将两条钢轨用轨枕固定安装在底板上，不铺道碴就可成卡轨车的轨道。弯道是用预先制成15°中心角的曲轨连接而成的。

卡轨车的轨道线路可以分出支线，用专用道岔连接，卡轨道岔有手动和压气动作的两种。

（四）卡轨车辆

卡轨车除了承重行走轮之外，都装有防止行走轮脱轨的装置。在槽钢轨道运行的车辆上，在车架的下部成对安装有可转动的小轮，这种小轮分别卡在槽钢轨道的槽内，使行走轮不能掉道，称之为卡轨轮，其原理如图9-11所示。槽钢的槽口可以向内相对装设，也可以向外相背装设。卡轨轮的具体结构可有多种。

卡规车辆按其功能分为牵引车、制动车、载重车和乘人车等。

1. 牵引车

牵引车是钢丝绳牵引卡轨车系统中牵引绳连挂的车辆，如图9-11中的9。车上装有固定牵引绳的绳卡，还有储绳筒，供调节运输距离用。调整时，将绳卡松开，从储绳筒中放出或绕入所需的绳长，然后用绳卡将牵引绳固定在牵引车上。

2. 制动车

制动车的功能与前述单轨吊车中的制动相同，是安全装置。当断绳或车速超过规定值时，车上的紧急制动系统动作，闸瓦夹紧轨道，减速后，将车辆停在轨道上。若将紧急制动系统装在牵引车上，能使卡轨车系统更紧凑。如图9-11中的牵引车上就装有紧急制动系统。

3. 载重车

载重车是按不同运送物品的形状制成不同的结构。例如运送重型支架的重载车；有支承架的运送电缆、输送带和钢丝绳的专用车；运送拱形支架的专用车辆等。各种载重车上都有卡轨轮。

4. 乘人车

乘人车是专为乘人设计的有座位的车辆。

卡轨车主要技术参数见表9-4。

三、齿轨车

齿轨车运输系统是在两根普通轨道中间加装一根平行的齿条作为齿轨，机车除了车轮作黏着牵引外，另增加 1～2 套驱动齿轮（及制动装置）与齿轨啮合以增大牵引和制动力。这样，机车在平道上仍用普通轨道，靠黏着力牵引列车运行。在坡道上则在轨道中间加装齿轨，机车及列车以较低的速度用齿轮齿轨黏着力牵引（实际上是以前者为主），或只用齿轮齿轨牵引。英国规定这种齿轨车可适用于 9.5°的坡度，能使列车不摘钩而直接进入上下山及巷道。

表9-4 绳牵引卡轨车主要技术参数

设备型号	KSD90J	KSD110J
牵引力/kN	90	110
运行速度/(m·s⁻¹)	0～3	0～2
适用坡度/(°)	≤25	≤25
主电机功率/kW	250	200
驱动轮直径/mm	1900	1900
工作电压/V	660/1140	660/1140
适用钢丝绳直径/mm	$\phi26$	$\phi26$
驱动形式	电机驱动	电机驱动

齿轨车系统的最大优点是可以在近水平煤层以盘区开拓方式的矿井内，实现大巷—上、下山—采区巷道轨道机车牵引煤、矸石、材料、设备和人员列车的直达运输。

齿轨车有柴油机齿轮机车和蓄电池机车两种。

下面以 KCQ80J 型防爆柴油机齿轨卡轨机车为例说明其主要结构，如图 9-13 所示。

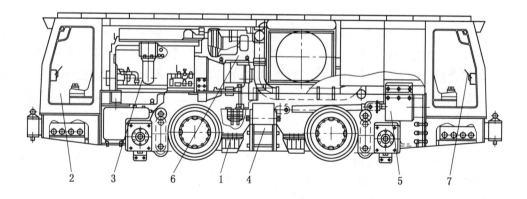

1—机架；2—司机室；3—动力系统；4—传动系统；5—制动系统；6—保护系统；7—操控系统

图 9-13 柴油机驱动齿轨机车

1. 机架

机架的主体由两块厚 16～18 mm、长 5 m 的高强度钢板与各种连接板、加强筋焊接而成，两块长板通过缓冲器连接座用螺栓紧固在一起，上部的纵梁、横梁间也靠螺栓连接，便于拆装。齿轨车上的分动箱、驱动箱、差速箱和其他部件与机架连成一体。

2. 司机室

司机室主要由司机室壳体、仪表盘、座椅、手持灭火器、照明灯、喇叭、急停开关、各种操纵装置等组成。

司机室壳体安在车架的长板上,背部与车架靠螺栓连接,司机室内设有各种监测仪表,可随时监控齿轨车的运行情况。急停开关可保证在紧急情况时使齿轨车紧急制动停车。

3. 柴油机及其防爆、净化、冷却系统

柴油机采用国产防爆柴油机,功率由 69 kW 增加到 80 kW,柴油机的废气通过水过滤和冷却实现净化和降低温度。

4. 机械传动系统

传动顺序如图 9-14 所示。

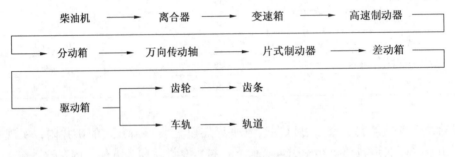

图 9-14 机车机械传动顺序

5. 液压制动系统

液压制动系统主要由齿轮泵、离心释放阀、制动液压缸、手压泵、液控阀、手动换向阀、阀板等组成,可实现机车超速停车制动。手压泵的作用是在机车出现故障时解除制动液压缸制动,使机车可以被拖走。停车制动时,手动操纵制动手把,使手动换向阀动作,片式制动器通过一个节流阀回油制动,四个制动液压缸通过卸荷阀回油实现快速制动,而同时离合器制动液压缸进油,使摩擦离合器打开,切断动力源,而高速制动液压缸通过一个节流阀回油实现最后制动。四个制动液压缸上的制动块磨损 5 mm 时,应予以更换。

6. 气动控制保护系统

气动控制保护系统主要由气泵、气缸、喇叭和各种开关等组成,可以分别实现柴油机系统的启动、报警、指标超限保护及停机功能。它操作简单、方便,同时具有可靠的安全保护功能,大大增加了防爆柴油机车的安全系数。

7. 操纵系统

操纵系统包括离合器操纵系统、变速操纵系统、油门操纵系统。

8. 电气系统

电气系统采用隔爆直流 24 V 发电机供电。电源电压 DC 24 V/240 W(隔爆直流发电机),照明 DC 24 V(35 W/2 只),信号灯 DC 24 V(5 W/2 只),柴油机启动分为气启动和电启动两种。

KCQ80J 型齿轨机车主要技术参数见表 9-5。

表9-5 KCQ80J型齿轨机车主要技术参数

产品型号			KCQ80J	KCQ80J（A）
防爆柴油机	功率/kW		80	
	转速/(r·min^{-1})		2200	
	启动方式		气启动	电启动
额定牵引力/kN	黏着驱动	胶	22	
		钢	14	
	齿轮驱动		90	
制动力/kN	黏着驱动	胶	≥31	
		钢	≥21	
	齿轮驱动		≥135	
牵引速度/(m·s^{-1})	正5挡速度		0.42, 0.71, 1.25, 2.0, 3.0	
	倒挡速度		0.4	
	限速保护速度		3.45	
转弯半径/m	水平转弯半径		≥10	
	垂直转弯半径		≥20	
排气净化标准			$\Phi(CO)<0.01\%$, $\Phi(NO_x)<0.08\%$	
轨道型号			≥22 kg/m 普通轨	
轨距			600/900	
机车外形尺寸(长×宽×高)/(mm×mm×mm)	上部尺寸		5240×1140×1680	
	卡轨轮处		5240×1329×1680	
机车自重/kg			10000	

第四节 无轨运输车

矿井无轨运输车又称无轨胶轮车，其可以实现不转载运输，运速快，运输能力高，大量节省了辅助运输时间以及人员，提高了运输效率；具有机动灵活，操作简单，装卸方便的特点，劳动强度可大大降低。

按主要功能分，可将无轨辅助运输车辆分为铲运车、支架运输车、人车及客货两用车三种。铲运车的主要用途是：在掘进巷道作业中运输煤炭、矸石或零散物料。支架运输车的主要用途是：一方面用于综采设备的搬家，如运送大型液压支架，另一方面配上专用车辆可运送人员，配上集装箱可运送零散物品或矸石、煤炭、材料等。实现一机多用，起到投资少，效率高的作用。

按使用的动力不同，可将无轨辅助运输车辆分为内燃机式和蓄电池式无轨辅助运输车辆两种。

图9-15所示为WC5E型无轨胶轮车，以防爆低污染柴油机为动力，采用动力换挡变速箱，前后桥四轮驱动；前后车架中央铰接，液压油缸转向；货箱带有自卸功能。主要用

于巷道断面不小于 4 m×3 m、坡道不大于 14°的煤矿井下运输作业。具有结构紧凑、操作方便、转弯半径小、爬坡能力强、污染低、运输效率高等特点。其主要技术参数见表 9-6。

图 9-15　WC5E 型无轨胶轮车

表 9-6　WC5E 型无轨胶轮车技术参数

产品型号	WC5E	自卸举升高度/mm	2960
额定载荷/t	5	货箱容积/m³	3.2
行驶速度/(km·h⁻¹)	0~36	启动方式	电启动
最大爬坡角度/(°)	14	行车制动	湿式多盘制动
最小离地间隙(满载)/mm	270	驻车制动	弹簧制动、液压松闸
最小转弯半径(内/外)/mm	4040/6325	外形尺寸(长×宽×高)/(mm×mm×mm)	6800×1930×1960
轴距/mm	2988	整备质量/kg	7800
发动机额定功率/kW	80		

图 9-16 所示为 WXD5J/18RJ 型防爆蓄电池无轨胶轮车以新型能源为动力，采用前、后车架中央铰接结构，机械传动，四轮或两轮驱动，液压动力转向，多盘湿式制动，钢板弹簧减振。主要用于巷道断面不小于 4 m×3 m、坡度不大于 14°的煤矿井下运料或运人作业。主要特点有：

（1）以动力锂电池为电源，交流牵引电机驱动，变频无级调速。

（2）采用模块化设计，结构紧凑，操控简单，维修方便。

图 9-16　WXD5J/18RJ 型防爆蓄电池无轨胶轮车（料车）

(3) 增加副驾驶位置，可方便两人协同作业。
(4) 无排放，噪声低，节能环保。
(5) 转弯半径小，输出扭矩大，爬坡能力强，运输效率高。
(6) 采用大花纹抗静电填充轮胎，耐磨性好。
(7) 设有工作制动和驻车制动两套制动系统，制动安全可靠。
(8) 有再生制动功能，下坡能量回馈充电。
(9) 采用先进的 LED 防爆照明灯，亮度高，视线好，照明距离远。
(10) 配备倒车影像系统，倒车安全性高。

其主要技术参数见表 9-7。

表 9-7　WXD5J/18RJ 型防爆蓄电池无轨胶轮车技术参数

额定载荷	5 t/18 人	电池额定容量/A·h	400
行驶速度/(km·h^{-1})	30	自卸举升高度/mm	2760
最大爬坡角度/(°)	14	货箱容积/m^3	3.2
最小离地间隙/mm	空载 280，满载 210	行车制动	湿式多盘制动
最小转弯半径(内/外)/mm	内 4500，外 6500	驻车制动	弹簧制动、液压松闸
轴距(料车/人车)/mm	料车 3590，人车 3817	外形尺寸(长×宽×高)/	6725×1930×2150(料车)
电机额定功率/kW	75	(mm×mm×mm)	6850×1930×2150(人车)
电机额定电压/V	220	整备质量/kg	10600
电池额定电压/V	320		

思 考 题

1. 矿井辅助运输有哪几种类型？其适用条件分别是什么？
2. 钢丝绳运输有哪几种类型？
3. 单轨吊车的运输特点是什么？
4. 单轨吊车主要部件有哪些？
5. 钢丝绳单轨吊主要由哪几部分组成？它是如何实现制动车的抱闸和松闸的？
6. 无轨运输有哪些类型？

第十章 矿井排水设备

【本章教学目的与要求】
- 了解矿井排水系统类型,掌握矿井排水设备的组成。
- 了解离心式水泵的分类,掌握离心式水泵的组成、工作原理及工作参数。
- 了解水泵联合工作的特性,掌握离心式水泵的工作特性、排水管路特性、工况点及工作条件,掌握矿井排水设备选型的选型设计。

【本章概述】
矿井水一直威胁着煤矿的安全生产。因此,在矿井建设和生产过程中,必须采用排水设备将汇集于矿井水仓中的水集中排至地表,以保证矿井的安全生产。本章主要介绍矿井排水系统的类型、排水设备的组成、离心式水泵的组成及工作原理、特性曲线、排水管路特性、离心式水泵联合工作特性及矿井排水设备的选型计算。

【本章重点与难点】
本章的重点是矿山排水设备的组成、离心式水泵的组成及工作原理、离心式水泵的工况、排水管路特性曲线、排水泵的选型设计。难点为离心式水泵的基本方程式和特性曲线。

第一节 概 述

一、矿井水

(一) 矿井水来源

煤矿地下开采过程中,由于地层含水的涌出,雨雪和江河中水的渗透,水砂充填和水力采煤的动力废水,使得大量的水昼夜不停地汇集于井下。将矿井建设和生产过程中涌入矿井的水统称为矿井水,简称矿水。矿井水分为自然涌水和采掘工程涌水。

自然涌水是指自然存在的地表水和地下水。地表水是指江、河、湖、沟渠和池塘中的水以及季节性雨水、融雪和山洪等,如果有巨大裂缝与井下沟通时,地表水就顺着裂缝灌至井下,造成水灾。地下水包括含水层水(岩层水和煤层水)、断层水和采空区积水。地层中的砂层、砂岩和灰岩层等,往往含有丰富的地下水,含水层水一般都具有很高的水压;断层带及断层附近岩石破碎,裂隙发育,常形成构造赋水带;井下采空区或煤层露头附近的古井、小窑中也常有积水。

采掘工程涌水是指与采掘方法或工艺有关的水,如水砂充填时矿井的充填废水、水力采矿及水力掘进时的动力废水等。

(二) 矿井涌水量

单位时间内涌入矿井巷道内的矿水总量称为矿井涌水量。

矿井涌水量的大小受矿区水文地质、地理特征、气候条件、地表和地下积水以及开采方法等多种因素的影响，因此各矿涌水量可能极不一致，同一个矿井在不同季节也不一样。一个矿井在不同季节涌水量是变化的，通常在雨季和融雪季节出现高峰，此期间的涌水量称为最大涌水量；其他时期的涌水量变化不大，一年内持续时间较长，此期间的涌水量称为正常涌水量。

根据矿井涌水量的大小，可将矿井划分为以下 4 个等级：

（1）涌水量小的矿井：涌水量小于 120 m^3/h。
（2）涌水量中等的矿井：涌水量为 120~300 m^3/h。
（3）涌水量大的矿井：涌水量为 300~900 m^3/h。
（4）涌水量极大的矿井：涌水量大于 900 m^3/h。

为了反映矿井水的大小，可用绝对涌水量和相对涌水量来表征。

（1）绝对涌水量：单位时间内涌入矿井的水的体积量，单位是 m^3/h。
（2）相对涌水量：同时期内相对于单位煤炭产量的涌水量，也称含水系数，以 K_s 表示。

$$K_s = \frac{24q}{A_r} \tag{10-1}$$

式中　q——绝对涌水量，m^3/h；
　　　A_r——同时期内煤炭日产量，t。

（三）矿井水性质

（1）水温随井深的增加而升高。
（2）矿水中含有各种矿物质，并且含有泥沙、煤屑等杂质，因此密度比清水大，15 ℃ 时矿水的密度一般为 1015~1025 kg/m^3。
（3）矿井水有酸性、碱性和中性之分。酸性矿井水能腐蚀水泵、管路等设备，缩短排水设备的正常使用年限。因此，对于酸性矿井水，特别是 pH<3 的强酸性矿水，应加入石灰进行中和处理，或使用耐酸排水设备。

二、矿井排水设备的组成

矿井排水设备一般由水泵、电动机、启动设备、管路、管路附件和仪表等组成，如图 10-1 所示。下面简要介绍一些组成部件的作用。

（一）带底阀滤水器

带底阀滤水器一般安设在吸水管的末端。滤水器的主要作用是滤去水中的固体颗粒和杂物，以防止阻塞泵内流道或损坏泵。底阀的作用是在水泵启动前，向水泵吸水管及泵体内灌注引水时，起到防止吸水管中的水流出的作用，保证水泵的正常启动；水泵停止工作后，保证吸水管中的存水不会漏掉，下次运行水泵时，不需再给吸水管和水泵体内重新灌注引水。

底阀安装在吸水管的底部，是水泵吸水管端部的止回阀。为防止水泵吸入空气或底阀被淤泥埋没，底阀插入水面以下的深度应不得小于 0.5 m，与吸水井底板相距不得小于 0.4 m。

为减小水泵的吸水阻力，提高水泵的吸水高度和运行效率，目前排水系统中大都采用

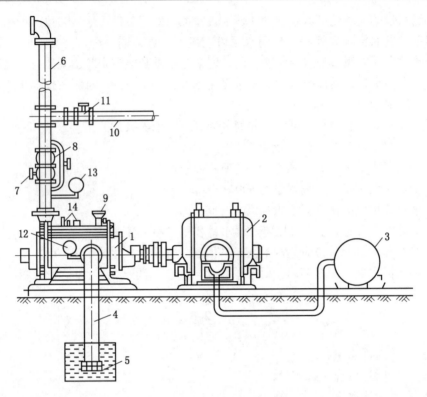

1—离心式水泵；2—电动机；3—启动器；4—吸水管；5—带底阀滤水器；6，10—排水管道；
7，11—调节闸阀；8—逆止阀；9—注水漏斗；12—真空表；13—压力表；14—排气孔

图 10-1　矿井排水设备示意图

无底阀排水。

（二）调节闸阀

调节闸阀简称闸阀，用来控制水流的接通或断开以及水流的大小。在水泵的出水口侧与排水管间必须设置调节闸阀。水泵启动前，必须关闭该闸阀；当水泵进入正常排水工作后，再打开闸阀进行排水；水泵停止运转时，要先关闭闸阀，然后再停水泵。在多趟管路或多台水泵联合排水的系统中，用闸阀来控制或选择其中任意几趟管路或几台水泵的联合运行；在有几个水仓或多个吸水井的配水巷中，也需要利用闸阀来选择工作的水仓或吸水井。

（三）逆止阀

逆止阀也称止回阀，矿井排水系统中通常使用旋启式逆止阀。逆止阀的主要作用是防止排水管路中水的逆流。当水泵停止工作时，水流会顺着箭头所指方向移动，这时止回阀的阀门靠自重和水压而自动关闭，阻止水流通过，避免水流冲击损坏水泵叶轮及底阀；当水泵正常工作时，水流会按箭头所指的相反方向流动，止回阀被打开，水流正常通行；当突然断电时，可以防止水管中水产生的水锤破坏水泵叶轮和底阀；同时也可阻止排水管路中的水流返回吸水井或排水泵真空，以及时启动水泵，保证水泵排水的安全。

逆止阀一般安装在水泵排水口的上方，距离水泵出水口很近的位置（安装的顺序：水泵出水口上方安装闸阀，闸阀上方安装止回阀）。

(四) 灌水孔和排气孔

水泵的灌水孔和排气孔分别设置在水泵泵体的上方。灌水孔的作用是在水泵初次启动时向泵内灌注引水；排气孔对应有放气栓，其作用是向水泵内灌注引水时排除泵内空气，以保证水泵的正常运行。

(五) 仪表

为了检测水泵运行过程中水泵吸水口的真空度和排水口处的压力，通常在水泵吸水口处设置真空表，在水泵排水口处设置压力表。

三、矿井排水系统

矿井排水系统由矿井深度、开拓系统以及各开采水平涌水量的大小等因素来确定。常见的排水系统有直接排水系统、集中排水系统和分段排水系统。

(一) 直接排水系统

当矿井开拓方式为单水平开拓时，可采用直接排水系统将井下全部涌水集中于水仓内，并用排水设备将其排至地表，如图10-2a图所示。当矿井为多水平开拓，且各开采水平的涌水量都较大时，可在各水平分别设置水仓，分别将各水平的矿水排至地表，如图10-2b所示。

(二) 集中排水系统

矿井为多水平开拓时，如果上水平的涌水量不大，可将水自流到下一水平的水仓中，再由下水平主排水设备集中排至地表，如图10-3所示。这样，便省去了上水平的排水设备，但增加了电耗。

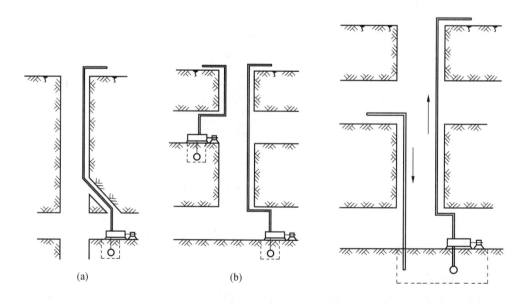

图10-2 矿井直接排水系统　　　图10-3 矿井集中排水系统

斜井集中排水时，除沿副斜井井筒中铺设管道外，还可以通过地面向井下钻垂直孔，在其中铺设垂直水管，如图10-4所示，以减少管材的投资和管道的沿程阻力损失。目前我国钻孔直径已达到380 mm以上，钻孔深度可达270多米。

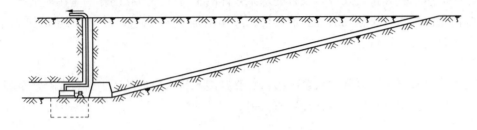

图10-4 斜井集中排水系统

(三) 分段排水系统

深井单水平开采时，若水泵的扬程不足以直接将水排至地表，可在井筒中部设置水泵房及水仓，把水先排至中间水仓，再排至地表，如图10-5a所示。当下水平的涌水较小时，可将下水平的涌水用辅助水泵排至上水平水仓，然后由上水平水泵将水一起排至地表，如图10-5b所示。

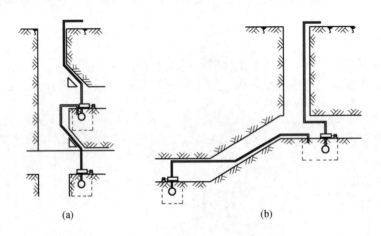

图10-5 矿井分段排水系统

第二节 离心式水泵的工作理论

一、离心式水泵的工作原理

(一) 水泵的构造

图10-6所示为一单吸单级离心式水泵的构造示意图。水泵主要由蜗壳形状的泵壳2、装于泵轴上的叶轮1等部件构成。叶轮上有一定数目的叶片，叶轮固定于泵轴上，由泵轴带动旋转。水泵外壳为一螺旋形扩散室，水泵的吸水口与吸水管相连，排水口与排水管相连。

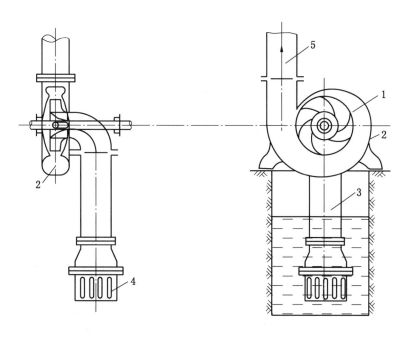

1—叶轮；2—泵壳；3—吸水管；4—滤阀；5—排水管

图 10-6 离心式水泵

(二) 工作原理

如图 10-6 所示，启动水泵前，先由灌水孔向泵内灌注引水，待泵内注满水后再启动水泵，叶轮随轴旋转，叶轮中的水被叶片带动旋转，从而产生离心力。水在离心力的作用下以很高的速度和压力从叶轮边缘向四周甩出去，在此过程中，水的动能和压力能均被提高，水流经扩散器时，动能大部分转化为压力能，并由泵壳导流，流向排水口并流出。此时，在叶轮入口形成一定的真空，吸水井中的水在大气压力下，经吸水管进入叶轮。由于叶轮不断旋转，使排水不间断地进行。

二、离心式水泵的工作参数

(一) 流量

流量又称水泵排水量，是指水泵在单位时间内所排出的水的体积或质量。流量可以用体积流量或质量流量来表示。体积流量用符号 Q 表示，单位为 m^3/s、m^3/h 或 L/s 等；质量流量用符号 G 表示，单位为 t/h。

(二) 扬程

扬程又称总扬程、全扬程或总水头，是指单位质量的水通过水泵后所获得的能量。扬程用符号 H 表示，单位为 m。水泵扬程的高低与水泵的型号、叶轮直径、叶轮的数量（也称级数）以及水泵的转速有关。叶轮直径大、级数多、转速高，水泵的扬程就高；反之，则低。水泵的扬程会随着流量的变化而变化。水泵铭牌上所标注的水泵的扬程数值通常指的是该水泵在最高效率点运转时所产生的扬程。

(三) 功率

水泵在单位时间内所做功的大小，叫作水泵的功率，用符号 N 表示，单位为 W。对于一台整套水泵（包括与之配套的电动机）的功率而言，水泵的功率可分为轴功率、有效功率和选配功率。

1. 轴功率

轴功率是指电动机直接传递给水泵轴上的功率（N_z）。

2. 有效功率

有效功率是指水泵在单位时间内对流过水泵的水所做的有效功的大小（N_x）。

$$N_x = \gamma Q H \tag{10-2}$$

式中　γ——矿井水的重力密度，N/m^3；

　　　Q——水泵的流量，m^3/h；

　　　H——水泵的总扬程，m。

3. 选配功率

选配功率是指所选配的电动机的功率。为了保证水泵的可靠运转，所选配电动机的功率要略大于水泵的轴功率，一般为轴功率的 1.25 倍。

（四）效率

水泵的效率是指水泵的有效功率与水泵轴功率之比的百分数，用符号 η 表示，其公式为

$$\eta = \frac{N_x}{N_z} \times 100\% = \frac{\gamma Q H}{N_z} \times 100\% \tag{10-3}$$

水泵的效率总是小于 1，它反映出水泵性能的好坏和电能的利用情况。矿用离心式水泵的效率一般在 60%～80% 之间，近年来生产的新型水泵的效率有的超过 80%。在选用水泵时，应尽可能选用高效泵。

（五）转速

转速是指水泵叶轮每分钟的转数，用符号 n 表示，单位为 r/min。矿用离心式水泵一般都是与电动机直接相连的，因此，离心式水泵的转速就是电动机的转速。矿用离心式水泵电动机的级数多为二级或四级，其对应的转速为 2900 r/min 或 1450 r/min。

（六）允许吸上真空度

在保证水泵不发生汽蚀的情况下，水泵吸水口处所允许的真空度称为水泵的允许吸上真空度，用 H_s 符号表示，单位为 m。

三、离心式水泵的基本方程式

（一）水在叶轮内的运动分析

水在离心式水泵中获得能量的过程，就是在叶轮作用下，本身的流速大小和流动方向发生变化的过程。因此，欲研究水泵的工作理论，应首先分析水在叶轮中的流动情况。在离心水泵中，水首先沿着叶轮轴向进入叶轮，然后在叶轮内转为径向流动。此时水的质点既有以速度 ω 相对于叶轮的相对运动，又有与叶轮圆周速度 u 相同的牵引运动，水的绝对速度 c 就是上述两种运动速度的向量和，即

$$c = u + \omega$$

如图 10-7 所示，在叶轮内任何一个位置，都可以画出这三个速度的大小和方向，它

们构成一个三角形,称为速度三角形。

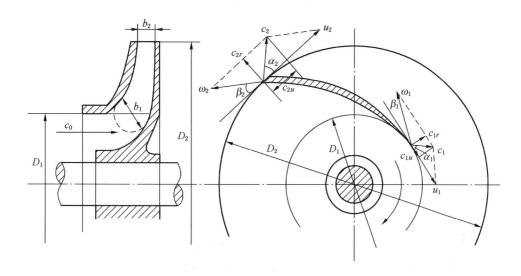

图 10-7 离心式水泵叶轮中流体流动速度

在速度三角形中,速度 ω 与速度 u 方向间的夹角 β 称为叶片安装角,β_1、β_2 分别为叶片进、出口的安装角。速度 c 和速度 u 的夹角 α 称为叶片的工作角,α_1、α_2 分别为叶片进、出口的工作角。

另一方面,绝对速度 c 可分解为切向速度 c_u 和径向速度 c_r 的向量和,即

$$\boldsymbol{c} = \boldsymbol{c}_u + \boldsymbol{c}_r \tag{10-4}$$

且

$$c_r = c\sin\alpha \qquad c_u = c\cos\alpha \tag{10-5}$$

(二) 基本方程式

由于水在离心泵内叶轮中的流动情况是非常复杂的,为简化问题,需建立一个理想叶轮模型,其假设条件是:

(1) 叶轮叶片数目无限多,厚度无限薄。即水流的相对运动方向恰好与叶片相切,且叶片厚度不影响叶轮流量。

(2) 水泵工作时没有任何能量损失,即电动机传递给它的能量全部由工作介质吸收。

(3) 叶轮内工作介质的流动是稳定流动。

(4) 工作介质是不可压缩的。

在理想叶轮模型条件下求出的扬程,称为离心式水泵的理论扬程。

根据动量矩定理可知,在两个截面间流过的液体,其动量矩的增量等于外界作用在此两截面间液体上的冲量矩。液体由叶轮入口流向出口的两个截面分别取在叶轮的入口和叶轮的出口。这里以 H_T 表示理论扬程,R_1、R_2 分别表示叶轮进、出口半径,设在 Δt 时间内有质量为 Δm 的液体流过叶轮叶道,则其在叶轮的入口处的动量为 $\Delta m c_1 = \Delta m (c_{1u} + c_{1r})$,因为 c_{1r} 为径向速度,并通过圆心,所以不产生动量矩,而只有 c_{1u} 产生动量矩,产生的动量矩为 $\Delta m c_{1u} R_1$。同理,在叶轮出口处产生的动量矩为 $\Delta m c_{2u} R_2$,动量矩增量为

$\Delta m(c_{2u}R_2 - c_{1u}R_1)$。

根据动量矩定理,动量矩增量应等于作用在叶轮进出口间的水上的冲量矩,设叶片对水作用的力矩用 M 表示,则冲量矩为 $M\Delta t$,所以

$$M\Delta t = \Delta m(c_{2u}R_2 - c_{1u}R_1) \tag{10-6}$$

用 ω 表示叶轮的角速度,ΔG 表示质量为 Δm 水的质量,上式可变为

$$\frac{M\omega\Delta t}{\Delta G} = \frac{\Delta m\omega}{\Delta G}(c_{2u}R_2 - c_{1u}R_1) = \frac{1}{g}(u_2c_{2u} - u_1c_{1u}) \tag{10-7}$$

上式中的 $M\omega$ 为叶片对液体传递的功率,而 $M\omega\Delta t$ 则是在单位时间内传递的能量,这一部分能量被 Δt 时间内流过叶轮的质量为 ΔG 的液体所吸收,所以上式中等号左边为单位质量液体所吸收的能量。根据扬程定义,也即为离心式水泵所产生的扬程 H_T,所以

$$H_T = \frac{1}{g}(u_2c_{2u} - u_1c_{1u}) \tag{10-8}$$

上式表示在理想条件下离心式水泵对单位质量液体所传递的能量,称为离心式水泵的理论扬程,此公式是离心式水泵的基本方程式,又称为欧拉方程式。

为提高水泵的理论扬程,一般离心式水泵在结构设计上均使水沿径向流入叶轮,即 $\alpha = 90°$,则 $c_{1u} = 0$,式(10-8)变为

$$H_T = \frac{u_2c_{2u}}{g} \tag{10-9}$$

四、离心式水泵的特性曲线

(一)理论扬程特性曲线

设叶轮出口面积为 S_2,由图 10-8 得

$$S_2 = \pi D_2 b_2 \tag{10-10}$$

式中 D_2——叶轮外径,m;
b_2——叶轮出口宽度,m。

则离心式水泵的理论流量为

$$Q_T = c_{2r}S_2 \tag{10-11}$$

则

$$c_{2r} = \frac{Q_T}{S_2}$$

由图 10-7 可以看出:

$$c_{2u} = u_2 - c_{2r}\cot\beta_2 = u_2 - \frac{Q_T}{S_2}\cot\beta_2 \tag{10-12}$$

将上式代入式(10-9)得

$$H_T = \frac{u_2^2}{g} - \frac{u_2\cot\beta_2}{gS_2}Q_T = \frac{u_2^2}{g} - \frac{u_2\cot\beta_2}{g\pi D_2 b_2}Q_T \tag{10-13}$$

上式即为离心式水泵理论扬程与理论流量的关系式。对于给定的水泵,在一定转速下,u_2、S_2 及 β_2 均为常数,令 $A = \frac{u_2^2}{g}$,$B = \frac{u_2\cot\beta_2}{gS_2}$,式(10-13)变为

$$H_T = A - BQ_T \tag{10-14}$$

式（10-14）表示在 Q_T—H_T 坐标图上是一斜率为 B 的曲线，如图 10-8 所示。直线的斜率 B 取决于叶片安装角 β_2。当 $\beta_2 < 90°$ 时，称为后弯叶片，此时，$\cot\beta_2 > 0$，H_T 随 Q_T 的增加而减小；当 $\beta_2 = 90°$ 时，称为径向叶片，此时，$\cot\beta_2 = 0$，H_T 与 Q_T 无关，是一常数；当 $\beta_2 > 90°$ 时，称为前弯叶片，此时，$\cot\beta_2 < 0$，H_T 随 Q_T 的增加而增加。

由图 10-8 可以看出，在理论流量相同的情况下，前弯叶片产生的理论扬程最大，径向叶片次之，后弯叶片最小。若产生相同的理论扬程，采用前弯叶片时，叶轮直径可小一些；采用后弯叶片时，需要的直径最大，径向叶片居中。但从图 10-9 可以看出，在相同的条件下，前弯叶片出口的绝对速度 c_2 最大，后弯叶片的绝对速度 c_2 最小。绝对速度越大，水在泵内流动时的能量损失也越大，效率就越低。所以，前弯叶片叶轮的效率较低，后弯叶片叶轮的效率较高，径向叶片叶轮的效率居中。因此，在实践中通常使用后弯叶片的叶轮以提高效率。

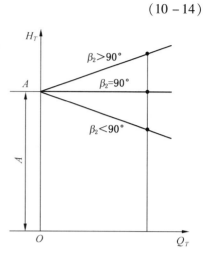

图 10-8 理论扬程与理论流量关系曲线

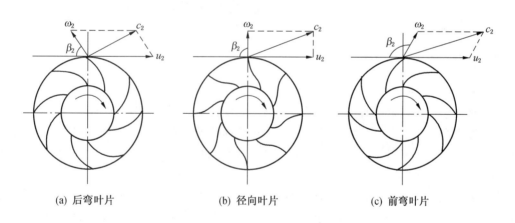

(a) 后弯叶片　　　　(b) 径向叶片　　　　(c) 前弯叶片

图 10-9 叶轮叶片的三种形式

（二）实际特性曲线

前述推导过程是在假设条件下进行的，实际很难从理论上精确计算水泵的实际扬程、流量和功率的确切数据，只能用实验方法得到。这是因为叶轮内部的流动情况十分复杂，存在摩擦损失和流量泄漏，而且除叶轮外，其他的部件也都有很大影响。

图 10-10 所示为典型的离心式水泵的实际特性曲线图。它包括扬程特性曲线 H、轴功率曲线 N、效率曲线 η 和允许吸上真空度曲线 H_s。这些曲线反映了水泵扬程 H、轴功率 N、效率 η 和允许吸上真空度 H_s 随流量 Q 变化的规律。

从图 10-10 可以看出：对常用水泵的后弯叶片水泵，其扬程曲线 H 一般都是单调下

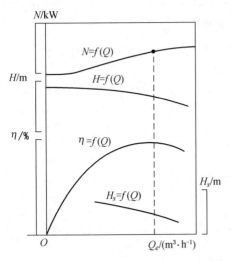

图 10-10 离心式水泵的
实际特性曲线

降的。当流量较小时,扬程较大,流量为 0 时的扬程称为初始扬程或零扬程。

水泵的轴功率是随着流量的增大而逐渐增大的。当流量为 0 时,轴功率最小,所以离心式水泵要在调节闸阀完全关闭的情况下启动。

允许吸上真空度曲线 H_s 反映了水泵抗汽蚀能力的大小。它是生产厂家通过汽蚀实验并考虑一定的安全富余量后得到的。一般来说,水泵的允许吸上真空度随着流量的增加而减小,即水泵的流量越大,它所具有的抗汽蚀能力越小。H_s 值是合理确定水泵吸水高度的重要参数。

水泵的效率曲线 η 呈驼峰状。当流量为 0 时,效率为 0;随着流量的增大,效率随之增加。效率最大时的参数称为额定参数,分别用 Q_e、H_e、N_e、η_e 和 H_{se} 表示,若流量继续增大,效率则随之减小。

第三节 离心式水泵结构

一、离心式水泵的分类

(一) 按叶轮数目分

单级水泵:泵轴上仅有一个叶轮,其扬程较低,一般在 8~100 m 之间。

多级水泵:泵轴上安装数个叶轮,泵的总扬程等于所有叶轮产生的扬程之和,其扬程较高,一般在 70~1000 m,有的可达到 1800 m 或更高。

(二) 按叶轮进水口数目分

单吸水泵:叶轮上仅有一侧有进水口的水泵。单吸水泵叶轮两侧产生压力差,水泵转子部分产生轴向力,需要采取平衡装置平衡其轴向力。单吸水泵的过流部分结构简单,因此可用于泥浆泵、砂泵、立式轴流泵和小型标准泵。

双吸水泵:叶轮两侧都有进水口的水泵。双吸水泵不产生轴向力,不需要平衡装置,且流量比单吸水泵大一倍。一般大口径泵、卧式水泵均采用双吸水泵。

(三) 按泵壳的接缝形式分

分段式水泵:以垂直于泵轴中心线的平面作为泵壳接缝的水泵。

中开式水泵:以通过泵轴中心线的水平面作为泵壳接缝的水泵。

(四) 按泵轴的位置分

卧式水泵:传动轴水平安装的水泵。矿井所用水泵绝大部分是卧式水泵。

立式水泵:传动轴垂直安装的水泵。立式水泵又分为吊泵、深井泵和潜水泵。

(五) 按产生的压力大小分

低压泵：扬程小于 100 m 的水泵。
中压泵：扬程为 100~650 m 的水泵。
高压泵：扬程大于 650 m 的水泵。

二、离心式水泵的常见类型

矿井主要排水设备常用 D 型、DA 型和 TSW 型多级离心式水泵；而井底水窝和采区局部排水则常用 B 型、BA 型和 BZ 型单级离心式水泵。

（一）D 型离心式水泵

D 型泵是单吸、多级、分段式离心泵，可输送水温低于 80 ℃ 的清水或物理性质类似于水的液体。这种泵的流量为 21~720 m³/h，扬程为 28.8~1000 m。目前矿井主排水泵多用 D 型泵，其构造如图 10-11 所示。

水泵的定子部分主要由前段、中段、后段、尾盖及轴承架等零部件用螺栓连接而成。

转子部分主要由装在轴 5 上的数个叶轮 3 和一个平衡盘 9 组成。整个转子部分支承在轴两端的轴承 15 上。

泵的前、中、后段间用螺栓 6 固定在一起，各级叶轮及导水圈之间靠叶轮前后的大口环 12 和小扣环 13 密封。为改善水泵性能，第一级叶轮入口直径大一些，其大口环也相应加大。泵轴穿过前段部分的密封靠填料 18、填料压盖 17 组成的填料函来完成。水泵的轴向推力采用平衡盘 9 平衡。

现以 100D16×3 型和 D280-43×5 型水泵来说明 D 型泵的型号意义：

对于 100D16×3 型的水泵，100 表示水泵进口直径为 100 mm，D 表示单吸、多级、分段式，16 表示单级额定扬程为 16 m，3 表示级数。

对于 D280-43×5 型水泵，D 表示单吸、多级、分段式，280 表示额定流量为 280 m³/h，43 表示单级额定扬程为 43 m，5 表示级数。

（二）B 型离心式水泵

B 型泵是单吸、单级、悬臂式离心泵，可供输送水温低于 80 ℃ 的清水或物理性质类似于水的液体。这种泵的流量为 4.5~360 m³/h，扬程为 8~98 m。泵轴的一端在托架内用轴承支承，另一端悬出称为悬臂端，在悬臂端装有叶轮，如图 10-12 所示。

B 型泵常用于排出采区、井底水窝的积水，也可作为其他辅助供、排水设备。

B 型离心泵和 BJ 型离心泵属于同一种泵，都是按进水口尺寸和扬程来命名的。B 型泵是按寸命名型号，而 BJ 型泵则是按厘米命名。例如：型号为 6B33 的水泵，6 代表进水口为 6 寸，33 代表扬程为 33 m；与它相对应的 BJ 型泵是 150BJ-33 型，150 代表进水口为 150 cm，33 为扬程 33 m。

（三）吊泵

吊泵为多级单吸离心式水泵，泵体固定在悬挂的机架上。这种水泵的流量为 50 m³/h，扬程为 250~270 m。这种泵专门用于立井凿井时排出掘进工作面涌水，工作时吊挂在井筒内紧跟掘井工作面。目前我国生产的吊泵有两种系列，一种为 GDL 系列，其叶轮为闭式叶轮，只适用于排清水；另一种是 NBD 系列，该系列叶轮为半开式叶轮，并且向上呈倒锥形，各级间用螺栓连接，泵轴端用耐酸橡胶作为轴承。

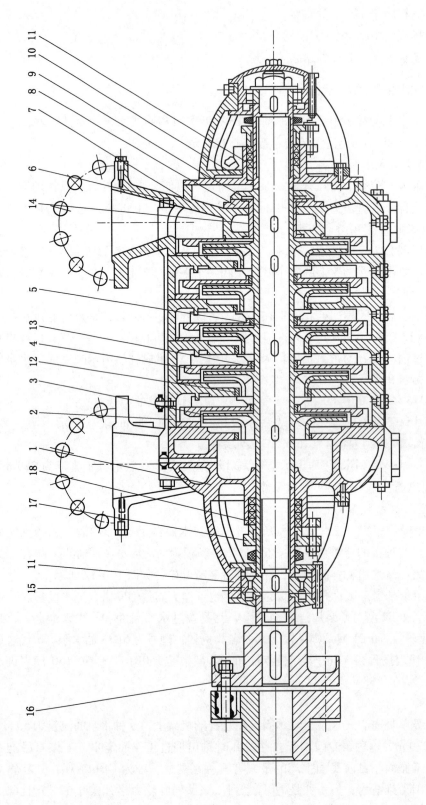

图 10-11　D 型泵构造简图

1—前段；2—中段；3—叶轮；4—导水圈；5—轴；6—螺栓；7—后段；8—平衡板；9—平衡盘；10—尾盖；11—轴承架；12—大口环；13—小口环；14—轴套；15—轴承；16—弹性联轴节；17—填料压盖；18—填料

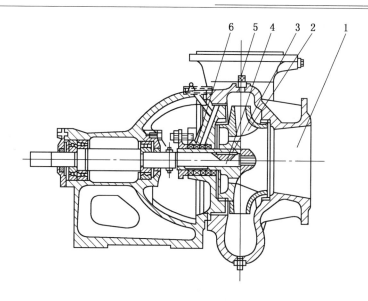

1—进水口；2—叶轮；3—键；4—轴；5—放气阀孔；6—填料

图 10-12　B 型泵构造简图

(四) IS 型泵

IS 型泵为单级单吸清水泵，悬臂支承结构，轴承装于叶轮的同一侧，轴向力用平衡孔平衡，其转速为 2900～1450 r/min，流量为 6.3～400 m³/h，扬程为 5～125 m。

现以 IS80-65-160 型和 IS80-65-160A 型来说明 IS 型泵的型号意义：

IS 表示国家标准离心泵，80 表示泵进口直径为 80 mm，65 表示泵出口直径为 65 mm，160 表示叶轮名义直径为 160 mm，A 表示叶轮直径第一次切割。

三、离心泵的主要部件

离心泵的主要部件大致可分为四类：流通部件、密封部件、轴向推力及其平衡装置以及传动装置。

(一) 流通部件

水在泵内流经的主要部件有吸入室、叶轮、导水圈和压出室等。

1. 吸入室

吸入室位于第一级前面，其作用是将吸水管中的水均匀地引向叶轮。在分段式多级泵中一般采用圆形吸入室；在悬臂式单吸单级泵中多采用锥形管结构。

2. 叶轮

叶轮是使水增加能量的唯一部件。泵内液体能量的获得是在叶轮内进行的，所以叶轮的作用是将原动机的机械能传递给液体，使液体的压力能和速度能均得到提高。

叶轮按结构可分为闭式叶轮、半开式叶轮和开式叶轮，如图 10-13 所示。闭式叶轮效率较高，但要求输送的介质较清洁；半开式叶轮适宜输送含有杂质的液体；开式叶轮适宜输送含有杂质的液体，但开式叶轮的效率较低，在一般情况下不采用。开式叶轮一般由前盖板、叶片（后弯叶片）、后盖板和轮毂组成。叶片把两盖板间的空间分成许多弯曲的流道，前盖板在轴的周围开有环形吸水口，叶轮外缘为带形出水口。

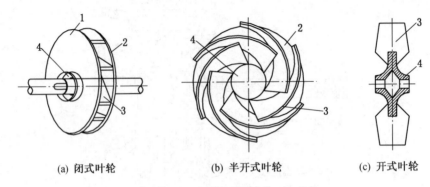

(a) 闭式叶轮　　　　(b) 半开式叶轮　　　　(c) 开式叶轮

1—前盖板；2—后盖板；3—叶片；4—轮毂

图 10-13　叶轮的结构形式

3. 导水圈

导水圈是与泵壳固定在一起且带有叶片的静止圆环，如图 10-14 所示。它的入口一面有与叶片数目不等的导叶片，使流道断面逐渐扩大；另一面有对应数量的反导叶片。导叶片的作用是把由叶轮流出的高速水流收集起来，并将一部分动能转化为压力能，再通过反导叶片把水均匀地引向下一级叶轮。

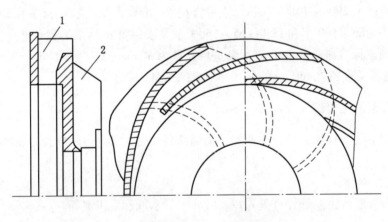

1—导叶轮；2—反导叶轮

图 10-14　导水圈

4. 压出室

压出室位于最后一级叶轮的后面，其作用是将最后一级叶轮流出的高速水流收集起来引向泵的排出口，同时在扩散管中将水的一部分动能转化为压力能。绝大多数泵的压出室均采用螺旋形压出室，如图 10-15a 所示，水在整个流道内的运动速度是均匀的，从而减少冲击损失。分段式多级泵及杂质泵的压出室因结构上采用螺旋形压出室有一定困难，一般采用环形压出室，如图 10-15b 所示。环形压出室各断面面积相等，所以各处水的流速不等，液体在流动中不断加速，从叶轮中流出的均匀液流与压出室内速度比它高的液流相遇，彼此发生碰撞，损失很大，所以环形压出室的效率低于螺旋形压出室。

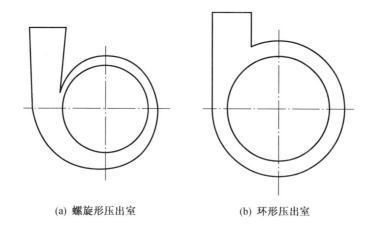

(a) 螺旋形压出室　　　　(b) 环形压出室

图 10-15　压出室

（二）密封部件

水泵转动部分与泵壳之间必须有一定的间隙，为了减少水经过这些间隙产生的循环流或防止水漏出泵外，在水泵上均装有密封环和填料函。

如图 10-16 所示，在叶轮入口处的泵壳上（有的还在叶轮上）装有密封环，又称大口环 2，其作用是保持叶轮与泵壳间有一极小的间隙，以减少水从叶轮反流至入口。

在多级泵的级间泵壳上还装有级间密封环，又称小扣环，其作用是防止级间漏损。如果密封环损坏，将产生大量循环流，使水泵排水量及效率显著下降，并引起不平衡轴向力。

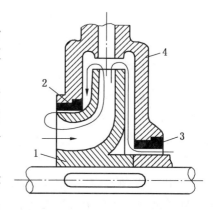

1—叶轮；2—大口环；3—小口环；4—泵壳

图 10-16　密封环

轴端密封采用填料函，图 10-17 所示为吸入端的填料函，它可防止因空气吸入泵内破坏真空而影响泵的正常工作。填料函多用油浸棉线编成，中间还有金属水封环 3，用泵排出引来的高压水进行水封，以防止空气吸入泵内，同时对填料起润滑和冷却作用。排水端填料函主要阻止高压水漏出泵外，所以没有水封环。水泵正常工作时，填料函应有少量水漏出。

（三）轴向推力及其平衡装置

多级泵基本上都是单侧进水的，如图 10-18 所示，水在叶轮入口处的压力为 p_1，出口处的压力为 p_2。因为叶轮在外壳内转动，故与外壳之间有间隔形成空腔，在空腔内部充满压力为 p_2 的高压水，并作用在叶轮的前、后盖板上。由于叶轮前、后盖板面积不等，所以作用力不平衡，对叶轮产生向吸水侧的推力，称为轴向推力。大型多级离心泵的轴向推力往往很大，如不加以平衡，将使离心泵无法正常工作。对离心泵来说，常用平衡轴向推力的方法有开平衡孔、加平衡叶片及加平衡盘等。

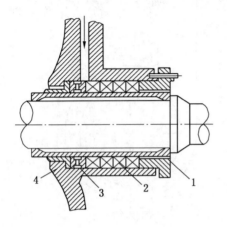
1—压盖；2—填料；3—水封环；4—尾盖
图 10-17 填料函

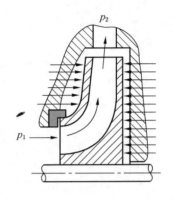
图 10-18 轴向平衡推力的产生

第四节　离心式水泵网路工况

一、管路特性方程

每一台水泵都是和一定的管路连接在一起进行工作的。水泵使水获得的扬程，不仅用于提高水的位置，还要用于克服管路中的各种阻力，因此，水泵的工作状况不仅与水泵本身性能有关，同时也与管路的配置情况有关。水泵在管路上工作时，排水所需的实际扬程与流量之间的关系称为管路特性。

图 10-19 所示为一台工作水泵配置一条管路的排水系统简图。水泵排出的水全部经管道输送出去，水泵所产生的扬程与管道输送这些水所需的扬程是相等的，以 H 表示。以吸水井水面为基准线，列出吸水井水面 1—1 和排水管出口截面 2—2 的伯努利方程为

$$\frac{p'_a}{\gamma}+\frac{v_1^2}{2g}+H=H_x+H_p+\frac{p_a}{\gamma}+\frac{v_2^2}{2g}+\Delta H_x+\Delta H_p \tag{10-15}$$

式中　　p_a，p'_a——1—1 和 2—2 截面处的大气压力，N/m²，$p_a \approx p'_a$；

　　　　γ——水的重力密度，N/m³；

　　　　H_x，H_p——吸水高度和排水高度，m，两者之和称为测地高度，以 H_c 表示，即 $H_c = H_x + H_p$；

　　　　v_1——1—1 截面上水的流速，m/s，由于吸水井与水仓相通，水面很大，流速很小，所以 $v_1 \approx 0$；

　　　　v_2——2—2 截面上水的流速，m/s，等于排水管内的流速 v_p，若排水管的内径为 d_p，流量为 Q，则 $v_2 = v_p = \dfrac{4Q}{\pi d_p^2}$；

　　　　ΔH_x，ΔH_p——吸水管和排水管中阻力损失，m，其中包括沿程损失 ΔH_f 和局部损失 ΔH_j。

于是：

$$H = H_c + \frac{v_p^2}{2g} + \Delta H_x + \Delta H_p \quad (10-16)$$

根据阻力损失计算公式有：

$$\Delta H_x = \Delta H_{xf} + \Delta H_{xj} = \lambda_x \cdot \frac{l_x}{d_x} \cdot \frac{v_x^2}{2g} + \sum \xi_x \cdot \frac{v_x^2}{2g}$$

$$\Delta H_p = \Delta H_{pf} + \Delta H_{pj} = \lambda_p \cdot \frac{l_p}{d_p} \cdot \frac{v_p^2}{2g} + \sum \xi_p \cdot \frac{v_p^2}{2g}$$

式中 λ_x，λ_p——吸水管、排水管沿程阻力损失系数；

l_x，l_p——吸水管、排水管沿程管路长度，m；

d_x，d_p——吸水管、排水管沿程管路直径，m；

$\sum \xi_x$，$\sum \xi_p$——吸水管、排水管局部阻力损失系数之和；

v_x——吸水管内水流速度，m/s，$v_x = \frac{4Q}{\pi d_x^2}$。

式（10-16）经整理后有：

$$H = H_c + RQ^2 \quad (10-17)$$

式中 R——管路阻力系数，其计算公式为

$$R = \frac{8}{\pi^2 g}\left[\lambda_x \frac{l_x}{d_x^5} + \lambda_p \frac{l_p}{d_p^5} + \frac{\sum \xi_x}{d_x^4} + \left(1 + \sum \xi_p\right)\frac{1}{d_p^4}\right]$$

$$(10-18)$$

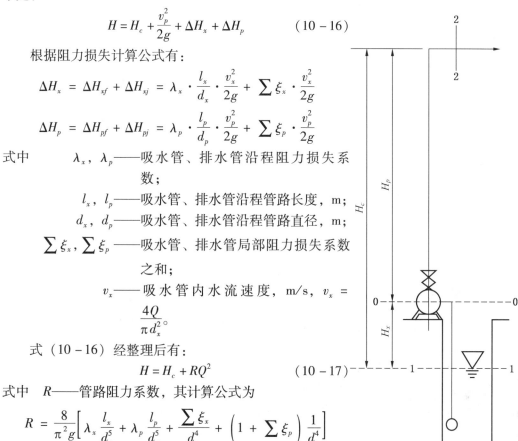

图 10-19 排水系统示意图

式（10-17）为排水管路特性方程式，该方程表达了通过管路的流量与需要的扬程之间的关系。分析该式可以看出，所需扬程取决于测地高度 H_c、管路阻力系数 R 和流量 Q。对于具体矿井来说，其 H_c 是定值，因而当流量一定时，所需扬程将取决于 R，它与管长、管内壁状况以及管件的种类和数量有关。

泵排水过程中单位质量液体所获得的有效能量 H_c 与输给单位质量液体的能量 H 的比值，称为管路效率，用符号 η_g 表示，即

$$\eta_g = \frac{H_c}{H} \quad (10-19)$$

式（10-19）可知，若提高 η_g，必须减少管路阻力系数 R 以减少 H。为此应保持管内壁的清洁和光滑，选择阻力较小的管件，尽量缩短管路敷设长度，以取得较好的经济效益。

将式（10-17）中的 H 和 Q 的对应关系画在 $H-Q$ 坐标图上所得曲线 R 称为管路的特性曲线（图 10-20）。对于具体管路来说，其特性曲线是确定的。曲线上每一点均表示不同流量下所需水泵提供的实际扬程。

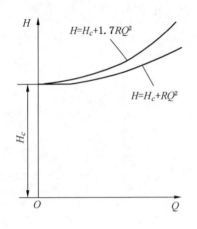
图 10-20 管路特性曲线图

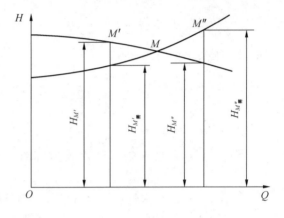
图 10-21 水泵工况点的确定

二、水泵的工况点

当一台水泵与某一趟管道系统连接并工作时，把水泵的扬程特性曲线和管路特性曲线按相同比例画在同一坐标纸上，如图 10-21 所示。水泵的扬程特性曲线与管路特性曲线有一个交点 M，这就是水泵的工作状况点，简称工况点。假设水泵在 M' 点所示的情况下工作，则水泵产生的压头大于管路所需的压头 $H_{M'}$，这样多余的能量就会使管道内的液体加速，从而流量增加，直到流量增加到 Q_M 为止。另一方面，假设水泵在 M'' 点所示的情况下工作，则水泵产生的压头小于管路把水提高到 $H_{M''}$ 所需的压头，这时由于能量不足，管内流速减小，流量也随之减少，直到减至 Q_M 为止，所以水泵必定在 M 点工作。总而言之，只有在 M 点才能使压头和流量相匹配，即 $H_泵 = H_管$、$Q_泵 = Q_管$。与 M 点对应的 Q_M、H_M、N_M、η_M、H_{SM} 称为该泵在确定管道中工作时的特性参数值，亦称为工况参数。

三、水泵汽蚀与吸水高度

（一）水泵汽蚀

目前，我国煤矿的排水设备大多数安装在吸水井以上的泵房底板上。在这种情况下，水泵必须以吸水方式工作。如图 10-19 所示，取水泵入口处为 0—0 截面，吸水池水面为 1—1 截面，并以 1—1 截面为基准，两截面的伯努利方程为

$$\frac{p'_a}{\gamma} + \frac{v_1^2}{2g} = H_x + \frac{p_0}{\gamma} + \frac{v_0^2}{2g} + \Delta H_x$$

因 $v_0 \approx 0$，$v_1 = v_x$，于是：

$$\frac{p_0}{\gamma} = \frac{p'_a}{\gamma} - H_x - \Delta H_x - \frac{v_x^2}{2g} \tag{10-20}$$

p'_a 为液面大气压力。如水泵在某一流量下运转，则上式中的 $v_x^2/2g$ 和 ΔH_x 两项基本为定值，于是随着安装高度 H_x 的增加，水泵进水口处的绝对压力 p_0 将减少。如果 p_0 减小到低于当时温度下水的饱和蒸汽压时，水汽化而产生气泡；同时溶解于水中的气

体也会析出，从而形成许多小气泡。这些小气泡随水流流入叶轮内压力超过饱和蒸汽压的区域时将突然破裂，其周围的水便以极高的速度冲过来，产生很强的水力冲击。由于气泡不断地形成和破裂，巨大的水力冲击以很高的频率反复作用在叶轮上，时间一长，就会使金属表面逐渐因疲劳而剥落。另外，气泡中还有一些气体（如氧气）借助气泡破裂时释放出的热量，对金属起化学腐蚀作用。机械剥落和化学腐蚀的共同作用，使金属表面很快出现蜂窝状的麻点，并逐渐形成空洞，这种现象称为汽蚀。当发生汽蚀时，水泵会产生振动和噪声，同时，因水流中有大量气泡，破坏了水流的连续性，堵塞流道，水泵的性能下降，严重时会因吸不上水而导致不能排水。因此，不允许水泵在汽蚀状态下工作。

由式（10-20）得水泵入口处的真空度为

$$H'_s = \frac{p_0}{\gamma} - \frac{p_1}{\gamma} = H_x + \Delta H_x + \frac{v_x^2}{2g} \tag{10-21}$$

将 $\Delta H_x = \Delta H_{xf} + \Delta H_{xj} = \lambda_x \frac{l_x}{d_x} \frac{v_x^2}{2g} + \sum \xi_x \frac{v_x^2}{2g}$ 和 $v_x = \frac{4Q}{\pi d_x^2}$ 代入式（10-21），并整理得

$$H'_s = H_x + R_x Q^2 \tag{10-22}$$

式中 R_x——吸水管路的阻力损失系数，即

$$R_x = \frac{8}{\pi^2 g} \left[\left(\sum \xi_x + 1 \right) \frac{1}{d_x^4} + \lambda_x \frac{l_x}{d_x^5} \right] \tag{10-23}$$

式（10-22）称为吸水管路特性方程，按此方程在 Q—H 坐标图上画出的曲线 H'_s，称为吸水管路特性曲线，如图 10-22 所示。该曲线反映了在确定的吸水管路下，不同流量时水泵入口处的真空度大小。

吸水管路特性曲线 H'_s 与水泵的允许吸上真空度曲线 H_s 的交点 C，称为临界汽蚀点。该点把水泵特性曲线分为两部分：在 C 点的左边，水泵允许的吸上真空度 H_s 大于水泵入口处的真空度 H'_s，说明水泵在这种条件下工作时，其入口处的压力大于水泵不发生汽蚀所允许的最低压力，故不发生汽蚀，所以称 C 点左边区域为水泵的安全区；反之，C 点右边的区域称为水泵的非安全区。显然，为避免水泵在汽蚀条件下工作，应使工况点 M 位于临界汽蚀点 C 的左侧，即水泵不发生汽蚀的条件为

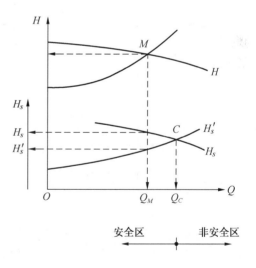

图 10-22 不发生汽蚀的条件

$$H_s > H'_s \tag{10-24}$$

式中 H_s——工况点 M 所对应的水泵允许吸上真空度，m；

H'_s——工况点 M 所对应的水泵入口处的真空度，m。

（二）吸水高度

从式（10-22）可知，水泵入口处的真空度 H'_s 与水泵的吸水高度 H_x、吸水管路阻力

损失系数 R_x 有关。当 R_x 一定时，H_x 越大，H'_s 也越大，吸水管路特性曲线 H'_s 上移，临界汽蚀点 C 便沿 H_s 曲线左移，使水泵的安全区变小，工况点 M 就可能位于 C 点右侧而发生汽蚀；但 H_x 太小，会增加水泵安装的难度。因此，必须合理确定吸水高度，以保证水泵工作时满足式（10-24）的要求。

将式（10-21）代入式（10-24）中，经整理后即得保证水泵不发生汽蚀的合理吸水高度：

$$H_x < H_s - \Delta H_x - \frac{v_x^2}{2g} \tag{10-25}$$

由水泵的允许吸上真空度曲线知：H_s 值是随着流量的增加而减少的。为保证不发生汽蚀，应将水泵运转期间可能出现的最大流量（常为运行初期）所对应的 H_s 值代入上式进行计算，而不能用水泵铭牌上所标定的 H_s 值。注意：铭牌上所标注的是额定工况时的允许吸上真空度。

四、水泵的工业利用区

工业利用区指的是水泵特性曲线上所允许使用的区段。在这个区段内，水泵的工况点必须同时满足稳定工作条件、经济工作条件及不发生汽蚀的条件。

（一）稳定工作条件

如图 10-23 所示，当水泵在正常转速 n 下运转时，其扬程特性曲线为 H_0—n，它对管路特性曲线有唯一的一点，因而水泵的工作是稳定的。但由于矿井供电电压的变化使电动机和泵转速发生变化，泵的特性曲线也随之变化，就会出现以下两种情况：

1. 同时出现两个工况点

如扬程特性曲线 H'_0—n' 与管道特性曲线有两个交点，即工况点 2 和 3。此时，由于供电电压不稳定，扬程特性曲线上、下波动，水量忽大忽小，呈现不稳定工作情况。

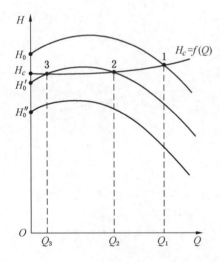

图 10-23 泵的稳定工作条件

2. 无工况点

如扬程特性曲线 H''_0—n'' 不再与管道特性曲线有交点，即无工况点。从有工况点到无工况点的过程中，管中水的势能高于泵扬程，水倒灌入水泵，待管中水位降到其势能低于泵扬程时，泵又将水排入管路，周而复始地产生震荡，直到能量平衡为止，有如处于死水中工作。而且，往往由于各种条件的变化，很难维持平衡，泵处于不稳定工作状态。

上述两种情况都是发生在水泵零流量时的扬程 H_0 小于管路测地高度 H_c 时。因此，为了保证水泵稳定工作，必须保持 $H_0 > H_c$。考虑到水泵转速可能下降 2%~5%，致使扬程下降 5%~10% 的情况，规定泵的稳定工作条件是

$$H_c \leq (0.9 \sim 0.95) H_0$$

（二）经济工作条件

一般情况下排水所用电耗占全矿相当大的比例，因此，保证水泵高效工作是完全必要的。通常限制水泵正常运行效率不得低于最高效率（额定效率）的85%～90%，并依此划定一个区域，称为工业利用区，如图10-24所示。

（三）不发生汽蚀的条件

为保证水泵正常运行，实际装置的空蚀余量应大于泵的允许空蚀余量。

五、水泵联合工作

当单台水泵在管路中工作的流量或扬程不能满足排水需求时，可以采用两台或多台水泵联合工作的方法解决。联合工作的基本方法有串联和并联两种。

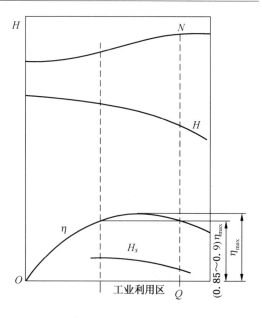

图 10-24　水泵经济工作条件及工业利用区

（一）串联工作

两台或两台以上的水泵顺次连接，前一台水泵向后一台水泵进水管供水，称为水泵串联工作。前一台水泵的出水口与后一台水泵的进水口直接连接，称为直接串联。若前一台水泵的出水口与后一台水泵的进水口中间由一段管子连接则称为间接串联。

图 10-25 所示为两台水泵直接串联工作的系统简图。两台泵串联工作时，水泵 I 由吸水管吸水，经水泵 I 增压后进入水泵 II 再次增压一次，然后将水排入管道。不难看出，在串联系统中，各水泵及管道中的扬程和流量存在对应关系。

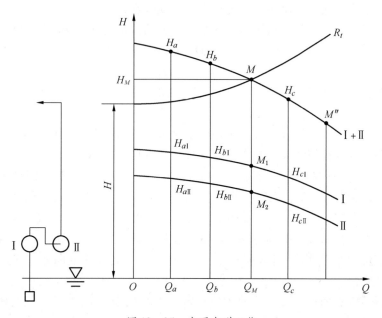

图 10-25　水泵串联工作

水泵Ⅰ和水泵Ⅱ通过的流量相等，并且等于管道中的流量，即
$$Q = Q_Ⅰ = Q_Ⅱ$$
串联后的等效扬程为水泵Ⅰ和水泵Ⅱ的扬程之和，即
$$H = H_Ⅰ + H_Ⅱ$$

由于水泵串联工作后可以增加扬程，所以水泵串联常用于单台水泵扬程不能满足需要的场合。

串联后的等效扬程曲线和工况点可用图解法求得。以两台水泵串联为例，先将串联的水泵Ⅰ和水泵Ⅱ的扬程特性曲线画在同一坐标图上（图10-25），然后在图上作一系列的等流量线 Q_a、Q_b、Q_c 等，等流量线 Q_a 与扬程曲线Ⅰ及扬程曲线Ⅱ分别交于 $H_{aⅠ}$ 和 $H_{aⅡ}$（$H_{aⅠ}$、$H_{aⅡ}$ 分别代表水泵Ⅰ、Ⅱ在此流量下的扬程）。根据串联的特点，将 $H_{aⅠ}$ 和 $H_{aⅡ}$ 相加，得在此流量下串联等效扬程 H_a。同理可求得（Q_b、H_b）、（Q_c、H_c），等等，将求得的各点连成光滑曲线，即为串联后的等效泵的扬程特性曲线，如图中的Ⅰ+Ⅱ曲线。

将管道特性曲线 R_t 用同一比例画在图10-25上，它与Ⅰ+Ⅱ曲线的交点 M 即为串联后的等效工况点。

由于串联后管路流量等于单台泵的流量，由等效工况点 M 引等流量线与扬程特性曲线Ⅰ和Ⅱ分别交于 M_1 和 M_2，M_1、M_2 即分别为水泵Ⅰ和Ⅱ串联后的工况点。

串联工作应注意以下问题：

（1）对于水泵间隔串联的情况，其等效扬程特性曲线和工况点求法相同，但当前一台水泵的扬程排至后一台时，应还有剩余扬程，否则不能进行正常工作。

（2）一般选用型号相同或特性曲线相近的水泵进行串联工作。

（3）串联工作时若有一台水泵发生故障，整个系统都要停止工作。

（二）并联工作

两台或两台以上的水泵同时向一条管路供水时称为并联工作。图10-26所示为两台水泵并联工作的系统简图，水泵Ⅰ、Ⅱ分别由水池吸水，然后分别在泵内加压后一同输入连接点。由图可见，并联等效流量等于水泵Ⅰ、Ⅱ的流量之和，扬程则相等，即
$$Q = Q_Ⅰ + Q_Ⅱ$$
$$H = H_Ⅰ = H_Ⅱ$$

由于水泵并联工作后可以增加流量，所以水泵并联一般用于单台水泵流量不能满足需求或流量变化较大的场合。

并联后的等效扬程曲线和工况点可用图解法求得。以两台水泵并联为例，先将并联的水泵Ⅰ和水泵Ⅱ的扬程特性曲线画在同一坐标图上（图10-26），然后在图上作一系列的等扬程线 H_a、H_b、H_c 等，等扬程线 H_a 与扬程曲线Ⅰ及扬程曲线Ⅱ分别交于 $H_{aⅠ}$ 和 $H_{aⅡ}$，对应的流量分别为 $Q_{aⅠ}$、$Q_{aⅡ}$（$Q_{aⅠ}$、$Q_{aⅡ}$ 分别为水泵Ⅰ、Ⅱ在此扬程下的流量）。根据串联的特点，总流量应等于 $Q_{aⅠ}$ 和 $Q_{aⅡ}$ 相加。同理可求得（Q_b、H_b）、（Q_c、H_c），等等，将求得的各点连成光滑曲线，即为并联后的等效扬程特性曲线，如图中的Ⅰ+Ⅱ曲线。

将管道特性曲线 R 用同一比例画在图10-26上，它与Ⅰ+Ⅱ曲线的交点 M 即为并联后的等效工况点。

由于并联后等效扬程和每台泵的扬程相等，因此从 M 点引等扬程线与水泵Ⅰ和Ⅱ的扬程特性曲线分别交于 M_1 和 M_2，M_1、M_2 即分别为水泵Ⅰ和Ⅱ的工况点，其流量分别为

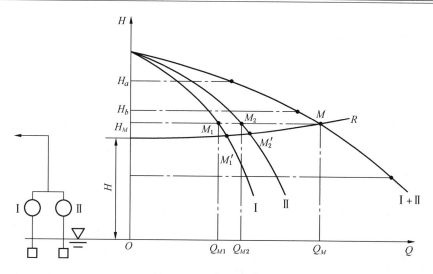

图 10-26 水泵并联工作

Q_{M1}、Q_{M2}。

从图 10-26 可以看出,当水泵Ⅰ(或Ⅱ)单独在同管道工作时,其工况点为 M'_1(或 M'_2),此时的流量为 Q'_{M1}(或 Q'_{M2})。显然 Q'_{M1}(或 Q'_{M2})< Q'_M,Q'_{M1} > Q_{M1},Q'_{M2} > Q_{M2},H'_{M1}(或 H'_{M2})< H_M。这是由于两水泵并联后通过管路的总流量增加,管路阻力增大,因而每台泵的流量有所下降。

管道阻力越小,管道特性曲线越平缓,并联效益越高,所以管道特性曲线较陡时不宜采用水泵并联工作。两台水泵或多台水泵并联时,各水泵应有相同或相近的特性,特别是泵的扬程范围应大致相同,否则扬程较高的水泵不能充分发挥其效能。

第五节 矿井排水设备的选型设计

一、排水设备选型必备的资料

(1) 矿井开拓方式、同时开采的水平数及各水平服务年限。
(2) 井口和各开采水平的标高。
(3) 各水平正常涌水量 q_z 和最大涌水量 q_{max} 及最大涌水持续天数。
(4) 矿水的物理、化学性质如密度 ρ、重力密度 γ、泥砂含量及 pH。
(5) 井筒及井底车场布置图。
(6) 矿井年产量、瓦斯等级、供电电压等。
(7) 有关规程、规范等。
(8) 有关水泵、电动机、管路等方面的资料。

二、选型设计的具体任务

(1) 确定排水系统。
(2) 选择排水设备。

三、选型设计的步骤和方法

（一）排水系统的选择

在我国矿山中，目前通常采用集中排水。集中排水开拓量小、管路敷设简单、管理费用低，但由于上水平的水需要流到下水平再排出，增加了部分电耗。在选择排水系统时，应尽可能采用直接排水和集中排水，当同时开采的水平数不多时，可将各水平的涌水量直接排至地面；如水平数较多，井较深时，也可采用分段排水；如采区涌水量较大、距离井筒较远且距地表不深时，也可经过钻孔敷设排水管直接排至地面。

（二）水泵的选型

《煤矿安全规程》规定：矿井井下排水设备应当满足矿井排水的要求。除正在检修的水泵外，应当有工作水泵和备用水泵。工作水泵的能力，应当能在 20 h 内排出矿井 24 h 的正常涌水量（包括充填水及其他用水）。备用水泵的能力，应当不小于工作水泵能力的 70%。检修水泵的能力，应当不小于工作水泵能力的 25%。工作和备用水泵的总能力，应当能在 20 h 内排出矿井 24 h 的最大涌水量。

1. 水泵排水能力计算

根据《煤矿安全规程》的要求，正常涌水期工作水泵必需的排水能力为

$$Q_B \geqslant \frac{24}{20}q_z = 1.2q_z \tag{10-26}$$

最大涌水期工作和备用水泵必需的排水能力为

$$Q_{B\max} \geqslant \frac{24}{20}q_{\max} = 1.2q_{\max} \tag{10-27}$$

式中　　Q_B——工作水泵具备的总排水能力，m^3/h；

　　　　$Q_{B\max}$——工作和备用水泵具备的总排水能力，m^3/h；

　　　　q_z——矿井正常涌水量，m^3/h；

　　　　$q_{\max}$——矿井最大涌水量，m^3/h。

2. 估算水泵的扬程

由于水泵的管路均未确定，无法准确知道水泵必需的扬程，所以需进行估算，即

$$H_B = H_c\left(1 + \frac{0.1 \sim 0.2}{\sin\alpha}\right) \tag{10-28}$$

或

$$H_B = \frac{H_c}{\eta_g} \tag{10-29}$$

式中　　H_c——测地高度，即吸水井最低水位至排水管出口间的高度差，一般可取 H_c = 井底与地面标高差 + 4（井底车场与吸水井最低水位距离），m；

　　　　0.1~0.2——当管路长度较小时取 0.2，管路长度较大时取 0.1，通常取 0.1；

　　　　α——管路敷设倾角；

　　　　η_g——管路效率，对于竖直敷设的管路，η_g = 0.89~0.9；对于倾斜敷设的管路，当 $\alpha > 30°$ 时，η_g = 0.8~0.83；当 α = 20°~30° 时，η_g = 0.77~0.8；$\alpha < 20°$ 时，η_g = 0.74~0.77。

3. 预选水泵

1）水泵型号的选择

根据计算的工作水泵排水能力 Q_B、估算的必需扬程、原始资料给定的矿水物理化学性质和泥砂含量,从水泵产品样本中选择能够满足排水要求、工作可靠、性能良好、符合稳定性工作条件、价格低的所有型号水泵。若 pH<5,在进入排水设备前,采取降低水的酸度措施在技术上有困难或经济上不合理时,应选用耐酸泵;若矿水泥砂含量较大,应考虑选择 MD 型耐磨泵。符合上述条件的可能有多种型号,应全部列出,在满足要求的各型水泵中,优先选用工作可靠、性能良好、体积小、质量轻而且价格便宜的产品。

2) 水泵级数的确定

水泵的级数可根据估算的必需扬程和已选出的水泵的单级额定扬程进行计算,即

$$i = \frac{H_B}{H_i} \quad (10-30)$$

式中　i——水泵的级数;

　　　H_i——水泵的单级额定扬程,m。

应该指出,计算的 i 值一般来说不是整数,取大于 i 的整数当然可以满足要求,但取小于 i 的整数有时也能达到要求,这时究竟级数较多还是较少的合理,往往需要经过技术和经济比较后才能确定。

3) 水泵台数的确定

当 $q_z \leq 50 \text{ m}^3/\text{h}$ 和 $q_{max} \leq 100 \text{ m}^3/\text{h}$ 时,若必需的工作水泵的台数为 n_1,则必需的水泵总台数为 $n = 2n_1$。

当 $q_z > 50 \text{ m}^3/\text{h}$ 时,若工作水泵必需的台数为 n_1,则备用水泵的台数 n_2 应取 $n_2 \geq 0.75n_1$(偏上整数)和 $n_2 \geq 1.2q_{max}/Q - n_1$(偏上整数)中的较大者。其中 Q 为泵的工况流量,在未知工况情况下,可取 $Q = q_z/n_1$。检修水泵的台数 $n_3 \geq 0.25n_1$(偏上整数)。因此必需的水泵总台数 $n = n_1 + n_2 + n_3$。

水文地质复杂、有突水危险的矿井,可视情况增设抗灾水泵或在主排水泵房内预留安装水泵设备位置。

(三) 管路的选择

1. 确定管路的趟数

《煤矿安全规程》规定:排水管路应当有工作和备用水管。工作水管的能力,应当能配合工作水泵在 20 h 内排出矿井 24 h 的正常涌水量。工作和备用排水管路的总能力,应当能配合工作和备用水泵在 20 h 内排出矿井 24 h 的最大涌水量。

排水管的趟数在满足《煤矿安全规程》规定的前提下,以不增加井筒断面为原则,一般不宜超过 4 趟。对于每一台水泵,均应有单独的吸水管。

2. 泵房内管路布置

按泵台数和管路趟数可以组合成多种布置方式,图 10-27 所示是常见的几种。其中,图 10-27a 所示为两台泵一趟管路的布置方式,适合于 $q_z \leq 50 \text{ m}^3/\text{h}$ 且 $q_{max} \leq 100 \text{ m}^3/\text{h}$ 条件下的斜井排水设备。图 10-27b 所示为两台泵两趟管路的布置,正常涌水期一台泵工作,可用其中任一趟管路排水,另一趟作为备用;最大涌水期两台泵同时工作,可以共用其中一趟或分别用一趟管路排水。图 10-27c 所示为三台泵两趟管路的布置,一台泵工作时可用任一趟管路排水;两台泵同时工作时,可共用一趟或分别用一趟管路排水。三台泵中有一台轮换作为检修。图 10-27d 所示为四台泵三趟管路的布置,若正常涌水期两台泵

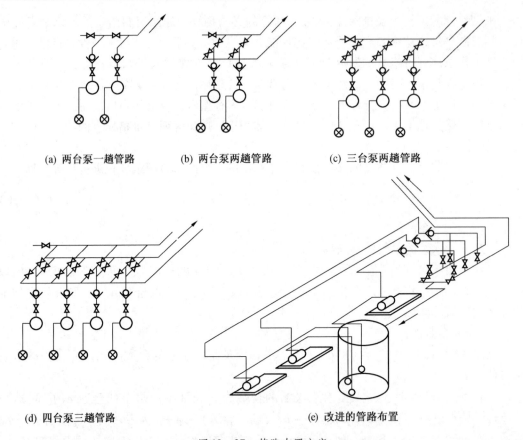

(a) 两台泵一趟管路　　(b) 两台泵两趟管路　　(c) 三台泵两趟管路

(d) 四台泵三趟管路　　(e) 改进的管路布置

图 10-27　管路布置方案

同时工作，它们可以各用一趟管路排水，另一趟备用；最大涌水期内三台泵同时工作，可各用一趟水泵排水。

上述各方案的共同缺点是用于分配管路的闸阀均位于泵房内上部，不利于维修和操作。除此之外，所需的闸阀数量较多。图 10-27e 所示的管路克服了上述缺点，其特点是将各泵分支管路与干管路分开，在各分支管路上不装控制闸阀和分配闸阀，而是在两者之间设置集中闸阀系统，进行水泵控制和管路分配。同是三台泵两趟管路（与图 10-27c 比较），闸阀数量减少了两只。若是四台泵三趟管路，将少用三只闸阀。除此之外，由于闸阀集中并坐落在泵房底板上，便于操作和维修。

该方案的另一个特点是各泵共用一口大直径的吸水井，从而减少了吸水井的开拓量。同时，井口直径加大便于开拓和施工。但由于吸水管加长，增加了吸水阻力损失。《煤炭工业矿井设计规范》规定：当泵房内每台水泵的排水量小于 100 m^3/h 时，两台水泵的吸水管可共用一个吸水井。

3. 管材的选择

管材选择的主要依据是管子将要承受的水压的大小。一般情况下，当排水垂高不超过 100 m 时，可选取铸铁管；不超过 200 m 时，可选取焊接钢管；超过 200 m 时，多采用无缝钢管。吸水管一般多选用无缝钢管。

4. 管径的计算

1) 排水管内径计算

已知在正常涌水时期有 n_1 台水泵同时工作,如选定工作管路趟数为 n_p,则每趟排水管平均流量应为

$$Q_p = \frac{n_1 Q_1}{n_p} \quad (10-31)$$

式中 Q_p——每趟排水管平均流量,m^3/h;

Q_1——工作水泵的流量,m^3/h。

利用流量表达式可以推导出管内径与流量、流速的关系。对于排水管,其内径为

$$d'_p = \sqrt{\frac{4Q_p}{\pi 3600 v_p}} = 0.0188\sqrt{\frac{Q_p}{v_p}} \quad (10-32)$$

式中 d'_p——排水管内径,m;

Q_p——排水管中的流量,m^3/h;

v_p——排水管内的流速,通常取经济流速 $v_p = 1.5 \sim 2.2$ m/s。

2) 吸水管内径计算

为了提高吸水性能,防止发生汽蚀,降低流速,减少损失,取得较大的吸水高度,吸水管的内径一般比排水管的内径大 25 mm,流速在 0.8~1.5 m/s 范围内。因此吸水管内径为

$$d'_x = d'_p + 0.025 \quad (10-33)$$

根据计算的内径查阅相关手册选取标准管径。由于钢管规格中同一内径有多种壁厚,因此选择管径时应根据井深选用标准管壁厚度。一般可选用管壁厚度较薄的一种,再进行验算确定。

5. 管壁厚度验算

管子选定后,其管壁厚度也就确定了。必需的管壁厚度包括两部分,一部分为承压厚度,另一部分为考虑运输和其他原因形成的表面损伤而必须增加的厚度。因此必需的厚度为

$$\delta \geq 0.5 d_p \left(\sqrt{\frac{\sigma_z + 0.4p}{\sigma_z - 1.3p}} - 1 \right) + C \quad (10-34)$$

式中 δ——管壁厚度,cm;

d_p——所选标准管内径,cm;

σ_z——管材许用应力,取管材抗拉强度 σ_h 的40%,即 $\sigma_z = 0.4\sigma_h$;当钢号不明时,可取:铸铁管 $\sigma_z = 20$ MPa,焊接钢管 $\sigma_z = 60$ MPa,无缝钢管 $\sigma_z = 80$ MPa;

p——管内水压,作为估算 $p = 0.011 H_p$,MPa;

H_p——排水高度,m;

C——附加厚度,铸铁管取 $C = 0.7 \sim 0.9$ cm;焊接钢管取 $C = 0.2$ cm;无缝钢管取 $C = 0.1 \sim 0.2$ cm。

利用该式可以校验所选管壁厚度是否合适。若计算值 δ 大于所选管壁标准厚度,则应重新选择后再验算。

(四) 工况点确定及校验

1. 管路特性方程式及特性曲线确定

对于选定的管路系统,可应用管路特性方程式求得,即

$$H = H_c + KRQ^2 \qquad (10-35)$$

式中 　　K——考虑水管内径由于污泥淤积后减小而引起阻力损失增大的系数，对于新管取 $K=1$；对于挂污管径缩小 10% 的旧管，取 $K=1.7$，一般要同时考虑 $K=1$ 和 $K=1.7$ 时的情况；

　　　　R——管路阻力损失系数，即

$$R = \frac{8}{\pi^2 g}\left[\lambda_x \frac{l_x}{d_x^5} + \frac{\sum \zeta_x}{d_x^4} + \lambda_p \frac{l_p}{d_p^5} + \left(1 + \sum \xi_p\right)\frac{1}{d_p^4}\right]$$

　　　　l_x，l_p——吸、排水管的长度，m；

　　　　d_x，d_p——吸、排水管的内径，m；

　　　　λ_x，λ_p——吸、排水管的沿程阻力系数，对于流速 $v \geqslant 1.2$ m/s，其值可按舍维列夫公式计算：

$$\lambda = \frac{0.021}{d^{0.3}} \qquad (10-36)$$

　　　　$\sum \xi_x$，$\sum \xi_p$——吸、排水管附件局部阻力系数之和，根据排水管路系统中局部件的组成，可查相关手册。

已知 H_c 和 R，根据式（10-36）绘制新管和旧管两种状态下的管路特性曲线。

2. 确定工况点

由于一般样本上水泵的特性曲线是指单级泵的特性曲线，如果选择的是多级水泵，必须先换算为多级泵的扬程曲线。在水泵的特性曲线图（用单台水泵的特性曲线而不用多台水泵并联的特性曲线）上按相同比例画出当量管路特性曲线，与水泵扬程特性曲线交点即是水泵的工况点。应对正常涌水时期与最大涌水时期分别作图，求出正常涌水时期的工况参数值 Q'_{M1}、H'_{M1}、η'_{M1}、N'_{M1}、H'_{SM1} 及最大涌水时期的工况参数值 Q''_{M1}、H''_{M1}、η''_{M1}、N''_{M1}、H''_{SM1}。

根据《煤矿井下排水泵站及排水管路设计规范》，水泵工况点的效率一般不低于 70%。

3. 工况点校核计算

1）排水时间

管路挂垢后水泵的流量最小，因此应按管路挂垢后工况点流量校核。正常涌水时 n_1 台水泵同时工作时每天的排水小时数为

$$T_z = \frac{24 q_z}{n_1 Q'_{M1}} \leqslant 20 \text{ h} \qquad (10-37)$$

最大涌水时 n_1 台工作水泵与 n_2 台备用水泵同时工作时每天的排水小时数为

$$T_{\max} = \frac{24 q_{\max}}{(n_1 + n_2) Q''_{M1}} \leqslant 20 \text{ h} \qquad (10-38)$$

若在最大涌水时期时是多台水泵和多趟管路并联工作，则式（10-38）中的分母应采用并联运行的工况流量值。

2）经济性

工况点效率应满足 $\eta'_{M1} \geqslant 0.85 \eta_{\max}$、$\eta'_{M2} \geqslant 0.85 \eta_{\max}$。

3）稳定性

水泵的稳定工作条件是 $H_c \leq (0.9 \sim 0.95)H_0$。

4）吸水高度

在新管状态时允许吸上真空度最小，因此应根据新管工况点 H'_{SM1} 进行校核，故

$$[H_x] = [H'_{SM1}] - \frac{8}{w^2 g}\left[\lambda_x \frac{l_x}{d_x^5} + \frac{\sum \xi_x + 1}{d_x^4}\right]Q'^2_{M1} \qquad (10-39)$$

当所选吸水高度 $H_x \leq [H_x]$ 时，满足不产生汽蚀条件。

5）验算水泵的轴功率

$$N = \frac{\rho g Q'_{M1} H'_{M1}}{1000 \times 3600 \times \eta'_{M1} \eta_c} \qquad (10-40)$$

式中　ρ——矿水密度，kg/m^3；

　　　Q'_{M1}——新管工况流量，kg/m^3；

　　　H'_{M1}——新管工况扬程，m；

　　　η'_{M1}——新管工况效率；

　　　η_c——传动效率，可取 $\eta_c = 0.95 \sim 0.98$，直连取 $\eta_c = 1$。

（五）计算电耗

全年排水电耗可按下式进行计算：

$$E = \frac{1.05 \rho g}{1000 \times 3600 \eta_c \eta_d \eta_w}\left(\frac{Q'_{M1} H'_{M1}}{\eta'_{M1}} n_z T_z r_z + \frac{Q''_{M1} H''_{M1}}{\eta''_{M1}} n_{\max} T_{\max} r_{\max}\right) \qquad (10-41)$$

式中　n_z，$n_{\max}$——正常、最大涌水时期水泵的工作台数；

　　　r_z，$r_{\max}$——一年内正常、最大涌水持续的天数；

　　　T_z，$T_{\max}$——正常、最大涌水时期每台水泵每天工作的小时数；

　　　ρ——矿水密度，可取 $1020\ kg/m^3$，则 $\rho g/1000 = 10$；

　　　η_c——传动效率，可取 $\eta_c = 0.95 \sim 0.98$，直联时取 $\eta_c = 1$；

　　　η_d——电机效率，可取 $\eta_d = 0.92$；

　　　η_w——电网效率，可取 $\eta_w = 0.95$；

　　　η'_{M1}，η''_{M1}——正常、最大涌水时间水泵的工况效率；

　　　Q'_{M1}，Q''_{M1}——正常、最大涌水时间水泵的工况流量；

　　　H'_{M1}，H''_{M1}——正常、最大涌水时间水泵的工况扬程。

计算出每年排水电耗后，即可计算每吨煤的排水电耗、排水电费以及每排 1 t 水的排水电耗和电费。

排水总费用主要包括水泵运行费用、设备初期总投资、初期基建总投资和其他费用。为了寻找最优方案，应对满足可行性条件的每一种方案分别计算上述四项费用，总费用小的方案就是最优方案，即为选型设计时应采用的方案。

思考题

1. 说明矿井排水设备的组成及各部分功用。
2. 矿山排水设备的任务是什么？
3. 矿井排水系统有哪几种基本形式？如何选择？

4. 简述离心式水泵的工作原理。
5. 离心式水泵的工作参数有哪些?
6. 水在叶轮中流动,其绝对速度、相对速度和圆周速度之间的关系如何?
7. 汽蚀现象产生的原因是什么?最大吸水高度如何确定?
8. 管路特性曲线与水泵性能曲线在定义上有何区别?为何它们的交点是工况点?
9. 排水设备选型计算应遵守《煤矿安全规程》中的哪些规定?
10. 离心式水泵主要由哪几部分组成?
11. 简述离心式水泵串联、并联工作的特点。
12. 某煤矿生产能力为 120 Mt/a,井田开拓方式为立井开拓,井深 320 m,采用集中排水系统排水。矿井正常涌水量为 330 m^3/h,持续天数为 306 d,最大涌水量为 400 m^3/h,持续天数为 60 d,矿水呈弱酸性,密度为 1020 kg/m^3,试选择排水设备。

第十一章 矿井通风机械

【本章教学目的与要求】
- 了解通风方式和通风系统
- 了解通风机的分类,掌握通风机的工作原理和特性参数
- 理解离心式和轴流式通风机的工作原理和结构
- 掌握通风机工况和工业利用区确定
- 掌握通风机的联合工作

【本章概述】
矿井通风设备的作用是向井下输送新鲜空气,供工作人员呼吸,并使有害气体的浓度降低到对人体和安全无害的程度;同时,调节温度和湿度,改善井下工作环境,保证煤矿生产安全。本章主要介绍通风机的分类、工作原理、结构以及运行工况与调节。

【本章重点与难点】
本章的重点是理解并掌握通风机的特性参数、通风机的工作理论和通风机网络工况,包括离心式通风机理论全压与理论流量的关系、离心式通风机的实际特性曲线、轴流式通风机的理论全压特性、轴流式通风机的实际特性曲线、通风网路特性、通风机的联合工作等。其中通风机的工作理论和通风机网络工况是难点。

第一节 概 述

一、矿井通风设备的作用

矿井通风设备包括通风机组、电气设备、通风网路及辅助装置。

在煤矿井下开采时,不但煤层中所含的有毒气体(如 CH_4、CO、H_2S、CO_2 等)会大量涌出,而且伴随着采煤过程还会产生大量易燃、易爆的煤尘;同时,由于地热和机电设备散发的热量,使井下空气温度和湿度也随之增高。这些有毒的气体、过高的温度以及容易引起爆炸的煤尘和瓦斯,不但严重影响井下工作人员的身体健康,而且对矿井安全也产生很大威胁。

矿井通风设备的作用是向井下输送新鲜空气,供工作人员呼吸,并使有害气体的浓度降低到对人体和安全无害的程度;同时,调节温度和湿度,改善井下工作环境,保证煤矿生产安全。

二、矿井通风方式和通风系统

矿井通风分为自然通风和机械通风两种方法。自然通风是利用矿井内外温度不同和出风井与进风井的高差所造成的压力差,使空气流动。矿山机械设备自然通风的风压比较

小，并受季节和气候的影响较大，不能保证矿井需要的风压和风量。因此，《煤矿安全规程》规定，矿井必须采用机械通风。机械通风是采用通风设备强制风流按一定的方向流动，即使风流从进风井进入，从出风井排出。机械通风具有安全、可靠并便于控制调节的特点，可分为抽出式和压入式两种。

抽出式通风是将通风机的进风口与矿山出风井相连，将井下污风抽出至地面，新鲜空气则由进风井进入矿井。采用抽出式通风，井下空气的压力低于井外大气压力，井内空气为负压，通风机发生故障停止运转后，井下空气压力会自行升高，抑制瓦斯的涌出。所以，我国煤矿常采用抽出式通风。压入式通风是通风机出风口与矿山进风井相连，通风机进风口与大气相通，把新鲜空气压入井下，污浊空气从出风井排出，金属矿山常采用压入式通风。

图 11 – 1a 所示为抽出式通风方式示意图。装在地面的通风机 9 运行时，在其入口处产生一定的负压，由于外部大气压的作用，迫使新鲜空气进入风井 1，流经井底车场 2、石门 3、运输平巷 4，到达回采工作面 5，与工作面的有害气体及煤尘混合变成污浊气体，沿回风巷 6、出风井 7、风硐 8，最后由通风机 9 排出地面。通风机连续不断地运转，新鲜空气不断流入矿井，污浊空气又不断地排出，在井巷中形成连续的风流，从而达到通风目的。

压入式通风方式（图 11 – 1b）是将地面的新鲜空气由通风机压入井下巷道和工作面，再由风井排出。目前煤矿通常采用抽出式通风方式。

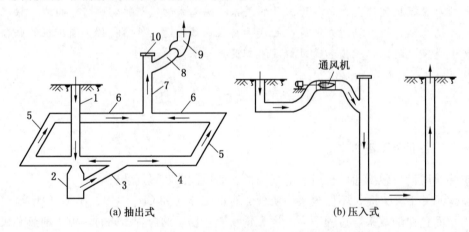

1—风井；2—井底车场；3—石门；4—运输平巷；5—回采工作面；
6—回风巷；7—出风井；8—风硐；9—通风机；10—风门
图 11 – 1 矿井通风方式示意图

矿井通风系统，是通风设备向矿井各作业地点供给新鲜空气并排出污浊空气的通风网路和通风控制设施的总称。根据进风井和出风井的布置方式，矿井通风系统的类型可以分为中央并列式、对角式和中央边界式 3 类，如图 11 – 2 所示。

图 11 – 2a 所示为中央并列式通风系统。其特点是进风井和出风井均在通风系统中部，一般布置在同一工业广场内。

图 11 – 2b 所示为对角式通风系统。它是利用中央主要井筒作为进风井，在井田两翼

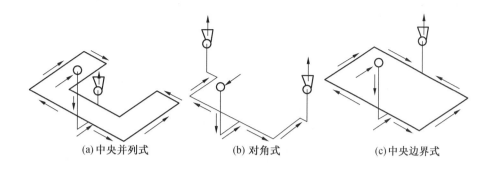

(a) 中央并列式　　　(b) 对角式　　　(c) 中央边界式

图 11-2　矿井通风系统示意图

各开一个出风井进行抽出式通风的通风系统。

图 11-2c 所示为中央边界式通风系统。它是利用中央主要井筒作为进风井，在井田边界开一个出风井进行抽出式通风的通风系统。

三、矿井通风机的分类

根据通风机的用途不同，可分为主要通风机和局部通风机。主要通风机是负责全矿井或某一区域通风任务的风机，局部通风机是负责掘进工作面或加强采煤工作面通风用的风机。

根据气体在风机叶轮内部的流动方向不同，可分为离心式通风机和轴流式通风机。离心式通风机是气体沿轴向流入叶轮，在叶轮内转为径向流出；轴流式通风机是气体沿轴向进入叶轮，经叶轮后仍沿轴向流出。

第二节　矿井通风机工作理论

一、通风机的工作原理

离心式通风机（图 11-3）主要部件有叶轮 1、机壳 4、扩散器 6 等。其中叶轮 1 是传送能量的关键部件，它由前、后盘和均布在其间的弯曲叶片组成，如图 11-4 所示。当

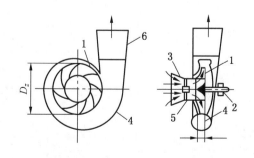

1—叶轮；2—轴；3—进风口；4—机壳；
5—前导器；6—扩散器

图 11-3　离心式通风机示意图

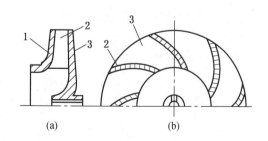

1—前盘；2—叶片；3—后盘

图 11-4　叶轮结构示意图

叶轮 1 被电动机拖动旋转时，叶片流道间的空气受叶片的推动随之旋转，在离心力的作用下，由叶轮中心以较高的速度抛向轮缘，进入螺旋机壳 4 后经扩散器 6 排出。与此同时，叶轮入口处形成负压，外部空气在大气压力作用下，经进风口 3 进入叶轮，叶轮连续旋转，形成连续的风流。

轴流式通风机（图 11-5）主要部件有叶轮 3、5，导叶 2、4、6，机壳 10，主轴 8 等。当电动机带动叶轮旋转时，叶轮流道中的气体受到叶片的作用而增加能量，经固定的各导叶校正流动方向后，以接近轴向的方向通过扩散器 7 排出。

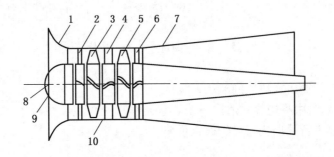

1—集流器；2—前导叶；3—第一级叶轮；4—中导叶；5—第二级叶轮；
6—后导叶；7—扩散器；8—主轴；9—疏流器；10—机壳

图 11-5 轴流式通风机示意图

二、通风机的特性参数

通风机特性参数主要有流量 Q、风压 H、转速 n、功率 N、效率 η 等，其含义与水泵对应的特性参数基本相同。

（一）风压

风压表征介质通过风机所获得的能量大小，单位为 Pa。风机风压又可分为全压（H）、静压（H_{st}）和动压（H_d），分别指单位体积气体从风机获得的全部能量、势能和动能。三者的关系为

$$H = H_{st} + H_d \tag{11-1}$$

（二）风量

风量指单位时间内通风机输送气体的体积，一般用 Q 表示（单位为 m^3/s）。

（三）功率

功率又分为有效功率和轴功率。

因为风压就是风机输出给单位体积气体的功，而流量 Q 为单位时间内输出气体的体积，则有效功率为

$$N_e = \frac{QH}{1000} \tag{11-2}$$

轴功率是指原动机输入的功率，用 N 表示，单位为 kW。

（四）效率

效率是有效功率与轴功率之比，分为全压效率 η 和静压效率 η_{st}，表达式分别为

$$\eta = \frac{QH}{1000N} \tag{11-3}$$

$$\eta_{st} = \frac{QH_{st}}{1000N} \tag{11-4}$$

三、离心式通风机的工作理论

离心式风机与水泵的工作原理相似，工作理论的分析方法及结论也基本相同，其区别仅在于前者的工作介质是空气，后者是水。水的压缩性很小，可视为不可压缩的流体；而气体虽是可压缩的，但因通风机所产生的风压很小，气体流经通风机时密度变化不大，压缩性的影响也可忽略。因此，离心式通风机的速度图及计算公式与离心式水泵基本相同，下面直接将离心式水泵工作理论的有关公式作相应变动（扬程改为风压）而运用在离心式通风机工作理论的讨论中。

离心式通风机的理论全压 H_T 为

$$H_T = \rho(u_2 c_{2u} - u_1 c_{1u}) \tag{11-5}$$

式中　　ρ——空气密度，kg/m^3；

u_1，u_2——通风机进出口处的圆周速度，m/s；

c_{1u}，c_{2u}——进口绝对速度 c_1 和出口绝对速度 c_2 在圆周方向的分速度，又称进口和出口的扭曲速度，m/s。

式（11-5）即为离心式通风机的理论全压方程式。当叶轮前无前导器时，其进口绝对速度 c_1 为径向，故 $c_{1u}=0$。此时，离心式通风机的理论风压方程式变为

$$H_T = \rho u_2 c_{2u} \tag{11-6}$$

为了通过调节气流在叶片入口处的切向速度 c_{1u} 来调节风机特性，可在叶轮入口前装前导器（图 11-3），用以调节切向速度 c_{1u}。

离心式通风机的叶轮也有前弯叶片、径向叶片和后弯叶片三种型式。其特性同离心式水泵叶轮三种相应型式一样，即前弯叶片的叶轮，在尺寸和转速相同的条件下所产生的理论风压最高，但流动损失最大，效率最低；而后弯叶片的叶轮，虽产生的理论风压最低，但效率最高；径向叶片的叶轮产生的理论风压和效率都居中。由于矿井通风设备是长时间连续运转的大功率机电设备，为了减少通风电耗，大多数矿用离心式通风机都采用后弯叶片的叶轮。

同推导水泵的理论扬程与理论流量关系式的方法一样，可得离心式通风机理论全压与理论流量的关系式为

$$H_T = \rho u_2^2 - \rho u_2 \frac{\cot\beta_2}{\pi D_2 b_2} Q_T \tag{11-7}$$

式中　D_2——通风机叶轮外径，m；

b_2——通风机叶轮出口宽度，m；

β_2——叶轮叶片的出口安装角；

Q_T——离心式通风机在叶片无限多且无限薄时的理论流量，m^3/s。

由于影响流动的因素是极为复杂的，用解析法精确确定风机的各种损失也是极困难的，所以在实际应用中，风机在某一转速下的实际流量、实际压力、实际功率只能通

过实验方法求出,而效率可通过式(11-3)求得。根据实验数据,可以绘制离心式通风机的实际特性曲线(图11-6),包括全压曲线 H、轴功率曲线 N 和效率曲线 η 等。

四、轴流式通风机的工作理论

(一) 轴流式通风机的基本理论方程

讨论基本理论方程之前首先分析轴流式风机叶轮中气流的运动。

图11-7所示为轴流式通风机叶轮示意图。气流在叶轮中的运动是一个复杂的空间运动,为分析简便,采用圆柱层无关性假设,即当叶轮在机壳内以一定的角速度旋转时,气流沿叶轮轴线为中心的圆柱面作轴向流动,且各相邻圆柱面上流体质点的运动互不相关。也就是说,在叶轮的流动区域内,流体质点无径向速度。根据圆柱层无关性假设,研究叶轮中气流的复杂运动就可简化为研究圆柱面上的柱面流动,该柱面称为流面。

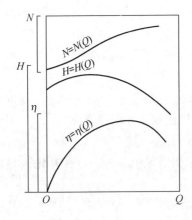

图11-6 离心式通风机的实际特性曲线

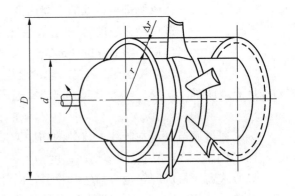

图11-7 轴流式通风机叶轮示意图

如图11-7所示,在半径 r 处用两个无限接近的圆柱面截取一个厚度为 Δr 的基元环,并将圆环展开为平面。各叶片被圆柱面截割,其截面在平面上组成了一系列相同叶型并且等距排列的叶栅系列,称之为平面直列叶栅(或基元叶栅),如图11-8所示。相邻叶栅的间距称为栅距 t,叶片的弦线与叶栅出口边缘线的交角称为叶片安装角 θ(通常以叶片与轮毂交接处的安装角标志叶轮叶片的安装角)。

气流在轴流式通风机叶轮圆柱流面上的流动是一个复合运动,其绝对速度 c 等于相对速度 ω 和圆周速度 u 的矢量和;另外,绝对速度也可以分解为轴向速度 c_a 和旋绕速度 c_u(假设径向速度为零),由此做出叶轮进、出口处的速度三角形,如图11-8所示。由于气流沿着相同半径的流面流动,所以同一流面上的圆周速度相等,即 $u_1 = u_2 = u$。另外,叶轮进、出口过流截面面积相等,根据连续方程,在假设流体不可压缩的前提下,流面进、出口轴向速度相等,即 $c_{1a} = c_{2a} = c_a$。

1. 理论全压

由以上分析可知，轴流式通风机某一半径 r 处基元叶栅的速度三角形与离心式通风机的速度三角形是一致的。因此，轴流式风机某一半径 r 处基元叶栅的理论全压方程式为

$$H_T = \rho u (c_{2u} - c_{1u}) \qquad (11-8)$$

若风机前面未加前导器，气流在叶轮入口的绝对速度 c_1 是轴向的，即 $c_{1u} = 0$，则

$$H_T = \rho u c_{2u} \qquad (11-9)$$

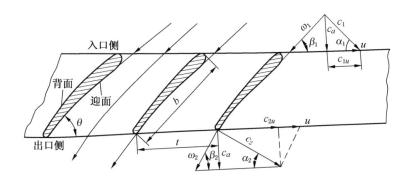

图 11-8 平面直列叶栅速度图

在设计时，通常使任一半径流面上的 uc_{2u} 为一常数。为此，可将叶片做成扭曲状，即叶片的安装角随半径的增大而减少，这样可以满足不产生径向流动的要求，此时，任一基元叶栅的理论全压即为通风机叶轮的理论全压，即通风机叶轮理论全压方程式可用式（11-9）表示。

2. 理论流量

$$Q_T = \frac{\pi}{4}(D^2 - d^2)c_{av} = F_0 c_{av} \qquad (11-10)$$

式中　F_0——叶轮过流截面积，$F_0 = \frac{\pi}{4}(D^2 - d^2)$，$m^2$；

　　　D，d——叶轮和轮毂直径，m；

　　　c_{av}——平均轴向速度，m/s。

3. 轴流式通风机的理论全压特性

根据速度三角形可得

$$c_{2u} = u - c_a \cot \beta_2$$

式中　β_2——速度 ω 与速度 u 的反向间的夹角，受叶片安装角 θ 约束。

将上式代入式（11-9）可得

$$H_T = \rho u (u - c_a \cot \beta_2) \qquad (11-11)$$

如果假设叶轮整个过流断面轴向速度相等，再由式（11-10）得

$$H_T = \rho u \left(u - \frac{\cot \beta_2}{F_0} Q_T \right) \qquad (11-12)$$

上式即为轴流式通风机理论全压特性方程。当风机尺寸、转速一定时，其理论全压特性曲线为一条直线。

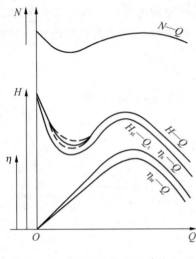

图 11-9 轴流式风机实际特性曲线

（二）轴流式通风机的实际特性曲线

与离心式通风机一样，轴流式通风机实际特性曲线是通过实验测得的。如图 11-9 所示，除全压曲线和全压效率曲线外，还有静压曲线 $H_{st}-Q$ 和静压效率曲线 $\eta_{st}-Q$（轴流式风机通常提供静压和静压效率曲线）。在风压特性曲线上有一段风机压力和功率跌落的鞍形凹谷段。在这一区段内，风机压力及功率变化剧烈，当风机工况落在该区段内，将可能产生不稳定的情况，机体振动，噪声增大，即产生喘振现象，甚至损毁通风机，这是轴流式通风机的典型特点，因此，轴流式风机的有效工作范围是在额定工作点（最高效率点）的右侧。

第三节 矿井通风机结构

一、离心式通风机的结构

（一）离心式通风机的组成及主要部件的作用

离心式通风机主要组成如图 11-3 所示。叶轮的作用是将原动机的能量传送给气体，它由前盘、后盘、叶片和轮毂等零件焊接或铆接而成（图 11-4）。叶片有前弯、径向、后弯三种，煤矿风机大多采用后弯叶片。叶片的形状一般可分为平板、圆弧和机翼型，目前多采用机翼型叶片来提高通风机的效率。

机壳由一个截面逐渐扩大的螺旋流道和一个扩压器组成，用来收集叶轮出来的气流，并引导至风机出口，同时将气流部分动压转变为静压。

改变前导器中叶片的开启度，可控制进气量或叶轮入口气流方向，以扩大离心式通风机的使用范围和改善调节性能。

集流器的作用是引导气流均匀地充满叶轮入口，并减少流动损失和降低入口涡流噪声。

进气箱（图 11-10）安装在进口集流器之前，主要应用于大型离心式通风机入口前需接弯管的场合（如双吸离心式通风机）。因气流转弯会使叶轮入口截面上的气流很不均匀，安装进气箱则可改善叶轮入口气流状况。

（二）典型离心式通风机的结构

离心式通风机的品种及型式繁多，下面介绍两种典型离心式通风机的结构和特点。

1. 4-72-11 型离心式通风机

4-72-11 型离心式通风机是单侧进风的中低压

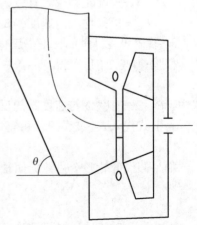

图 11-10 进气箱形状示意图

通风机。主要特点是效率高（最高效率达91%以上）、运转平稳、噪声较低、风量范围为 1710~204000 m³/h，风压范围为 290~2550 Pa，适用于小型矿井通风。

4-72-11型离心式通风机结构如图11-11所示。其叶轮采用焊接结构，由10个后弯式的机翼型叶片、双曲线型前盘和平板形后盘组成。该通风机从 No2.8~No20 共13种机号。机壳有两种型式：No2.8~No12机壳做成整体式，不能拆开；No16~No20机壳做成三部分，沿水平能分成上、下两半，并且上半部还沿中心线垂直分为左、右两半，各部分间用螺栓连接，易于拆卸、检修。为方便使用，出口位置可以根据需要选择或安装。进风口为整体结构，装在风机的侧面，其沿轴向截面的投影为曲线状，能将气流平稳地引入叶轮，以减少损失。传动部分由主轴、滚动轴承和皮带轮等组成。4-72-11型离心式通风机有右旋、左旋两种型式。从原动机方向看风机，叶轮按顺时针方向旋转称为右旋；按逆时针方向旋转称为左旋（应注意叶轮只能顺着蜗壳螺旋线的展开方向旋转）。

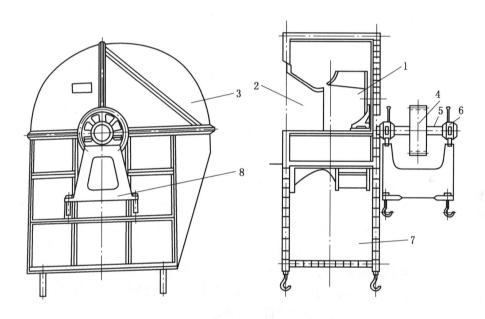

1—叶轮；2—集流器；3—机壳；4—皮带轮；5—传动轴；6—轴承；7—出风口；8—轴承座

图11-11 4-72-11型离心式通风机结构图

2. G4-73-11型离心式通风机

G4-73-11型离心式通风机是单侧进风的中低压通风机。它的风压及风量较4-72-11型大，效率高达93%，适用于中型矿井通风。

G4-73-11型离心式通风机结构如图11-12所示。该通风机从 No0.8~No28 共12种机号。该机与4-72-11型的最大区别是装有前导器，其导流叶片的角度可在0°~60°范围内调节，以调节通风机的特性。

二、轴流式通风机的结构

（一）轴流式通风机的组成及主要部件的作用

轴流式通风机主要组成如图11-5所示。叶轮由若干扭曲的机翼型叶片和轮毂组成，

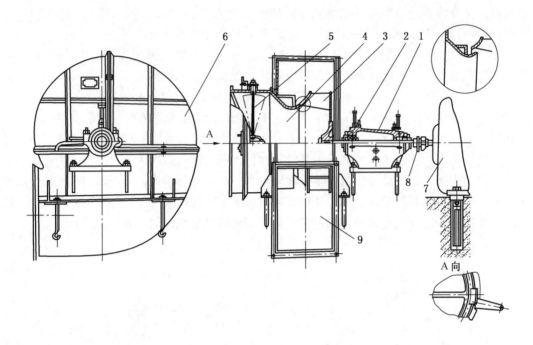

1—轴承箱；2—轴承；3—叶轮；4—集流器；5—前导器；6—外壳；7—电动机；8—联轴器；9—出风口

图 11-12 G4-73-11 型离心式通风机结构图

叶片以一定的安装角度安装在轮毂上。导叶固定在机壳上，根据叶轮与导叶的相对位置不同，导叶分为前导叶、中导叶和后导叶，其主要作用是确保气流按所需的方向流动，减少流动损失。对于后导叶还有将叶轮出口旋绕速度的动压转换成静压的作用，而前导叶若做成可以转动的，可以调节进入叶轮的气流方向，改变通风机工况。各种导叶的数目与叶片数互为质数，以避免气流通过时产生共振现象。集流器和疏流器的主要作用是使进入风机的气流成流线型，减少入口流动损失，提高风机效率。扩散器的作用是使气流中的一部分动压转变为静压，以提高风机的静压和静压效率。

（二）典型轴流式通风机的结构

目前矿山常用的轴流式通风机有 2K60 型、GAF 型等，下面介绍 2K60 型。

2K60 型矿井轴流式通风机结构如图 11-13 所示。该风机有 No18、No24、No28 三种机号，最高静压可达 4905 Pa，风量范围 20~25 m³/s，最大轴功率为 430~960 kW。风机主轴转速有 1000 r/min、750 r/min 和 650 r/min 三种。

2K60 型矿井轴流式风机为双级叶轮，轮毂比（轮毂直径与叶轮直径之比）为 0.6，叶轮叶片为扭曲机翼型叶片，叶片安装角可在 15°~45° 范围内做间隔 5° 的调节，每个叶轮上可安装 14 个叶片，装有中、后导叶，后导叶也采用机翼型扭曲叶片，因此，在结构上保证了风机有较高的效率。

该机根据使用需要，可以用调节叶片安装角或改变叶片数的方法来调节风机性能，以求在高效率区内有较大的调节幅度（考虑到动反力原因，共有三种叶片组合：两组叶片均为 14 片；第一级为 14 片、第二级为 7 片；两级均为 7 片）。

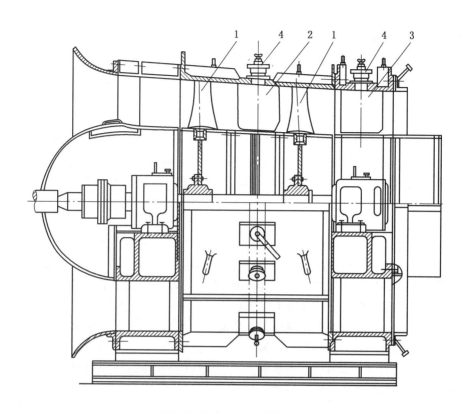

1—叶轮；2—中导叶；3—后导叶；4—绳轮
图 11-13 2K60 型矿井轴流式通风机结构图

该机为满足反风的需要，设置了手动制动闸及导叶调节装置。当需要反风时，用手动制动闸加速停车制动后，既可用电动执行机构遥控调节装置，也可利用手动调节装置调节中、后导叶的安装角，实现倒转反风，其反风量不小于正常风量的 60%。

三、离心式通风机与轴流式通风机的比较

离心式与轴流式风机在矿井通风中均广泛使用，它们各有不同的特点，现从以下几方面做一简单比较。

（一）结构

轴流式结构紧凑，体积较小，重量较轻，可采用高转速电动机直接拖动，传动方式简单，但结构复杂，维修困难；离心式风机结构简单，维修方便，但结构尺寸较大，安装占地大，转速低，传动方式较轴流式复杂。目前新型的离心式风机由于采用机翼形叶片，提高了转速，使体积与轴流式接近。

（二）性能

一般来讲，轴流式风机的风压低，流量大，反风方法多；离心式风机则相反。在联合运行时，由于轴流式风机的特性曲线呈马鞍型，因此可能会出现不稳定的工况点，联合工作稳定性较差；而离心式风机联合运行则比较可靠。轴流式风机的噪声较离心式风机大，所以应采取消声措施。离心式风机的最高效率比轴流式风机要高一些，但离心式风机的平

均效率不如轴流式高。

（三）启动、运转

离心式风机启动时，闸门必须关闭，以减小启动负荷；轴流式通风机启动时，闸门可半开或全开。在运转过程中，当风量突然增大时，轴流式风机的功率增加不大，不易过载，而离心式风机则相反。

（四）工况调节

轴流式风机可通过改变叶轮叶片或静导叶片的安装角度，改变叶轮的级数、叶片数、前导器等多种方法调节风机工况，特别是叶轮叶片安装角的调节，既经济又方便可靠；离心式一般采用闸门调节、尾翼调节、前导器调节或改变风机转速等调节风机工况，其总的调节性能不如轴流式风机。

（五）适用范围

离心式风机适应于流量小、风压大、转速较低的情况，轴流式风机则相反。通常当风压在 (3~3.2)kPa 以下时，应尽量选用轴流式通风机。另外，由于轴流式风机的特性曲线有效部分陡斜，适用于矿井阻力变化大而风量变化不大的矿井；而离心式风机的特性曲线较平缓，适用风量变化大而矿井阻力变化不大的矿井。

一般来讲，大、中型矿井的通风应采用轴流式通风机；中、小型矿井应采用叶片前弯式叶轮的离心式风机，因为这种风机的风压大，但效率低；对于特大型矿井，应选用大型的叶片后弯式叶轮的离心式风机，主要因为这种风机的效率高。总体来说，在矿山领域有轴流式通风机取代离心式通风机的趋势。

第四节　通风机网路工况

气流在矿井中所流经的通道（井巷）称为网路。在矿井通风系统中，通风机被安置在网路上，与网路共同工作。因此，要求通风机与网路之间应合理匹配，不仅要满足矿井通风的要求，还要使通风机的运转经济、可靠。

一、通风网路特性

气流在通过网路时，由于网路阻力的存在会产生各种损失，这就需要通风机提供能量（风压）来弥补损失，维持气流在网路中的流动。气流在流过网路时，网路流量与所需风压的关系就是通风网路阻力特性，简称网路特性。

通风机在网路上的工作可用图 11–14 示意。设风机全压为 H，列截面 0—0 和 3—3 间有能量输入的伯努利方程式（不计空气重度）：

$$p_0 + \frac{\rho}{2}v_0^2 + H = p_3 + \frac{\rho}{2}v_3^2 + \Delta p$$

式中　　Δp——整个网路的流动损失，Pa；

p_0，p_3——0—0 和 3—3 截面处的气流静压，Pa；

v_0，v_3——0—0 和 3—3 截面处的气流速度，m/s。

因为 $p_0 = p_3 = p_a$（大气压），$v_0 \approx 0$，所以上式可写为

$$H = \frac{\rho}{2}v_3^2 + \Delta p \qquad (11-13)$$

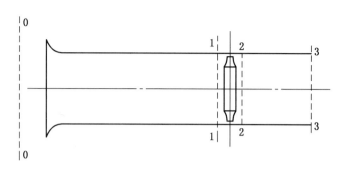

图 11-14 通风机在网路中工作的示意图

式（11-13）表明，风机全压 H 中，一部分用来克服流动损失 Δp，即静压；另一部分用来增加空气动能 $\rho v_3^2/2$。对通风系统来讲，气流从通风机获得的网路出口空气动能最终耗损在大气中，所以风机提供给网路有效能量的大小为网路静压 H_{st}。

由流体力学的阻力损失公式可得

$$\Delta p = H_{st} = RQ^2 \qquad (11-14)$$

式中　R——通风网路阻力系数，网路一定时，R 为常数。

设网路的出口截面积为 F，将式（11-14）代入式（11-13）并整理可得

$$H = bQ^2 \qquad (11-15)$$

式中　b——比例系数，$b = R + \rho/(2F^2)$，网路一定时，b 为常数。

式（11-14）和式（11-15）分别为通风机网路静压特性方程和全压特性方程。以流量为横坐标，风压为纵坐标，将特性方程绘制成曲线，此曲线就称为通风网路特性曲线（图11-15），其中曲线 R 和 b 分别为静压和全压特性曲线，它们都是通过坐标原点的二次抛物线。对于具体网路，当其参数确定时，它的网路特性曲线也是确定的。由曲线可以看出，随着通风量的变化，所需的风压也随之变化。

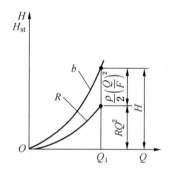

图 11-15 通风网路特性曲线图

二、工况和工业利用区

（一）工况

在通风系统中，风机装置的风压特性曲线与通风网路特性曲线在同一坐标图上的交点称为工况点，与工况点相对应的各参数称为工况参数。在确定工况时，若风机装置为全压特性时，网路特性也应为全压特性；若风机装置为静压特性时，网路特性也应为静压特性，但无论用全压特性还是用静压特性，两工况点的流量是相等的（图11-16）。

（二）工业利用区

划分工业利用区的目的，是保证风机工作时，具有良好的稳定性和经济性。

对于轴流式风机而言，由于其特性曲线有凹凸区域，如图 11-17a 中 AM 区域，此区

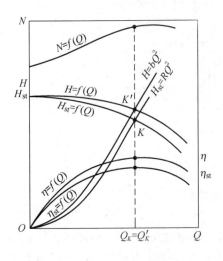
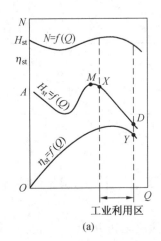
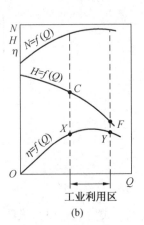

图 11-16 工况点的确定　　图 11-17 通风机的工业利用区

域为不稳定区域,为了保证风机稳定工作,应使风机运转工况点落在 M 点以右的区域,考虑到电压变化使风机转速下降,因此限定轴流式风机工业利用区工况静压不得超过最高静压的 90%。另外,从经济性上讲,对工况点的效率也应有一定要求,所以划定工业利用区的条件是

稳定性：　　　　　　　$H_{st} \leq (0.9 \sim 0.95) H_{Mst}$　　　$Q > Q_M$　　　　　(11-16)

经济性：　　　　　　　$\eta \geq \eta_{min}$　　且　$\eta \geq 0.8 \eta_{max}$　　　　　　　　(11-17)

式中　H_{Mst}——最高静压；

　　　η_{max}——风机的最高效率；

　　　η_{min}——人为规定的最低效率,一般取 0.6。

对于离心式风机,由于它的特性曲线上没有不稳定段（个别除外）,其工业利用区的划分只有效率要求,即 $\eta \geq \eta_{min}$ 且 $\eta \geq 0.8 \eta_{max}$,如图 11-17b 中的 CF 段。

三、通风机的联合工作

当一台通风机不能满足矿井通风要求时,可将多台通风机同时在网路上工作,增加系统的风量或提高风压,满足矿井通风要求。这种多台通风机在一个网路上同时工作称为通风机的联合工作。联合工作的基本方式是串联和并联。

（一）串联工作

通风机串联工作的目的是增加通风系统克服网路阻力所需的风压。其特点是各通风机的流量相等；风压为各通风机在该流量下的风压之和。

图 11-18 所示为风机串联工作的情况,风机各自的风压特性曲线分别为Ⅰ、Ⅱ。根据串联工作特点,将两曲线在相同风量下的风压相加,即得串联工作的联合风压特性曲线Ⅰ+Ⅱ。曲线Ⅰ+Ⅱ可以理解为串联工作的"等效单机"风压特性曲线。网路特性曲线 b 与曲线Ⅰ+Ⅱ的交点 M 即为串联工作联合工况点或等效单机工况点,过点 M 作流量 Q 轴的垂线分别交曲线Ⅰ和Ⅱ于点 M_1 和 M_2,则 M_1 和 M_2 就是风机Ⅰ和Ⅱ串联联合工作时各

自的工况点。合成风压 $H_{I+II} = H_I + H_{II}$，合成流量 $Q_{I+II} = Q_I = Q_{II}$，并且合成流量和风压较每台通风机单独在同一网路上工作时的流量和风压都有所增加。而且，网路阻力越大，串联后风压增加得越显著。因此，对于网路阻力较大的系统，串联运行的效果较好。

由图 11-18 可以看出，在 K 点通风机 II 的风压为零，此时通风机 II 已不再给气体提供能量；当 $Q > Q_k$ 时，风机 II 要靠气体来推动运转，这是不允许的。所以，K 点是串联工作的极限点，联合工况点只允许在 K 点的左侧。

（二）并联工作

通风机并联工作的目的是增加通风网路的风量。其特点是，各通风机的风量之和等于通风网路的风量。各通风机的风压相等，并且等于网路压力。根据通风系统的不同，通风机有以下两种并联工作。

1. 中央通风系统中的风机并联工作

图 11-19 所示为中央通风系统中的风机并联工作情况，风机各自的风压特性曲线分别为 I、II。根据并联工作的特点，将两曲线在相同风压下的风量相加，即得并联工作的联合风压特性曲线 I+II。曲线 I+II 可以理解为并联工作的"等效单机"风压特性曲线。

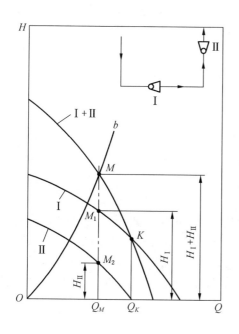

图 11-18 通风机串联工作工况图

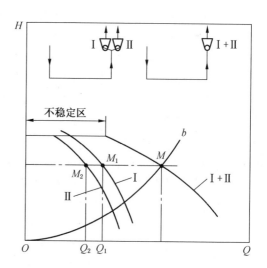

图 11-19 中央通风系统风机并联工作工况图

网路特性曲线 b 与曲线 I+II 的交点 M 即为并联工作联合工况点或等效单机工况点，过点 M 作风量 Q 轴的平行线分别交曲线 I 和 II 于点 M_1 和 M_2，则 M_1 和 M_2 就是风机 I 和 II 并联工作的各自工况点。合成风压 $H_{I+II} = H_I = H_{II}$，合成风量 $Q_{I+II} = Q_I + Q_{II}$，并且合成风压较每台通风机单独工作在同一网路上时的风压有所增加。从图 11-19 中还可看出，当网路阻力过大时，并联后的风量与单机运转时的风量相差不大，显然，这样的并联工作意义不大。

2. 对角通风系统中的风机并联工作

图 11-20 所示为对角通风系统中的风机并联工作（两翼并联工作）情况。风机各自的风压特性曲线分别为 Ⅰ、Ⅱ。风机 Ⅰ 和 Ⅱ 除分别有各自的网路 OA 和 OB 外，还共有一条网路 OC，其特点是通过共同段网路的风量等于两风机的风量之和，通过各分支网路的风量分别等于各自风机的风量；风机的风压等于各自分支网路压力与共同段网路压力之和。

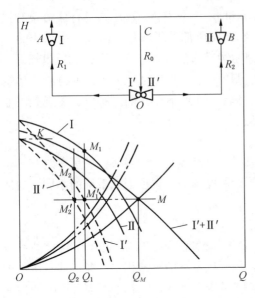

图 11-20 对角通风系统风机并联工作工况图

求各自风机的工况点的方法是，设想将风机 Ⅰ 和 Ⅱ 变位到 O 点得变位风机 Ⅰ′ 和 Ⅱ′，按并联工作求出变位风机 Ⅰ′ 和 Ⅱ′ 的工况点后，再反求原风机 Ⅰ 和 Ⅱ 的工况点。具体步骤是：

（1）求变位风机的风压特性曲线 Ⅰ′ 和 Ⅱ′。

将风机 Ⅰ 变位到 O 点后，变位风机 Ⅰ′ 的压力应为 $H_1 - R_1 Q_1^2$（H_1 为风机 Ⅰ 的风压，$R_1 Q_1^2$ 为网路 OA 段的负压）。所以先做出网路 OA 段的网路特性曲线 OA，再按"风量相等，压力相减"的办法做出变位风机 Ⅰ′ 的压力特性曲线 Ⅰ′，如图 11-20 所示。

同理可以做出变位风机 Ⅱ′ 的风压特性曲线 Ⅱ′。

（2）求出变位风机并联工作的联合工作点。

按"风压相等，风量相加"的方法，做出变位风机 Ⅰ′ 和 Ⅱ′ 的并联"等效单机"风压特性曲线 Ⅰ′+Ⅱ′。再做公共网路 OC 段的网路特性曲线 OC 与曲线 Ⅰ′+Ⅱ′ 相交即可得等效单机工况点 M。

（3）求出原风机的工况点。

过点 M 作 Q 轴的平行线分别交曲线 Ⅰ′ 和 Ⅱ′ 于点 M_1' 和 M_2'，再过这两点做 Q 轴的垂线，分别与曲线 Ⅰ 和 Ⅱ 相交，交点 M_1 和 M_2 就为原风机在并联联合工作时的各自工况点。

由上述求解工况点的过程可知，并联等效单机风压特性曲线 Ⅰ′+Ⅱ′，与风压较高的变位风机风压特性曲线 Ⅰ′ 的交点 K 为极限点，即等效工况点 M 的流量大于 K 点的流量时，并联联合工作有效，否则失败。

四、通风机的经济运行和调节

矿井通风机在使用过程中，由于种种原因会使风机的风量发生变化。不论是风量过大或过小都会改变风机的工况点，使风机不能高效运行，因此必须及时对风机的工况点进行调节，使之既保证安全生产又能经济运行。由于风机的工况点是由风机和网路两者的特性曲线共同确定的，所以调节方法有两类，一类是调节网路特性，另一类是调节通风机的特性。

（一）调节网路特性

调节网路特性就是在不改变风机特性的情况下，通过调节风门开启度大小来改变网路阻力和网路特性曲线，从而实现风机风量及工况点的调节，如图11-21所示。这种方法操作简便，调节均匀。但由于人为地增加了风门阻力，存在能量损失，故不经济。一般情况下，风门调节是作为一种调节应急措施或补偿性地微调。

（二）调节风机特性

任何能使风机特性发生改变的措施都可作为风机调节的方法，因此调节方法很多。下面介绍一些常用方法。

1. 改变风机转速

如前所述，当风机转速改变时，其特性曲线上任一点的工况参数是按比例定律变化的，如图11-22所示。

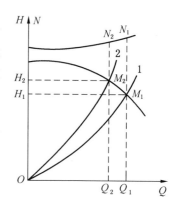

图11-21 风门调节

若风机以转速n_1在网路特性为$H=bQ^2$的网路中工作时，工况点为1，此时风量为Q_1、风压为H_1、功率为N_1、效率为η_1。若把风机的转速由n_1减少到n_2，即风机的工况点由1移到2，此时风机的风量为Q_2、风压为H_2、功率为N_2、效率$\eta_2 \approx \eta_1$。可见风机减速后，除效率基本不变外，风机的风量、风压和功率分别随转速的降低而相应地减少。此种工况调节方法可以保证风机高效运转，是所有调节方法中经济性最好的一种，因此被广泛运用，特别是对离心式风机的工况调节。

改变风机转速的措施很多，例如带传动的风机，可用更换皮带轮的方法调速；对于用联轴器与电动机轴直连传动的风机，可采用换电动机或多级电动机，实现有级调速。但当负荷变化较大时，会使电动机本身的运转效率下降。目前较先进的调速方法是异步电动机可控硅串级调速和变频调速。

2. 改变叶片安装角

此种方法用于某些叶片安装角可以调节的轴流式风机。通过改变叶片安装角，使风机的流量、风压发生变化，以改变风机的工作特性。

某轴流式风机的特性曲线如图11-23所示。设风机叶片的安装角为45°，网路特性为R，则风机工作在工况点1，风机流量为Q_1。若要将流量减至Q_2，则只需将叶片的安装角由45°调到35°，工况点便由1变到2，流量则由Q_1降到Q_2。

改变叶片安装角度的具体方法很多，原始的方法是停机人工调节，这种方法不但工作量大，调节时间长，而且也难以保证各叶片调节在相同的安装角

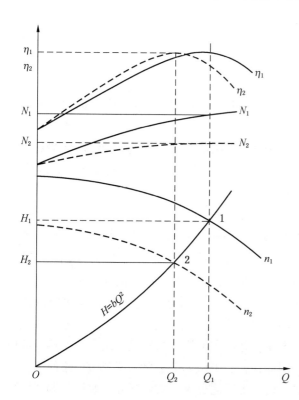

图11-22 改变风机转速的调节

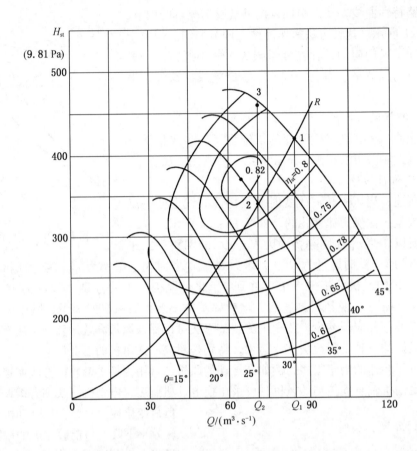

图 11-23 改变叶片安装角的调节

度上。目前较先进的调节方法是采用液压或机械传动的动叶调节机构,它可以在不停机的情况下调节安装角度,并且调节均匀。

改变叶片安装角的工况调节方法,可以在较广的风量范围内对风机特性进行调节。叶片安装角的变化范围一般在 15°~45°。应该指出的是,叶片处在设计安装角时,风机的效率最高,上调或下调安装角效率均要下降。

3. 改变前导器叶片安装角

由通风机的理论全压方程可知,通风机的理论全压与风机入口切向速度 c_{1u} 的大小有关。因此,可以通过改变前导器叶片的安装角度,来改变风机入口的切向速度 c_{1u},以改变风机的特性,从而达到调节风机工况的目的。在叶轮设计时,通常使 $\alpha_1 = 90°$,即 $c_{1u} = 0$,若切向速度 c_{1u} 不为零,则会使气流在叶轮入口处产生冲击,使风机的效率降低,流量、压力变小。

前导器结构简单,叶片安装角度调节方便,并可在不停机的情况下调节。虽然经济性较转速调节法差,但比风门调节法优越,因此在大、中型风机工况的调节中广泛使用。

除上述风机工况调节方法外,轴流式风机还可以通过改变级数或叶片数进行调节,离心式风机通过改变叶片宽度进行调节。

思 考 题

1. 写出通风机的性能参数及其意义。
2. 离心式通风机使用前弯、后弯和径向叶片时各有什么优缺点?
3. 怎样确定通风机的工况点和工业利用区?
4. 通风机为什么要采用联合工作模式? 联合工作模式有哪些,各有什么特点?
5. 通风机的调节方法有哪些? 各有何特点?
6. 离心式通风机由哪些主要部件组成? 各有什么作用?
7. 轴流式通风机的叶轮、前后导叶、集流器和扩散器各有什么作用和特点?
8. 某离心式通风机叶轮外径 $D_2 = 500$ mm,转速 $n = 1480$ r/min,$\alpha_1 = 90°$,$\omega_2 = 20$ m/s,$\beta_2 = 120°$,空气密度 $\rho = 1.2$ kg/m³,求理论风压。若将叶片形式改为后弯式叶片,$\beta_2 = 60°$,其他条件不变,求理论风压。
9. 某通风机全压为 1962 Pa,风量为 240 m³/h,效率为 0.5,求轴功率。
10. 选择通风机满足矿井的通风要求:所需最大负压为 3433.5 Pa,最小负压为 2550.4 Pa,所需风量为 125 m³/s。

第十二章 矿山压气机械

【本章教学目的与要求】
- 了理空气压缩机的分类
- 掌握活塞式空气压缩机的工作原理
- 理解活塞式空气压缩机工作理论
- 了解活塞式空气压缩机的结构和调节

【本章概述】
　　煤矿中广泛使用着各种由压缩空气驱动的机械及工具,如采掘工作面的气动凿岩机、气动装岩机,凿井使用的气动抓岩机,地面使用的空气锤等。空气压缩设备就是指为这些气动机械提供压缩空气的整套设备。本章主要介绍活塞式空气压缩机的工作原理、工作理论和结构组成。

【本章重点与难点】
　　本章的重点是理解并掌握活塞式空气压缩机的工作原理和工作理论,包括空气压缩机的性能参数、理论与实际的工作循环等,其中活塞式空气压缩机的工作理论是本章的难点。

第一节 概　　述

　　煤矿中广泛使用着各种由压缩空气驱动的机械及工具,如采掘工作面的气动凿岩机、气动装岩机,凿井使用的气动抓岩机,地面使用的空气锤等。空气压缩设备就是指为这些气动机械提供压缩空气的整套设备。

　　在井下使用以压缩空气为动力的机械,主要因为它安全,在有瓦斯的矿井中,可避免产生电火花引起爆炸;容易实现气动凿岩机等冲击机械高速、往复、冲击强的要求;比电力有更大的过负荷能力。其主要缺点是生产和使用压缩空气的效率较低,故这种动力比电力运行费用高。

一、矿山空气压缩机械的组成

　　如图 12-1 所示,矿山空气压缩设备包括空气压缩机(简称空压机)、电动机及电控设备、辅助设备(包括空气过滤器、风包、冷却水循环系统等)和输气管道等。

　　空气通过空气过滤器时将空气中的尘埃和机械杂质清除,清洁的空气进入空压机进行压缩,压缩到一定的压力后排入风包。风包是一个储气器,它除能储存压缩空气外,还能消除空压机排送出来的气体压力的波动,并能将压缩空气中所含的油分和水分分离出来。从风包出来的压缩气体沿管道送到井下供风动工具使用或送到其他使用压缩气体的场所。

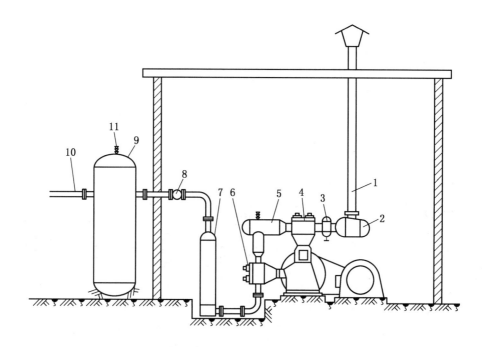

1—进气管；2—空气过滤器；3—调节装置；4—低压缸；5—中间冷却器；6—高压缸；
7—后冷却器；8—逆止阀；9—风包；10—压气管路；11—安全阀

图 12-1 矿山压气系统示意图

二、空气压缩机的分类

空压机按工作原理可分为容积型和速度型两种。容积型空压机是利用减少空气体积，提高单位体积内气体的质量，来提高气体的压力的；速度型空压机是利用增加空气质点的速度，提高气体的压力的。容积型空压机又可分为活塞式、螺杆式、滑片式三种；速度型又可分为离心式和轴流式两种。其中活塞式空压机（又称往复式空压机）在矿山得到了广泛的应用。本章将主要介绍活塞式空压机。

活塞式空压机分类如下所述（图 12-2）。

（1）按气缸中心线的相对位置分。

卧式：气缸中心线与地面平行，如图 12-2f、g 所示。

立式：气缸中心线与地面垂直，如图 12-2a、e 所示。

角度式——气缸中心线之间成一定角度，按其角度不同又分为 L 型（直角型）、V 型和 W 型，如图 12-2b、c、d 所示。

（2）按活塞往复一次的工作次数分。

单作用式：活塞往复一次工作一次。

双作用式：活塞往复一次工作两次。矿用空压机多数为双作用式。

（3）按压缩级数分。

单级压缩：如图 12-2a 所示。

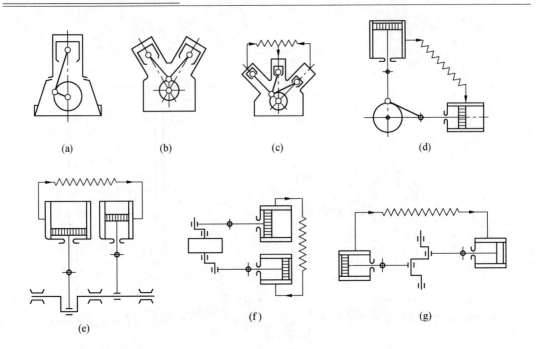

图 12-2 活塞式空压机种类

双级压缩：如图 12-2b、d、e、f、g 所示。
多级压缩：如图 12-2c 所示。
（4）按冷却方式分。
水冷：排气量为 18～100 m³/min 的空压机都是水冷。
风冷：排气量小于 10 m³/min，一般都用空气冷却，称为风冷。

三、活塞式空气压缩机的工作原理

图 12-3 所示为双作用活塞式空压机工作原理图。电动机带动曲轴旋转，通过连杆、十字头和活塞杆带动活塞在气缸中作往复运动。活塞上装有活塞环，把气缸分成左右两个

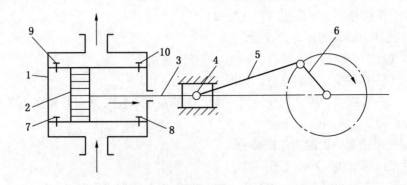

1—气缸；2—活塞；3—活塞杆；4—十字头；5—连杆；6—曲柄；7，8—吸气阀；9，10—排气阀

图 12-3 活塞式空压机工作原理图

密封腔。当活塞从左极限位置向右移动时，左腔压力降低，当低于缸外大气压力时，空气推开左侧吸气阀进入气缸，直到活塞到达右极限位置为止，这是吸气过程。同时活塞右侧气缸容积逐渐减小，空气被压缩压力逐渐升高，这个过程叫压缩过程。当气体被压缩到一定压力时，右排气阀打开，压缩空气便由右排气阀排出，直到活塞移动到气缸的最右端时，压缩空气被全部排出，这是排气过程。活塞在气缸内往复运动一次称为一个工作循环，移动的距离叫行程。可见，对于这种活塞式空压机，一个工作循环分别完成两次吸气和两次压缩、两次排气过程，所以称为双作用活塞式空压机。活塞式空压机是利用往复运动的活塞与气缸内壁所构成容积的变化进行工作的，所以属于容积式空压机。

第二节 活塞式空气压缩机工作理论

一、空气压缩机的性能参数

1. 排气量

在单位时间内测得空压机排出的气体体积数，然后换算到空压机吸气状态下的体积数称为空压机的排气量，用符号 V 表示，单位是 m^3/min。

2. 排气压力

排气压力是指空压机出口的气体压力，用相对压力度量（理论计算时采用绝对压力），以符号 p 表示，单位为 Pa。

3. 吸、排气温度

空压机吸入气体与排出气体的温度，用符号 T_1、T_2 表示，单位 K。

4. 轴功率及比功率

轴功率是指原动机传给空压机轴上的功率，用符号 N 表示，单位为 kW。比功率是指空压机轴功率与排气量之比，用符号 N_b 表示，单位为 $kW/(m^3/min)$。

二、空气压缩机的理论工作循环

为讨论问题方便，假设空压机没有余隙容积，没有进、排气阻力，压缩过程中压缩规律保持不变。符合上述假设条件的工作循环称为理论工作循环，图 12-4 所示为单作用空压机理论工作循环中气缸内压力及容积变化情况。当活塞自点 0 向右移动至点 1 时，气缸在压力 p_1 下等压吸进气体，0—1 为进气过程；然后活塞向左移动，自 1 压缩至 2，1—2 为压缩过程；最后将压力为 p_2 的气体等压排出气缸，2—3 为排气过程。过程 0—1—2—3 便构成了压缩机的理论工作循环。

显然，压缩机完成一个理论工作循环所需要的功由吸气功、压缩功和排气功三部分组成。

吸气功是指吸气过程中，气缸中的压力为 p_1 的气体推动活塞所做的功。吸气功 W_1 为
$$W_1 = p_1 FS = p_1 V_1$$

式中　F——活塞面积，m^2；

S——活塞行程，m；

V_1——吸气终了时气缸内空气的体积，m^3。

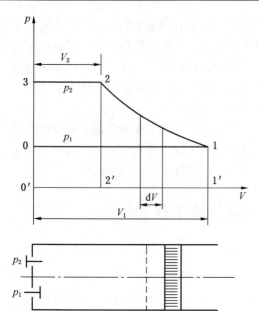

图 12-4 理论工作循环示功图

其值相当于图 12-4 中 0—0′—1′—1 所包围的面积。

压缩功是指压缩过程中活塞压缩气体所做的功 W_2：

$$W_2 = \int_2^1 pF\mathrm{d}S = \int_{V_2}^{V_1} p\mathrm{d}V$$

其值相当于图 12-4 中 1′—1—2—2′ 所包围的面积。

排气功是指排气过程中活塞将压力为 p_2 的气体推出气缸所做的功 W_3：

$$W_3 = p_2 F S_2 = p_2 V_2$$

式中　S_2——排气开始到排气终了时活塞的移动距离，m；
　　　V_2——排气开始时气缸内空气的体积，m^3。

其值相当于图 12-4 中 2′—2—3—0′ 所包围的面积。

若把气体对活塞所做的功定为负值，则活塞对气体所做的功定为正值，三者之和即为一个循环内空压机的总功 W：

$$W = -W_1 + W_2 + W_3 = -p_1 V_1 + \int_{V_2}^{V_1} p\mathrm{d}V + p_2 V_2 \tag{12-1}$$

吸气功与排气功和压缩功之和可用图 12-4 中 0—1—2—3 包围的面积表示，所以图 12-4 也称为理论工作循环示功图。

在压缩过程中，其压缩规律可归纳为以下 3 种情况：

(1) 等温压缩过程。

在等温压缩下气体状态方程式为

$$p_1 V_1 = p_2 V_2 = pV = 常数 \tag{12-2}$$

则总循环功为

$$W = -p_1 V_1 + \int_{V_2}^{V_1} p\mathrm{d}V + p_2 V_2 = \int_{V_2}^{V_1} p\mathrm{d}V = W_2$$

由式 (12-2) 有 $p = \dfrac{p_1 V_1}{V}$，代入上式，得

$$W = W_2 = \int_{V_2}^{V_1} p_1 V_1 \frac{\mathrm{d}V}{V} = p_1 V_1 \ln \frac{V_1}{V_2} = p_1 V_1 \ln \frac{p_2}{p_1} \tag{12-3}$$

(2) 绝热压缩过程。

进行绝热压缩时，气体与外界不进行热交换，此时气体状态方程为

$$pV^K = p_1 V_1^K = p_2 V_2^K = 常数 \tag{12-4}$$

式中　K——绝热指数，对空气 $K = 1.4$。

则压缩功为

$$W_2 = \int_{V_2}^{V_1} p\mathrm{d}V = \frac{1}{K-1}(p_2 V_2 - p_1 V_1)$$

总循环功为

$$W = -p_1V_1 + \frac{1}{K-1}(p_2V_2 - p_1V_1) + p_2V_2$$

$$= \frac{K}{K-1}(p_2V_2 - p_1V_1)$$

$$= \frac{K}{K-1}p_1V_1\left[\left(\frac{p_2}{p_1}\right)^{\frac{K-1}{K}} - 1\right] \tag{12-5}$$

(3) 多变压缩过程。

进行多变压缩时,气缸为不完全冷却,该过程的气体状态方程式为

$$pV^n = p_1V_1^n = p_2V_2^n = 常数 \tag{12-6}$$

式中 n——常数,称为多变指数。

因为多变压缩与绝热压缩的区别,只是 n 与 K 的不同,所以将绝热压缩时总循环功公式中的 K 换成 n,即得多变压缩总循环功为

$$W = \frac{n}{n-1}p_1V_1\left[\left(\frac{p_2}{p_1}\right)^{\frac{n-1}{n}} - 1\right] \tag{12-7}$$

压缩机多变指数 n 的取值范围为 $1 < n < K$,也就是说多变压缩介于等温压缩和绝热压缩之间。

空压机按不同规律进行压缩,所消耗的功及压缩后气体的状态也不相同。图 12-5 所示为在相同吸气终了状态下,按照不同的压缩过程压缩空气至同一终了压力时的理论工作循环示功图,曲线 1—2、1—2′和 1—2″分别为等温压缩、多变压缩和绝热压缩曲线。可以看出,在等温压缩过程中理论循环功最小,绝热过程时最大,多变过程时则介于两者之间。而且,等温压缩后排气温度最低,气体的密度最大;绝热压缩后排气温度最高,气体的密度最小。因此,从理论上讲,空压机按等温规律压缩最有利,故应加强对空压机的冷却。

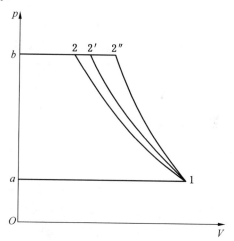

图 12-5 三种循环的比较图

三、空气压缩机的实际工作循环

空压机的实际工作循环比理论工作循环复杂,图 12-6 所示为空压机的实际工作循环图,它与理论工作循环图的差别在于:

(1) 当排气结束之后活塞开始返回行程,气缸内出现了压力逐渐下降的气体膨胀过程。这是因为任何实际空压机的活塞,在排气行程终了时,活塞与气缸盖之间都留有一定间隙,以防止活塞冲击气缸,另外,还有气缸至气阀的通道等处的间隙,这些空间在排气行程终了均残留有高压气体,这部分空间称为"余隙容积"。在活塞回程开始时,余隙容积中残存的高压气体将随气缸容积的增大膨胀,吸气阀不能及时开启,如图 12-6 中曲线 c—d。

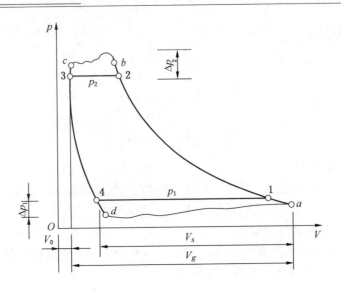

图 12-6 空压机实际工作循环

(2) 当膨胀到点 4 时,气缸内的压力与进气管中的压力 p_1 相等,由于气阀尚未开启,只有当膨胀到 d 点,气缸内的压力低于进气管道中的压力,造成一个压力差 Δp_1,足以克服气阀弹簧力以及阀片运动的惯性力时,气阀才打开,吸气过程开始。阀片一经全部开启,惯性力不再产生影响,压差稍微减少。在整个进气过程中,活塞运动速度是变化的,故气流通过气阀进入气缸的速度也是变化的,因此造成的阻力损失也是变化的。在进气过程的末期,活塞速度逐渐降低,气流速度逐渐减小,气缸内压力回升,直到压力差 Δp_1 减小到不能克服气阀弹簧力时,气阀关闭,进气过程结束,这时活塞已达另一个止点位置 a,气缸内的压力为 p_a。

(3) 在压缩过程中,活塞从点 a 至点 1 的一段压缩行程,是先把气体从压力 p_a 压缩到进口状态的压力 p_1(点 1),接着继续压缩到排气压力。

(4) 当气缸内的气体压力超过排气管道中的压力 p_2,并产生一个能够克服排气阀弹簧力及惯性力的压力差 Δp_2 时,排气阀打开,排气过程开始。图 12-6 中的 $b—c$ 线为排气过程的压力线。

故空压机的实际工作循环由膨胀、吸气、压缩、排气 4 个过程组成。

四、空气压缩机性能影响因素分析

为了保证空压机在最佳条件下运转,必须分析与空压机性能有关的因素,进而分析它们对空压机性能的影响,以便提高空压机工作的可靠性和经济性。

1. 余隙容积对排气量的影响

余隙容积是活塞处于外止点时,活塞外端面与气缸盖之间的容积和气缸与气阀连接通道的容积之和。余隙容积的大小还可用相对余隙容积 α 来表示,它定义为余隙容积 V_0 与气缸工作容积 V_g 的比值,即

$$\alpha = \frac{V_0}{V_g} \tag{12-8}$$

余隙容积对空压机排气量的影响，常用气缸的容积系数 λ_0 来表示。它定义为气缸的吸入空气量 V_s 与工作容积 V_g 之比，即

$$\lambda_0 = \frac{V_s}{V_g} \tag{12-9}$$

经过分析可以得到

$$\lambda_0 = \alpha + 1 - \alpha\varepsilon^{\frac{1}{m}} = 1 - \alpha(\varepsilon^{\frac{1}{m}} - 1) \tag{12-10}$$

式中 ε——压缩比，$\varepsilon = \dfrac{p_2}{p_1}$；

m——膨胀过程多变指数。

式（12-10）说明了容积系数中各方面的矛盾，展示了容积系数的本质。容积系数的大小，不仅取决于相对余隙容积值 α，还取决于压缩比 ε 和膨胀指数 m，由此可知要增加空压机的排气量必须减少 α 或 ε，或增大 m 值。因此，若提高空压机排气量须从以下几方面着手：①尽量减少余隙容积；②空气的压缩比不能太大；③使余隙容积中的压缩空气按绝热过程进行膨胀。

2. 余隙容积对功的影响

只考虑余隙容积时，空压机的工作循环如图 12-7 所示。

若无余隙容积时，总循环功为

$$W = \frac{n}{n-1} p_1 V_1 \left[\left(\frac{p_2}{p_1} \right)^{\frac{n-1}{n}} - 1 \right]$$

若有余隙容积，总循环功为

$$W' = \frac{n}{n-1} p_1 V_1 \left[\left(\frac{p_2}{p_1} \right)^{\frac{n-1}{n}} - 1 \right] - \frac{m}{m-1} p_1 (V_1 - V'_1) \left[\left(\frac{p_2}{p_1} \right)^{\frac{m-1}{m}} - 1 \right]$$

膨胀过程多变指数 m 取决于热交换情况，当 $n = m$ 时：

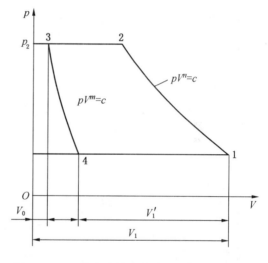

图 12-7 只考虑余隙容积时空压机的工作循环

$$W' = \frac{n}{n-1} p_1 V'_1 \left[\left(\frac{p_2}{p_1} \right)^{\frac{n-1}{n}} - 1 \right]$$

3. 压力损失的影响

在空压机的吸气过程中，压力不是恒定的，而是随着吸气管的阻力而变化的。压力损失是由于过滤器、吸气管和吸气阀阻力而产生的。其中阀的压力损失是主要的，该压力损失与阀中气体流速的平方成正比。同样在排气过程中排气阀及排气管道也具有阻力，所以，空压机在排气过程中，气缸压力要高于排气管中的压力。

在图 12-6 中，吸气过程和排气过程开始时具有较大凸起的波折线，这是由于阀及弹簧的惯性阻力引起的，此阻力只有在打开阀片时才有。吸气压力降低和排气压力升高的影响，使空压机的每一循环过程所消耗的总功增加，所增加的数值如图 12-6 中的 3—2—b—c 和 4—d—a—1 所包围的面积。

由于吸气压力降低，吸气终了压力小于气缸外原始压力 p_1，所以当折算到压力 p_1 时，实际的吸气体积有一定的下降，从而排气量也有所下降。常用压力系数 λ_p 来表示吸气阻力对排气能力的影响：

$$\lambda_p = 1 - \frac{\Delta p}{p_1} \qquad (12-11)$$

一般空压机的第一级中，进气压力等于或接近大气压时，$\lambda_p = 0.95 \sim 0.98$。

4. 其他因素对空压机性能的影响

除上述因素外，还有吸入空气温度升高、气体湿度和漏气等因素均对空压机性能有影响，这里不作详细的分析，可参阅相关文献。

五、空气压缩机的两级压缩

所谓两级压缩，就是将气体的压缩过程分两级，并在第一级压缩后，将气体导入中间冷却器进行冷却，然后再经第二级压缩后排出以供使用。其每级压缩的工作原理与一级压缩的理论相同。

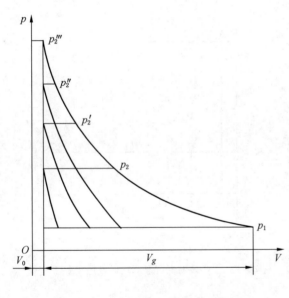

图 12-8 压缩比对气缸工作容积的影响

由前面的讨论可知，当单级压缩比值较大时，将导致容积系数的减小。如图 12-8 所示，当排气压力由 p_2 增高到 p_2'、p_2'' 时，余隙中气体膨胀后所占的容积逐次加大，容积系数逐渐降低；当排气压力增加至 p_2''' 时，气缸中被压缩的气体不再排出而全部容纳于余隙容积 V_0 内，在膨胀时又全部充满整个气缸容积 $V_0 + V_g$，这时空压机不再吸进和排出气体。因此，为保证有一定的排气量，每一级压缩比不能过大，为了达到较高的压力，只有采用两级或多级压缩。

空压机在运行中，即使气缸冷却得很好，也不可能实现等温压缩，实际都是接近绝热的多变压缩，如果单级压缩比很大，排气温度也将增高，从而使气缸中起润滑作用的润滑油黏性降低，摩擦加大，同时引起润滑油的迅速分解。当温度增高到润滑油闪点温度（一般为 215~240 ℃）时，便有发生爆炸的危险。因此，《煤矿安全规程》规定：空压机排气温度，单缸不得超过 190 ℃，双缸不得超过 160 ℃。以此为条件，可计算出在最不利的情况下（即绝热压缩），单级压缩的极限压缩比（p_2/p_1）约为 5。矿用空压机属中压空压机，排气压力为 0.7~0.8 MPa，其压缩比为 7~8，所以必须采用两级压缩。高压空压机还有采用多级压缩的。

采用两级压缩除了可以提高空压机排气量和降低排气温度外，还可以节省功率的消耗。

空压机在实际运行中是接近绝热的多变压缩,如图 12-9 中曲线 1—2。由图可见,它比等温压缩过程曲线要陡,且所需循环功大。当采用两级压缩时,气体在第一级中沿 1—a 压缩到中间压力 p_x,随后进入中间冷却器沿 a—a' 冷却至初始温度,气体体积由 V_a 减至 V'_a,因此,第二级压缩开始点又回到等温线 1—a'—3 上的点 a'。第二级沿着 a'—$2'$ 继续进行压缩至终了压力 p_2。从图中看出,采用两级压缩后,比一级压缩节省了 a—a'—$2'$—2 面积的功。从理论上讲,级数越多,压缩过程线越接近等温线,省功越多。但级数过多,使机器结构趋于复杂,整个制造费用、尺寸、重量都要上升;同时气体通道增加,气阀及管路的压力损失增加,效率反而可能降低。所以,一般动力用空压机都采用两级压缩。

如果中间冷却器冷却得不完善,冷却后气体温度高于第一级吸入温度时,将使所需的压缩功增大,增大量为图 12-9 中面积 a''—a'—$2'$—$2''$ 所表示的功。

另外,采用两级压缩还能大大地降低活塞上的最大气体作用力,使运动机构轻巧,机械效率改善。

同单级压缩一样,两级空压机的实际示功图与理论示功图是不同的。实际示功图如图 12-10 所示,L_1 为一级压缩过程,L_2 为二级压缩过程。由于各级冷却程度不同,各级压缩过程不一样,以及在中间冷却器中的空气温度不可能降低到理论要求的温度(实际上温度是逐级增加),因此实际上各级循环功也不相等。

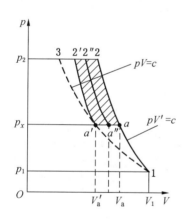

图 12-9 二级压缩理论示功图

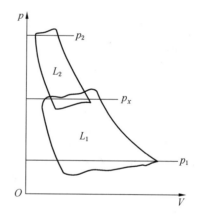

图 12-10 两级空压机的实际示功图

第三节 活塞式空压机结构

一、空压机的主要结构部件

活塞式空压机的主要结构部件,按其作用可分解为气路系统、传动系统、冷却系统、润滑系统、调节系统与控制保护系统等部分。煤矿常用的活塞式空压机为 L 型空压机,即高、低压气缸布置相互垂直成 L 形,低压缸为立式,高压缸为卧式。图 12-11 所示为

4L-20/8 型空压机的结构图。

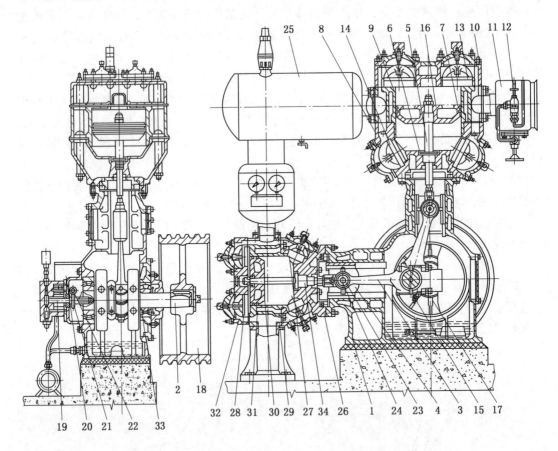

1—机架；2—曲轴；3—连杆；4—十字头；5—活塞杆；6——级填料函；7——级活塞环；8——级气缸座；9——级气缸；10——级气缸盖；11—减荷阀组件；12—压力调节器；13——级吸气阀组；14——级排气阀组；15—连杆轴瓦；16——级活塞；17—连杆螺栓；18—三角胶带轮；19—齿轮泵组件；20—注油器；21，22—蜗轮及蜗杆；23—十字销铜套；24—十字头销；25—中间冷却器；26—二级气缸座；27—二级吸气阀组；28—二级排气阀组；29—二级气缸；30—二级活塞；31—二级活塞环；32—二级气缸盖；33—滚动轴承；34—二级填料函

图 12-11　4L-20/8 型空压机

下面分别讨论其中几个主要部件。

1. 机架

机架为灰铸铁制成的一个整体，外形呈直角 L 形，结构如图 12-12 所示。两端面 1 和 2 组装高、低压缸，其水平和垂直的颈部 3 和 4 是机架的滑道部分，十字头就在其中作往复运动。曲轴箱 5 内装曲轴、连杆，两侧壁上安装有曲轴轴承，下部放置润滑油箱，底部通过地脚螺钉与地基固结。总体来说，机架起连接、承载、定位、导向、储油等作用。

2. 气缸

气缸由缸体、缸盖、缸座等用螺栓连接组成，整个气缸连接在机架上。一般中、低压气缸都用铸铁制成，缸体壁通过铸成的隔板分为进气通路、排气通路和水套几部分，缸壁上还有小孔用以装接润滑油，缸盖、缸座上也有水套和气路与缸体的相应部分连通。

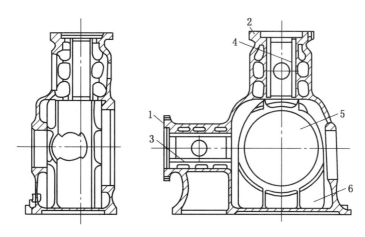

1,2—端部贴合面；3,4—十字头导轨；5—曲轴箱；6—机身底部油池

图 12-12　L型空压机机架

3. 活塞部件

活塞部件由活塞、活塞杆、紧固螺母等组成。活塞杆一端利用紧固螺母固定在活塞上，另一端则借螺纹与十字头相连，靠机架滑道对十字头的引导作用，保证活塞杆运动时不偏离其轴线位置。活塞用铸铁铸成，为了防止高压侧的气体漏往低压侧，活塞周围表面的槽内，装有几道活塞环（又称胀圈）。活塞环用铸铁铸成，它有弹性，以便紧贴在气缸的内壁上，各道活塞环的缺口应互相错开。由于活塞环和气缸壁之间有摩擦，故气缸壁内使用润滑油，一般用空压机油，活塞环同时也起布油和导热的作用。

4. 传动机构

传动机构由曲轴、连杆、十字头、皮带轮等组成，其作用是将电动机的旋转运动，转化成为活塞的往复运动。

L型空压机的曲轴是球墨铸铁制件。其机构如图 12-13 所示，曲柄上固定着平衡铁，用以平衡偏心曲拐转动时的惯性。曲轴左端有一小传动轴用以驱动润滑油泵，右侧外伸端供安装皮带轮用。

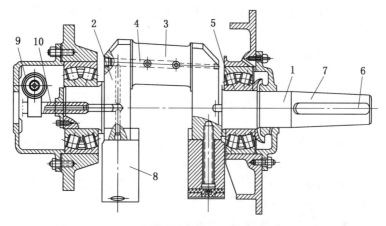

1—主轴颈；2—曲柄；3—曲拐轴颈；4—曲轴中心油孔；5—轴承；6—键槽；
7—曲轴外伸端；8—平衡铁；9—蜗轮；10—传动小轴

图 12-13　4L型空压机曲轴

连杆部件由优质碳素钢或球墨铸铁制成。其结构如图 12-14 所示，小头通过销轴与十字头连接，连杆大头部分装在曲拐轴颈上，内嵌有巴氏合金钢背瓦片。

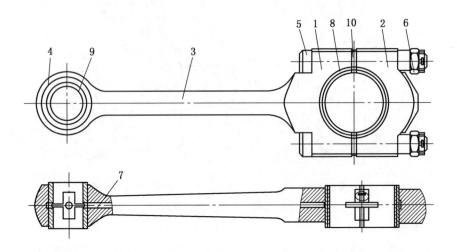

1—连杆大头；2—大头瓦盖；3—杆体；4—连杆小头；5—螺栓；6—螺母；7—油孔；
8—大头瓦；9—小头瓦；10—调整垫片

图 12-14　4L 型空压机连杆

曲轴中心钻有油孔，通过齿轮泵供油润滑曲拐轴颈，同时向连杆供油，连杆内有通孔，接受的油除供小头曲拐轴颈润滑外，还润滑十字头的通道。

由于活塞近似作简谐运动，惯性力很不均匀，在一个循环内活塞上所受气体压力也是变化的，所以作用在曲轴上的阻力矩周期性波动，对机械、基础都会产生较大的振动负荷，甚至引起电动机转速的波动，为了缓和这一矛盾，曲轴上装有相当质量的飞轮，L 型空压机的大皮带轮即起飞轮作用。

5. 气阀

气阀是空压机内最关键也最容易发生故障的部件。其工作条件有以下特点：

（1）动作频繁。活塞每往复一次阀片应启、闭一次，即每分钟启闭数百、上千次，受到很大冲击。然而为了减小其惯性和冲击力，要求阀片轻而薄，只有 1~2 mm 厚，强度不是很高。

（2）温度高（尤其排气阀）。阀片是在常温下制造、研磨，在高温下极易发生内应力重新分布而翘曲，造成漏气。

（3）阀片靠弹簧力加速闭合，而几条弹簧的作用力很难均匀（高温时更如此），使阀片关闭不平稳，易发生阀片跳动，加重冲击和漏气。

（4）气缸内润滑油受热分解而产生炭粒，它与进气中的灰尘和润滑油混合成油垢结在阀片上，使阀片关闭不严而产生漏气。

进气阀漏气会降低效率；排气阀漏气不仅降低效率，而且由于高温压气漏回气缸，提高了气缸进气的温度，压气温度也相应提高，更恶化了阀片工作的条件，造成恶性循环。

为使空压机能正常工作,对气阀有下列要求:

(1) 阀片与阀座接触面应极平滑,闭合时严密不漏气。

(2) 阀片启闭应轻巧迅速,应减轻阀片重力,并选用合适的弹簧。弹力过大则开启阻力大,使效率下降;过小不能及时闭合,发生漏气,影响效率。

(3) 气阀工作时应平静无声,阀片升程为 2~4 mm。升程过高冲击力大;升程过低则送气面积小,阻力大。

(4) 保证气阀有足够的气流通道面积。

(5) 进排气阀分开,使发热影响小。

(6) 结构应便于更换、拆卸及修理。

总之,气阀应满足闭合严密、启闭及时、阻力小、易拆装、坚固等要求。图 12-15 所示为 4 L 型空压机用环状气阀,图 12-15a 所示为进气阀,图 12-15b 所示为排气阀。由图可以看出,它们在结构上完全相同,只是螺栓的安装方向相反,同时气阀本身对气缸的相对位置也相反,进气阀把升程限制器靠近气缸,排气阀把阀座靠近气缸。

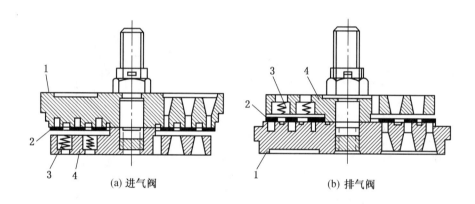

1—阀座;2—阀片;3—弹簧;4—升程限制器

图 12-15 气阀结构图

二、冷却系统与润滑系统

1. 冷却系统

冷却系统的主要作用是降低压气的温度。

空压机的冷却系统由冷却水管、气缸水套、中间冷却器和后冷却器等组成。图 12-16 所示为 L 型两级空压机常采用的串联冷却系统。气缸冷却水套的作用是降低气缸温度,保证气缸、活塞的正常润滑,防止活塞环烧伤,增加排气能力等。中间冷却器的主要任务是降低进入二级缸的压气温度,以节省功耗并分离出压气中的油和水。

2. 润滑系统

空压机有两套润滑系统。一套靠齿轮泵输送润滑油润滑曲轴、连杆、十字头等传动系统,润滑油池位于机架内底部,润滑油通过粗过滤器、油冷却器后被吸进齿轮泵,增压后通过精过滤器进入空压机内润滑部位,最后又流回油池。另一套靠注油器将空压机油压入气缸进行润滑,油进入气缸后即随着压气排走。图 12-17 所示为 L 型空压机润滑系统。

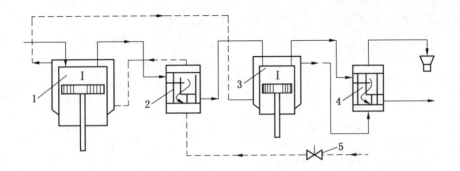

1—一级缸；2—中间冷却器；3—二级缸；4—后冷却器；5—闸阀；
⟶—气流方向；---—冷却水流方向

图 12-16　两级空压机串联冷却系统

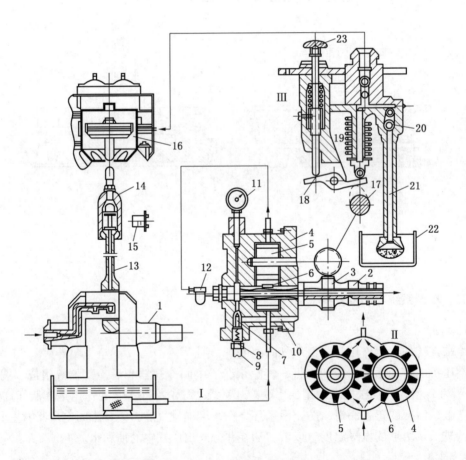

1—曲轴；2—传动空心轴；3—蜗轮蜗杆；4—外壳；5—从动轮；6—主动轮；7—油压调节阀；8—螺帽；
9—调节螺钉；10—回油管；11—压力表；12—滤油器；13—连杆；14—十字头；15—十字头销；
16—气缸；17—凸轮；18—杠杆；19—柱塞阀；20—球阀；21—吸油管；22—油槽；23—顶杆

图 12-17　L型空压机润滑系统

第四节 活塞式空压机调节

空压机站生产的压气，主要供井下风动工具使用。由于井下风动工具开动的台数经常变化，因此耗气量也经常变化。当耗气量大于空压机的排气量时，可启动备用空压机；小于空压机的排气量时，多余的压气虽然可以暂时储存在风包中，但如时间较长，风包内压气数量较多，风压增加太大，容易产生危险，因此必须进行空压机排气量的调节。

一、打开进气阀调节

如图 12-18 所示，图中左侧为压力调节器，由缸体 1、滑阀 2（带有阀杆 3）、弹簧 4 等组成，经管 5 与风包或压气管相连，用管 6 通往右侧的减荷装置。

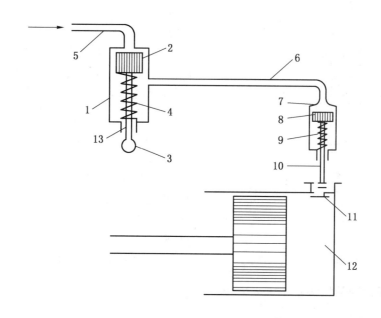

1—缸体；2—滑阀；3—阀杆；4—弹簧；5—通风包风管；6—通减荷器风管；7—减荷装置；
8—活塞；9—弹簧；10—带叉头的杆；11—进气阀；12—气缸；13—放气槽孔

图 12-18 打开进气阀调节示意图

风包中风压正常时，弹簧 4 把滑阀 2 推到缸内最上端位置，此时管 5 被滑阀上端面堵死。当风包中风压超过正常值时，把滑阀 2 压到下侧位置，使管 5 和管 6 连通。此时风包中的压缩空气进入减荷装置 7 的缸体内，推动活塞 8 克服弹簧 9 的弹性力而向下移动，利用杆 10 的叉头将进气阀 11 的阀片压开，气缸 12 与大气相通。当气缸 12 的活塞左行时，气缸进气；右行时，又将吸进气缸的气体由进气阀排到大气中。因此空压机空转，不向压气管网供应压气。

对于双作用式气缸，可将两侧工作腔的进气阀分别连接两个压力调节器 A 和 B，同时将两个压力调节器的动作压力、恢复压力整定成不同的值，则可实现 100%、50%、0 排气量的三级调节。当风包中压力升到某一额定数值时，压力调节器 A 起作用，打开气缸一侧的进气阀；排气量减为额定值的50%。如此时排气量仍然大于耗气量，则风包中压力继续上升，压力调节器 B 随后起作用，打开气缸另一侧的进气阀，空压机进入空转。恢复情况类似。

这种调节方法简便易行，缺点是调节器动作时，负荷立即下降，产生的惯性力较大，为了不使惯性力太大，需加大飞轮质量以产生较大的惯性。

二、关闭进气管调节

目前矿山使用的 L 型空压机，很多采用关闭进气管的调节方式，其结构简图如图12-19所示。和打开进气阀调节法一样，也是靠压力调节器来调节的。当风包中风压超过整定值时，压力调节器起作用，风包中的高压风通过管路进入减荷缸1，推动活塞2带动盘形阀3，克服弹簧4的压力而向上移动，把进气管通路堵死，从而使空压机不能进气，因而也不能排气，空压机进行空转。风包中风压降低时，其作用与上述打开进气阀调节时类似。

当风包中有相当风压时，为了能够不带负荷启动空压机，备有手轮6，启动前把活塞2托起，封闭进气管，于是空压机可以空载启动。在空压机转速达到额定值时，再转动手轮6脱离活塞2，利用弹簧4的力量使活塞2连同盘形阀3一起下降，恢复原位，进气管打开，空压机开始正常工作。

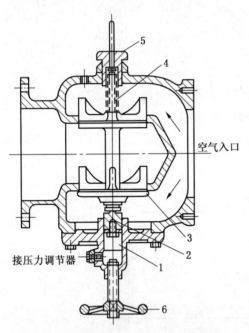

1—减荷缸；2—活塞；3—盘形阀；
4—弹簧；5—调节螺母；6—手轮

图12-19 关闭进气管调节减荷装置

三、改变余隙容积调节

如图12-20所示，气缸壁上带有附加余隙容积1，此附加余隙容积靠阀2的作用，可以和气缸连通或隔断。当风包中压力增大超过整定值时，压力调节器起作用，压气通过压力调节器后沿风管3进入减荷气缸4内，克服弹簧6的作用，推动活塞5，将阀2打开而使余隙容积增大，空压机的排气量减小。

用改变余隙容积法调节时，往往在气缸上带有四个附加的余隙容积，分别由四个整定成不同压力的压力调节器控制。当各个余隙容积依次和气缸连通时，空压机的排气量将逐步减少25%左右，于是能进行五级调节，分别给出100%、75%、50%、25%和0的排气量。

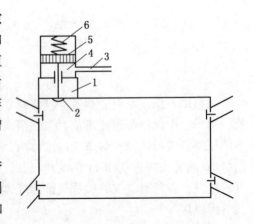

1—附加余隙容积；2—阀；3—风管；
4—减荷气缸；5—活塞；6—弹簧

图12-20 改变余隙容积调节示意图

思 考 题

1. 空压机有哪几种类型？有哪些主要结构部件？
2. 掌握空压机的工作原理，并说明排气量和比功率的含义。
3. 压缩机完成一个理论工作循环所要做的功由哪几部分组成？用示功图说明其理论工作循环和实际工作循环。
4. 对空压机排气量进行调节的目的是什么？排气量调节装置有哪几种？
5. 计算单级空压机从外界吸入空气为 40 m³/min，压力为 0.1 MPa，按 $n=1.25$ 规律压缩，使其最终压力提高到 0.78 MPa 时消耗的理论功是多少？

第十三章　露天采矿机械

【本章教学目的与要求】
- 了解露天采矿生产工艺的分类
- 掌握各露天开采工艺的特点
- 掌握露天采矿设备的用途与分类
- 掌握典型露天采矿设备结构及主要机构

【本章概述】
　　露天采煤也是我国重要煤炭开采方法之一。本章主要介绍间断开采工艺、连续开采工艺、半连续开采工艺、无运输倒堆开采工艺的特点及适用条件，露天矿钻孔、采掘、运输、排土等主要生产环节中常用设备的结构组成、工作原理及主要部件。

【本章重点与难点】
　　本章的重点是掌握各开采工艺的特点及适用条件，露天矿用牙轮钻机、单斗挖掘机、自卸汽车、推土机的结构组成及主要部件。难点在于掌握露天矿常用设备的主要结构。

第一节　概　　述

　　为开采矿产资源，从地表建立起来的各种坑道和揭露矿体的各种矿山工程的总体，通称露天开采。

　　露天开采的特点是采掘空间直接敞露于地表，为了采出有用矿物，需要将矿体上部的覆盖岩石和两盘的围岩剥去，使矿体暴露在地表进行开采，通过露天沟道线路系统把矿石和岩石运至地表。当矿体埋藏较浅或地表露头时，应用露天开采最为优越。与地下开采相比，露天开采对资源利用充分、回采率高、贫化率低，适于用大型机械施工，建矿快，产量大，劳动生产率高，成本低，劳动条件好，生产安全。但是露天矿一般需要剥离并排弃大量的岩土，尤其是较深的露天矿，往往占用较多的农田，设备购置费用较高，故初期投资较大。此外，露天开采受气候影响较大，天气条件对设备效率及劳动生产率都有一定影响。随着开采技术的发展，露天开采的应用范围越来越大。

一、露天开采生产工艺的概念

　　露天矿的剥离和采矿工作，实质上是采用一定的机械设备和作业方法完成大量矿岩的移运，这一过程是通过一系列生产环节实现的，其中主要的生产环节是采掘、运输和排卸（排废、卸矿）。这三个主要环节中，采掘是直接和岩层发生作用的环节。它受矿床地质和气候环境的直接影响，在露天矿生产中最为重要。运输是联系采掘和排卸的纽带，它是露天矿生产中占有设备、消耗能源和人力最多的环节。物料的经济、合理排卸是露天矿生产必不可少的要求。

围绕这三个主要生产环节的还有一系列辅助生产环节，如设备维修，动力供应，防排水等。辅助环节是保证主要环节顺利进行的必要条件，没有辅助环节的保证，露天矿生产就不能进行。

露天开采工艺（或称露天开采工艺系统）是完成采掘、运输和排卸这三个环节的机械设备和作业方法的总称。由于露天开采工艺一旦选定并付诸实施之后，几乎很难改变，因而选择合理的开采工艺是露天矿设计的核心问题之一。

二、露天开采生产工艺分类及其适用条件

按采掘、运输和排卸三大环节中使用的设备类型或作业过程中矿岩流的特征，露天开采工艺可分为三大类别。

（1）间断开采工艺。间断开采工艺指各主要生产环节的矿岩流是间断的。主要优点是适应性强，可适用于各种矿床赋存条件，世界上多数国家广泛使用，在我国及苏联采用较多。

（2）连续开采工艺。连续开采工艺内各生产环节的矿岩流是连续的。连续开采工艺具有作业效率高、能耗低、生产成本低等一系列优点，但其对矿岩性质和气候条件有严格要求，目前多用于无须爆破即可挖掘的松软岩石。有的松软岩层可用松动爆破，用轮斗铲切割岩土。

（3）半连续开采工艺。半连续开采工艺是部分生产环节的矿岩流为连续的，部分则是间断的，故又称间断－连续开采工艺。在开采深度或运距大的中硬和硬岩露天矿中，半连续开采工艺有较大的发展前途。

按照所用设备可完成的生产环节数，露天开采工艺又分为以下两类：

（1）独立式工艺。所谓独立式工艺，是指露天采矿的三个生产环节各有自己的独立生产设备的开采工艺。例如，由机械铲进行采掘，汽车运输，排土机排土组成的开采工艺；由轮斗挖掘机进行采掘，胶带运输，排土机排土组成的开采工艺，等等。显然独立式工艺可以是间断的，也可以是连续的或半连续的工艺。

（2）合并式工艺。所谓合并式工艺，是指主要生产环节有两个或两个以上是合并在一起，由同一设备完成的工艺。合并式工艺能够简化开采过程并大幅度降低开采成本。直接倒堆工艺是一种典型的合并式工艺；铲运机剥离工艺是另一种合并式工艺。

倒堆工艺因取消运输环节，因而具有许多优点，但仅适于矿层成水平和缓倾斜埋藏、覆盖层不厚的条件下，故应用范围很有限。

随着矿山开采集中化的进一步发展，单个露天矿的开采范围扩大，开采深度日益增加，开采境界内矿岩赋存条件往往复杂多变。针对这种情况，传统的单一开采工艺方式往往不能与之相适应，使开采效率降低，开采成本提高。近年来，多种开采工艺综合应用已经成为大型露天开采的一种发展模式。

第二节　钻　孔　机　械

钻孔机械是露天采矿中钻爆法崩落岩石的重要设备之一，可根据露天采矿深孔爆破法的需要，在岩体上钻进一定孔径、一定深度和一定方向的、供爆破装填炸药用的炮孔。

钻孔作业是一个繁重而费用昂贵的工序，露天开采的钻孔成本约占每吨采掘物开采总

成本的 16%~36%。采掘和运输设备的生产能力、寿命和作业效率都与采掘物的爆破质量有关。因此，钻孔机械对整个露天矿的生产具有重要意义。

钻孔机械的种类繁多，为了获得较高的劳动生产率、降低钻孔成本，必须根据不同岩石的物理机械性质，选择经济合理的钻孔方法，确定各种具体条件下最适合的机械类型。

根据机械破碎岩石的方法，钻孔机械可分为以下几种：

（1）旋转式钻机：多刃切削钻头钻机、金刚石钻头钻机等，多用于在中硬以下的岩石或煤中钻孔。

（2）冲击转动式钻机：各种类型凿岩机、潜孔钻机和钢绳冲击式钻机等，可用于中硬以上的岩石中钻孔。

（3）旋转冲击式钻机：牙轮钻机，适用于中硬以上的岩石钻孔。

露天钻机根据可以钻孔的深度划分为深孔钻机和浅孔钻机两种，根据钻孔方向不同，钻机分为垂直钻孔、倾斜钻孔和水平钻孔三种。

目前主要钻孔设备有牙轮钻、潜孔钻、凿岩台车，本节仅介绍牙轮钻机。

一、牙轮钻机概述

牙轮钻机是一种近代钻孔设备，1907 年时只应用于石油工业钻进油井和天然气井，1939 年开始在露天矿试用，1950 年以后在露天矿推广和应用，开始只用于中硬以下的岩石钻孔。1958 年以后，牙轮钻头的结构、材料和制造技术的发展，使牙轮钻机应用在硬岩钻孔中。

与其他类型的钻孔设备相比，牙轮钻机具有钻孔效率高、成本低，安全可靠和使用范围广等优点，所以在大中型露天矿中得到了广泛的应用。目前，国外露天矿山的钻孔量有 70%~80% 是由牙轮钻机完成的，美国、加拿大、俄罗斯、澳大利亚等国的大型露天矿几乎全部采用牙轮钻机钻孔。

我国从 1958 年开始研制牙轮钻机，至今已能生产适用于中硬、硬和极硬岩石三个系列、十余种机型的牙轮钻机，其中有些机型的技术性能已达到世界先进水平。从 20 世纪 70 年代开始，我国各大型露天矿山普遍使用牙轮钻机，并且取得了良好的技术经济效果。目前我国生产的矿用牙轮钻机，在《矿山机械产品型号编制方法》(GB/T 25706—2010) 中规定其型号表示为 KY - ×××，K 表示钻孔类的"孔"，Y 表示牙轮的"牙"字，后面三位表示孔径，单位为 mm。

牙轮钻机的种类很多，按工作场地不同分为露天矿用牙轮钻机和井下矿用牙轮钻机；按技术特征分类见表 13-1。按回转和加压方式分为底部回转间接加压式（也称长盘式）、底部回转连续加压式（也称转盘式）和顶部回转连续加压式（也称滑架式）三种类型，其中后者是当前世界各国普遍应用的一种。

表 13-1 牙轮钻机按技术特征分类

技术特征分类	小型钻机	中型钻机	大型钻机	特大型钻机
钻孔直径/mm	≤150	≤280	≤380	>445
轴压力/kN	≤200	≤400	≤550	>650

牙轮钻机用于露天矿钻孔，可在软至坚硬的岩石中钻凿直径为 170~445 mm、深度小于 50 m 的垂直或倾斜向下的炮孔。实践表明，对于十分坚硬的矿岩、炮孔直径小于 170 mm 时，潜孔钻机优于牙轮钻机；对于软和较硬的岩石、炮孔直径大于 200 mm 时，牙轮钻机优于潜孔钻机。

牙轮钻机是利用旋转冲击来破碎岩石形成钻孔的，其基本工作原理如图 13-1 所示。

钻机工作时，回转机构带动钻具旋转，机体通过钻杆给钻头施加足够大的轴压力和回转力矩，使钻头压在岩石上，边推进边回转。由于牙轮自由地滑装在钻头轴承的轴颈上，在岩石阻力作用下，牙轮沿着与钻头转向相反的方向旋转。牙轮在加压机构的静压力和滚动过程中齿数变化引起的冲击作用下破碎岩石。实际上，牙轮相对于岩石表面的滚动中带有滑动。因此，牙轮钻头破碎岩石是凿碎、剪切和刮削等复合作用的结果。为了保证钻孔工作连续地进行，利用具有一定压力和流速的气体不断地将破碎下来的岩石排至孔外。

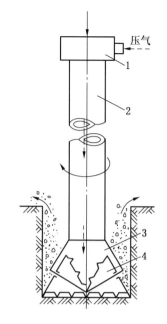

1—加压回转机构；2—钻杆；
3—钻头；4—牙轮

图 13-1 牙轮钻机工作原理

二、KY-310 型牙轮钻机

KY-310 型牙轮钻机是滑架式钻机，其结构如图 13-2 所示，由钻架和机架、回转供风机构、加压提升机构、接卸及存入钻杆机构、行走机构、除尘装置以及压气系统和液压系统等组成，该机全部采用电动，由高压电缆向机内输电。钻机采用顶部回转、齿条-封闭链条-滑差电动机（或直流电动机）连续加压的工作机构；直流电动机拖动钻具提升、下放和履带行走机构；机器使用三牙轮钻头，利用压缩空气进行排渣。

KY-310 型牙轮钻机的主要技术参数见表 13-2。

表 13-2 KY-310 型牙轮钻机的主要技术参数

名　　称		特　征　参　数
适应岩石硬度（f）		5~20
钻孔直径/mm		250~310
钻孔深度/m		17.5
钻孔方向/(°)		90（垂直）
最大轴压/kN	交流	500
	直流	310
钻进速度/(m·min^{-1})	交流	0~0.98
	直流	0~4.5
回转转速/(r·min^{-1})		0~100
回转扭矩/(N·m)		7210

表 13-2（续）

名 称		特 征 参 数
提升速度/(m·min^{-1})		0~11.87~20
行走方式		液压驱动履带
行走速度/(km·h^{-1})		0~0.63
爬坡能力/(°)		12
接地比压/MPa		0.05
除尘方式		干湿任选
空压机类型		螺杆式
排渣风量/(m^3·min^{-1})		40
排渣风压/MPa		0.35
装机功率/kW		450
外形尺寸(长×宽×高)/(m×m×m)	钻架竖起时	13.838×5.695×26.326
	钻架放倒时	26.606×5.695×7.620
整机质量/t		123

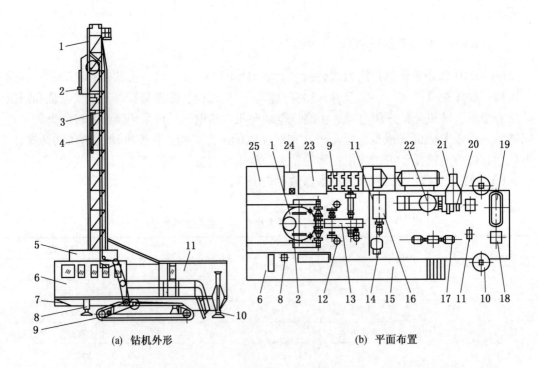

(a) 钻机外形　　(b) 平面布置

1—钻架；2—回转机构；3—加压提升机构；4—钻具；5—空气增压净化调节装置；6—司机室；7—机架；8,10—后、前千斤顶；9—履带行走机构；11—机械间；12—起落钻架液压缸；13—主传动机构；14—干油润滑系统；15,24—右、左走台；16—液压系统；17—直流发电机组；18—高压开关柜；19—变压器；20—压气控制系统；21—空气增压净化装置；22—压气排渣系统；23—湿式除尘装置；25—干式除尘系统

图 13-2　KY-310 型牙轮钻机

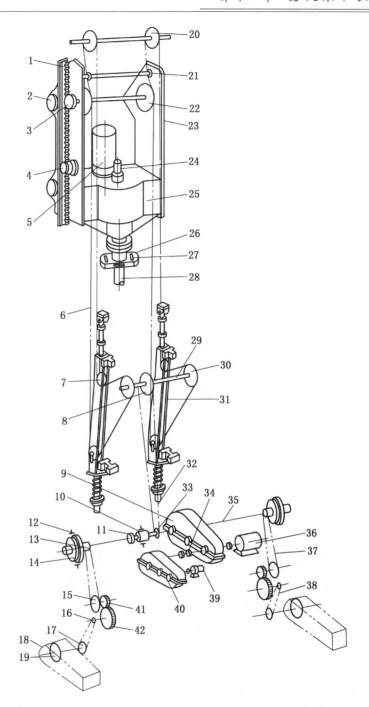

1—齿条；2—滚轮；3—加压齿轮；4—压轮；5—回转电动机；6—封闭链条；7，8，13，15，16，17，20，30，33—链轮；9—主减速器；10—主制动器；11—齿式主离合器；12—行走制动器；14—气胎离合器；18—履带；19—驱动轮；21—导向链轮；22—深槽大链轮；23—侧架；24—风接头；25—回转减速箱；26—回转接头；27—气爪子气缸；28—钻杆；29—A型架回转轴；31—均衡装置；32—双排链条；34—齿式离合器；35—主传动轴；36—提升电动机；37，38—链条；39—电磁调速电动机；40—加压减速器；41，42—齿轮

图 13-3　KY-250 型钻机传动系统

图 13-3 所示为 KY-250 型钻机的传动系统，KY-310 型钻机的传动系统与其类似。钻孔时，回转机构带动钻具回转，加压机构通过封闭链条向钻头施加轴压力并推进钻具，进行连续凿岩；由空压机供给的压缩空气通过回转供风机构进入中空钻杆，然后由钻头的喷嘴喷向孔底，岩渣沿钻杆与孔壁之间的环形空间被吹到孔外。当钻完一个钻孔后，开动行走机构使钻机移动，再钻另外一个钻孔。

三、牙轮钻机选型原则

（1）牙轮钻机是露天矿技术先进的钻孔设备，适用于各种硬度矿岩的钻孔作业，设计大中型矿山钻孔设备首先要考虑选用牙轮钻机。

（2）中硬以上硬度的矿岩采用牙轮钻机钻孔优于其他钻孔设备。

（3）在满足矿山年钻孔量的同时，牙轮钻机选型还要保证设计生产要求的钻孔直径、孔深、倾角及其他参数。

（4）根据矿区自然地理条件选择设备及配套部件。如高海拔、高寒、炎热气候地区对主要设备配套部件、空压机、变压器、除尘、液压及电控系统等都有特殊要求。

（5）动力条件。动力源往往决定选用钻机的类型，大中型矿山一般选用电动。

（6）工作可靠，寿命长，价格适宜，零部件供货周期长，应进行综合分析对比。

第三节 露天采掘机械

一、挖掘机概述

露天矿采掘设备的通用名称是挖掘机，又称挖掘机械、铲、镐等，是用铲斗挖掘高于或低于承机面（设备站立的平面）的物料，并卸至堆料场或装入运输车辆的土方机械。

常见的挖掘机结构包括动力装置、工作装置、回转机构、操纵机构、传动机构、行走机构和辅助设施等。

从外观上看，挖掘机由工作装置、上部转台、行走机构三部分组成。根据其构造和用途可以区分为履带式、轮胎式、步履式、全液压、半液压、全回转、非全回转、通用型、专用型、铰接式、伸缩臂式等多种类型。

工作装置是直接完成挖掘任务的装置，它由动臂、斗杆、铲斗等三部分铰接而成。动臂起落、斗杆伸缩和铲斗转动都采用往复式双作用液压缸控制。为了适应各种不同施工作业的需要，挖掘机可以配备多种工作装置，如挖掘、起重、装载、平整、夹钳、推土、冲击锤等多种作业机具。

回转与行走装置是液压挖掘机的机体，转台上部设有动力装置和传动系统。发动机是挖掘机的动力源，大多采用柴油驱动，在合适的场地也可改用电动机。

传动机构通过液压泵将发动机的动力传递给液压马达、液压缸等执行元件，推动工作装置动作，从而完成各种作业。

二、挖掘机类型

挖掘机可根据其不同特征加以分类，以下是常见挖掘机的分类方法：

按照驱动方式的不同可分为内燃机驱动和电力驱动两种。其中电动挖掘机主要应用在高原缺氧与地下矿井和其他一些易燃易爆的场所。早期出现的蒸汽驱动挖掘机已经不再使用。

按照行走方式的不同可分为履带式挖掘机、轮式挖掘机和步履式挖掘机。

按照传动方式的不同可分为液压挖掘机和机械挖掘机。机械挖掘机主要用于一些大型矿山上。

按照用途不同可以分为通用挖掘机、矿用挖掘机、船用挖掘机和特种挖掘机等不同的类别。

按照铲斗伸出方向和连接方式来分，挖掘机又可以分为正铲挖掘机、反铲挖掘机，以及拉铲挖掘机和抓铲挖掘机。正铲挖掘机多用于挖掘承机面以上的物料，反铲挖掘机多用于挖掘站立水平以下的物料。

按照挖掘机铲斗数量，分为单斗挖掘机和多斗挖掘机。多斗挖掘机其挖掘机构安装有多个铲斗，如轮斗挖掘机、链斗挖掘机；多斗挖掘机挖掘力较小，一般专用于挖掘比较松软或破碎良好的物料。单斗挖掘机的挖掘机构上只装有一个铲斗，应用范围较广，是露天矿最常用的挖掘设备。

三、单斗挖掘机

单斗挖掘机主要有正铲挖掘机、反铲挖掘机、拉斗铲、前装机、铲运机。

（一）正铲挖掘机

正铲挖掘机亦称正铲，其铲土动作特点是"前进向上，强制切土"。正铲挖掘力大，主要用于开挖停机面以上的物料。正铲的铲斗比同当量的反铲挖掘机的铲斗要大一些，适于开挖含水量不大的物料，主要用于向运输设备装载物料，还可以挖掘大型干燥基坑和土丘等。正铲挖掘机以电力驱动为主，机械或液压传动，履带行走式居多。目前大型露天矿山使用的铲斗多在 30 m^3 左右，最大斗容为 137 m^3。国内已能够生产斗容为 75 m^3 的电动挖掘机。

下面简单介绍美国 P&H 公司生产的 2300XP 型及 2800XP 型单斗挖掘机的主要结构及参数。

美国 P&H 公司生产的齿条推压式单斗挖掘机，以 2300 型和 2800 型挖掘机具有代表性，前者额定斗容为 17 m^3，与 136~154 t 卡车配合使用，后者为 23 m^3，与 181~227 t 卡车配合使用，它们都是由可控制系统把交流电变成直流电，以直流电动机驱动提升、回转、推压、行走机构的。这样就取消了交流电动机和直流发电机组，使效率、寿命和可靠性提高。

1981 年以后该机型改为 2300XP 和 2800XP，主要变动为将单电动机行走驱动改为双电机行走驱动；将电枢可控硅用油冷却改为用空气冷却，这样可避免油管连接处的漏油，其他尚有许多改进。2300XP 型挖掘机分为三部分，即工作装置 1、回转装置 2 和行走装置 3，如图 13-4 所示。这两种形式挖掘机主要技术特征见表 13-3。

1. 工作装置

工作装置是由悬架、斗杆、铲斗、传动机构所组成。固定于悬架上的四根钢丝绳与能在水平垂直面转动的平衡器相连，该平衡器与置于回转盘上的支承架连接。这样可使四根钢丝绳受力均衡（图 13-4）。

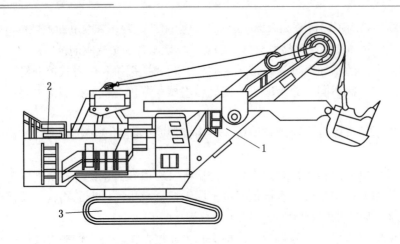

1—工作装置；2—回转装置；3—行走装置

图 13-4 2300XP 型挖掘机

表 13-3 P&H 公司 2300XP、2800XP 型机械式单斗挖掘机技术特征

名　称	2300XP	2800XP	名　称	2300XP	2800XP
铲斗容积/m³	16	23	履带长度/m	8.71	10.16
理论生产率/(m³·h⁻¹)	1800	3200	履带宽度/m	7.92	9.04
动臂长度/m	15.2	17.68	标准履带板宽/m	1.22	1.43
最大挖掘半径/m	20.7	23.7	底架下部至地面最小高度/mm	640	710
最大挖掘高度/m	15.5	18.2	回转90°时工作循环时间/s	28	28
停机地面上最大挖掘半径/m	15.27	14.99	最大提升力/kN	1580	2080
最大卸载半径/m	18.0	20.6	提升速度/(m·s⁻¹)	1.0	0.95
最大卸载高度/m	10.3	11.3	最大推压力/kN	950	1300
挖掘深度/m	3.5	4.0	推压速度/(m·s⁻¹)	0.70	0.65
起重臂对停机平面的倾角/(°)	45	45	停机面上最大清底半径/m	14.6	14.45
顶部滑轮上缘至停机平面的距离/m	15.9	16.84	斗杆有效长度/m	9.19	10.36
顶部滑轮外缘至回转中心的距离/m	15.27	15.93	接地比压/MPa	0.29	0.29
起重臂支角中心至回转中心的距离/m	3.35	3.91	最大爬坡能力/(km·h⁻¹)	16	16
起重臂支角中心高度/m	3.99	4.44	行走速度/(km·h⁻¹)	1.45	1.43
机棚尾部回转半径/m	7.92	8.43	提升电动机总功率(475 V)/kW	847.5	1059.3
机棚宽度/m	8.53	8.53	回转电动机总功率(475 V)/kW	332.7	514.7
双脚支架顶部至停机平面的高度/m	11.25	12.01	推压电动机总功率(475 V)/kW	196.9	266.3
机棚至地面高度/m	7.34	7.84	行走电动机总功率(475 V)/kW	272.3	359.5
司机水平视线至地面高度/m	7.85	7.8	主电动机功率/kW	700	2×700
配重箱底面至地面高度/m	2.24	2.46	整机质量/t	621	851

2. 回转装置

如图 13-5 所示，在焊接的箱形结构的回转盘上装有双电动机驱动的提升机构、单电

动机驱动的回转传动机构、空压机、司机室、悬架、支承悬架的双腿立柱及电气装置等。

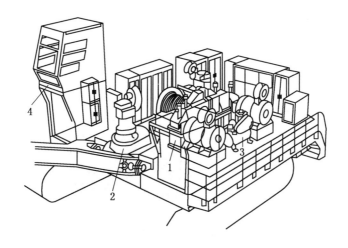

1—提升机构；2—回转传动机构；3—空压机；4—司机室
图 13-5 2300XP 型挖掘机回转盘

3. 行走装置

2300XP 型挖掘机行走装置其传动装置如图 13-6 所示。

电动机 1 传动第一个减速器 3；两边出轴分别传动第二个减速器 4，经传动链轮带动履带运行。2 为机器停止时常闭式制动器，电动机转动时打开制动，5 为工作时制动装置。

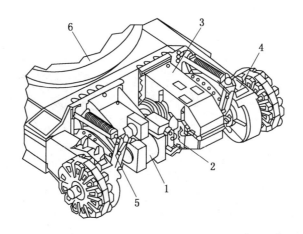

1—电动机；2—停车制动器；3—第一个减速器；4—第二个减速器；5—制动器；6—机体
图 13-6 2300XP 型挖掘机行走传动装置

(二) 反铲挖掘机

反铲挖掘机（图 13-7）简称反铲，是露天矿山最常见的中小型挖掘设备，其铲斗作业方式是向后向下挖掘，主要用于挖掘停机面以下的物料，特别是湿性物料。在露天矿主要用于向运输设备装载、挖掘排水沟等。反铲一般为履带行走式、柴油驱动、液压传动，机动性好，作业灵活性高。

图 13-7 反铲挖掘机

（三）拉斗铲

拉斗铲（图 13-8）也叫拉铲、吊斗铲、索斗铲，其挖土特点是向下向后，自重切土，主要用于开挖停机面以下的物料。工作时，利用惯性力将铲斗甩出去，挖得比较远，挖掘半径和挖掘深度较大，但不如反铲灵活准确，尤其适用于开挖大而深的基坑或水下挖土。大型拉斗铲一般为电力驱动、步履式或称迈步式行走，主要用作剥离作业。目前露天矿山使用的拉斗铲斗容一般为 30~60 m^3，最大斗容达到 168 m^3。

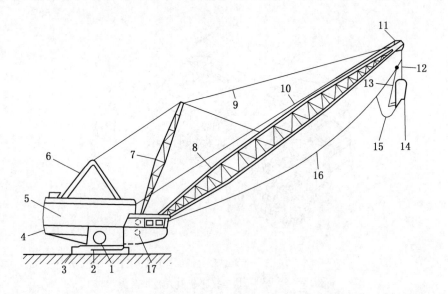

1—迈步偏心轮；2—迈步履板；3—底座；4—回转架；5—机棚；6—A 型架；7—支臂；8—动臂；
9—上绷绳；10—提升钢丝绳；11—天轮；12—提升链；13—卸载钢丝绳；14—铲斗；
15—拖曳链；16—拖曳钢丝绳；17—引出管

图 13-8 拉斗铲结构图

（四）前装机

前装机全称为前端式装载机,也称装载机。主要用于铲装土壤、砂石、石灰、煤炭等散状物料,也可对矿石、硬土等作轻度铲挖作业。如果换装不同的工作装置,它还可以完成推土、起重和装卸其他物料的工作。

根据行走装置的不同前装机可分为轮胎式和履带式两种。露天矿一般采用轮胎式前装机。在国外,这种前装机和重型自卸卡车相配套的采矿方法,在一些石灰石矿、磷酸盐矿、油页岩矿和煤矿中使用。特别在美国,前装机取代露天矿用单斗挖掘机和拉铲已形成明显的趋势。前装机和机械式单斗挖掘机相比,有以下特点：

（1）机动灵活,能在爆破后 15 min 驶入工作面,迅速投入生产。

（2）具有较高的经济指标,当生产率相同时,前装机的价格为其他机械的 20% ~25%。

前装机的有效运输半径一般不超过 150 m,目前生产的前装机最大斗容为 50 m^3。它主要用于中小型露天矿采矿工作面装车、选采、辅助作业等,是承包工程的主要作业设备。

（3）在缓坡上作业的性能比较好。

前装机的主要缺点：生产率仅为相同斗容机械式单斗挖掘机的 50% ~70%；对矿岩块度的适应性差,当爆破质量不好和块度大时采装效率低；轮胎消耗量大。

露天矿用大型前装机的传动方式基本上分为两种：柴油机 - 液力机械传动、柴油机 - 电力传动（即电动轮式）。电动轮式前装机是 20 世纪 80 年代发展的品种。据统计,世界上生产大型前装机的厂家集中在美国,如卡特彼勒、克拉克、达特、马拉松勒托尼等。目前最大斗容的前装机是克拉克 675 型,额定斗容为 18.4 m^3。

我国自 1958 年开始试制前装机以来,已形成斗容为 5 m^3 以下的 ZL 系列产品（Z 代表装载机,L 代表轮式）,其结构如图 13 -9 所示,一些中小型露天矿已采用国产前装机进行剥离工作。

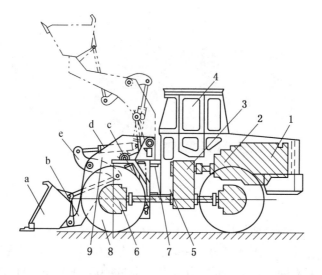

1—柴油发动机；2—液力变矩器；3—行星变速箱；4—驾驶室；5—车架；6—前后桥；
7—转向铰接装置；8—车轮；9—工作机构；
a—铲斗；b—动臂；c—举升液压缸；d—转斗液压缸；e—转斗杆件

图 13 -9　ZL 系列前端式装载机主要组成

(五) 铲运机

铲运机是一种能综合完成挖土、运土、卸土、填筑和整平的机械。它按行走机构的不同可分为拖式铲运机（图13-10）和自行式铲运机（图13-11）。按铲运机的操作系统不同又可分为液压式铲运机和索式铲运机。

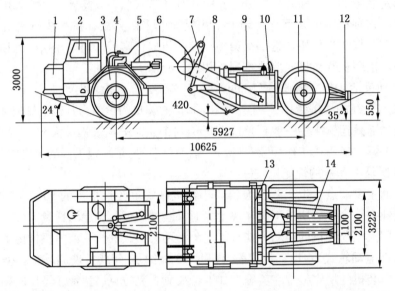

1—发动机；2—单轴牵引车；3—前轮；4—转向支架；5—转向液压缸；6—辕架；7—提升液压缸；8—斗门；9—斗门液压缸；10—铲斗；11—后轮；12—尾架；13—卸土板；14—卸土液压缸

图 13-10 CL-7 型铲运机外形结构

图 13-11 自行式铲运机

铲运机操作灵活，不受地形限制，不需特设道路，生产效率高，是集采、运、排环节于一身的合并式工艺设备；既可剥离、采矿，又可辅助作业。缺点是受气候影响大，只能挖掘松软物料，运距有限。铲运机的经济运距：拖式 100～800 m，自行式 800～2000 m。

四、多斗挖掘机

多斗挖掘机是一种安装有多个铲斗、能连续进行开采作业的采掘设备，于 19 世纪初用于露天煤矿开采，开始时使用链斗挖掘机，后被轮斗挖掘机替代。用于运河开挖、沟槽挖掘、边坡修整及矿山剥离和采掘等作业。

其基本工作原理为，在无端链或轮架周沿上，按一定间距安装铲斗，工作时铲斗随斗链的移动或轮架的回转，在挖掘面上自下而上进行挖土。当铲斗升至顶部，土壤靠自重卸在连续运载的带式输送机上运出。为使每个铲斗的运动轨迹不重复上一个铲斗的轨迹，作业时机械需匀速运行或回转。

多斗挖掘机同单斗挖掘机相比，有以下优点：

(1) 生产效率高。在同样功率的动力设备条件下，多斗挖掘机的生产率比单斗挖掘机高 1.5~2.5 倍。

(2) 机重小。在同样的生产率条件下，多斗挖掘机的机重是单斗挖掘机的 50% ~ 60%。

(3) 动力消耗少。挖掘 1 m³ 土壤消耗的功率：单斗挖掘机为 0.5~0.7 kW/m³，链斗式挖掘机为 0.4~0.6 kW/m³，轮斗式挖掘机为 0.3~0.5 kW/m³。

(4) 机器使用寿命长，操作比较简单，司机劳动强度低。

(5) 多斗挖掘机挖掘深度较大，挖掘的台阶较宽，边坡较稳定，工作面比较整齐，还可以进行分层选采。

(6) 场地较宽敞，便于自行式设备的运行。

(7) 较宽的台阶可获得更多的储备矿量。

(8) 堆排剥离物较容易，费用也较少。

(9) 能装运工作水平上、下的岩石，可以向高处或深部挖掘。

多斗挖掘机的缺点：

(1) 挖掘能力小，只能用于没有夹石和大块的土壤，对于有夹石或需要预先松动的岩石及冻土或较湿的黏土等不适用。

(2) 多斗挖掘机是专用性很强的设备，不能更换工作装置，对于工作条件比较复杂的情况，适应性较差。

(3) 对于小规模开采，初期设备投资较高。

现代轮斗挖掘机 1916 年开始在德国正式使用，目前，世界上十多个国家生产和使用轮斗式挖掘机，其斗容为 0.07~8.6 m³，理论生产率为 70~19100 m³/h，挖掘比阻力为 $(2~19) \times 10^5$ Pa，轮斗直径为 1.9~22 m，轮斗臂长为 5~105 m，安装功率为 45~14300 kW，机重为 17.5~13000 t。

我国于 1960 年起开始试制矿用轮斗挖掘机。1973 年自行设计和制造第一台小型轮斗挖掘机（WUD400/700 型）。1982 年又设计了 $WD\frac{520}{0.9}15$ 型轮斗挖掘机，1985 年开始用于露天煤矿的采剥工程。20 世纪 90 年代我国引进国外技术合作制造先进的轮斗挖掘机，以满足开发大型露天煤矿的需要。

轮斗挖掘机按照铲斗类型分为有格、无格和半格式；按照斗臂构造分为斗臂可伸缩和不可伸缩型；按照行走方式可分为履带、轨道和迈步式。

WUD400/700 型轮斗挖掘机如图 13-12 所示，主要组成部分有：行走装置 1、回转装置 2、工作装置 3、胶带输送装置 4、电力驱动系统 5、液压系统 6、司机室 7 以及安全保护装置等组成。采用多台交流电动机或液压马达、多台减速器分别驱动，操纵系统由电气和液压联合控制。其主要技术参数见表 13-4。

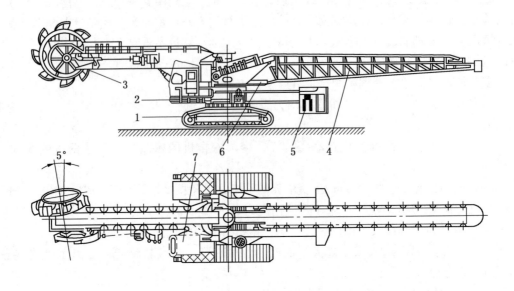

1—行走装置；2—回转装置；3—工作装置；4—胶带输送装置；
5—电力驱动系统；6—液压系统；7—司机室

图 13-12 WUD400/700 型轮斗挖掘机

表 13-4 WUD400/700 型轮斗挖掘机技术特征

名　称		特征参数	名　称	特征参数
单位容积/m³		0.2	行走机构驱动方式	两台电动机
铲斗个数		8	行走速度/(km·h⁻¹)	0.4
理论生产率/(m³·h⁻¹)		400, 700	支重轮数量	10
斗轮相对斗轮臂倾斜角度/(°)	垂直面	8	履带节距/mm	340
	水平面	5	平均接比压/MPa	0.11
斗轮转速/(r·min⁻¹)		5, 7.3	平台回转动力	两台油马达
最大爬坡能力/(°)		10	平台回转角度/(°)	360
最大挖掘半径/m		13.6	平台转速/(r·min⁻¹)	0.07~0.12
最大挖掘高度/m		10	平台平衡重/t	7
最大挖掘深度/m		0.4	供电电压/V	6000
运输胶带宽度/m		1000	工作电压/V	380
运输胶带速度/(m·s⁻¹)		2.5	变压器容量/(kV·A)	320
行走方式		双履带	总功率/kW	340
			整机质量/t	155

第四节 露天运输机械

一、概述

露天矿使用的运输设备主要有三种类型：轨道式运输、公路运输和带式输送机运输。此外还有用于特殊矿山情况的水力运输、重力运输等。

轨道式运输主要指铁路运输，属于间断式或周期式作业模式。大型露天矿山一般采用标准轨距（1435 mm）铁路运输，中小型矿山多采用窄轨（轨距＜1435 mm）运输。铁路运输主要应用在20世纪中叶的一些大型露天矿山，由于其机动性较差，爬坡能力低（直流牵引重车一般20‰，交流牵引可达40‰~60‰），随着大型矿用卡车的快速发展，已经逐步淡出露天矿山内部的主流运输行列，目前主要用于矿山至港口、码头、地面远距离运输等。

公路运输主要指卡车运输，也是一种间断式作业模式。与铁路运输相比，卡车运输具有极强的灵活性与机动性，加之其载重能力不断提升，成为露天矿山的最主要运输方式。但由于卡车运输燃料以柴油为主，轮胎消耗较大，有效作业范围较小，使其单位运输成本远高于其他运输方式。

带式输送机是矿山理想的高效连续运输设备，与其他运输设备（如铁路运输类）相比，具有输送距离长、运量大、连续输送等优点，而且运行可靠，易于实现自动化和集中化控制。根据输送工艺的要求，可以单机输送，也可多机组合成水平或倾斜的运输系统来输送物料。带式输送机广泛应用在冶金、煤炭、交通、水电、化工等部门，具有输送量大、结构简单、维修方便、成本低、通用性强等优点。

二、准轨铁路运输

准轨铁路运输的优点是运输能力大，运输成本低，经济运距长，受气候影响小，设备坚固可靠，对矿岩适应性强。

铁路运输的缺点是爬坡能力小（直流牵引一般小于20‰，约3°），要求采场尺寸大，矿山基建量大，开采强度低，线路坡度小，曲线半径大，作业灵活性差，线路系统、组织管理复杂，规模受限、劳动效率低。

铁路运输的适用条件是地形平坦、矿床赋存简单、采场平面线性尺寸大。我国1949年以后开发的14座露天煤矿，其中12座采用铁路运输。大型金属露天矿山也大部分采用准轨铁路运输。

铁路运输的主要设备是矿用机车与车辆。铁路机车的牵引方式有蒸汽机车、直流电机车、交流电机车、内燃机车，其中初期以蒸汽机车为主，后来逐步被电力机车所取代。内燃机车在露天矿山使用较少，主要用于国家铁路牵引。图13-13所示为ZG150-1500型直流电机车结构图，其供电电压1500 V，黏着质量150 t。

我国露天矿最常使用的牵引车辆是载重为60 t的自翻车，其结构如图13-14所示。

· 380 · 矿山机械

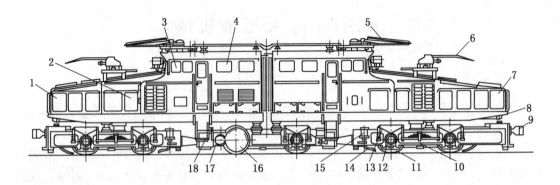

1—电阻室；2—辅机室；3—司机室；4—高压室；5—正受电弓；6—旁受电弓；7—车体；
8—底架；9—车钩；10—转向架构架；11—轮对；12—轴箱；13—弹簧悬挂装置；
14—撒砂装置；15—基础制动装置；16—齿轮传动装置；
17—牵引电动机；18—牵引电机悬挂装置

图 13-13　ZG150-1500 型直流电机车结构图

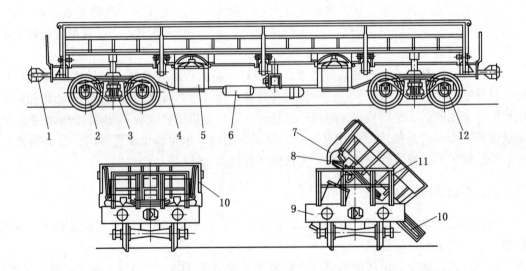

1—联结器；2—轮对；3—转向架；4—大梁；5—气缸；6—储气缸；7—滑臂；
8—滑挡；9—车架；10—车侧帮；11—端架；12—轴箱

图 13-14　准轨矿用自翻车外形结构图

三、汽车运输

矿用汽车成为露天矿山的运输设备始于 19 世纪 30 年代，其优点为机动灵活，调运方便；应用大型卡车可使矿山规模增大；爬坡能力强（可达 8% ~ 12%）；运输组织简单；易于向其他运输方式过渡；可实现高段排土。

汽车根据其卸料方式不同分为后卸式（自卸式）、底卸式和侧卸式三种；按其车厢连接方式不同分为半拖车/拖车、汽车列车。矿用汽车的传动方式主要有机械传动（30 ~ 100 t）、液压传动和电力传动（> 100 t）三种。载重大于 5 t 时一般采用柴油发动机。

自卸式汽车是最普通的矿用型汽车，可分为双轴式和三轴式（图13-15）。双轴式自卸汽车又可分为单轴驱动和双轴驱动，常用车型多为后轴驱动、前轴转向。三轴式自卸汽车由两个后轴驱动。从外形看，矿用自卸汽车与一般载重汽车的不同点是驾驶室上面有一个保护棚，它与车厢焊接成一体，可以保护驾驶室和司机不被散落的矿岩砸伤。

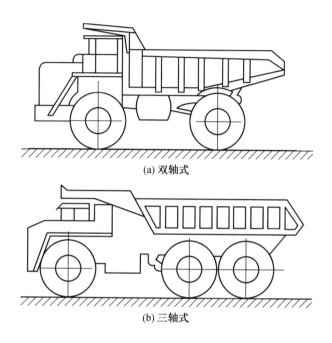

(a) 双轴式

(b) 三轴式

图 13-15 自卸式汽车

自卸式汽车主要由车体、发动机和底盘组成。底盘又包括传动系统、行走部分、操纵机构和卸载机构等。

（一）传动系统

1. 液力机械传动系统

液力机械传动系统如图13-16所示。图中把离合器、液力变矩器、变速箱和传动轴翻转成90°，展成平面画法，所以把传动轴和变速器画成与汽车中心线展成90°。

2. 电力传动系统

电力传动系统如图13-17所示，由发动机直接带动交流发电机，发电机发出的三相交流电经过整流输给直流牵引电动机（轮马达），电动机通过两级轮边减速器使后轮旋转。

（二）动力装置

目前重型自卸汽车均以柴油机作动力，即发动机。重型汽车用柴油机按行程分为二行程和四行程两种，绝大部分重型汽车柴油机采用四行程。

（三）悬挂装置

悬挂装置的作用是将车架与车桥弹性连接起来，以减轻和消除由于道路不平给车身带来的动载荷，保证汽车必要的行驶平稳性。主要由弹性元件、减振器和导向装置组成，分别起缓冲、减振和导向作用，但共同的任务则是传递动力。

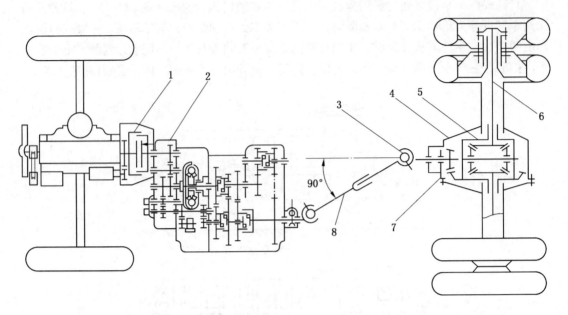

1—离合器；2—变速器；3—万向节；4—驱动器；5—差速器；6—半轴；7—主减速器；8—传动轴

图 13-16 液力机械传动系统

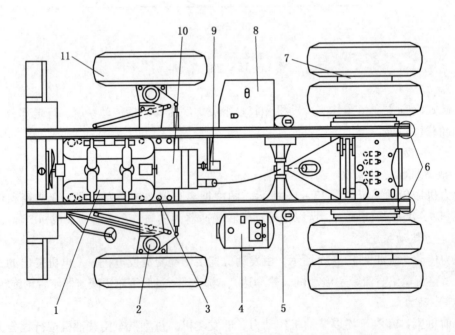

1—发动机；2—油气Ⅱ型前悬挂；3—储能器；4—液压油箱；5—举升缸；6—油气Ⅱ型后悬挂；
7—轮马达；8—燃油缸；9—液压器；10—交流发电机；11—轮胎

图 13-17 电力传动系统布置图

汽车悬挂装置按其导向装置的形式分为独立悬挂装置和非独立悬挂装置，按悬挂采用的弹性元件种类可分为钢板弹簧悬挂装置、叶片弹簧悬挂装置、螺旋弹簧悬挂装置、扭杆弹簧悬挂装置和油气弹簧悬挂装置。

钢板弹簧悬挂装置通常是纵向安置的,交通 SH361 型汽车前悬挂装置如图 13-18 所示。用滑板结构来代替活动吊耳的连接,减小了主片附加应力,延长了弹簧寿命。钢板弹簧用两个 U 型螺栓固定在前桥上。为加速振动的衰减,载重汽车的前悬挂装置中一般都装有减振器。前悬挂钢板弹簧的盖板上装有两个橡胶减振胶垫,以限制弹簧的最大变形并防止弹簧直接撞击车架。

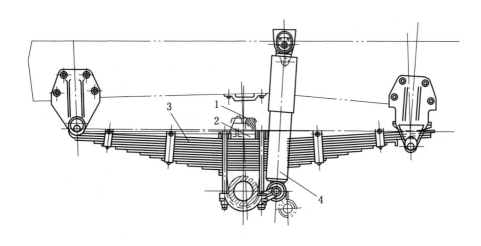

1—缓冲块;2—衬铁;3—钢板弹簧;4—减振器
图 13-18 交通 SH361 型汽车前悬挂装置

(四) 动力转向系统

动力转向系统是用来改变汽车的行驶方向和保持汽车直线行驶的装置。普通汽车的动力转向系统由转向器和转向传动装置组成。重型汽车的动力转向系统中除装有转向器外,还装有分配阀、动力缸、油泵、油箱和管路等。

动力转向系统按动力能源可分为液压式动力转移系统和气压式动力转向系统,按液流形式分为常流式动力转向系统和常压式动力转向系统,按加力器和转向器的位置分为整体式动力转向系统和分置式动力转向系统。

(五) 制动装置

制动装置的功用是迫使汽车减速或停车,控制下坡时的车速,并保持汽车能停放在斜坡上。

重型汽车除装设有行车制动、停车制动装置外,一般还装设有紧急制动和安全制动装置。为确保汽车行驶安全,重型矿用自卸汽车一般采用气液综合式(即气推油式)制动驱动机构。

如果制动器的旋转元件是固定在车轮上的,其制动力矩直接作用于车轮,称为车轮制动器。旋转元件装在传动系的传动轴上或主减速器的主动齿轮轴上,则称为中央制动器。车轮制动器一般由脚操纵作行车制动用,但也兼起停车制动的作用;而中央制动器一般用手操纵作停车制动用。

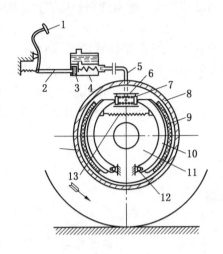

1—制动踏板；2—推杆；3—主缸活塞；4—制动主缸；
5—油管；6—制动轮缸；7—轮缸活塞；8—金属
制动鼓；9—摩擦片；10—制动蹄；11—制动底板；
12—支承销；13—制动蹄回位弹簧

图 13 – 19　制动器工作原理

制动器的工作原理如图 13 – 19 所示。一个以内圆面为工作面的金属制动鼓固定在车轮轮毂上，随车轮一起旋转。制动底板用螺钉固定在后桥凸缘上，下端有两个销轴孔，其上装有制动蹄。在制动蹄外圆表面上固定有摩擦片。当制动器不工作时，制动鼓与制动蹄上的摩擦片之间有一定的间隙，这时汽车可以自由旋转。当行驶中的汽车需要减速时，驾驶员应踩下制动踏板，通过推杆和主缸活塞使主缸内的油液在一定压力下流入制动轮缸，并通过轮缸活塞使制动蹄绕支承销向外摆动，使摩擦片与制动鼓压紧而产生摩擦制动。当消除制动时，驾驶员不踩制动踏板，制动液压缸中的液压油自动卸荷，制动蹄在制动蹄回位弹簧的作用下恢复到非制动状态。

重型汽车一般都采用气压制动驱动机构。为确保行车安全，广泛采用双管路系统，即通向前、后车轮行车制动器气室的管路分属于两个独立的管路系统，当其中一个管路系统失效时，另一管路系统仍能工作。

表 13 – 5 列出了部分电动轮自卸汽车的主要技术性能。

表 13 – 5　部分电动轮自卸汽车的主要技术性能

参　数　名　称			国产 SF – 3100 型	美国 M100 型	美国 120C 型	美国 170C 型	美国 M200 型	美国 3200 型
驱动形式 $m \times n$			4×2	4×2	4×2	4×2	4×2	6×4
载重量/t			100	90	108	153	180	211.5
自重量/kg			73000	63958	80847	96591	128639	161255
总重/kg			173000	154358	189711	251136	309439	378750
质量分配/kg	前轴	空载	31400	29421	35374	45318	63033	56475
		满载	55500	51453	63350	83727	103146	75750
	后轴	空载	41600	34537	45473	51273	65606	2×52390
		满载	117500	102905	126361	167409	206293	2×151500
质量利用系数			1.38	1.42	1.34	1.59	1.41	1.33
比功率/(kW·t^{-1})			7.00	5.83	6.64	6.38	5.34	6.54
整车尺寸	长		10975 mm	9980 mm	11150 mm	11890 mm	13210 mm	16200 mm
	宽		5840 mm	5380 mm	5867 mm	6810 mm	23 ft	7330 mm
	高（空车）		4950 mm	5210 mm	5791 mm	6100 mm	21 ft	5720mm（重车高）

表 13-5（续）

参 数 名 称		国产 SF-3100 型	美国 M100 型	美国 120C 型	美国 170C 型	美国 M200 型	美国 3200 型
轴距/mm		4900	4570	5131	5440	6700	3.45×6.79
轮距/mm	前（中-中）	4680	4360	4674	5380	6100	5610
	后（中-中）	4010		4039	4410		
最小转弯半径/m		11.85	9.29	12.16	12.345	16.46	23.6
最大车速/(km·h^{-1})		47.6	63	51	51.5	47	40
制动距离(30 km/h)/m		17.27	—	—	—	—	—
最大倒车速度/(km·h^{-1})		20		20			
斗箱容量/m^3		50	—	39~68（任选）	60		76
斗箱最大倾斜角/(°)		50	—	45	45	—	50
举升时间/s		20	19	19	—	24	25
后桥减速比		25.96:1	28.85:1	28.85:1	28.85:1	35.237:1	37.70:1
发动机型号		12V-180	12V149NA	KTA2300	16V149TJ	EMD 8-645-E$_4$	EMD 12-645-E$_4$
功率/转速		888.9/1850	592.6/1900	933.3/2100	1185.2/1900	122.2/900	183.3/900
发电机	形式	TQER-747 三相交流凸极式	GT603 直流	GTA180 三相交流凸极式	GTA-15 三相交流	EMD-AR-5 三相交流	EMD-AR-58 无刷整体发电机
	功率/kW	710	—	753.3	—		
牵引电动机形式		ZQ-317 直流串励	GE772 直流串励	GE776V$_2$ 直流串励	GE776 直流串励	EMD-79UR 直流串励	EMDD79×3A 直流串励
功率/kW		317	392.6	392.6	537		814.8
最大转速/(r·min^{-1})		2370	3100	3100	2750		
额定转矩/(N·m)		5600	2982.8	2982.8	—		
滚动半径/m		1.39	1.31	1.399	1.496	1.681	1.496
轮胎气压/MPa		0.5~0.56	0.4826	0.4826	0.4826	0.4826	0.4826
最小离地间隙/m		0.646	0.711	660	0.79		0.89
斗箱举升后离地最小间隙/m		1.11	—	1168	1.04		1.47
斗箱举升后离地最小高度/m		10.5	—	10.82	11.48		13.71

注：m 为前后轴车轮的组数；n 为后轴驱动轮的组数。

四、带式输送机运输

我国大中型冶金露天矿山的开拓运输方式主要是以汽车或铁路为主。据统计，目前我国大型深凹露天矿的矿山成本中，运输费用占 40%~60%，并且随着开采深度的增加，运输距离加大，矿石运输成本不断加大。因此，推广应用高强度胶带带式输送机对于我国露天矿山的发展具有十分重要的意义。

露天矿山带式输送机的应用主要分为矿内（采场、排土场）运输、地面长距离运输、选矿厂内运输以及土地复垦、回填作业运输。

矿（岩）石运输距离较长、运量较大，当采用带式输送机时，均选用高强度胶带带式输送机、钢绳芯（又称夹钢绳芯）胶带带式输送机或钢绳牵引胶带带式输送机。这种高强度胶带带式输送机为新型的连续运输设备，具有运输能力大、运输距离长、运行可靠、操作简单、易于实现自动化、经济效益显著等优点，因而得到日益广泛的应用和发展。大功率、高速度和自动化是高强度输送机的发展方向。特别是深凹露天矿的运输，更适合采用高强度胶带带式输送机。

钢绳芯胶带带式输送机是高强度胶带带式输送机中最主要的一种，其胶带承载截面凹成槽形，大大增加了运载能力，是 20 世纪 50 年代兴起的新型运输设备。我国于 1966 年设计和生产钢绳芯胶带，并于 1970 年在凤凰山煤矿成功投产。近些年来，国外在高强度胶带带式输送机设备的制造方面，不断采用新材料、新工艺和新技术。目前使用的钢绳芯胶带输送机的单机最大长度为 20~22 km，最长的运输线路为 180~200 km，胶带纵向拉伸强度一般为 60000 N/cm，较高的达到 100000 N/cm，并且正在研制胶带强度为 200000 N/cm 的新设备。

高强度胶带带式输送机也可制成移动式，用于采场内部，它与其他装载、破碎、运输设备联合使用，可组成半连续运输、连续运输系统，这也是露天矿开拓运输发展方向之一。

第五节 破 碎 机 械

露天矿用破碎站主要是进行粗碎，需要完成给料、破碎、排料和转载全部作业。一般以破碎机为中心，布置给排料系统。给料常用刮板输送机，也可以由自卸卡车通过料仓给料。排料多采用带式输送机。

常用的破碎机有锤式、反击式、旋回式、辊式和颚式 5 种。从破碎比看，反击式和锤式最大，可达到 60% 以上；其次是旋回破碎机，可以达到 15%；破碎比较小的是辊式与颚式，只有 5%~7%。从破碎单位物料所需能耗看，旋回破碎机最低，颚式和辊式次之，反击式和锤式最高。破碎机形式选择主要根据物料的性质、处理量、给排料粒度和工作条件因素。颚式与旋回式多用于破碎中硬以上的矿物，其他三种则多用中硬以下的物料。

露天矿破碎站从设置形式分为固定式和可移动式。固定式破碎站服务年限长，一般设在露天采场境界外，受矿山爆破影响小，矿物运距长，贮矿容积大，站房建筑工程量大，施工周期长。可移动式破碎站多设在采场工作平台间，服务年限短，缩短了矿物运距，站房多做成钢制拼装式。

可移动式破碎站的主要设备（如破碎机、料仓和输送机等）安装在移动机构上，其移动方式有牵引式、自行式和驮运式三种。中小型破碎站可以采用轮胎、履带和迈步自行机构。牵引式行走方式的破碎站常支承在轮胎、轨轮或滑橇上，移动时靠牵引车拖动，破碎站本身无动力，因此结构简单。破碎站常分成几部分分别移动，多用于不频繁移动的场所，故也称半移动破碎站。大中型半移动破碎站可分成几部分，由专用履带车驮运，负载下行走速度一般小于 800 m/h。

辊式破碎机结构简单，制造成本低；过粉碎少，相对其他破碎机占地面积和质量较大，适宜露天煤矿使用。按辊子数目可分成单辊、双辊和四辊三种，按辊子表面形状可分为光辊和齿辊两种。图 13-20 所示为 PGCB-1520 型破碎站结构示意图，型号 PGCB-1520 的含义：P 表示破碎，G 表示辊式，C 表示冲击，B 表示半移动，15 表示破碎盘破碎圆直径 15 dm，20 表示破碎辊宽度 20 dm。其主要技术参数见表 13-6。

其主要由运输系统 1、主料仓 2、破碎机 6 和辅助装置等组成。整机可分为两大部件，即左半部主料仓及第一条刮板输送机和右半部中间料仓、破碎机及辅助装置等。每一部件各有两条滑橇支承全部构件。当破碎站需要移动时，由牵引车将其在地面上拖动。

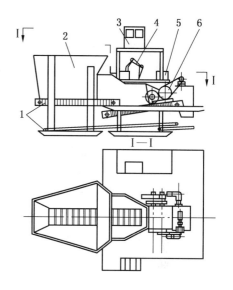

1—运输系统；2—主料仓；3—司机室；
4—液压锤；5—喷油箱；6—破碎机

图 13-20 PGCB-1520 型破碎站

表 13-6 PGCB-1520 型半移动喂给式破碎站技术参数

名称	特征参数	名称		特征参数
入料粒度/(mm×mm×mm)	(0~1500)× 1500×2000	破碎机输送能力/(t·h⁻¹)		2000
		液压锤大臂回转角度/(°)		180
排料粒度小于 300 mm 占总排粒量/%	≥98	液压锤冲击次数/(次·min⁻¹)		700~1000
破碎能力/(t·h⁻¹)	2000	液压系统工作压力/MPa	液压臂	16
破碎齿尖到链板的间距/mm	150~300		冲击器	11
破碎辊转速/(r·min⁻¹)	81	喷油箱容积/L		450
料仓容积/m³	120	供电电压/V		6000
破碎机功率/kW	315	破碎站总量/t		370
两根链条中心距/mm	200	破碎站外形尺寸(长×宽×高)/ (mm×mm×mm)		19698× 11460×12295
料仓下刮板输送机速度/(m·s⁻¹)	0.033~0.33			
破碎机下刮板输送机转速/(m·s⁻¹)	0.05~0.5			

该破碎站可破碎含矸率 22% 的原煤，煤的最大抗压强度为 24 MPa、矸石最大抗压强度为 85 MPa。原煤由矿用自卸卡车卸入主料仓 2，经刮板输送机运至中间料仓的第二条刮板输送机上，在第二条刮板输送机上安装有单齿辊破碎机，煤从齿辊及输送机溜槽之间通过，受到齿辊的冲击完成破碎作业。煤从刮板输送机的前端卸到排料带式输送机上，运出破碎站。改变齿辊与输送机溜槽的间距，可以控制破碎的粒度。

料仓为钢板焊接箱形件，仓外壁焊有许多加强筋。仓内铺设有耐磨衬板，出口处装有帘幕，防止碎煤飞溅。

为防止撒料，在两条刮板输送机下面布置有导料板和一条清扫带式输送机，将撒落的物料收集后运至排料带式输送机上。为了防止大块物料无法进入破碎机，在第二条刮板输送机侧上方安装了液压锤。该锤的冲击器将溜槽上的大块物料击碎。为防止冬季链板冻结，设有喷油装置，在主料仓下及破碎机下各装有一排四个喷嘴。物料排空后缓慢开动刮板输送机，向刮板链喷洒柴油及煤油的混合液。司机室处于最高位置，可观察到料仓内物料及破碎机运转情况，对各种装置进行操作，室内装有空调制冷及采暖设备。

图 13-21 所示为破碎机的结构图，由电动机 4 通过三角皮带 5 和一对圆柱齿轮 1 驱动破碎辊 3 转动。机壳从上面将破碎辊罩住。破碎机安装在第二条刮板输送机上面，电动机及传动的各轴承座固定在输送机的支架上。小齿轮与其轴用摩擦式安全联轴器连接，电动机与小皮带轮之间装有液力耦合器，其传动系统如图 13-22 所示。

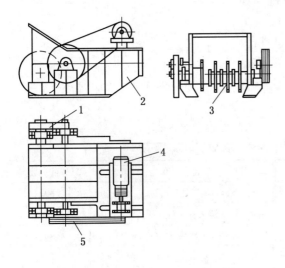

1—圆柱齿轮；2—机架；3—破碎辊；
4—电动机；5—三角皮带
图 13-21 破碎机

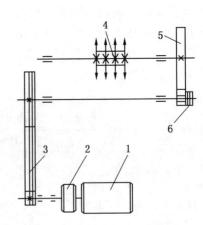

1—电动机；2—液力耦合器；3—三角皮带；
4—破碎辊；5—齿轮；6—安全联轴器
图 13-22 破碎机传动系统图

破碎机辊如图 13-23 所示，由 7 片破碎臂与 8 个间隔套焊成四件，套在破碎轴 2 上。各件之间设有 O 形密封圈防止煤粉侵入。每件与轴采用双键联结，轴向用锁紧环 3 固定。破碎齿 4 通过齿套 5 安装在破碎臂上，用开口楔形套 6 和圆锥销 7 固定。破碎齿可以如图 13-23 所示沿轴向排列成一直线，也可以按螺旋线排列。

如图 13-24 所示，液压锤的回转架 2 在回摆缸 9 作用下可绕安装在破碎机平台上的固定支座 1 摆动 180°。大臂 3、小臂 4 和冲击器 5 在大臂缸 8、小臂缸 7 和冲击器缸 6 作用下，产生上下摆动。大、小臂均为箱形焊接件。

冲击器类似于钻机的冲击器，当锤头离开被击物、靠自重下落时，无论有无压力油进入冲击器，活塞均不往复冲击锤头。当锤头顶住被冲击物时，活塞上抬，向冲击器送入压力油，则活塞往复运动，冲击锤头。为了增加活塞每次冲击能量，在冲击器中设有一个氧

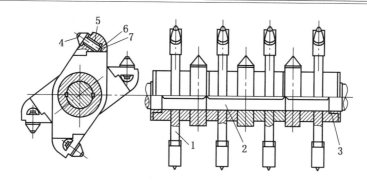

1—破碎臂；2—破碎轴；3—锁紧环；4—破碎齿；5—齿套；6—开口楔形套；7—圆锥销

图 13-23 破碎机辊

气蓄能器，活塞向下行程时，能量被释放出来。在冲击器回油口处设有一个节流阀，改变油量，控制冲击次数。

破碎站有自动和手动两种操纵状态。自动操纵状态时，司机按动启动按钮后，破碎站按物料流反方向定时地逐步启动；按动停车按钮，则按物料流方向延时逐机停车。手动状态时，司机可以任意开、停刮板输送机、破碎机、液压锤或喷油装置等。通过紧急停车按钮，可使全系统急停。

司机可以使输送机在 10%～100% 的额定速度下运行，可以控制主料仓上的卸车信号，通过仪表了解破碎机及输送机电动机的电流大小，通过显示灯的亮、熄和闪动，反映各部电动机的运转状态以及是否出现故障。

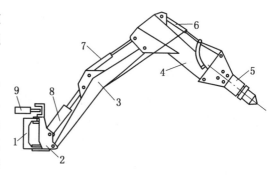

1—固定支座；2—回转架；3—大臂；
4—小臂；5—冲击器；6—冲击器缸；
7—小臂缸；8—大臂缸；9—回摆缸

图 13-24 液压锤

破碎站全部高、低压配电控制设备都安装在两个集装箱式的配电室内，共有 4 个高压柜，3 个低压柜和 3 台变频调速控制柜。室内装有电热器和通风机，根据温度进行加热和通风。

破碎站设有较齐全的保护装置，如配电室内温度在 0 ℃ 以上时，控制电压才能接通。刮板输送机减速器油温在 5 ℃ 以上时，电动机才能启动。各电动机温度达到 135 ℃ 时，司机室内信号灯发光，并发声报警，达到 150 ℃ 时，自动切断电源。破碎机和输送机的电动机启动时间过长时，也能发出警报和自动停止启动。输送机还设有胶带防跑偏装置，高、低压电路都设有过载、短路、漏电等保护。

第六节 排 土 机 械

露天开采时，将覆盖在矿体上部和其周围的岩土剥离及运输到专设的场地排弃，这种接受排弃岩土的场地称为排土场。在排土场用一定的方法堆放岩土的作业称为排土工作。

排土是保证矿物正常开采的重要环节之一。有关资料表明，在整个剥离工作过程中，排土工作人员占全矿总人数的 10%～15%，排土成本约占剥离单位成本的 6%。排土场不仅占地面积大，一般为采场面积的 2～3 倍，而且堆置高度也很大。因此合理地组织排土工作，对提高露天开采的经济效益具有重要的意义。排土工作的效率首先取决于排土场的位置和排土工艺的合理选择；其次，与提高排土工作的机械化程度和劳动生产率有关；另外，保证整个排土系统机械设备的正常运转，减少维修时间，提高出动率也是重要因素之一。

由于排土设备的结构不同，有相应不同的排土方法。

用推土机排土，主要用自卸汽车或铁道运输剥离下来的岩土到排土场，推土机再将岩土堆置到预定地点。该方法工序简单，堆置高度大，作业灵活，基建量小，投资省，适合于任何岩石硬度的中小型露天矿。

用推土犁排土，设备简单，投资少，适应性强。一般由铁道运输岩土，适应于大、中型露天矿，但移道步距较小，排土线移动频繁，排土台阶高度受限制。

用挖掘机排土，生产能力大，受气候影响小，铁道移道步距大，但设备投资大，机动性小，适合于大中型露天矿。

用前装机或铲运机排土，作业灵活，具有装、运、卸、推四种功能，受外界因素影响较小。当与铁道运输配合时，也可作为转排设备。前装机运距一般不大于 100～200 m。铲运机也可作为剥离设备，运距可长可短，适用于中小型露天矿。前装机设备结构复杂，检修要求高，使用寿命短，排土成本较高，多用于大中型露天矿。

上述各种排土作业均为间断的。带式排土机最大的特点是连接作业，生产能力大，一次排弃宽度大，辅助作业时间少，自动化程度高，适宜于大型露天矿采用，只适宜排弃剥离物的坚固性系数 $f<3$ 的软岩，而中硬以上或不适合胶带运输的大块岩石，需经预先破碎。冬季物料冻结对其生产能力影响也较大，气温低于 -25 ℃时，应有防寒措施。

一、推土犁

推土犁是在轨道上行走的、在牵引机车侧面安装推土翅膀改装而成的推土设备。其作业过程是：运输车辆翻卸物料至排土台阶外侧，达到一定高度不能继续翻卸物料时，由推土犁将高出轨道面的物料推至台阶外缘。这种设备在我国铁路运输的露天煤矿广为采用，由于其排土线能力较低、线路移设频繁、作业量非常大，后期逐步被单斗挖掘机取代。图 13-25 所示为原大连工矿车辆厂制造的 3D 型推土犁，推土能力为 3000 m³/h，主翼展开为 120°。

二、推土机

推土机是以履带式或轮胎式牵引车底盘配以悬式推土板等作业装置的自行式铲土运输机械。由于它牵引力大、机动灵活、越野性强，具有挖、填、压实和短距离运、卸作业的能力，常用来规整料堆、修筑铁路、清理和平整工作面，以及作为牵引和顶推其他设备的动力车等，是露天矿必备的辅助机械。我国推土机的型号标准很多，表 13-7 所列为一种常见的标准。

图 13-25 3D 型推土犁

表 13-7 推土机型号标准

组	型	特性	代号及含义	主参数 名称	主参数 单位	老型号
推土机 T（推）	履带式	Y（液）	机械操纵履带式推土机（T）	功率	马力	T_1、T_2
			液压操纵履带式推土机（TY）			T_2
		S（湿）	湿地履带式推土机（TS）			
	轮胎式（L）		液压操纵轮胎式推土机（TL）			

推土机的工作方式有直铲作业、斜铲作业、侧铲作业和松土器的劈松作业等多种。

（一）直铲作业

直铲作业是推土机的主要工作方式，它包括铲土、运土及卸土三种作业。铲土时，推土机在前进中落下推土板，并使其切入土壤进行铲土。当推土板前积满土壤时，将其提升至地面。推土机继续向前运行，把土壤运到卸土位置（通常在 100 m 以内）。卸土方法有两种：一种是随意弃土法，推土机将土壤运至卸土处后，略将推土板提高即退回原铲土地点，卸掉的土壤无堆放要求；另一种是按施工要求把土壤运到卸土处，将推土板提升一定高度，推土机继续前进，土壤即从推土板下放卸掉，然后将推土板略提高一些，推土机退回原铲土地点，如此重复作业。

（二）斜铲作业

这种工作方式是把土石方横向推运，推运过程中，物料沿已斜置 α 角（图 13-26）的推土板移向推土机一侧。

（三）侧铲作业

侧铲作业时，推土板绕推土机纵轴线在垂直面内摆动一定的角度 δ（图 13-26），一般不超过 $\pm 9°$。推土板较低一侧的侧刃参加工作。

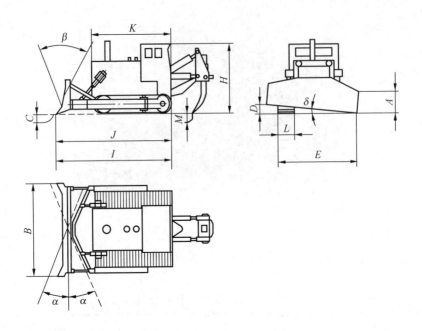

A，*B*—推土板高度；*C*—最大推土深度；*D*—推土板一端最大倾斜高度；*E*—履带车宽度；
K—履带车全长；*H*—司机室的高度；*I*—推土机的长度（不包括松土器）；*J*—履带长度；
L—履带板宽度；*M*—最大松土深度（指单齿松土器时）

图 13-26　履带式推土机的基本参数

（四）松土器的劈松作业

大型推土机后部均挂有液压控制的松土器。工作时，松土器切入表层一定深度。随着推土机行走，松土器将固结表层断裂弱化，破坏和松散坚硬的表面及软岩。常用的松土器有 1～3 个齿。单齿松土器的挖掘能力大。用重型单齿松土器劈松岩石的效率比常规的钻孔爆破法要高。劈松作业需要有较大的牵引力，必要时可用另一台推土机助推。

履带式推土机的各部尺寸及工作参数如图 13-26 所示。

推土机的形式有各种各样，通常可以按行走装置、推土装置、传动方式及发动机功率等分类。

按照行走装置形式划分，推土机分为轮胎式和履带式两种。轮胎式推土机机动性好，行驶速度快，接地比压较大（一般为 196 kPa 左右），附着性能较差，在潮湿松软的情况下容易打滑、陷车；在坚硬锐利的岩石路面作业时，轮胎磨损较快，所以在采矿中应用不多。履带式推土机按接地比压 p 不同，又分为高比压（$p > 98$ kPa）推土机（主要用于大中型土方工程和剥离石）、中比压（$p = 59 \sim 96$ kPa）推土机（用于一般性推土作业）和低比压（$p = 10 \sim 29$ kPa）推土机（用在湿地和沼泽地上作业）。由于履带式推土机适应性强、牵引力大、越野和牵引性能好，所以得到了广泛的应用。

按照推土装置的形式不同，推土机可分为直铲倾斜式和角铲式。这两种推土机的推土板都能在垂直面内倾斜一个角度（一般不小于 6°），但直铲倾斜式的推土板与纵轴线的夹角固定（90°），而角铲式的推土板可在水平面内绕推土机纵轴线摆动（60°~90°）。

按照推土板起落的操纵方式不同，可分为钢丝绳-卷筒式和液压操纵起落式两种推土机。钢丝绳-卷筒式结构简单，推土板靠自重下落或切入土壤，切土刀小，适用于一些小型推土机；液压操纵方式可强制推土板切入，操纵比较简单，并能限制过载，所以得到普遍应用。

按传动方式划分，推土机有机械传动、液力机械传动、全液压传动和电传动几种。机械传动的推土机结构简单、传动可靠、传动效率高，但牵引性能较差；液力机械传动的推土机操纵简便、轻巧，牵引力和速度能随推土阻力的变化自动调整，改善了牵引性能，并能防止发动机过载，从而提高其生产率；而全液压传动的推土机重量轻，结构紧凑，转向性好，牵引力和速度无级调整，能充分利用发动机功率，但由于调节的范围不大、效率不高、价格较贵，所以其应用尚不太广；电传动式推土机是利用柴油机带动发电机-电动机，驱动行走装置，牵引力和行走速度可无级调整，能原地转弯，但重量大、结构复杂、成本高，目前主要用在大功率的轮胎式推土机上。一般当功率超过 450 kW 时，采用电传动较经济。

按发动机的功率大小，推土机可分为小型（75 kW 以下）、中型（75~239 kW）和大型（239 kW 以上）三种。

TY410 型推土机是一种履带行走、液力机械传动、液压操纵的大型推土机，主要由工作装置、履带行走的基础牵引车和液压操纵系统三部分组成（图 13-27），主要技术特征参数见表 13-8，能提供四种前进和后退的速度，牵引力特性曲线如图 13-28 所示。

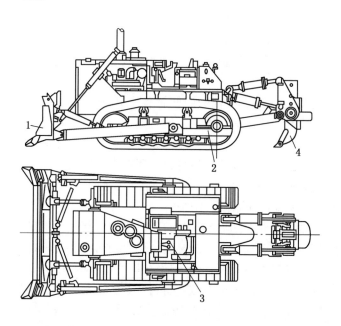

1—推土装置；2—履带行走的基础牵引车；3—液压操纵系统；
4—推土装置

图 13-27 TY410 型推土机

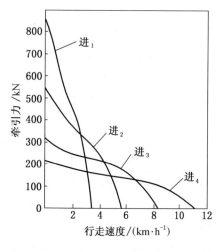

图 13-28 牵引力特性曲线

表 13-8 TY410 型矿用推土机技术特征

名称	特征参数	名称	特征参数
传动与控制方式	液力机械传动,液压操纵	托带轮数量	2
		行走速度调整	手动换挡,前进和后退各有4种速度
推土板尺寸(宽×高)/(m×m)	4.7×1.9
推土深度/mm	711.2	最大行走速度/(km·h^{-1})	12.7/12.6
松土器形式	三齿,重型单齿	对地比压/kPa	101.3
松土深度/mm	1397.0	柴油发动机功率/kW	313.194
牵引力/kN	667.2	外形尺寸(长×宽×高)/(m×m×m)	7.6×4.13×3.8
行走方式	履带
支重轮数量	7	整机质量/kN	482.6

三、排土机

(一) 带式排土机的分类及其结构特点

按整体结构特点不同带式排土机可分为悬臂式排土机和延伸式排土机,悬臂式排土机按行走装置数量可分为单支承排土机和双支承排土机,单支承排土机按结构型式又分有单 C 型和双 C 型结构架排土机。

带式排土机的行走结构有履带式、步行式、轨道式和步行轨道式四种。履带行走机构应用最多,根据机重和允许对地比压可以选择 2、3、4、6、12 条履带。履带行走机构的特点是移动速度较快,移动时能耗低。

单 C 型结构架单支承式排土机,其受料臂与排料臂的回转中心重合。由于受料臂一端支承在回转平台中部,另一端支承在可移动地面输送机侧面的轨道上,并可沿其移动,因此不需要专门的受料臂平衡装置,结构简单,质量较轻,并且能适应地面一定的起伏变化。

双 C 型结构架单支承式排土机特点是受料臂与排料臂的回转轴各安装在一个 C 型结构架上。该类型排土机受料臂的受料端常常不支承在地面输送机的轨道上,而由钢丝绳悬挂。其料臂和排料臂中各有一条带式输送机,将剥离物从受料端运至排料端,堆弃在排土场上。受料臂与排料臂通过电动机、减速器驱动,可以分别绕各自的回转中心转动,一般排料臂与回转平台一起回转。由于排料臂较长,常配有平衡臂。采用双 C 型结构架排土机,机器质量较大,其行走装置为多条独立驱动的履带装置组成。

双支承式排土机有两个行走装置,故称为双支承。支承排料臂及其平衡臂等主要重量的为三组六条履带行走装置,支承受料臂的为一个双履带行走装置。两个履带行走装置各自独立驱动。双支承式排土机在两个履带行走装置中间设有转载臂,其一端铰接在排料臂回转平台的上部钢结构上,并可以绕其回转,另一端固定在双履带行走装置上部的平衡架上,转载臂也称连接桥。双支承式排土机一般设有三条带式输送机,分别布置在受料臂、转载臂和排料臂内。剥离物从移动式地面带式输送机上的卸料车落入受料输送机内,经转载输送机,进入排料输送机,从排料端卸到排土场上。由于增加了转载臂,允许两个履带行走装置处于不同的水平上,加大了排土范围,增大了地面输送机的移道距离,减少了移道次数。

排土机的种类和规格很多,经常是为适应某矿山的生产条件,进行改进或专门设计。截至目前,排土机的最大生产能力已达到 240000 m³(实方)/d,最大排料臂长度为 225 m,卸料高度为 60 m,带式输送机的带宽为 3200 mm,带速为 7.8 m/s,装机功率为 8600 kW,整机质量为 5300 t。

(二) A_2Rs – B5000.60 型排土机

A_2Rs – B5000.60 型排土机各字母及数字的含义是,A_2 表示双支承式排土机,R 表示履带行走,s 表示回转式上部结构,B 表示带式输送机,5000 表示理论排土能力为 5000 m³/h(松方),60 表示排料臂长 60 m。

如图 13 – 29 所示,A_2Rs – B5000.60 型排土机主要由排料臂、转载臂、回转装置、配重臂、行走装置及司机室等组成。行走装置由三组单履带和底座组成,其上支承着排土机的回转平台。回转平台、配重臂和支承塔架构成了 C 型架。排料臂铰接在 C 型架上,它可以通过配重臂上的提升机构来升降。C 型架带着排料臂一起回转,以完成物料的扇形排弃。转载臂 10 一端吊挂在 C 型架的配重臂 11 上,另一端支承在支承车上。当主机行走时,支承车也随之行走,转载臂在支承车上能够纵向移动,并以其为中心转动和摆动。受料臂是一独立构件,它的作用是将卸料车卸下来的物料转运到转载臂上。受料臂的一端悬挂在转载臂的小 C 型架上,另一端支承在和卸料车铰接的支承台上。受料臂可绕小 C 型架上吊挂轴回转,还可以相对支承台回转和纵向移动,以调节行走长度。A_2Rs – B5000.60 型排土机的主要技术参数见表 13 – 9。

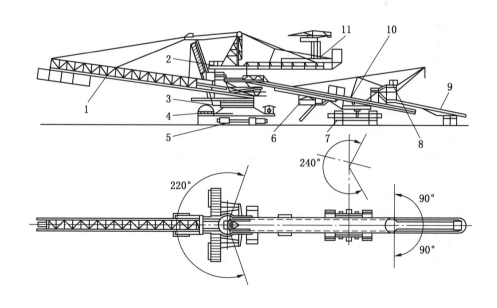

1—排料臂;2,8—司机室;3—回转装置;4—下部钢结构;5—主机行走装置;
6—维修室;7—支承车行走装置;9—受料臂;10—转载臂;11—配重臂

图 13 – 29 A_2Rs – B5000.60 型排土机结构示意图

表 13-9　$A_2Rs-B5000.60$ 型排土机技术参数

名　称	特征参数	名　称		特征参数
理论生产能力（松方）/$(m^3 \cdot h^{-1})$ $(t \cdot h^{-1})$	5000 7800	下托辊槽角/(°)		15
		托辊直径/mm		159
上排高度/m	15	胶带类型		钢绳芯
下排高度/m	30	对地比压/kPa	主机平均值	78.9
排土机回转中心至卸料滚筒中心距离/m	60		主机最大值	97.0
排土机回转中心至支承车中心距离/m	35±2.5		支承车平均值	77.2
排土机回转中心至受料臂受料点距离/m	50±2.5		支承车最大值	81.8
受料胶带机卸料点至地面输送机距离/m	15±2.5	适应坡度	作业时	1:3
排料臂回转范围/(°)	相对于下部机构	360	调动时	1:20
	相对于转载臂	±105		
转载臂相对于受料点中心回转范围/(°)	±120	允许风速/$(m \cdot s^{-1})$	作业时	20
受料臂相对于受料点中心回转范围/(°)	±90		调动时	40
带式输送机理论运输能力（松方）/$(m^3 \cdot h^{-1})$	5000	电缆滚筒允许缠绕电缆长度/m		1500
胶带宽度/mm	160025	供电电压/kV		25
胶带速度/$(m \cdot s^{-1})$	5.86	装机功率/kW		1758
上托辊槽角/(°)	40	整机质量/t		1205

思 考 题

1. 试述牙轮钻机的特点与工作原理。
2. 常用的单斗挖掘机类型有哪些？
3. 简述常用的多斗挖掘机及其适用范围。
4. WUD400/700 型轮斗挖掘机由哪几部分组成，各起什么作用？
5. 说明露天矿常用的运输设备名称、适用条件、特点。
6. 露天矿常用的排土设备有哪些？
7. 试述 TY-410 型推土机的主要组成及特点。
8. 分析 $A_2Rs-B5000.60$ 型排土机的组成部分及其运动。
9. 试述 PGCB-1520 型半移动喂给式破碎站的主要组成及其作用。

参 考 文 献

[1] 庄严. 矿山运输与提升[M]. 徐州：中国矿业大学出版社，2009.
[2] 钟春晖. 矿山运输与提升[M]. 北京：化学工业出版社，2009.
[3] 中国煤炭教育协会职业教育教材编审委员会. 矿山流体机械[M]. 北京：煤炭工业出版社，2014.
[4] 中国煤炭教育协会职业教育教材编审委员会. 矿山固定机械与运输设备[M]. 北京：煤炭工业出版社，2009.
[5] 中国煤炭机械工业协会. 中国煤炭矿山机电设备及安全装备选型手册[M]. 徐州：中国矿业大学出版社，2007.
[6] 中国矿业学院. 其他运输及联合运输 排土、水采、工艺[M]//露天采矿手册：第4册. 北京：煤炭工业出版社，1988.
[7] 张幼蒂，李克民，等. 露天开采优化设计理论与应用[M]. 徐州：中国矿业大学出版社，2000.
[8] 张红兵，何万库，马胜利. 煤矿机电设备选型设计[M]. 徐州：中国矿业大学出版社，2013.
[9] 于学谦. 矿山运输机械[M]. 徐州：中国矿业大学出版社，2003.
[10] 于汝绥，等. 露天采矿优化理论与实践[M]. 北京：煤炭工业出版社，2004.
[11] 杨桢. 矿山机械[M]. 北京：北京理工大学出版社，2012.
[12] 杨国春. 矿床露天开采[M]. 北京：化学工业出版社，2009.
[13] 徐永圻. 采矿学[M]. 徐州：中国矿业大学出版社，2003.
[14] 谢锡纯，李晓豁. 矿山机械与设备[M]. 3版. 徐州：中国矿业大学出版社，2012.
[15] 夏建波，邱阳. 露天矿开采技术[M]. 北京：冶金工业出版社，2011.
[16] 王振平. 矿井通风、排水及压气设备[M]. 北京：煤炭工业出版社，2008.
[17] 王荣祥，任效乾. 矿山工程设备技术[M]. 北京：冶金工业出版社，2005.
[18] 王启广，黄嘉兴. 采掘机械与支护设备[M]. 徐州：中国矿业大学出版社，2006.
[19] 王国法. 液压支架控制技术[M]. 北京：煤炭工业出版社，2010.
[20] 王国法. 液压支架技术[M]. 北京：煤炭工业出版社，1999.
[21] 王国法. 高效综合机械化采煤成套装备技术[M]. 徐州：中国矿业大学出版社，2008.
[22] 孙月华，赵存友，王本永. 煤矿采掘机械[M]. 哈尔滨：哈尔滨工业大学出版社，2014.
[23] 彭伯平，李总根，黄增粮. 矿井水泵工[M]. 徐州：中国矿业大学出版社，2008.
[24] 毛君. 煤矿固定机械及运输设备[M]. 北京：煤炭工业出版社，2012.
[25] 毛君，王步康，刘东才. 刨煤机、螺旋钻采煤机、连续采煤机成套装备[M]. 徐州：中国矿业大学出版社，2008.
[26] 马新民. 矿山机械[M]. 徐州：中国矿业大学出版社，2010.
[27] 马维绪. 综采及其机电技术[M]//中小型现代化煤矿实用生产技术手册：第5分册. 北京：煤炭工业出版社，2012.
[28] 骆中洲. 露天采矿学[M]. 中国矿业学院出版社，1986.
[29] 罗凤利，周广林，李光煜. 矿山机械[M]. 徐州：中国矿业大学出版社，2009.
[30] 刘建功，吴淼. 中国现代采煤机械[M]. 北京：煤炭工业出版社，2012.
[31] 李志成，夏阳. 露天开采[M]. 昆明：云南大学出版社，2009.
[32] 李振华，田忠友. 露天矿运输机械[M]. 北京：煤炭工业出版社，1994.
[33] 李玉瑾，寇子明. 矿井提升系统基础理论[M]. 北京：煤炭工业出版社，2013.
[34] 李晓豁. 露天采矿机械[M]. 北京：机械工业出版社，2010.
[35] 李晓豁，沙永东. 采掘机械[M]. 北京：冶金工业出版社，2011.
[36] 李强. 采掘机械[M]. 徐州：中国矿业大学出版社，2011.

[37] 李福固. 矿井运输与提升[M]. 徐州：中国矿业大学出版社，2009.
[38] 李锋，刘志毅. 现代采掘机械[M]. 北京：煤炭工业出版社，2011.
[39] 李炳文，王启广. 矿山机械[M]. 徐州：中国矿业大学出版社，2007.
[40] 李炳文，万丽荣，柴光远. 矿山机械[M]. 徐州：中国矿业大学出版社，2010.
[41] 晋民杰，李自贵. 矿井提升机械[M]. 北京：机械工业出版社，2011.
[42] 姜汉军. 矿井辅助运输设备[M]. 徐州：中国矿业大学出版社，2008.
[43] 姬长生. 露天采矿方法[M]. 徐州：中国矿业大学出版社，2014.
[44] 姬元昌. 露天采矿机械[M]. 北京：机械工业出版社，1988.
[45] 洪晓华，陈军. 矿井运输提升[M]. 徐州：中国矿业大学出版社，2005.
[46] 何凡，张兰胜. 矿井辅助运输设备[M]. 沈阳：东北大学出版社，2012.
[47] 郭昭华. 露天煤矿无运输倒堆开采技术及应用研究[M]. 北京：煤炭工业出版社，2012.
[48] 段牧忻，刘志新，陈改玉. 采煤机司机[M]. 徐州：中国矿业大学出版社，2002.
[49] 杜计平，孟宪锐. 采矿学[M]. 徐州：中国矿业大学出版社，2009.
[50] 程居山. 矿山机械[M]. 徐州：中国矿业大学出版社，1997.
[51] 陈国山. 矿山提升运输[M]. 北京：冶金工业出版社，2009.
[52] 《综采技术手册》编委会. 综采技术手册：上[M]. 北京：煤炭工业出版社，2001.

图书在版编目（CIP）数据

矿山机械/郝雪弟，张伟杰主编．--北京：煤炭工业出版社，2018（2023.5重印）
高等教育"十三五"规划教材
ISBN 978-7-5020-5882-1

Ⅰ.①矿… Ⅱ.①郝… ②张… Ⅲ.①矿山机械—高等学校—教材 Ⅳ.①TD4

中国版本图书馆 CIP 数据核字（2017）第 117457 号

矿山机械（高等教育"十三五"规划教材）

主　　编	郝雪弟　张伟杰
责任编辑	尹忠昌
编　　辑	王　晨
责任校对	孔青青
封面设计	王　滨
出版发行	煤炭工业出版社（北京市朝阳区芍药居35号　100029）
电　　话	010-84657898（总编室）
	010-64018321（发行部）　010-84657880（读者服务部）
电子信箱	cciph612@126.com
网　　址	www.cciph.com.cn
印　　刷	三河市鹏远艺兴印务有限公司
经　　销	全国新华书店
开　　本	787mm×1092mm $^1/_{16}$　印张　$25^3/_4$　字数　605千字
版　　次	2018年5月第1版　2023年5月第4次印刷
社内编号	8762　　定价　46.00元

版权所有　违者必究

本书如有缺页、倒页、脱页等质量问题，本社负责调换，电话:010-84657880